城市规划理论

CHENGSHI GUIHUA LILUN YU SHIJIAN YANJIU

与实践研究

主 编 王大勇 胡 健 姜业超

副主编 李献灿 闫 芳 刘 芳 孟 杰

中国水利水电出版社
www.waterpub.com.cn

内 容 提 要

本书以实用及够用为原则,以城市规划体系为内容框架,突出了城市规划注重实际应用的特点,在内容组织上涵盖了城市规划的各个方面,对城市规划的理论及实践的相关知识进行了系统的研究。具体来说,本书共包括城市概述、城市规划概述、城市规划的产生与发展、城市规划的编制、城市总体规划、城市分区规划、城市详细规划、城市交通规划、城市基础设施规划、城市规划的法规与技术规范、城市规划的评价、城市规划的实施与管理以及城市景观的规划设计十三章内容。相信本书的出版能够使读者对城市规划的相关知识有一个更为详细的了解。

图书在版编目(CIP)数据

城市规划理论与实践研究/王大勇,胡健,姜业超
主编. --北京:中国水利水电出版社,2014.12(2022.10重印)
ISBN 978-7-5170-2749-2

Ⅰ.①城… Ⅱ.①王… ②胡… ③姜… Ⅲ.①城市规
划—研究 Ⅳ.①TU984

中国版本图书馆 CIP 数据核字(2014)第 303555 号

策划编辑:杨庆川　责任编辑:陈洁　封面设计:马静静

书　名	城市规划理论与实践研究
作　者	主　编　王大勇　胡　健　姜业超 副主编　李献灿　闫　芳　刘　芳　孟　杰
出版发行	中国水利水电出版社 (北京市海淀区玉渊潭南路 1 号 D 座 100038) 网址:www.waterpub.com.cn E-mail:mchannel@263.net(万水) 　　　　 sales@mwr.gov.cn 电话:(010)68545888(营销中心)、82562819(万水)
经　售	北京科水图书销售有限公司 电话:(010)63202643、68545874 全国各地新华书店和相关出版物销售网点
排　版	北京鑫海胜蓝数码科技有限公司
印　刷	三河市人民印务有限公司
规　格	184mm×260mm　16 开本　24.75 印张　633 千字
版　次	2015年5月第1版　2022年10月第2次印刷
印　数	3001-4001册
定　价	86.00 元

前　言

城市是人类文明的标志,是人们经济、政治和社会生活的中心。近些年来,随着我国经济的不断发展,我国的城市化进程逐步加快。在许多大城市中,地面建筑越来越密集,人口越来越多,交通量越来越大,城市中出现的许多问题给社会效益和经济效益都带来了很大的负面影响。因此,城市规划显得尤为重要。制定科学合理的城市规划,并且严格按照规划实施,可以取得良好的社会效益、经济效益和环境效益。

温家宝同志《在中国市长协会第三次代表大会上的讲话》中指出,城乡规划"是一项全局性、综合性、战略性的工作,涉及政治、经济、文化和社会生活等各个领域。制定好城市规划,要按照现代化建设的总体要求,立足当前,面向未来,统筹兼顾,综合布局。要处理好局部与整体、近期与长远、需要与可能、经济建设与社会发展、城市建设与环境保护、进行现代化建设与保护历史遗产等一系列关系。通过加强和改进城市规划工作,促进城市健康发展,为人民群众创造良好的工作和生活环境"。我国近些年来也颁布实施了《中华人民共和国城乡规划法》《城市规划编制办法》《城市总体规划实施评估办法(试行)》《城市绿地设计规范》《历史文化名城保护规划规范》《城市水系规划规范》《城乡用地评定标准》《规划环境影响评价条例》《规划环境影响评价技术导则(总纲)》等一大批法规和技术规范标准,有力地推动了我国城市规划理论与实践的发展。为了能够使读者对城市规划的相关知识有一个更为详细的了解,我们编写了《城市规划理论与实践研究》一书。

本书共包括城市概述、城市规划概述、城市规划的产生与发展、城市规划的编制、城市总体规划、城市分区规划、城市详细规划、城市交通规划、城市基础设施规划、城市规划的法规与技术规范、城市规划的评价、城市规划的实施与管理以及城市景观的规划设计十三章内容。总体来说,本书以实用及够用为原则,以城市规划体系为内容框架,突出了城市规划注重实际应用的特点,在内容组织上涵盖了城市规划的各个方面。具体来说,本书具有以下特点。

第一,系统性。本书对城市规划的各个方面都做出了探讨,能够使读者对城市规划有一个全面的认识。

第二,实践性。本书除了对城市规划的相关理论知识进行了阐述外,还对城市规划中的一些具体实例进行了系统的分析和探讨,对广大读者更好地将城市规划理论用于实践具有重要意义。

第三,通俗性。本书虽然博采诸家研究成果,但是并没用大段的生硬引用,而是尽量用通俗的话语做二次叙述,以求通俗易懂、易观易入。

本书的主编由河南城建学院王大勇,华北水利水电大学胡健,黑龙江东方学院姜业超担任;副主编由塔里木大学李献灿,郑州航空工业管理学院闫芳,黑龙江东方学院刘芳、孟杰担任。全书由王大勇、胡健、姜业超统稿。具体分工如下。

第六章,第八章第二节、第三节、第五节,第九章:王大勇;

第八章第四节,第十章,第十一章,第十二章:胡健;

第七章:姜业超;

第二章,第四章,第十三章第一节:李献灿;

第一章,第三章,第八章第一节:闫芳;

第十三章第二节、第三节:刘芳;

第五章:孟杰。

本书在编写的过程中参阅了许多有关城市规划方面的著作,引用了许多专家和学者的研究成果,在此表示诚挚的谢意! 由于时间仓促,编者水平有限,错误和不当之处在所难免,恳请广大读者在使用中多提宝贵意见,以便本书日后的修改与完善。

编　者

2014 年 9 月

目　录

第一章　城市概述

世界的文明与发展无不与城市密切相关,而城市广泛存在于世界上所有的国家,在一个国家或地区的政治生活、经济生活、文化生活以及社会生活中都处于中心地位,并起着主导作用。本章就围绕城市的起源与发展、城市发展的基本规律、城市化与城市发展方针这几方面的内容展开论述。

第一节　城市的起源与发展

一、城市的基本内涵

(一)城市的概念

立足于不同的观察视角和研究目的,对于城市则有不同的理解和认识。比如:历史学家认为城市是一部用建筑材料写成的历史教科书;政治学家把城市看成是政治活动的中心舞台;社会学家侧重研究城市中人的构成、行为及关系,把城市看做生态的社区、文化的形式、社会系统、观念形态和一种集体消费的空间;经济学家将城市看成是生产力的聚集区及经济活动的中心;地理学家则认为城市是人口和物质高度集中的特定地域。

综合而言,城市是以人为核心,以空间与环境资源利用为手段,以聚集经济效益为特点的社会、经济以及物质性设施的空间地域集聚体。聚集是城市最本源、最主要的特征。城市功能多样化、城市活动社会化、城市生产和管理高效化等,都是由聚集而产生出来的。

(二)城市的规模标准

城市常常被划分为不同的种类与级别。基于人口的多寡和规模的大小,城市被分为不同级别,如大、中、小城市等;基于城市的功能不同,形成各种类型的城市,如首都或省会等行政中心、服务中心城市、卫星城市等;按照城市主导产业的不同,城市可以分为工业城市、商业城市、旅游城市、矿业城市等,它们无论在内容上、作用上、空间结构上、环境上都各具特殊性。[①] 为统计应用上的方便,各国常以一定聚集人口数量作为区分城市与乡村的标准,但具体标准又有所不同(表 1-1)。

表 1-1　各国划分城市的人口标准[②]

人数	国别
5 000 人以上	加纳、马里、马达加斯加、赞比亚、法国、奥地利、印度、伊朗、日本、巴基斯坦

---

① 清华大学建筑与城市研究所:《城市规划理论·方法·实践》,北京:地震出版社,1992 年,第 3~6 页。

② 戴均良:《中国城市发展史》,哈尔滨:黑龙江人民出版社,1992 年,第 4 页。

续表

人数	国别
3 500 人以上	英国
2 500 人以上	美国、墨西哥、波多黎各、委内瑞拉
2 000 人以上	埃塞俄比亚、加蓬、利比亚、肯尼亚、洪都拉斯、荷兰、卢森堡
1 500 人以上	巴拿马、哥伦比亚
1 000 人以上	塞内加尔、加拿大、新西兰、澳大利亚
400 人以上	阿尔巴尼亚
200 人以上	丹麦、瑞典、挪威、冰岛
100 户以上	秘鲁

除人口数量外,有些国家还有其他条件。例如印度,除了要求 5 000 人以上,还要求人口密度在 390 人/km² 以上,3/4 以上成年男子从事非农业劳动,并具有城市特点。日本《地方自治法》规定,人口在 5 万人以上并且市区户数和工商业人口均占 60% 以上的地区可以设"普通市";人口 30 万以上,面积 100km² 以上,在本地区具有核心城市机能(如人口在 50 万以下,则昼夜间人口比率须在 100% 以上),可以设"核心市";人口 20 万人以上,有资格设"特例市"。

中国政府对于城市的界定主要依靠规模和行政制度两个标准。对于城市的规模标准,《中华人民共和国城市规划法》中界定:"大城市是指市区和近郊区非农业人口五十万以上的城市。中等城市是指市区和近郊区非农业人口二十万以上、不满五十万的城市。小城市是指市区和近郊区非农业人口不满二十万的城市"。《中华人民共和国城市规划法》规定:城市"是指国家按行政建制设立的直辖市、市、镇。"这就是说,法律意义上的城市是指直辖市、建制市和建制镇。

二、城市的起源

城市的起源是第一次社会分工的结果。城市产生事实上可以追溯到人类的定居阶段,在距今 12 000～10 000 年前,农业逐渐从畜牧业中分离出来,人类完成了第一次社会分工。第一次社会分工使人类的居所逐渐趋于稳定,形成了最初的原始聚落。这些人类早期的原始聚落主要分布在尼罗河流域、两河(底格里斯河、幼发拉底河)流域、印度河流域、黄河流域、长江流域等农业文明发达的地区。农业同畜牧业的分离、原始固定居民点的诞生、生产品的剩余,就逐渐转变为交换经济的萌芽。在那些固定居民点中,就出现了原始手工业,又出现了市场。这种形式不仅日益固定下来,并且得到进一步的发展,原始的城市便出现了。它最早的胚胎只是一个聚集点,是农业革命的产物。当然,城市的最终形成还需要一定外在条件与内在因素,主要有经济、社会、战争与法律这几个方面。

(一)城市出现的经济因素

从经济因素来看,城市出现的直接因素是第二次社会分工(手工业与农业的分离)以及第三次社会分工(商业与手工业的分离)。到手工业的生产规模超过本聚落所需时,专职商品交换的人群才会出现。这种社会分工的出现、非农人口的增加并脱离土地向某些聚居点集中的根本原因就是农业生产力的提高。农业生产力的提高有力地促进了城市的发展,同时,城市反过来为农业成果提供了军事上的保障和技术上的支持。大约在公元前 4000～公元前 3000 年,原始聚落分化成为从事农业生产人口居住的农村和从事手工业、商业为主的城市,这些早期城市出现在四大文明的发祥地——埃及、美索布达米亚、印度和中国。中国最早的城市雏形大概形成于商代早期,河南偃师市二里头村的古商城遗址是迄今为止发现的中国最古老的城址,同时期或者稍晚的还有郑州商城以及安阳殷墟等,这些最早的商城主要体现为聚落的防御功能和手工生产交换功能。

(二)城市出现的社会因素

从社会因素来看,早期的人类对死者和神灵的崇拜是城市形成的重要因素之一。人们需要一个固定的交流感情和安慰精神的地方,这便促使他们修建墓地与圣地,这种建有陵墓、神庙或圣坛的地方,就可能或已经成为早期城市的胚芽。古埃及(公元前 3200～公元前 343 年)的城市建设重点是金字塔等国王陵墓,因而古埃及就有为修建金字塔的工匠、奴隶提供生活居住设施的聚集地(卡洪等),另外,耶路撒冷、麦加、罗马等圣地都发展成世界著名的城市。

(三)城市出现的战争、法律因素

产生城市的因素还有战争、法律等。战争是和人类的历史同样久远的社会现象之一。因为城市所聚集的财富必然成为掠夺的对象,人们为了保护自己,只有不断地加强防御和掠夺者对抗。精心构筑的要塞、城墙、运河及其他防御设施,还有专业的军队等,都是从原始城市开始积累的结果。美索不达米亚(公元前 4000～公元前 538 年)早期的城市(巴比伦等)即由厚重高大的城墙所围成,贸易、战争以及行政管辖职能较为突出。内有宗教的约束,外有战争的压迫,在这样的情况下,城市的法律和秩序也出现了,城市权力开始向社会化转变。在城墙的包围下,市民们有了一个共同的生活基础,一种共性,包括共同的宗教、共同的法律、共同的经济环境、共同的文化背景等。[①]

当内外部因素成熟的时候,城市的雏形就逐渐形成了。

三、城市的发展

(一)城市发展的阶段特征

如果将各国城市的发展置于人类文明发展的历史进程的大背景中考虑,基本可以判断城市的发展经历了两个不同的阶段:古代城市发展阶段和近现代城市发展阶段,以 18 世纪末蒸汽机的发明为界。不同的发展阶段对应着人类社会不同的发展时期,并表现出不同的发展特征。

1. 古代城市的发展

历史时期:奴隶社会,封建社会,历经 6 000 余年。

经济结构:农业社会产业结构。

---

① 张冠增:《城市发展概论》,北京:中国铁道出版社,1998 年,第 31～35 页。

技术进步:技术没有突破性进展,商业、手工业发展缓慢。

城市发展特征:城市发展缓慢,持续时间长;城市结构简单,规模小;城市职能简单,更多的是政治军事职能;城市化水平低。

自从第一个城市诞生以来,至今历 6 000 余年。在 6 000 余年的城市文明发展史中,人类社会经历了漫长的农业经济时代,工业经济时代只有 200 余年的历史。在农业社会历史中,尽管出现过规模相当可观的城市(人口都达到了 100 万左右,如我国的唐长安城和西方的古罗马城),并在城市建设方面留下了十分宝贵的人类文化遗产。由于农业社会的技术水平和生产力低下,且提高缓慢,决定了农业社会的城市发展缓慢,城市数量和规模都是极其有限的。以下就围绕中国偃师商城、埃及卡洪城、西亚古巴比伦城这几个著名的古代城市进行简单的介绍。

(1)中国偃师商城

河南偃师商城是商汤灭夏后建立的第一个都城,也是夏、商两代划分的重要标志,位于洛阳市东 30km,西南距二里头遗址(夏代)6km。商城平面呈刀形,共有三道城墙,最外围是大城,大城之中有小城,小城之中有宫城。城墙南北长约 1 700m,东西最宽约 1 200m,城址总面积 200 万 m²。小城位于大城的西南部,大体呈长方形,南北长约 1 100m,东西宽约 750m,内有宫殿、庙宇、祭祀场所、青铜作坊、供水池和排水系统等。从其规模和布局来看,偃师商城不是一座单纯的军事城堡,应该是一座具有政治中心性质的一国都城(图 1-1)。

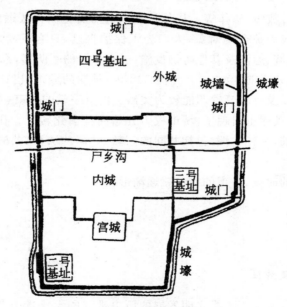

图 1-1　河南偃师商城

(2)埃及卡洪城

卡洪城位于法尤姆绿洲东南部,尼罗河西岸。始建于公元前 2500 年,居住人口 2 万人。卡洪城是为兴建埃及法老的金字塔陵墓而修建的一种特殊的居民点。陵墓完工后,该城即被废弃。卡洪城平面呈规则的矩形,城墙南北长约 250m,东西宽约 350m。一道内城墙将城区分隔为两部分:西部地势较低,密集而有秩序地排列着奴隶工匠居住的土坯小屋;东部为奴隶主贵族和官吏所居住,并设有市场和商铺,还有一组宫殿。整个城市显然经过规划,并体现着强烈的阶级秩序(图 1-2)。

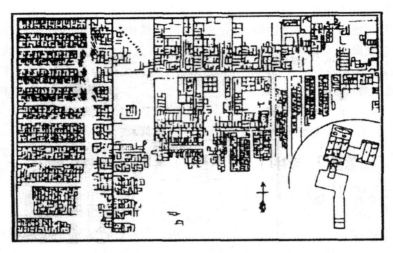

图 1-2　埃及卡洪城

（3）西亚古巴比伦城

古巴比伦城位于幼发拉底河中游,距伊拉克首都巴格达以南 88km,居住人口约 10 万人。巴比伦城横跨幼发拉底河(宽约 150m)两岸,平面大体呈矩形,内城周长约 8 360m。城中的马尔都克神庙正对夏至日出方向,并以神庙为中心确定全城的布局。纵贯全城的普洛采西大道(宽 7.5m)西侧布置有空中花园、王宫、天象台、马尔都克神庙。城中平民住宅区房屋低矮密集,与高约 60m 的 7 层天象台形成强烈的对比。巴比伦城的布局体现出鲜明的宇宙崇拜和宗教政治特征(图 1-3)。

图 1-3　古巴比伦城

2.近现代城市的发展

历史时期:资本主义社会与社会主义社会并存,18 世纪中至今 200 余年。

经济结构:工业社会产业结构,城市产业以第二、第三产业为主。

技术进步:科学技术取得突破性进展,技术革命层出不穷。

城市发展特征:城市发展速度加快,变化剧烈;城市结构趋向复杂,规模日趋增大;城市职能多样化,经济社会发展成为城市的主要职能;人口向城市急剧聚集,城市化水平快速提高。

18世纪末以蒸汽机的发明为发端的工业革命,是城市发展的重要里程碑,标志着古代城市开始向近现代城市演进。这一过程最早是在英国开始的,工业企业开始摆脱原料基地的束缚向城市聚集,与此同时又出现了更多新兴的工业门类。工业向城市的聚集直接导致城市人口的剧增和城市用地的扩张,城市职能开始由过去的政治军事职能向经济职能转变。

近现代城市的发展经历了三个大的发展阶段:城市绝对集中发展阶段、城市相对分散发展阶段和城市区域协同发展阶段。从这三个阶段的发展趋势上看,城市的发展遵循着"点→圈→群"的系统发展模式。

(1)城市绝对集中发展阶段

工业革命促成人类社会向工业化迈进,在工业化初期,人口从农村向城镇大规模迁移。那些位于交通枢纽的城镇,开始快速扩张,城市人口越来越多,用地规模越来越大,呈由中心向外围圈层扩展的态势。这一时期是城镇发展的"绝对集中"时期。

以伦敦城为例,城市人口从1801年的约100万增加到1844年的约250万,城区范围从2英里(约3.2km)半径扩展到近3英里(约4.8km)半径。1860年以前的英国城市交通仍以步行为主;1860年后,英国城市开始发展公共交通,从公共马车到公共电车和公共汽车;1910年,伦敦人口猛增到650万,成为当时欧洲乃至世界最大的城市。

城市的集中发展有利于发挥聚集效应和规模经济效应。但是当这种集中发展超过一定规模后,其弊端开始显现,主要表现为所谓的"城市病":城市交通组织愈来愈困难,环境污染加剧,人们越来越远离大自然。

(2)城市相对分散发展阶段

19世纪末20世纪初,小汽车等机动交通工具的出现将城市发展推向新的阶段,人们为了逃避城市病的困扰,纷纷迁居于城市郊区,使得郊区的增长开始超过城区的增长,学术界将这一现象称作"郊区化"。城市,特别是大城市进入相对分散发展时期。

英国伦敦东部郊区,从1890年至1900年间,人口增加了三倍之多,西部郊区人口增加了87%,北部郊区人口增加了55%,南部郊区人口增加了30%。1942年由英国著名规划师阿伯克隆比主持编制的大伦敦规划,即是基于通过开发城市远郊地区的卫星城镇,分散中心城区的人口压力的理念,以此解决中心城市过于集中发展的种种问题。这一模式在第二次世界大战后被欧洲各国纷纷效仿,进一步推动了城市向郊区的分散发展。

(3)城市区域协同发展阶段

20世纪70年代,发达的市场经济国家开始进入后工业社会的成熟期,第三产业的主导地位越来越显著。与此同时,城际间的快速、大运量交通条件渐趋成熟,从农村向城镇的人口迁移已经消失,取而代之的是区域内部从城区到郊区的人口迁移,导致城区人口的下降和郊区人口的上升,这被称为城市人口分布的"绝对分散"趋势。根据发达国家的经验,城镇化水平达到75%～80%以后,城镇化进程趋于稳定,但产业和人口的空间分布趋于在一定区域内的分散和重组。城市开始摆脱自身孤立发展的束缚,向区域内大、中、小城市协同发展的阶段迈进。

城市区域协同发展的典型现象是,在那些经济社会发展基础较好、基础设施完备、交通条件优越的地区,大、中、小城市连绵发展,形成巨型城市群或城市带。西欧是工业化和城市化进程开始最早的地区,城市化水平高,城市数量多,密度大,均以多个城市集聚的形式形成城市群,如英国的伦敦—伯明翰—利物浦—曼彻斯特城市群集中了英国 4 个主要大城市和 10 多个中小城市,是英国产业密集带和经济核心区。荷兰的兰斯塔德城市群是一个多中心马蹄形环状城市群,包括阿姆斯特丹、鹿特丹和海牙 3 个大城市,乌得勒支、哈勒姆、莱登 3 个中等城市以及众多小城市,各城市之间的距离仅有 10~20km。该城市群的特点是把一个城市所具有的多种职能分散到大、中、小城市,形成既有联系又有区别的空间组织形式,以保持整体的统一性和有序性。

美国东北部大西洋沿岸的大城市连绵区,以波士顿、纽约、费城、巴尔的摩、华盛顿五大城市为中心,大、中、小城镇连绵成片。虽然面积只占国土面积的不到 1.5%,但却集中了美国人口的 20%左右,制造业产值占全国的 30%,是美国的经济核心地带。每个城市都有自己的优势产业部门,城市之间形成紧密的分工协作关系。

日本是亚洲地区城市群发展程度最高的国家,已形成典型的城市群"东海道太平洋沿岸城市群"。该城市群由东京、名古屋、大阪三大都市圈组成,大、中、小城市总数达 310 个,包括东京、横滨、川崎、名古屋、大阪、神户、京都等大城市。其中,东京的城市功能是综合性的,是日本最大的金融、工业、商业、政治、文化中心,被认为是集多种功能于一身的世界大城市(图 1-4)。

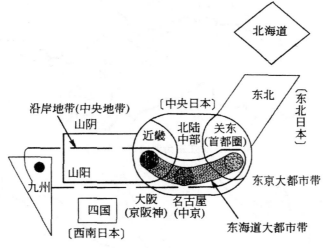

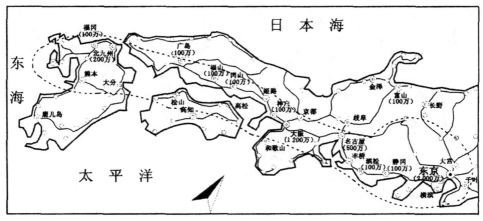

图 1-4 日本东海道太平洋沿岸城市群示意图

中国在 20 世纪 90 年代,随着改革开放政策在沿海地区的实施,长江三角洲地区、珠江三角洲地区和环渤海地区率先进入快速工业化时期。地区内各城市之间通过分工协作、功能互补,基本呈现出城市群发展的空间态势,初步形成长江三角洲城市群(图 1-5)、珠江三角洲城市群(图 1-6)和环渤海城市群(图 1-7)的格局。

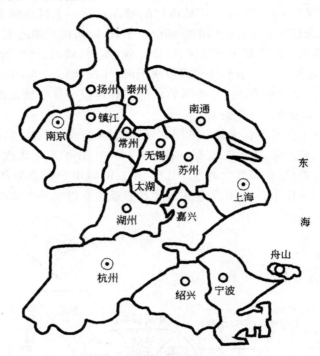

图 1-5　长江三角洲城市群示意图

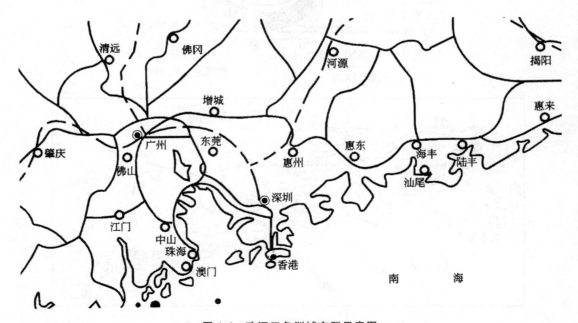

图 1-6　珠江三角洲城市群示意图

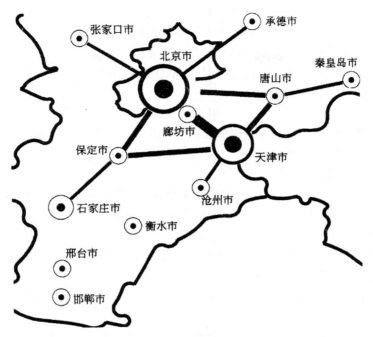

图 1-7　环渤海城市群示意图

长江三角洲城市群跨越上海、浙江、江苏三省(直辖)市,包括上海、南京、苏州、无锡、杭州、宁波等 15 个城市。经过多年发展,长江三角洲基本形成了较为合理的产业分工。技术和资本密集型产业留在上海,劳动密集的工业则到苏州、昆山等地区。

珠江三角洲城市群包括广州、深圳、珠海、佛山、江门、中山、东莞、惠州等 14 个市县。珠三角经过 20 多年的发展,已形成了城市、产业和市场三大集群,进入工业化成熟期,并崛起了深圳、东莞两座 600 万人口以上的特大城市。

由京、津领衔的环渤海经济区成立于 1986 年,是我国最大的工业密集区。近年来部分专家学者又提出了"大北京"概念,它包括北京、天津、唐山、保定、廊坊等城市所辖的京津唐和京津保两个三角形地区,以及周边的承德、秦皇岛、张家口、沧州和石家庄等城市的部分地区。

(二)城市未来发展的重要影响因素

1.技术对城市未来发展的影响

人类技术进步促成了城市的产生,推动了城市的发展,可以肯定的是,科技进步与创新对城市的未来发展仍然会发挥决定性的作用。进入 21 世纪,随着以信息技术为主的高新技术的兴起,并由此而出现的知识经济、经济全球化和信息化社会等浪潮将城市的未来发展推向全新的境地。

(1)知识经济与城市发展动力

经济合作与发展组织(OECD)在《1996 年度科学、技术和产业展望》中提出"以知识为基础的经济"概念,其定义是"知识经济直接以生产、分配和利用知识与信息为基础"。

"经济合作与发展组织"认为,知识经济具有以下四个主要特点。

第一,科技创新。在工业经济时代,原料和设备等物质要素是发展资源;在知识经济时代,科技创新成为最重要的发展资源,被称为无形资产。

第二，信息技术。信息技术使知识能够被转化为数码信息而以极其有限的成本广为传播。

第三，服务产业。在从工业经济向知识经济演进的同时，产业结构经历着从制造业为主向服务业为主的转型，因为生产性服务业是知识密集型产业。

第四，人力素质。在知识经济时代，人的智力取代人的体力，成为真正意义上的发展资源，因而教育是国家发展的基础所在。

由于科学技术对于经济发展的主导作用日益显著，现代城市都在积极营造有利于科技创新的环境，以提升经济竞争力。高科技园区逐渐成为城市营造科技创新环境的一项重要举措，因而高科技园区规划越来越显示其重要性。

（2）经济全球化对城市未来发展的影响

经济全球化是指各国之间在经济上越来越相互依存，经济活动的组织突破国界向全球延伸，各种发展资源（如信息、技术、资金和人力）的跨国流动规模越来越扩大。经济全球化表现出以下几个基本特征。

第一，跨国公司在世界经济中的主导地位越来越突出，管理、控制—研究、开发—生产、装配三个层面的空间配置已经不再受到国界的局限。

第二，各国的经济体系越来越开放，国际贸易额占各国生产总值的比重逐年上升，关税壁垒正在逐步瓦解之中。

第三，各种发展资源（如信息、技术、资金和人力）的跨国流动规模不断扩大。

第四，信息、通信和交通的技术革命使资源跨国流动的成本日益降低，为经济全球化提供了强有力的技术支撑。国际互联网和各国信息高速公路的形成，使电子商务趋于普及，在生产性服务领域带来一场全球化革命。

在经济全球化进程中，随着经济空间结构重组，城镇体系也发生了结构性变化，从以经济活动的部类为特征的水平结构到以经济活动的层面为特征的垂直结构。工业经济时代的城市产业结构都是建立在制造业的基础上，只是每个城镇的主导部类不同，这就是所谓的"钢铁城""纺织城"或"汽车城"等。因为每个产业的管理、控制—研究、开发—生产、装配三个层面往往集中在同一城镇，城镇间依赖程度相对较小。因而，城镇之间的经济活动差异在于部类不同而不是层面不同，这就是城镇体系的水平结构。传统城镇体系结构的特征是水平的。在经济全球化进程中，管理、控制—研究、开发—生产、装配三个层面的聚集向不同的城镇分化，经济空间结构重组表现为生产、装配层面的空间扩散和管理、控制层面的空间集聚，城市间依赖程度较大。

经济全球化是一把双刃剑，在给世界各国城市发展带来机遇的同时，也带来了诸多负面的影响。这些影响主要表现在以下几个方面。

第一，位于世界经济体系垂直结构末端的生产、装配基地的国家和城市，其发展的方向、规模、速度等越来越受到跨国资本的控制，跨国资本的兴衰左右着它们的发展。

第二，伴随经济全球化而来的是文化趋同化，强势文化正在逐步同化着地方文化。

（3）信息化社会和城镇的空间结构变化

计算机和互联网的发明，引发了人类历史上更为全面、更为彻底、更为迅猛的信息革命，它深刻地改变着人类社会结构和生活方式。例如：第一，工业革命使人们离开家庭集中就业，信息革命则有可能使人们重新回到家庭工作。第二，工业革命使人们向城镇集聚而疏远大自然，信息革命则有可能使人们的居住和工作空间趋向扩散，并亲近大自然。第三，工业革命使人们在郊外居住到市中心工作，信息革命则有可能使人们在郊外工作而到市中心娱乐、消费、社交等。

伴随着这些变化,未来城市空间结构、布局形态,甚至城市的功能组织方式必然会出现更多的创造更新。

2.发展观的转变对城市未来发展的影响

进入工业文明时代,人类掌握了改造自然的诸多技术手段,开始了轰轰烈烈的改造自然、战胜自然的活动,与此同时,使得人类赖以生存的地球环境也遭到了巨大的破坏,环境污染(大气污染、水污染、固体废物污染等)、资源危机(水资源危机、能源危机、土地资源危机等)迫使国际社会开始检讨过去的发展路径。1987年,联合国环境与发展委员会发表了布伦特兰(Bmndtland)夫人的报告《我们共同的未来》。报告中提出"可持续发展(Sustainable Development)"的思想,即"既满足当代人的需求,又不损害子孙后代满足其需求能力的发展"。这一思想很快得到了国际社会的重视和广泛认同。"可持续发展"将成为人类在21世纪的核心发展观,并对城市的未来发展产生积极的影响,可以预见的影响至少可能体现在如下的几个方面。

(1)人们将致力于追求建设高效、公正、健康、文明的城市社会,实现人类社会的可持续发展。

(2)生态城市将会是面向未来的全新的人类聚居模式。这里所说的"生态"已不是传统的"生物及其栖息环境之间的关系",而是"社会、经济、自然之间的相互关系";不是仅仅局限在自然生态环境方面,还包括政治、经济、文化、科学、教育、技术等方面,体现一种人与自然整体和谐与协调的复合生态观。这里所说的"城市"已经不是传统意义上的城市,而是城—乡复合共生的生态系统,城市与乡村将由对立走向融合。

第二节　城市发展的基本规律

一、城乡不分—城乡对立—城乡融合

人居环境的性质和形态,从原始社会的城乡不分(城市尚未产生),经过城乡对立、城乡差别的历史阶段,发展到城乡差别消失、城乡融合的人类社会高度发达阶段。在人类历史的绝大部分时间内,都是处于城乡不分的状态的。城市作为人类文明发展的历史火车头,是伴随着人类分裂的痛苦(残暴的阶级压迫和剥削)、城乡对立(城市对乡村的掠夺)、城乡贫富两极分化而产生和发展的(图1-8)。

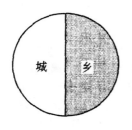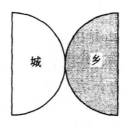

農業社会:并存　　　工业社会:对立　　　生态社会:融合

图1-8　不同社会时期城乡关系图解

马克思在《共产党宣言》中提出:"把农业同工业结合起来,促使城乡之间的差别逐步消失。"事实上,在工业发达国家的一些高度发达的地区,城乡之间在现代化设施水平和经济、文化方面已看不到什么区别,只是土地利用集约化程度和景观上有所不同而已。进一步看,随着基因工程等先进科学技术应用于农业和各种改造、利用自然的产业和农业的高科技产业化,城乡的进一步融合也已在预见之中。由此看来,城乡区分在人类历史的发展过程中是不可避免的阶段性进程,但最终必然会走向城乡融合。

二、城市随产业高层次化而呈螺旋上升式发展及二者间的互动

人类产业结构的变革是城市产生与发展的根本原因。产业结构的高层次化发展导致城市形态的螺旋上升式发展:集聚—分散—再集聚—再分散。按照钱学森对人类历次产业革命的见解,联系城市的产生与发展,可以得到比较清晰的概念(表1-2)。

表1-2 人类历次产业革命对城市的产生与发展的影响

产业革命	相关描述
第一次产业革命	第一次产业革命是由于火的发现与使用(旧石器时代晚期),使人类逐渐从采集、渔猎生活发展到开始从事农业、畜牧业(中、新石器时代)。于是发生了人类的第一次社会大分工:种植业从游牧渔猎中分离出来。它产生了定居的聚落。由此也开始形成了第一产业——农业、林业、渔业、畜牧业、采石、采矿等
第二次产业革命	第二次产业革命是以铁器的制作与使用为标志的。金属的冶炼和加工,是第二产业的雏形。手工业与商品交换从农业(包括种植业、畜牧业、渔业)中独立出来。这就是人类的第二次社会大分工。市场与军事防御的需要产生了城市。到封建社会中期,产生了繁荣的商业城市
第三次产业革命	第三次产业革命是18世纪下半叶到19世纪初遍及各工业国的产业革命。它始于英国蒸汽机的发明和广泛应用。机器大工业取代了手工业,于是确立了近、现代的第二产业——冶金、工业制造业、纺织工业、建筑业等。第二产业的迅猛发展促进了近、现代资本主义城市的迅猛发展和城市化运动席卷全球
第四次产业革命	第四次产业革命以电的发明和使用为标志。19世纪末至20世纪初,物理学的革命,电磁理论的建立,电动机的发明和电力的远距离输送,促使城市化进入了现代发展阶段。工业类型大大扩展了,化学工业上升为主要产业,铁路实现了电气化,汽车和飞机普及起来,电灯、通信、广播等企业迅速发展。生产社会化,形成了区域、国际市场,从而确立了第三产业——金融、保险、投资、贸易、交通运输业等。电气化也促进了一系列现代城市理论的产生
第五次产业革命	第五次产业革命始于第二次世界大战至今。相对论、量子力学、天文学等科学革命,首先推动了军事科学技术的发展,并带动了系列新的工业部门和领域的发展,如电子工业、高分子化学工业、航空及航天工业、原子能工业、汽车工业、合成纤维、合成树脂工业等高技术产业。这导致新型高科技工业城市和原有城市中高技术开发区的出现。城市中的第三产业继续迅速发展,城市经济结构向"服务化"转化,从业人员大大增加;城市中非生产部门和行业的发展快于生产部门。而且,随着科学技术成为提高生产力的决定性力量,第四产业应运而生——科学技术业、咨询业和信息业。此外,随着人民生活水平的提高,进入"丰裕的社会",要求"精神丰裕",文化消费的需求日益增长。因此,当前各发达国家正在兴起第五产业——文化业(文化市场业)、旅游业等

续表

产业革命	相关描述
第六次产业革命	21世纪人类社会将迎来第六次产业革命。这是由生物科学技术飞跃进步带来的生产力乃至整个社会的大变革,主要是利用生物工程技术和太阳能等发展高度知识密集型的农业产业,包括种植农业(植物工厂)、林业、草业、海业、沙业等。它将高科技伸向广阔的田野、山林、草原、海洋和沙漠。高科技进入第一产业,表明各层次产业本身也会向高层次发展。这里也体现了螺旋式上升规律

总之,产业结构的变革是导致城市产生与发展的根本原因。它将社会资源(包括人力资源和物质资源)不断地从第一产业转向第二产业,再转向第三、四、五等产业。这种产业向高度演化的过程,促进了城市化的发展,改变了城市的结构乃至城乡关系。

三、农业文明—工业文明—生态文明

就各时期文明的基本特征而言,人类自摆脱蒙昧状态(有史)以来,是从农业文明经过工业文明进入生态文明的。农业文明是基于分散的自然经济,人类基本上能与自然环境和谐相处。18世纪工业革命以来,工业文明奠定了现代化经济和文明的基础,但却导致了自然环境的大规模破坏。生态文明则是随着社会经济、文化的高度发展,人类进入环境觉醒时代。美国的著名城市学家芒福德认为,当今世界是处于残秋时代的工业文明与早春时期的生态文明相交替的阶段。面对生态文化,他提出了有机规划和人文主义规划的城乡规划设想。在这里,也可以再次看到,在人类与自然生态环境相互关系的历史方面,也是经历了一条螺旋式上升的变化。

第三节　城市化与城市发展方针

一、城市化

(一)城市化的内涵

1. 城市化的基本概念

城市化,也有学者称之为"城镇化""都市化",它是农业人口转化为非农业人口、农村地域转化为城市地域、农业活动转化为非农业活动、农村文明向城市文明转变的过程,是社会经济发展的必然结果。换句话说,城市化是一个国家或地区实现人口集聚、财富集聚、技术集聚和服务集聚的过程,同时也是一个生活方式转变、生产方式转变、组织方式转变的过程。

概括起来,城市化概念应该涉及以下几个方面的含义。

第一,城市化是城市对农村施加影响的过程。

第二,城市化是全社会人口接受城市文化的过程。

第三,城市化是人口集中的过程,包括集中点的增加与每个集中点的扩大。

第四,城市化是城市人口比例占全社会人口比例增加的过程。

　　根据上述几个方面的含义可将城市化划分为两个阶段,即形式(外延)城市化与功能(内涵)城市化。形式城市化是人口与非农业活动向城市集中、乡村地域转变为城市地域的过程,直接表现为城市数目的增多与城市规模的扩大;功能城市化则是城市文化、城市生活方式和价值观念向农村扩散的过程,也是城市特征强化和城市现代化的过程。

　　城市化有两个主要衡量标准,即人口指标及土地利用指标。通常所用的城市化指标是人口指标,即城市人口占区域总人口的比重,也叫"城市化率"或者"城镇化水平"。

　　2.城市化的一般进程

　　纵观世界各国的城市化进程可以发现,一个国家或地区的城市化进程大致按"S"形曲线发展变化,如图1-9所示,城市化率变动经历三个阶段,即阶段a、阶段b和阶段c。阶段a为城市化的起始时期,城市化率一般低于30%。阶段b为城市化的加速发展阶段,根据发展速率的不同,该阶段又可以分为b(1)和b(2)两个时期。阶段b(1)城市化发展较快,城市化率在30%～50%;而阶段b(2)城市化发展速率较阶段b(1)要慢一些,城市化比率在50%～70%。阶段c为城市化的完成阶段,城市化率大都在70%以上。这一阶段,城市化并不是真正完成,而是城乡人口转移基本结束,城市发展进入功能城市化和城市现代化阶段。

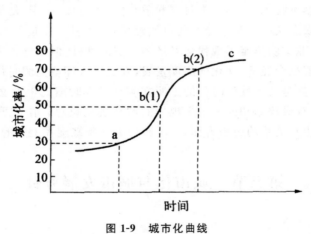

图1-9　城市化曲线

（二）世界城市化水平比较

　　衡量城市化的指标是人口指标,即城市人口占全社会人口的百分比。据联合国资料,1900年,世界城市化水平为14%,1959年为28%,1988年为41%,2000年达到50%,预测到2030年将达到60%。另一份资料分析,发达国家的城市化水平,1970年为68%,1995年为75%,2025年将达到84%;发展中国家的城市化水平,1970年为25%,1995年为37%,2025年将达到57%。回顾历史,可以发现世界城市化历程呈现一定的阶段性规律,而且随着经济社会的发展,城市化水平是在不断提高的。

　　表1-3反映出发达国家的城市化水平高,但发展中国家的城市发展速度快,20世纪80年代以来亚洲地区的城市化水平有了飞速提高。从发达国家的城市化历程来看,存在两种十分明显的城市化道路,即以美英为代表的分散型发展道路和以日韩为代表的集中型发展道路。中国在城市化发展的进程中,与日本、韩国的发展背景更为相像,未来的城市化发展可走日韩式集中型发展道路,实现城市化水平的快速提高。

表 1-3　世界各地区城市化发展水平①

地区	20世纪50年代城市人口(百万)	城市人口占全社会人口的百分比(%)	20世纪80年代城市人口(百万)	城市人口占全社会人口的百分比(%)	20世纪90年代末城市人口(百万)	城市人口占全社会人口的百分比(%)
北美	105	64	196	79	256	86
西欧	177	60	260	74	321	83
大洋洲	8	64	17	73	26	78
拉美	67	41	237	64	464	75
东欧	108	39	243	62	344	74
中东/北非	26	26	112	48	243	50
东亚	112	17	358	33	591	43
东南亚	23	13	90	24	207	34
南亚	69	15	199	22	441	31
中南非	17	10	80	22	210	—

（三）城市化的类型

从城市化和地域变动的角度分析,城市化可以分为以下两类。

1.向心型城市化与离心型城市化

城市中行政、金融业务、商业等部门都有向城市中心集中的特性,这就是向心型城市化,又称"集中型城市化"。相反,工业、居住、游乐等职能则由城市中心向城市边缘移动,这就是离心型城市化。

向心型城市化促使城市中心土地利用密度升高,向立体发展,形成中心商务区。离心型城市化导致城市外围农村地域变质、城市平面扩大。

2.外延型城市化与飞地型城市化

离心型城市化按照扩散形式的不同,还可分成外延型城市化与飞地型城市化两种形式。如果城市的离心发展一直保持与建成区接壤,连续渐次地向外推进,这种扩散方式被称为外延型城市化。如果在推进过程中,由于自然或人为因素的影响而出现在空间上与建成区断开,职能上与中心城市保持联系的城市扩展方式,被称为飞地型城市化。

外延型城市化是一种最为常见的城市化类型,大多数的城市在发展的过程中都是以"铺大摊子"为特征。飞地型城市化产生的原因可能是由于母城在向外扩展的过程中受到某些自然条件的限制,也可能是为了解决"城市病"问题,还可能是为了促进新区的开发等。

（四）当代城市化的特征

1.当代世界的城市化特征

城市化是一个世界性的潮流,是社会历史发展的必然趋势。当代世界的城市化进程呈现以

---

① 张冠增:《城市发展概论》,北京:中国铁道出版社,1998年,第258页。

下特征。

(1)城市化进程加快

1900 年世界城市化水平为 13.6%,1950 年为 29.2%,1980 年为 39.6%,2006 年则上升到 49.2%。实际上,20 世纪以来世界城市化进程加快主要是发展中国家所主导的。到 1980 年,发达国家的城市化率已超过 70%,进入城市化发展的后期阶段,对世界城市化进程的推进作用已不明显。与之相反,发展中国家正处于加速发展阶段,1980 年以后城市化的发展速度较 1950—1980 年要快 20%左右。

(2)大城市发展迅速,出现了规模巨大的城市群

1800 年全世界只有伦敦一座大城市达到 100 万人口规模;1900 年人口规模达到 100 万的城市增加到 16 座;2000 年已达到 325 座,人口规模达 1 000 万的超大城市已有 20 座。

随着新技术的广泛应用,基础设施网络的逐步完善,大城市规模不断扩大,大城市间出现新的城镇,城市之间的距离日益缩小。世界上一些地区,出现了规模巨大的城市群。

(3)城市化发展的区域差异明显

在发达国家,城市化伴随着工业化进行,其发展已有一二百年的历史,目前城市化水平一般在 70%以上,如 2006 年美国、英国的城市化水平分别达到 81.1%和 89.8%,并且乡村居民在生产方式与生活方式上已接近城市居民,因此发达国家的城市化已逐步趋于均衡。而发展中国家,乡村人口多,工业化水平低,城市化水平较低,城市化的区域差异较大。

(4)发达国家出现"逆城市化"倾向

20 世纪 60 年代以来,发达国家的城市化出现了一个新现象,即农村和小城镇人口增加速度超过大城市,出现人口由大城市向中小城市、乡村扩散的新现象。这种现象称为"逆城市化"。"逆城市化"现象出现,一方面由于人们厌恶城市环境,追求较宽裕的活动空间和新鲜的空气;另一方面是由于交通信息发达,有人要求由城市迁往乡村。"逆城市化"实际上是一种更高形式的城市化,是城市发展的一个新阶段。

可以预见,今后世界城市化的发展将表现出以下趋势。

第一,发展中国家城市化进程加速发展。

第二,经济全球化和区域集团化形成全球城市多极结构。

第三,大都市连绵带是全球最具发展潜力与活力的地区。

第四,首位城市将主宰世界经济。

第五,国际性城市内部社会极化现象突出。

第六,全球开始掀起建设生态城市浪潮。

第七,多极多层次的世界城市网络体系形成。

2. 当代中国的城市化特征

当代中国的城市化有以下四个主要特征。

(1)有计划地逐步发展,城市化进入快速发展阶段

与其他国家相比,中国的城市化是有计划地逐渐发展的,且速度在加快。全国城镇人口比重 1980 年为 19.4%,1990 年为 26.4%,2000 年为 36.2%,2008 年为 45.7%。2000—2008 年城镇人口比重增加了近 9.5 个百分点;城市人口也由 1980 年的 19 140 万人增加到 2008 年的 60 667 万人,近三十年的时间,城市人口增加了 41 527 万人。

（2）乡村城市化开始显现

改革开放以来,为了解决农村剩余劳动力与发展乡村经济,一方面在乡村大力发展工业企业,另一方面逐步放松人口城乡转移的限制,乡村城市化开始显现。目前在苏南和珠三角地区尤为突出。

（3）城市规模体系的动态变化加速,城市群和一批超大城市正在形成

改革开放以来,我国城市发展的速度非常快。按照市区非农业人口统计数据,2008 年,100万人以上的超大城市已达 56 个,50～100 万人口的大城市达 85 个,小城市数量先增后减(表1-4)。

表 1-4　我国各时期城市人口规模及分组人口变动

年份	个数	100 万人以上			50～100 万人			20～50 万人			20 万人以下		
		个数	人口	人口比重（%）	个数	人口	人口比重（%）	个数	人口	人口比重（%）	个数	人口	人口比重（%）
1957	178	10	2 531	42.1	18	1 289	21.4	36	1 073	17.9	114	1 112	18.6
1960	199	15	3 506	44.6	24	1 690	21.5	32	1 496	19.1	128	1 161	14.8
1965	171	13	3 007	44.5	18	1 291	19.1	43	1 399	20.7	97	1 054	15.7
1970	176	11	2 571	38.6	21	1 505	22.6	47	1 477	22.2	97	1 110	16.6
1978	192	13	2 995	37.9	27	1 997	25.3	60	1 821	22.9	92	1 085	13.9
1986	353	23	4 939.5	40.3	31	2 237.1	18.2	96	2 905.8	23.7	203	2 181	17.8
1993	570	32	6 673.3	37.9	36	2 404.1	13.7	161	4 824.1	27.4	341	3 707.7	21.0
2000	663	40	8 556.9	37.4	53	3 590.5	15.7	218	6 533.8	28.5	352	4 219.5	18.4
2008	654	56	14 898.0	46.5	85	5 876.5	18.3	239	7 637.7	23.8	274	3 656.4	11.4

注:表中数据来源于《中国城市统计年鉴》(1995,2002,2008)和《中国人口和就业统计年鉴》(2009),数据有所整理。

目前,我国已拥有一批巨型城市和超大城市,如上海、北京、广州、天津、武汉、重庆、南京、沈阳、哈尔滨、成都、济南、西安、长春、大连、杭州等,大规模的城市群逐渐形成,如长江三角洲城市群、珠江三角洲城市群、京津唐城市群等。

（4）城市化的省际差异明显

我国城市化的省际差异明显,除几个直辖市和港澳以外,城市化水平较高(50%以上)的省区多位于东北、东南沿海省份。城市化水平较低(40%以下)的省区从西南向中部地区延伸。

二、城市发展方针

（一）改革开放前的城市发展方针

"一五"时期国家推行"重点建设,稳步前进"的城市建设方针,确保了当时国家工业建设的中

心项目所在的重点工业城市的建设,取得了较好的效果。但从 20 世纪 50 年代后期,特别是进入 60 年代,毛泽东对工业和城市建设发表了多次讲话。中心思想转向"分散",强调"控制大城市规模和发展小城镇"。1976 年以前,国家有关部门一再强调要认真贯彻执行"严格控制大城市规模、搞小城市"的方针。主要的出发点是基于"大跃进"时期城市发展失控给国家带来的损失,以及后来中国对当时国际形势过分严峻的分析。基本上反映了当时"备战、备荒"的国家战略和大搞"三线"工业,"分散、靠山、隐蔽""不建集中城市"等指导思想。

1976 年以后,中国城市的复兴面对着巨大的困难,以前的指导思想来不及清理就被沿袭下来,难以对付新的严峻局面。1978 年全国第三次城市工作会议确立了"控制大城市规模,多搞小城镇"的城市建设方针。①

(二)改革开放后的城市发展方针

1978 年以后国民经济进行了几年的"调整、改革、整顿、提高",目标是加强农业和轻工业生产,压缩重工业和基本建设规模,这使许多重工业中心和综合性大城市因调整而一度经济不景气。相比之下,一批以轻纺工业为主的中小城市脱颖而出成为"明星城市"。农村经济改革也使小城镇长期萎缩的局面彻底改变。于是,1980 年 10 月 5 日至 15 日,国家建委在北京召开全国城市规划工作会议,正式把"控制大城市规模,合理发展中等城市,积极发展小城市"作为国家的城市发展总方针,这一城市发展方针补充了对中等城市的对策,在形式上更趋完整。同时还强调,今后大城市和特大城市原则上不要再安排新建大中型工业项目。要利用中等城市,有选择地布局一些工业项目,但一般不使其发展成为新的大城市。新建项目应优先在设市建制的小城市和资源、地理、交通、协作条件好的小城镇选厂定点。建设小城市和卫星城的规模要适当,人口一般以 10 万或 20 万为宜。

在这以后,经济改革逐步进入城市领域,1980 年制定的城市发展方针,一度成为学术界讨论的热点,发表了各种各样的观点和建议。尽管 1990 年《城市规划法》又把上面的方针改为"严格控制大城市规模,合理发展中等城市和小城市",但关于中国城市发展方针的学术讨论仍在继续。② 事实上,控制大城市规模思想的起源,主要是针对控制市区的人口和用地规模,以缓解由于人口过度膨胀、基础设施不足、交通拥挤、住房紧张、环境恶化等矛盾,即所谓的"城市病"而提出的。

21 世纪以来,中国的城市发展方针有较大变化,城市管理从行政控制向城市规划理念转变。《中华人民共和国国民经济和社会发展第十一个五年规划纲要》指出,促进城镇化健康发展,要"坚持大中小城市和小城镇协调发展"。可以说,这一思想将有助于我们重新思考、设计更加灵活的城市发展方针,使之适应于社会经济发展战略的需要。《中华人民共和国国民经济和社会发展第十二个五年规划纲要》提出:"促进区域协调发展,积极稳妥推进城镇化""完善城市化布局和形态""以大城市为依托,以中小城市为重点,逐步形成辐射作用大的城市群,促进大中小城市和小城镇协调发展"。未来中国的城市发展方略必然是以城乡协调为主导、以城市群为中心的有序发展。

---

① 许学强:《城市地理学》,北京:高等教育出版社,1997 年,第 119～120 页。
② 许学强:《城市地理学》,北京:高等教育出版社,1997 年,第 120 页。

第二章　城市规划概述

城市规划是一门自古就有的学问,侧重于研究城市的未来发展、城市的合理布局和城市各项工程建设的综合部署,是一定时期内城市发展的蓝图。在本章内容中,将详述阐述城市规划的相关内容,包括城市规划的特点与价值观、任务、地位与作用、要素与基本内容等。

第一节　城市规划的特点与价值观

一、城市规划的特点

城市规划有其自身独特的特点,具体来说有以下几个。

(一)综合性

城市规划是一项综合性的工作,因为城市的社会、经济、环境和技术发展等各项要素既互为依据,又相互制约,城市规划需要对城市的各项要素进行统筹安排,使之各得其所、协调发展。

城市规划的综合性特点在各个层次、各个领域及各项具体工作中都有着鲜明的体现,具体体现在以下几个方面。

(1)当考虑城市的建设条件时,不仅要考虑城市的区域条件,包括城市间的联系、生态保护、资源利用,以及土地、水源的分配等问题,还要考虑气象、水文、工程地质和水文地质等范畴的问题,以及城市经济发展水平和技术发展水平等。

(2)当考虑城市发展战略和发展规模时,既要考虑城市的产业结构与产业转型、主导产业及其变化、经济发展速度、人口增长和迁移、就业、环境(如水、土地等)的可容纳性和承载力、区域大型基础设施及交通设施等对城市发展的影响,又要考虑周边城市的发展状况、区域协调及国家的政策等。

(3)当具体布置各项建设项目、研究各种建设方案时,不仅要考虑该项目在城市发展战略中的定位与作用、该项目与其他项目之间的相互关系以及项目本身的经济可行性、社会的接受程度、基础设施的配套可能和对环境的影响等,还要考虑城市的空间布局、建筑的布局形式、城市的风貌等方面的协调。

总之,城市规划不仅反映单项工程设计的要求和发展计划,还综合各项工程设计相互之间的关系。它既为各单项工程设计提供建设方案和设计依据,又须统一解决各单项工程设计之间技术和经济等方面的种种矛盾,因而城市规划部门和各专业设计部门有较密切的联系。

（二）民主性

城市规划的民主性特点，主要体现在以下两个方面。

（1）城市规划涉及城市发展和社会公共资源的配置，因而需要代表最广大人民的利益，并确保最广大的人民都能因城市规划而受益。

（2）城市规划在制定和实施过程中，需要调动市民积极参与，从而能够充分反映城市居民的利益诉求和意愿。

（三）政策性

城市规划既是关于城市发展和建设的战略部署，也是政府调控城市空间资源、指导城乡发展与建设、维护社会公平、保障公共安全和公众利益的重要手段。因此，城市规划必须要对国家的相关政策有着充分的反映，以充分协调经济效益和社会公正之间的关系。

（四）法制性

在城市规划特别是城市总体规划中，一些重大问题的解决往往都必须以有关法律法规和方针政策为依据，如城市的发展战略和发展规模、居住面积的规划指标、各项建设的用地指标等都不单纯是技术和经济的问题，而是关系到生产力发展水平、人民生活水平、城乡关系、可持续发展等重大问题。因此，在进行城市规划时，要加强法治观点，努力学习各项法律法规，并严格执行。

（五）动态性

一般来说，城市规划不仅要解决当前的建设问题，还要预计今后一定时期的发展和充分估计长远的发展要求。也就是说，城市规划既要有现实性，又要有计划性。但是，社会是在不断发展变化的，影响城市发展的因素也不断变化，而且在城市发展的过程中会产生很多的新情况、出现很多的新问题、提出很多的新要求。这就要求作为城市建设指导的城市规划不能是一成不变的，而是要依据实践的发展和外界因素的变化适时地加以调整或补充，以切实地使城市规划更趋近于全面、正确地反映城市发展的客观实际。

（六）地方性

政府的一项重要职能就是对城市进行规划、建设和管理，以促进城市经济、社会的协调发展和环境保护。而在进行具体的城市规划时，要切实依据地方的特点因地制宜地编制。同时，要尊重当地人民的意愿，与当地有关部门密切配合，使城市规划工作成为当地市民参与规划制定的过程和动员全民实施规划的过程。

（七）实践性

城市规划是一项社会实践很强的工作，具体体现在以下两个方面。

（1）城市规划的基本目的是为城市建设服务，因此规划方案中需要对建设实践中的问题和要求有充分的反映。这就要求城市规划工作者既要有深厚的专业理论和政策修养、丰富的社会科学和自然科学知识，又要有较好的心理素质、社会实践经验和积极主动的工作态度。

（2）当然,任何一个城市规划方案都不可能周全地预计和解决其实施过程中的问题,这就需要在实践中进行丰富、补充和完善。

二、城市规划的价值观

（一）城市规划价值观的重要性

价值观是个人对客观事物(包括人、物、事)以及对自己的行为结果的意义、作用、效果和重要性的总体评价,使人的行为带有稳定的倾向性。

城市规划离不开价值观的影响,其目标的确立、执行、调整和评估等都离不开价值观的影响;其立法、编制、开发控制和项目实施等所有环节和阶段,也深受价值观的影响。而且,城市规划只有具有了正确的价值观,才能在城市规划工作中进行有目的地协调,规划编制、规划实施和规划评价才能有明确的准则与标准。

因此,对于城市规划来说,确立正确的价值观是非常重要和必要的。

（二）城市规划的基本价值观

保护与促进公共利益一直是城市规划的重要价值观,具体包括健康与安全、方便与效率、公平与平等、美观与有序、环境与资源等。虽然这些价值观可能有着多样的表述形式,强调的维度也不尽相同,但从中还是可以得出最为基本的价值观,即永续发展理念。

1. 永续发展理念的定义

永续发展的概念是源于生态学的,最初被应用于林业和渔业,用来描述一种对资源的战略管理方式,即如何使用或消耗全部资源中的适当比例,而不致使资源受到毁灭性破坏,并且新成长的资源数量足以弥补耗用的数量。后来,随着经济的发展以及社会认识的提高,经济学家们提出了永续产量的概念,这是对永续性进行正式分析的开始。此后,这一概念被广泛应用于社会经济的各种领域。

有关永续发展,世界环境与发展委员会给出的定义是"既满足当代人的需要,又不对后代人满足其需要的能力构成危害的发展",并指出"永续发展包括两个重要的概念:①'需要'的概念,尤其是世界上贫困人民的基本需要,应将此放在特别优先的地位来考虑;②'限制'的概念,技术状况和社会组织对环境满足眼前和将来需要的能力施加的限制。因此,世界各国——发达国家或发展中国家,市场经济国家或计划经济国家,其经济和社会发展的目标必须根据持续性的原则加以确定。解释可以不一,但必须有一些共同的特点,必须从持续发展的基本概念上和实现持续发展的大战略上的共同认识出发"。

2. 永续发展理念的形成

早在两百多年前,人类已经对永续发展有所认识,英国经济学家马尔萨斯在1798年出版的《人口学》一书中已经提出了人口增长应当与经济增长和环境资源相协调的观点。在第二次世界大战后,伴随着经济的增长和城市化的加速,环境受到的压力越来越大。《我们共同的未来》指出:"在世界的某些地区,特别是1950年代中期以来,增长和发展大大地改善了人们的生活水平和生活质量。带来这些进步的许多产品和技术具有较高的原料和能源的消耗率,造成了大量污染,给环境的影响比人类史上任何时候都要大。"工业化社会强调功能和效率,却忽视了对人类自身生存环境的营造与维护,由此造成了全球环境的恶化。

在这样的背景之下,人们开始对增长与发展的关系进行反思和质疑。1962 年,美国学者卡森发表了轰动一时的专著《寂静的春天》,书中描绘了一幅农药污染引发的可怕场景,并以此警醒人类将失去"明媚的春天",从而在世界范围内引发了关于人类发展观的讨论。1972 年,美国学者沃德和杜博斯发表了专著《只有一个地球》,书中将人类的生存与环境统一到了永续发展的语境下。同年,联合国在斯德哥尔摩召开了人类环境会议,通过了《人类环境宣言和行为计划》。此后,环境问题日益成为全球关注的热点。1976 年,联合国在温哥华召开第一次人类住区大会;1980 年,联合国向全世界发出呼吁,"必须研究自然的、社会的、生态的、经济的以及利用自然资源过程中的基本关系,确保全球持续发展";1981 年,国际建筑师协会发表"华沙宣言"——《人类·建筑与环境》;1983 年,联合国成立世界环境与发展委员会,而联合国要求该组织以"永续发展"为基本纲领,制定"全球变革日程",于是该委员会在 1987 年向联合国大会提交了题为《我们共同的未来》的报告,对永续发展的理念进行了正式阐述,并建议召开联合国环境与发展大会;1992 年,联合国在里约热内卢召开环境与发展大会——"地球峰会",并通过了《环境与发展宣言》,指出人类在经济和社会发展的同时要防治污染,人类要走经济、社会与环境协调发展的道路,改变人类是宇宙的主宰、人类驾驭自然的观念,从而缓解和消除人类与自然的对立和冲突,人类还要在寻求当代发展和进步的同时考虑到后代的利益,这标志着世界各国普遍接受了"永续发展观念"。"地球峰会"还通过了《全球 21 世纪议程》,这是一份涉及人类永续发展的所有领域的行动纲领,也强调了永续发展在管理、科技、教育和公众参与等方面的能力建设。自此,永续发展的理念被越来越多的国家认可,也在实践的过程得到不断完善。

3. 永续发展的战略目标

发展是永续发展的核心,人类不求发展,不求进步,就不可能获得完美的生活。尤其是对于发展中国家来说,发展更是硬道理。由此可以得出永续发展的战略目标,即要从全局、长远的观点去认识发展,达到永续发展。如果只顾眼前的短期局部效益,从长远全局看可能得不偿失,这种发展只能是饮鸩止渴,最终和发展的战略目标反而相悖。

4. 城市规划与永续城市发展

随着经济的发展和城市化进程的加快,城市容纳的人口越来越多,因而可以说城市的前途将决定人类的前途。城市只有走永续发展的道路,才可能使人类有更加光明的未来。而城市要走永续发展的道路,离不开科学合理的城市规划。

与此同时,全世界面临的环境问题越来越突出,由此引发的国际争端也到了无法视而不见的地步。地球的资源、全球气候变化对人类的挑战已然处在危机的边缘,城市未来将采取什么样的发展模式,城市规划师如何应对已经是人类高度的一个命题。总的来说,未来需要城市规划师把永续发展放在规划工作的核心理念,贯彻在城市规划编制和实施的每一个细节当中,以实现城市的永续发展。

第二节 城市规划的任务

一、城市规划的基本任务

城市规划的基本任务是根据一定时期经济社会发展的目标和要求,确定城市性质、规模和发展方向,统筹安排各类用地及空间资源,综合部署各项建设,以实现经济和社会的可持续发展。

具体到我国现阶段来说,其基本任务是保护和修复人居环境,尤其是城乡空间环境的生态系统,为城乡经济、社会和文化协调、稳定地持续发展服务,保障和创造城市居民安全、健康、舒适的空间环境和公正的社会环境。

二、城市规划在城市建设过程中的任务

城市规划在城市建设过程中的任务,具体来说有以下几个。

(一)确保城市建设有规划

城市规划是城市政府根据城市经济、社会发展目标和客观规律,对城市在一定时期内的发展规律所做出的综合部署和统筹安排,也是城市各项土地利用和建设必须遵循的指导性文件,还是城市政府根据法定程序制定的关于城市发展建设的最直观的蓝图和指南。只有科学地进行城市规划的编制、修订和实施,才能保证城市建设有序进行。

(二)确保城市建设有法可依

我国通过审批管理和规划立法以及一系列规章制度,使城市规划具有了真正的法律效力,《城市规划法》的颁布与实施便是最重要的标志。它的颁布与实施,使我国的城市规划走向了法制的轨道,城市规划工作也有法可依。

城市规划一旦经国家批准并颁布施行,便具有了法律作用,是城市政府及其主管部门依法行政、依法治城的依据和准绳。由于受到法律的保护和监督,凡是违背城市规划和行为的就是违法行为,就要受到法律的惩处,这对于在市场经济条件下保证城市建设健康有序发展显得特别重要和具有重大现实意义。

(三)确保城市建设有序进行

节约和合理利用城市土地及空间资源是我国城市规划工作的基本原则,而综合考虑全局与局部、近期与远期、发展与保护、地上与地下等各方面的关系以及经济效益、社会效益、环境效益,进行多方案比较、可行性研究和科学论证,经过优胜劣汰筛选出合理可行的最佳方案,是城市规划本质的体现和鲜明的特征。因此可以说,在城市规划指导下进行的各项建设是综合考虑各种因素的优化选择,能够保证城市建设的有序进行。

第三节 城市规划的地位与作用

一、城市规划的地位

城市是国家或一定区域的政治、经济、文化中心,其建设和发展是一项庞大的系统工程,而城市规划是引导和控制整个城市建设和发展的基本依据和手段。同时,城市规划是城市建设和发展的"龙头",是引导和管理城市建设的重要依据。

我国自新中国成立以来,始终将城市规划作为一项重要的政府职能。从一定意义上说,城市规划体现了政府指导和管理城市建设与发展的政策导向。随着改革开放的进行和深入,以及社会主义市场经济体制的逐步建立和完善、政治和行政体制的改革,城市政府职能逐渐由计划经济体制下的直接干预和管理经济转变为政策制定和公共事务管理与服务。而城市规划在政府职能中的地位也越来越重要,它以其高度的综合性、战略性、政策性和特有的实施管理手段,优化城市土地和空间资源配置,合理调整城市布局,协调各项建设,完善城市功能,有效提供公共服务,整合不同利益主体的关系,从而在实现城市经济、社会的协调和可持续发展,维护城市整体和公共利益等方面,发挥着愈益突出的作用。

总之,在当前的社会形势下,城市规划已经日益成为了市场经济条件下政府引导、调控城市经济和社会发展的重要手段。

二、城市规划的作用

城市规划是政府调控城市空间资源、指导城乡发展与建设、维护社会公平、保障公共安全和公众利益的重要公共政策之一,其作用具体来说体现在以下几个方面。

(一)有助于对城市土地的开发秩序进行规范

城市规划既对城市空间发展的计划进行了明确规定,又为城市发展用地提供了指导方向,同时要求开发商要切实根据城市规划进行土地开发,从而保证了城市土地开发按城市空间计划有序进行。

一般来说,城市规划对于解决城市开发中的"外部性"现象是十分有帮助的。城市经济中,涉及的"外部性"现象包括工业污染、中心地段高密度土地利用对该地区交通强度的影响、前排建筑对后排建筑日照间距的影响、现代建筑对历史保护区的影响等。在进行城市开发建设时,必须要严格控制这种城市"外部性"现象的出现,而建立一套完整的城市规划体制是改变这种现状所必需的。

(二)有助于对人居环境进行改善

通常来说,人居环境涉及的内容是非常广泛的,包括城市与区域的关系、城乡关系、各类聚居区(城市、镇、村庄)与自然环境之间的关系、城市与城市之间的关系、各级聚居点内部的各类要素之间的相互关系等。在进行城市规划时,要在对社会、经济、环境发展的各个方面进行综合考虑的基础上,从城市与区域等方面入手,合理布局各项生产和生活设施,完善各项配套设施,使城市的各个发展要素在未来发展过程中相互协调,满足生产和生活各个方面的需要,提高城乡环境品质,为未来的建设活动提供统一的框架。

与此同时,在进行城市规划时,还要从社会公共利益的角度出发,实行空间管制,保障公共安全,保护自然和历史文化资源,建构高质量的、有序的、可持续的发展框架和行动纲领。

(三)有助于促进经济的协调有序发展

城市是一个非常复杂的社会系统,从空间上来说涵盖了政治、经济、文化和社会生活等各个领域,涉及各个部门、各行各业,包括各项设施和各类物质要素;从时间上来说其建设和发展是一个漫长而逐步演变的过程。城市的各个组成部门、各个方面对于城市资源的使用和开发建设行为、城市建设和发展的各种影响因素,都会直接或间接地反映到城市空间中来,且往往彼此之间存在着矛盾和冲突。

在进行城市规划时,必须要进行统筹的考虑,以促进城市的全面发展,切不可顾此失彼。这里举一个例子进行详细说明:如果说工业产值的增加要以投资环境遭到破坏为代价,则不仅会失去原有的生产功能,使城市规划无法发挥积极的作用,还会给人们的生活带来诸多不便。因此,在促进城市发展的过程中,必须要坚持创建绿色生态的理念,最大限度地改善人民的生产生活需求。

(四)有助于政府进行宏观经济调控

城市的建设在相当程度上需要结合市场机制的运作来开展,而在市场经济体制下,纯粹的市场机制运作是会出现"市场失效"现象的,这就需要政府对市场的运行进行干预。一般来说,政府对市场运行的干预手段是多种多样的,可以是财政方面的手段,如货币投放量、税收、财政采购等,也可以是行政方面的手段,如行政命令、政府投资等,还可以通过城市规划进行干预。城市规划通过对城市土地和空间使用配置的调控,来对城市建设和发展中的市场行为进行干预,从而保证城市的有序发展。

之所以需要政府对城市的建设和发展进行干预,最主要的原因在于城市的各项建设活动和土地使用活动具有极强的外部性,而各项建设中的私人开发往往将外部经济性利用到极致,而将自身产生的外部不经济性推给社会,从而使周边地区承受不利的影响。通常情况下,外部不经济性是由经济活动本身所产生,并且对活动本身并不构成危害,甚至是其活动效率提高所直接产生的,在没有外在干预的情况下,活动者为了自身的收益而不断地提高活动的效率,从而产生更多的外部不经济性,由此而产生的矛盾和利益关系是市场本身无法进行调整的。因此,就需要公共部门对各类开发进行管制,从而使新的开发建设避免对周边地区带来负面的影响,从而保证整体的效益。

(五)有助于对市场进行引导

由于城市规划是对土地市场的制约,因而可以对市场进行引导。通常情况下,城市规划对市场的引导形式主要取决于市场的经济气候。当市场经济高涨时,城市规划对城市开发具有重要的管理作用,能够积极地引导城市开发达到设定的规划目标;当经济低落时,若是政府有财政能力,就必须增加开发投资预算,将城市建设活动维持在适当的水平,以避免建筑行业劳工的大规模失业,并能及时更新城市设施,以满足经济活动的需求,恢复市场秩序。但是,政府的财政能力若是有限或不足,则城市规划引导市场的能力会大大降低,因而政府还需要着重考虑在财政能力有限或不足的情况下,城市规划如何应付低迷的市场经济。

(六)有助于保障社会的公共利益

城市中有着高度密集的人口,当大量的人口生活在一个相对狭小的地区时,便会形成一些共同的利益要求,如充足的公共设施(如学校、公园、游憩场所、城市道路和供水、排水、污水处理等)、公共安全、公共卫生、舒适的生活环境、自然资源和生态环境的保护、历史文化的保护等。

为了更好地保障人们的公共利益,就需要在进行城市规划时,通过分析社会、经济、自然环境等,结合未来发展的安排,从社会需要的角度对各类公共设施等进行安排,并通过土地使用的安排为公共利益的实现提供基础,通过开发控制保障公共利益不受到损害。

(七)有助于协调社会各方面的关系

城市规划对于协调社会方面的关系是十分有帮助的,因为在进行城市规划时,要依据城市整体利益和发展目标,综合考虑城市经济、社会和资源、环境等发展条件,结合各方面的发展需求,在空间上通过合理布局、统筹安排和综合部署各项用地和建设,合理组织城市中各种要素,协调各方面的关系;在时间上通过保持历史、文化传统延续性,正确处理城市远期发展和近期建设的关系,安排好城市开发建设的步骤和时序。

(八)有助于城市建设的顺利进行

城市建设是一项庞大而复杂的系统工程,而且每一项建设都不是孤立的,会涉及交通运输、供电、供水排水、通信等条件和配套设施对环境的影响以及各项管理的要求等,有"牵一发而动全身"的关系。如何保证各项建设在空间上协调配置,在时间上可持续发展,这就需要通过城市规划,对各项建设做出综合部署和具体安排,并以此为依据进行建设和管理。因此,城市规划对于城市建设的顺利进行有着重要的作用。

第四节　城市规划的要素与基本内容

一、城市规划的要素

一般来说,科学合理的城市规划需要有合理的城市功能定位、科学的城市产业选择和优秀的城市形态设计。因此,城市规划的要素主要有三个,即城市功能定位、城市产业选择和城市形态设计。

(一)城市功能定位

1.城市功能定位的含义

城市功能定位指的是城市在一个更大的区域范围内所建立的基本的和持久不断的外部联系。一般来说,城市功能的转变和提升,意味着其要与周边区域、全国甚至全球建立新的经济与社会联系。因此,城市的功能定位也是城市与其他区域所要建立的经济关系的一种前瞻性的把握,是对将要发生的经济和社会作用的一种科学预见。

在进行城市规划时,功能往往起着决定性的作用。若是对城市功能的定位判断失误或滞后,将会给城市的发展带来致命的伤害。

2.城市功能定位的原则

城市功能定位最重要的一个原则就是,城市功能定位必须符合国家的经济和社会发展阶段的性质。

(二)城市产业选择

1.城市产业选择的重要性

城市产业选择是现代城市规划的核心内容之一,而且城市产业选择正确与否,在很大程度上决定着城市规划能否实现。

2.城市产业选择的原则

城市产业选择的原则,具体来说有以下几个。

(1)城市产业选择要与城市功能定位相匹配,而城市功能的巨大转变必然导致城市产业结构的战略性调整。

(2)城市产业选择要与现代产业发展的内在规律相符合。

(3)城市产业选择要充分考虑产业发展的路径依赖。

(4)城市产业选择要符合经济社会的背景。

(三)城市形态设计

城市形态是城市功能定位实现和城市产业发展的重要基础和条件,服从和服务于城市功能发挥和城市产业发展的需要。同时,随着现代城市功能的提升和产业结构的升级,对城市形态设计提出了越来越高的要求。而在进行城市形态设计时,要特别处理好以下几方面的关系。

1.城市盲目扩张与城市功能区有序化分布要求的关系

在城市发展中,最常见的发展问题便是"摊大饼"式的发展,这往往是城市自然膨胀的结果。城市人口和产业不断增长,城市边界不断地往外扩张,就造成一种很难消除的城市自然自发的发展方式。而城市功能区的有序划分布是在对城市发展的自觉认识基础上进行城市规划的一种基本方式,而且城市功能区分布的设计是城市形态设计的基础和前提。但是,城市形态设计和规划执行的速度往往落后于城市的自然扩张速度,因此即使人们早就认识到了"摊大饼"式发展的严重问题,也无法及时采取有效的措施进行根治。

城市盲目扩张与城市功能区有序化分布要求之间的矛盾,还有着深刻的认识论根源,即某种在当时看来非常合理超前的规划理念,几十年后往往可能导致社会问题而变得不合理。

因此,在进行城市形态设计时,要有长远的眼光,尽可能缓解甚至消除城市盲目扩张与城市功能区有序化分布要求之间的矛盾。

2.中心城区与郊区的关系

城市形态设计需要不断地对中心城区与郊区的关系进行调整。众所周知,西方的城市发展是在经历了城市化、郊区化后,逐渐进入了现在的新都市主义,而在这一过程中,中心城市与郊区的关系始终处于不断的调整之中。对于我国来说,在城市形态设计过程中,也要不断地对中心城区与郊区的关系进行调整。

二、城市规划的基本内容

城市规划的基本内容,是依据城市的经济社会发展目标和环境保护的要求,根据区域规划等上层次的空间规划的要求,在充分研究城市的自然、经济、社会和技术发展条件的基础上,制定城市发展战略,预测城市发展规模,选择城市用地的布局和发展方向,按照工程技术和环境的要求,综合安排城市各项工程设施,并提出近期控制引导措施。具体来说,城市规划的基本内容主要有以下几个。

(1)对与城市有关的基础资料进行收集和调查,进而研究满足城市规划工作的基本内容以及社会经济发展目标的条件和措施。

(2)对城市发展战略进行研究和确定,并预测发展规模,拟定城市分期建设的技术经济指标。

(3)对城市功能的空间布局进行确定,并合理选择城市各项用地,考虑城市空间的长远发展方向。

(4)提出市域城镇体系规划,并对区域性基础设施的规划原则进行确定。

(5)对新区开发以及原有市区利用、改造的原则、步骤和方法进行拟定。

(6)对城市各项市政设施和工程措施的原则和技术方案进行确定。

(7)对城市建设艺术布局的原则和要求进行拟定。

(8)根据城市基本建设的计划,安排城市各项重要的近期建设项目,为各单项工程设计提供依据。

(9)根据建设的需要和可能,提出实施规划的措施和步骤。

要特别提醒的是,由于每个城市的自然条件、现状条件、发展战略、规模和建设速度各不相同,因而其规划工作的内容应随具体情况而变化。

第三章　城市规划的产生与发展

城市规划的产生与发展是现代社会发展过程中的重要事件,对城市发展产生了重要的作用,是城市今后发展的重要起点。因此,研究城市规划的产生与发展是十分必要的。

第一节　古代城市规划的思想

一、中国古代城市规划的思想

伴随着不同的政治和经济背景,我国古代城市经历了几千年的漫长历程,古代的城市规划思想理论也随之不断发展演变。

(一)早期古代城市规划思想

我国最早的具有一定规划格局的城市雏形大约出现在4000多年前。进入夏代后,史料已有建城的记述。公元前17世纪,商部落灭了夏代,建立了商代。商代是我国古代城市规划体系的萌芽阶段,这一时期的城市建设和规划出现了一次空前的繁荣,从目前掌握的考古资料可以看出,商西亳的规划布局采取了以宫城为中心的分区布局模式,而殷则开创了开敞性布局的先河,并且强调了与周边区域的统一规划。

城市规划思想最早形成于周代,周代是中国古代城市规划思想的多元化时代,具有深远历史影响的儒家、道家和法家都自此形成并发展。周人在总结前人建城经验的基础上,制定了一套营国制度,包括都邑建设理论、建设体制、礼制营建制度、都邑规划制度和井田方格网系统。

在西周时期就形成的完整的社会等级制度和宗庙法制关系,对于城市布局模式也有相应的严格规定。

《周礼·考工记》载曰:"匠人营国,方九里,旁三门,国中九经九纬,经涂九轨,左祖右社,前朝后市,市朝一夫。"周代的城市布局记载,对后来我国都城的建设有很大的影响,如旁三门——城市每一边设有三个门,左祖右社——左为祖庙,右为社稷坛,在元大都及明清北京的布局中都有其印记(图3-1)。

这一形制,充分体现了社会等级和宗法礼制。同时,书中还记述了按照封建等级,不同级别的城市,如"都""王城"和"诸侯城"在用地面积、道路宽度、城门数目、城墙高度等方面的级别差异;还有关于城外的郊、田、木、牧地的相关关系的论述。

春秋战国时期是早期城市建设大发展时期,也是一个城市建设思想大繁荣的时期。各种学术思想如儒家、道家、法家等都是在这个时期形成并传承后世的,学术思想的百家争鸣、商业的发达、战争的频繁以及守城攻城技术的发展,形成了当时城市建设的高潮。既有一脉相承的儒家思想,维护传统的社会等级和宗教礼法,表现为城市形制的皇权至上理念;也有以管子为代表的变

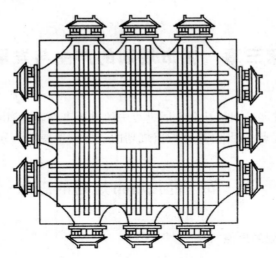

图 3-1　周王城复原想象图

革思想,在城市建设上提出"高勿近阜而水用足,低勿近水而沟防省",强调"因天才,就地利,故城郭不必中规矩,道路不必中准绳"的自然至上理念,从思想上完全打破了《周礼》单一模式的束缚。《管子》还认为,必须将土地开垦和城市建设统一协调起来,农业生产的发展是城市发展的前提。对于城市内部的空间布局,《管子》认为应采用功能分区的制度,以发展城市的商业和手工业。《管子》是中国古代城市规划思想发展史上一本革命性的也是极为重要的著作,打破了城市单一的周制布局模式,从城市功能出发,确立了理性思维和以自然环境和谐的准则,影响极为深远。

秦始皇统一中国后,将全国划为四大经济区,强调了区域规划,而西汉则进一步强化了区域内城镇网络的作用。汉武帝提倡"废黜百家,独尊儒术"。儒家思想提倡的礼制思想最有利于巩固皇权统治,礼制的核心思想是社会等级和宗法关系,从此封建礼制思想开始了对中国长达3 000多年的统治,古代城市的典型格局以各个朝代的都城最为突出。

东汉末年,统治阶级腐朽,农民起义结束了汉代统一的局面,直到隋朝的建立,才结束了自三国到南北朝长达400多年的分裂局面。经济恢复了发展,在这样的条件下,隋初建立了规模宏大的大兴城。隋朝不久被唐朝取代,将都城改名为长安城。经过几次大规模的修建后,成为当时世界上最大的城市。

这一时期,以北魏洛都、隋唐长安城和洛阳城为代表,都城的规划强调了规模的宏大、城郭的方整、街道格局的严谨和坊里制度,严格的功能分区体制达到了新的高度。最典型的当属唐长安城。

唐代长安城由宇文恺负责制定规划,利用了两个农闲时期由长安地区的农民修筑完成。先测量定位,后筑城墙、埋管道、修道路、划定坊里。全城采用严格的坊里制,全城划分为108个坊。每个坊里四周设置坊墙,坊里实行严格管制,坊门朝开夕闭。城内集中两个市,东市、西市分列两侧,并以坊内店铺聚集成行,还有少量手工作坊。布局方正规则,采用中轴线对称的格局。宫城居中偏北,南面皇城是中央集权的所在地,形成城市对称格局的核心,三面均被居住坊里包围,108个坊中都考虑了城市居民丰富的社会活动和寺庙用地,如图3-2所示。道路系统采用严整的方格网形。南北大街十一条,东西大街十四条,直角相交。东南西三面各有三处城门,通向城门的道路为主干道,其中最宽的是宫城前的横街和作为中轴线的朱雀大街,以容纳皇帝出行时仪仗队的庞大规模。皇城左、右有祖庙和社稷,与《周礼·考工记》中的规划思想相近。

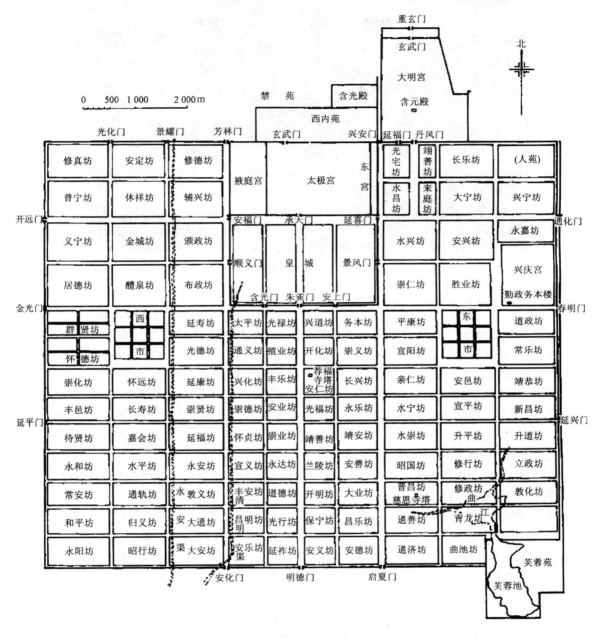

图 3-2　唐长安平面复原想象图

　　宋代以后,商品经济和世俗生活的发展开始冲破《周礼·考工记》的礼制约束,建设了一系列有代表性的城市,如汴梁(开封)、临安(杭州)等。北宋以东京汴梁为代表,城市建设中突破了旧的坊里体制约束,出现了开放的街巷制,促进了商品经济的繁荣,这一探索在南宋临安得以充分实现,城市的功能从奴隶社会的以政治职能为主走向了经济职能占主导地位。《清明上河图》就展现了商品经济和世俗生活的发展,如图 3-3 所示。

图 3-3　《清明上河图》(局部)

(二)封建社会中晚期城市规划思想

封建社会中晚期,我国历代都城的规划从不同的侧面继承了业已形成的规划传统,结合当时的政治、经济形势加以变革和调整,城市化的进程加速,城市的防御功能提高到了一个新的水平,皇家园林也得到了很大的发展,城市布局的整体性进一步突出。

公元 1260 年,蒙古大汗忽必烈派精通阴阳的刘秉忠在北京建立元朝新的都城——元大都,于 1271 年完工。都城规划整齐,规模宏大,它继承和发展了中国古代城市的传统形制,是我国古代都城的一大典范。

元大都设计完全恪守《周礼·考工记》中的布局,如图 3-4 所示。同时,城市规划中又结合了当时的经济、政治和文化发展的要求,并反映了元大都选址的地形地貌特点。新建的元大都坐北朝南,呈一个较规则的长方形,都城东、西两侧的齐代门和西侧门内分别设有太庙和社稷,尚市集中于城北,体现“左祖右社”“前朝后市”的典型格局。但是元大都并没有完全按照《考工记》中“旁三门”的要求每边三门,共十二门,而是不开正北之门,只建十一门。这主要依了八卦北为坎的方位方法。元大都还有一个特点就是分为三套方城:内城、皇城、宫城,各有城墙围合。其中,皇城位于内城的南部中央,宫城位于皇城的东部,且在元大都的中轴线上。元大都有着明确的中轴线是它的又一特点,南北贯穿三套方城,突出了皇权至上的思想。

明代北京城是在元大都基地上稍向南移建成新都北京,保存了元大都的城市形制特征。街道、胡同沿用元大都之旧,皇城、宫城、宫殿则全部新建。城市布局更加突出中轴线,造成庄严宏伟的壮丽景象;继承了“左祖右社”“前朝后市”的传统都市规划规则,体现了传统的宗教法礼思想;城内街道以元大都为基础,主干道是宫城前至永定门中轴线及通往各城门的一段大街;居住区位于皇城四周,内城多住贵族商人,外城多住一般市民。明朝北京城计有 36 坊,其中,内城有 28 坊,外城 8 坊。坊内外棋盘式的道路网络仍是北京城交通体系的整体格局,仅有个别地方因为自然条件的局限或历史发展的要求形成一些斜街。明亡后,清北京城(图 3-5)并无实质性变化,沿用明代基础,较为完整地保存至今,成为中国封建王朝 2 000 多年保存下来的唯一都城。明清北京城对于元大都的继承与改建,终于将北京城建设成为中国古代历史上最突出的都城范例。明、清北京城让《周礼·考工记》所记载的城市形制达到了完善的境地,充分体现了中国古代社会等级和宗法礼制,是我国劳动人民在城市规划和建设上的杰出创造。

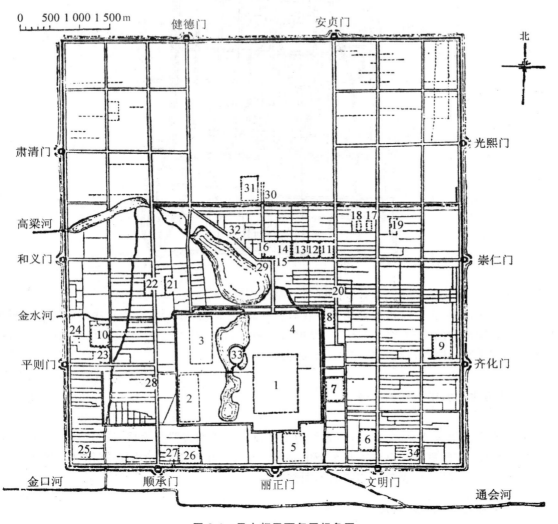

图 3-4　元大都平面复原想象图

1.大内;2.隆福宫;3.兴圣宫;4.御苑;5.南中书省;6.御史台;7.枢密院;8.崇真万寿宫;9.太庙;10.社稷;11.大都路总管府;12.巡警二院;13.倒钞库;14.大天寿万宁寺;15.中心阁;16.中心台;17.文宣王庙;18.国子监;19.柏林寺;20.太和宫;21.大崇国寺;22.大承华普庆寺;23.大圣寿万安寺;24.大永福寺;25.都城隍庙;26.大庆寿寺;27.海云可庵双塔;28.万松老人塔;29.鼓楼;30.钟楼;31.北中书省;32.斜街;33.琼华岛;34.太史院

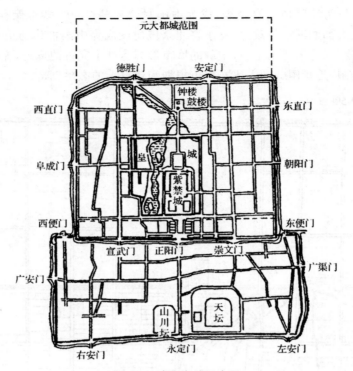

图 3-5　清北京城示意图

综上所述,中国古代城市规划建设主要有三种思想,即讲究尊卑、追求秩序的宗法礼制思想,人与自然和谐统一的"天人合一"理念以及追求脱身世俗、隐居修心的宗教文化理念。中国古代城市的规划受到的影响往往是这三种思想共同作用的结果。

二、西方古代城市规划的思想

公元前 5 世纪至公元 17 世纪,西方经历了从以古希腊和古罗马为代表的奴隶制社会到封建社会的中世纪、文艺复兴和巴洛克几个历史时期。在每一个时期中,不同的城市甚至是相同的城市兴衰不一,城市格局也表现出相应的不同特征。

(一)古典时期城市规划思想

1. 古希腊时期的城市

古希腊是欧洲文明的发祥地,在公元前 5 世纪,古希腊经历了奴隶制的民主政体,形成了一系列城邦国家。在该时期,古希腊人通过神话将自然力和社会活动人格化。在城市规划建设时追求人本主义与自然主义的布局手法,即追求人的尺度、人的感受及同自然环境的协调。

古希腊的城市布局出现了以方格网的道路系统为骨架,以城市广场为中心的希波丹姆模式,充分体现了民主、平等的城邦精神和市民民主文化的要求,这在米利都城得到了最为完整的体现,如图 3-6 所示。

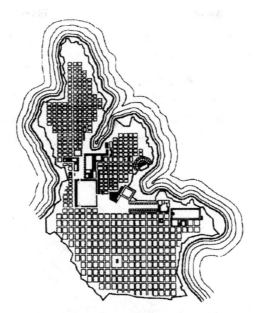

图 3-6 米利都城平面图

上图表明,在进行城市规划时,城市与建筑群并不追求平面视图上的平整对称,而乐于顺应和利用各种复杂的地形以构成活泼多变的城市建筑景观,整个城市多由圣地来统帅全局,从而获得较高的艺术成就。广场是市民集聚的空间,围绕着广场建设有一系列的公共建筑,成为城市生活的核心。同时,在城市空间组织中,神庙、市政厅、露天剧院和市场是市民生活的重要场所,也是城市空间组织的关键性节点。希波丹姆也因此被称为"西方古典城市规划之父"。

2.古罗马时期的城市

古罗马时期是西方奴隶制发展的繁荣阶段。在罗马共和国的最后 100 年中,随着国势强盛、领土扩张和财富敛集,除了修建道路、桥梁、城墙和输水道等城市设施以外,还大量建造公共浴池、斗兽场和宫殿等供奴隶主享乐的设施。此外,广场、铜像、凯旋门和纪功柱成为城市空间的核心和焦点。城市规划建设出现世俗化、军事化、君权化等特征,极大地满足了少数统治者物质享受和追求虚荣心的需要,从根本上忽视了城市的文化精神功能。

出于战争和防御的需要,古罗马军事公路也得到了快速的发展,同时城市交通也得到了发展。当时采用了世界上最早的单向交通方式,为了避免城市交通的拥挤,在城市中心的繁华街道对车辆限时通行,并且颁布了世界上最早的交通法规,后来适应实际需要又进一步作了补充。

总的来说,古罗马城市规划思想具有三大特征:一是强烈地实用主义态度;二是凸显永恒的秩序思想;三是彰显繁荣与力量的大比例模数方法。

(二)中世纪城市规划思想

西罗马帝国的灭亡标志着欧洲进入封建社会的中世纪。在此时期,欧洲分裂成为许多小的封建领主王国,封建割据和战争不断,使经济和社会生活中心转向农村,手工业和商业十分萧条,城市处于衰落状态。

中世纪的欧洲城市生活形态特征为教区和社区合一;城市兴起和城市自治运动;市民生活与世俗文化的萌芽。教堂占据了城市的中心位置,教堂的庞大体量和高耸尖塔成为城市空间和天际轮廓的主导因素。在教会控制的城市之外的大量农村地区,为了应对战争的冲击,一些封建领主建设了许多具有防御作用的城堡,围绕着这些城堡也形成了一些城市。由于中世纪战争的频繁,城市的设防要求提到较高的地位,也出现了一些以城市防御为出发点的规划模式。

10 世纪以后,随着手工业和商业逐渐兴起和繁荣,行会等市民自治组织的力量得到了较大的发展,许多城市开始摆脱封建领主和教会的统治,逐步发展成为自治城市。在这些城市,公共建筑如市政厅、关税厅和行业会所等成为城市活动的重要场所,并在城市空间中占据主导地位。与此同时,城市不断地向外扩张,如意大利的佛罗伦萨就两度突破城墙向外扩展,如图 3-7 所示。

图 3-7　佛罗伦萨城市平面图

综上所述,这一时期的城市规划思想具有三大特点:一是凸显以教堂为核心的空间组织理念(尤以哥特式建筑最典型);二是实行自然主义的非干预规划;三是力显丰富多变的景观与亲和宜人的特质;四是追求有机平和背后的内在秩序。

(三)文艺复兴时期城市规划思想

14 世纪以后,封建社会内部产生了资本主义萌芽,新生的城市资产阶级实力不断壮大,在有的城市中占到了统治性的地位。以复兴古典文化来反对封建的、中世纪文化的文艺复兴运动蓬勃兴起,在此时期,艺术、技术和科学都得到了飞速发展。

文艺复兴的时代背景带来了新的城市生活特点,城市生活追求人本主义,同时体现了城市建设活动的世俗化,城市进行了局部地区的改建。这些改建主要是在人文主义思想的影响下,建设了一系列具有古典风格、构图严谨的广场和街道,以及一些世俗的公共建筑。其中具有代表性的有威尼斯的圣马可广场、罗马的圣彼得大教堂广场。

总的来说,这一时期城市规划思想表现出四大特点。

首先,追求理想王国的城市图景,如斯卡莫奇的理想平面图。

其次,尊重文化和后继者原则。珍惜和慎重对待前人留下的艺术作品,虔诚地恪守着城市和谐与整体的艺术法则。

再次,高雅与精英主义的营造思维,提倡复兴古希腊、古罗马的建筑风格,在建筑轮廓上讲究整齐、统一和条理性。

最后,巴洛克风格与古典主义风格这两种城市规划思想的分野与交融。

(四)绝对君权时期城市规划思想

从 17 世纪开始,新生的资本主义迫切需要强大的国家机器提供庇护,资产阶级与国王结成联盟,反对封建割据和教会势力,建立了一批中央集权的绝对君权国家,形成了现代国家的基础。随着资本主义经济的发展,巴黎、伦敦、柏林、维也纳等城市的改建、扩建的规模超过以前任何时期,逐步发展成为政治、经济、文化中心型的大城市。这一时期的城市采用的是唯理秩序的思想和手法,主张自然地服从于人工造型的规律,强调轴线和主从关系,追求抽象的对称与协调,寻求构图纯粹的几何关系和数学关系,突出表现人工的规整美,试图"以艺术的手段使自然羞愧"。在这些城市改建中,以路易十四改建巴黎规划设计最典型,轴线放射的街道(如香榭丽舍大道)、宏伟壮观的宫殿花园(如凡尔赛宫)和公共广场(如协和广场)成为那个时期城市建设的典范。

第二节　现代城市规划的理论

面对纷繁复杂的城市发展新形势,城市规划的思想和理论也在不断更新和完善,并产生了许多对今天的城市规划仍然起到积极指导意义的理论体系。

一、城市集中主义理论

现代建筑运动的先驱勒·柯布西埃主张通过对城市本身的内部改造,使这些城市更加适应社会发展新的要求。

柯布西埃在 1922 年发表了"明天城市"的规划方案,阐述了他从功能和理性角度对现代城市的基本认识,从现代建筑运动的思潮中所引发的关于现代城市规划的基本构思。在这个规划方案中,提供了一个 300 万人口的城市规划图,规划的中心思想是提高市中心的密度,改善交通,全面改造城市地区,形成新的城市概念,并为人们提供充足的绿地、空间和阳光。中央为中心区,除了必要的各种机关、商业和公共设施、文化和生活服务设施外,有将近 40 万人居住在 24 栋 60 层高的摩天大楼中,高楼周围有大片的绿地,建筑仅占地 5%。在其外围是环形居住带,有 60 万居民住在多层的板式住宅中。最外层的是可容纳 200 万居民的花园住宅。柯布西埃尤其强调了大城市交通运输的重要性,首次提出了立体交通的概念,即中心区的交通干道由三层组成:地下走重型车辆,地面用于市内交通,高架道路用于快速交通,市区和郊区由地铁和郊区铁路线来联系。整个城市的平面是严格的几何形构图,矩形的和对角线的道路交织在一起。

1931 年,柯布西埃发表了"光辉的城市"的规划方案,该方案集中体现了他的现代城市规划和建设思想。他明确指出,集中的城市才有活力,由于集中规划带来的城市问题可以通过修建高密度的高层建筑和高效率的城市交通系统来解决,形成"花园中的城市"。

柯布西埃的城市集中主义理论可以概括为四个方面。

首先,传统的城市由于规模的增长和中心拥挤程度的加剧,已出现功能性的老朽,但市中心地区对各种事物都具有最大的聚合作用,需要通过技术改造以完善它的集聚功能。

其次,主张调整城市内部的密度分布,使人流、车流合理地分布于整个城市。

再次,拥挤的问题可以用提高密度来解决。

最后,高密度发展需要一个新型的、高效率的、立体化的城市交通系统。

二、城市分散主义理论

为了缓解城市空间结构过分集中产生的一系列弊病,芬兰建筑师沙里宁和美国建筑家F.L赖特等思想家们提出了城市分散主义的规划理论。

(一)有机疏散理论

所谓有机疏散就是把大城市目前的那一整块拥挤的区域分解成为若干个集中单元,并把这些单元组织成为"在活动上相互关联的有功能的集中点",用保护性的绿地将它们隔离开。

有机疏散理论是芬兰建筑师沙里宁为缓解由于城市过分集中所产生的弊病而提出的关于城市发展及其布局结构的理论。他在1942年出版的《城市:它的发展、衰败和未来》一书中详尽地阐述了这一理论。沙里宁在书中提出,城市与自然界的所有生物一样,都是有机的集合体,"有机秩序的原则是大自然的基本规律,所以这条原则也应当作为人类建筑的基本原则"。在全面考察、分析各个时期城市建设状况、有机的城市形成的条件及其形态后,揭示出了现代城市出现衰败的原因,进而提出了治理现代城市衰败、促进其发展的对策就是要采取一系列的技术手段进行全面改建,达到城市有机疏散的目的。

有机疏散的思想,并不是一个具体的或技术性的指导方案,而是对城市的发展带有哲理性的思考。沙里宁认为,一些大城市在向周围迅速扩展的同时内部又出现被他称之为"瘤"的贫民窟,而且贫民窟是不断蔓延的,这说明城市是一个不断成长和变化的有机体。城市建设是一个长期的、缓慢的过程,城市规划也是动态的。而根治"城市病"须从改变城市的结构和形态开始。他认为事业和城市行政管理部门必须设置在城市的中心位置,应该把重工业和轻工业从城市中心疏散出去。城市中心地区由于工业外迁而腾出的大面积用地,应该用来增加绿地,而且也可以供必须在城市中心地区工作的技术人员、行政管理人员、商业人员居住,让他们就近享受家庭生活。他还认为应该把联系城市主要部分的快车道设在带状绿地系统中,也就是说把高速交通集中在单独的干线上,使其避免穿越和干扰住宅区等需要安静的场所。在他的著作中,还从土地产权、价格、城市立法等方面论述了有机疏散的必要和可能。

有机疏散的两个基本原则是:把个人日常的生活和工作即沙里宁称为"日常活动"的区域,作集中的布置;不经常的"偶然活动"的场所,不必拘泥于一定的位置,则作分散的布置。日常活动尽可能集中在一定的范围内,使活动需要的交通量减到最低程度,并且不必都使用机械化交通工具。往返于偶然活动的场所,虽路程较长亦属无妨,因为在日常活动范围外缘绿地中设有通畅的交通干道,可以使用较高的车速迅速往返。

1918年受一位私人开发商的委托,沙里宁与荣格在赫尔辛基新区明克尼米-哈格提出了一个17万人口的扩展方案。这一实践是其城市疏散思想的延续。有机疏散论在第二次世界大战后对欧美各国建设新城,改建旧城,以至大城市向城郊疏散扩展的过程有重要影响。20世纪70年代以来,有些发达国家城市过度地疏散、扩展,又产生了能源消耗增多和旧城中心衰退等新问题。

（二）广亩城市理论

城市分散主义理论的另一位代表人物是赖特,他将城市分散理论发展到了极致。赖特于1932年出版的著作《正在消灭中的城市》以及 1935 年发表的论文《广亩城市:一个新的社区规划》中提出了一种新的城镇设想——广亩城市。赖特认为,小汽车时代的到来,已经没有必要将一切活动都集中于城市中,而最为需要的是发展一种极度分散的、低密度的生活居住就业相结合的、城市真正融入自然环境之中的新型发展模式,这就是"广亩城市"。

广亩城市是赖特的城市分散主义思想的总结,充分地反映了他倡导的美国化的规划思想,强调城市中的人的个性,反对集体主义,突出地反映了 20 世纪初建筑师们对于现代城镇环境的不满以及对工业化时代以前人与环境相对和谐的状态的怀念。赖特所期望的那种社会是不存在的,他的规划设想也是不现实的。但"广亩城市"直接导致了 20 世纪 60 年代以后欧美国家中产阶级郊区化运动。

三、卫星城理论

随着城市经济的迅速发展和人口规模的逐渐扩大,许多大城市出现了无序蔓延的现象,无法形成霍华德"田园城市"设想中的城镇组群。在这样的状况下,1920 年作为其助手的恩温提出了"卫星城"的概念来继续推进霍华德的思想。卫星城理论针对的是田园城市实践过程中出现的背离霍华德基本思想的现象。恩温将霍华德的"田园城市"比喻为行星周围的卫星,他在 1924 年阿姆斯特丹召开的国际城市会议上提出,要用建设卫星城的方法来防止大城市规模过大和不断蔓延的趋势。恩温所谓的卫星城市,是一个在经济上、社会上、文化上具有现代城市性质的独立城市单位,但同时又是从属于某个大城市的派生产物。

1944 年完成的大伦敦规划中在伦敦周围建立了 8 个卫星城,已达到疏散伦敦人口的目的,从而产生了深远的影响。卫星城是指在大城市外围建立的既有就业岗位,又有较完善的住宅和公共设施的城镇,是在大城市郊区或其以外附近地区,为分散中心城市的人口和工业而新建或扩建的具有相对独立性的城镇。因其围绕中心城市像卫星一样,故名之。卫星城旨在控制大城市的过度扩展,疏散过分集中的人口和工业。卫星城虽有一定的独立性,但是在行政管理、经济、文化及生活上同它所依托的大城市有较密切的联系,与母城之间保持一定的距离,一般以农田或绿化带隔离,但有便捷的交通联系。

"第二次世界大战"后至 20 世纪 70 年代的西方大多数国家都有不同规模的卫星城建设,其中以英国、法国、美国以及中欧地区最为典型。世界各国建设的卫星城镇主要有两类:一类是为了疏散大城市的人口、工业或科学研究机构等而建设的;另一类是为了在大城市外围发展新的工业或第三产业而建设的。

然而,第一代卫星城对中心城市(又称为母城)有着强烈的依赖关系,卫星城往往被当成中心城市的一部分,甚至仅仅成为卧城。因此,人们试图通过规划来强调卫星城市的独立性,如增加就业岗位、建设文化福利配套设施,以满足卫星城居民的就地工作和生活需要,从而形成一个职能健全的独立城市。

第二代卫星城则有一定数量的工厂企业和公共设施,居民可就地工作;第三代卫星城,基本独立于主城,具有就业机会,其中心也是现代化的;而现阶段的第四代卫星城,为多中心敞开式城市结构,用高速交通线把卫星城和主城联系起来,主城的功能扩散到卫星城中去。

总之,目前,卫星城已经成为分散大城市的功能和人口过于集中,在更大的区域范围内优化城市空间结构、解决环境问题、实现功能协调的重要手段。

四、区域规划理论

有效的城市规划必须从更大范围的区域规划着手进行。这是因为,城市是人类活动的主要集中场所,区域是城市存在的基础,城市对区域的影响类似于磁铁的场效应。现代城市更是一个大的开放系统,它必须依赖于广大的区域的支持才能维护和发展下去。

为此,格迪斯、芒福德等一些有见识的规划思想家们从思想上确立了区域城市关系是研究城市问题的基本逻辑框架;A. 吕士从企业区位的角度以纯理论推导的方法,揭示了城市影响地域和相互作用的理论形态;W. 克里斯泰勒于 1933 年发表的中心地理论阐述了城市布局之间的内在数理关系;B. 贝瑞等则结合城市功能的相互依赖性,以城市区域的观点,将分析城市经济行为与中心地理论相结合,逐步形成了城市体系理论。

纽约市为了解决就业与住房问题,于 20 世纪 20 年代末 30 年代初进行了一系列区域研究,通过交通网络和聚居地的分布和组织,进行了早期区域规划的实践。到了 20 世纪 50 年代以后,在经济学界和地理学界的推动下,欧美学者对区域经济发展进行了广泛的研究,提出了许多有关城市区域发展的综合性理论,使空间结构与社会经济结构的发展得到统一,为城市和区域规划的开展提供了十分必要的理论基础。

五、线形城市理论

19 世纪 80 年代是铁路交通大规模发展的时期,铁路线把遥远的城市连接了起来,并使这些城市得到了很快的发展,在各个大城市内部及其周围,地铁线和有轨电车线的建设改善了城市地区的交通状况,加强了城市内部及与其腹地之间的联系,从整体上促进了城市的发展。在此基础上,西班牙工程师索里亚·马塔于 1882 年首先提出了线形城市这一理论。线形城市就是沿交通运输线布置的长条形的建筑地带,"只有一条宽 500 米的街区,要多长就有多长——这就是未来的城市",城市不再是一个一个分散的不同地区的点,而是由一条铁路和道路干道相串联在一起的、连绵不断的城市带。位于这个城市中的居民,既可以享受城市型的设施又不脱离自然,并可以使原有城市中的居民回到自然中去。

玛塔还提出了线形城市的基本原则,他认为,这些原则是符合欧洲当时正在讨论的合理的城市规划的要求的。在这些原则中,最主要的是"城市建设的一切问题,均以城市交通问题为前提"这一原则。最符合这条原则的城市结构就是使城市中的人从一个地点到其他任何地点在路程上耗费的时间最少。既然铁路是能够做到安全、高效和经济的最好的交通工具,城市形状理所当然就应该是线形的。这一点也就是线形城市理论的出发点。在余下的其他原则中,玛塔还提出城市平面应当呈规矩的几何形状,在具体布局时要保证结构对称,街坊呈矩形或梯形,建筑用地应当至多只占 1/5,要留有发展的余地,要公正地分配土地等原则。

线形城市理论对 20 世纪的城市规划和城市建设产生了重要影响。20 世纪 30 年代,前苏联提出了线形工业城市等模式,并在斯大林格勒(今伏尔加格勒)等城市的规划实践中得到运用。

在欧洲,哥本哈根的指状式发展(1948年规划)和巴黎的轴向延伸(1971年规划)等都是线形城市模式的发展。

六、工业城市理论

工业城市的设想是法国建筑师戈涅于20世纪初提出的,1904年在巴黎展出了这一方案的详细内容,1917年出版了名为《工业城市》的专著,阐述了他的工业城市的具体设想。该工业城市是一个假想城市的规划方案,位于山岭起伏地带的河岸的斜坡上,人口规模为35 000人。城市的选址是考虑"靠近原料产地或附近有提供能源的某种自然力量,或便于交通运输"。城市内部的布局强调按功能划分为工业、居住、城市中心等,各项功能之间是相互分离的,以便于今后各自的扩展需要。同时,工业区靠近交通运输方便的地区,居住区布置在环境良好的位置,中心区应联系工业区和居住区,在工业区、居住区和市中心区之间有方便快捷的交通服务。

戈涅在"工业城市"中提出的功能分区思想,直接孕育了《雅典宪章》所提出的功能分区的原则,这一原则对于解决当时城市中工业居住混杂而带来的种种弊病具有重要的积极意义。这一规划摆脱了传统城市规划尤其是学院派城市规划方案追求气魄、大量运用对称和轴线放射的现象,更注重各类设施本身的要求和与外界的相互联系。在居住街坊的规划中,将一些生活服务设施和住宅建筑结合在一起,形成一定地域范围内相对自足的服务设施。居住建筑的布置从适当的日照和通风条件的要求出发,留出一半的用地作为公共绿地使用,在这些绿地中布置可以贯穿全程的步行小道。城市街道按照交通的性质分为几类,宽度各不相同,在主要街道上铺设可以把各区联系起来并一直通到城外的有轨电车线。而在工业区的布置中,将不同的工业企业组织成若干个群体,对环境影响大的工业如炼钢厂、高炉、机械锻造厂等布置得远离居住区,而对职工数较多、对环境影响小的工业如纺织厂等则接近居住区布置,并在工厂区中布置了大片的绿地。

七、城市聚集区和大都市带理论

城市聚集区是指被一群密集的、连续的聚居地所形成的轮廓线包围的人口居住区,它和城市的行政界限不尽相同。在高度城市化地区,一个城市聚集区往往包括一个以上的城市,人口远超过中心城市的人口规模。

大都市带的概念由法国地理学家戈德曼于1957年提出,指多核心的城市连绵区,人口2 500万人以上,如我国的长江三角洲地区、珠江三角洲地区、京津唐地区等。

随着城市向外急剧扩展和城市密度的提高,在世界上许多国家中出现了空间连绵成片的城市密集地区,即城市聚集区和大都市带。1966年,豪尔出版了《世界城市》一书,指出世界城市在世界经济体制中将承担越来越重要的作用,世界城市是政治、商业、人才、人口、文化娱乐中心。1986年,弗里德曼发表了《世界城市假说》,强调了世界城市的国际功能决定于该城市与世界经济一体化相联系的方式与程度,并提出了主要金融中心、跨国公司总部所在地、国际性机构集中地、商业部门(第三产业)的高度增长、主要的制造业中心(具有国际意义的加工业等)、世界交通的重要枢纽(尤其是港口与国际航空港)、城市人口达到一定规模这七个世界城市的指标。

八、邻里单位理论

针对当时城市道路上机动交通日益增长,车祸经常发生,严重威胁老弱及儿童穿越街道,以及交叉口过多和住宅朝向不好等问题,美国社会学家佩里率先提出了邻里单位理论,要求在较大范围内统一规划居住区,使每一个"邻里单位"成为组成居住的"细胞",并把居住区的安静、朝向、卫生和安全置于重要位置。在邻里单位内设置小学和一些为居民服务的日常使用的公共建筑及设施,并以此控制和推算邻里单位的人口及用地规模。为防止外部交通穿越,对内部及外部道路有一定分工。住宅建筑的布置亦较多地考虑朝向及间距。该理论是为适应现代城市因机动交通发展而带来的规划结构的变化,改变过去住宅区结构从属于道路划分为方格状而提出的一种新的居住区规划理论,对 20 世纪 30 年代欧美的居住区规划影响颇大,在当前国内外城市规划中仍被广泛应用。

根据佩里的论述,邻里单位(图 3-8)由六个原则组成。

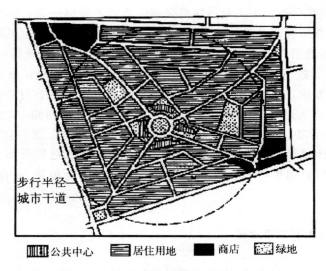

图 3-8　邻里单位规划示意图

第一,规模:一个居住单位的开发应当提供满足一所小学的服务人口所需要的住房,它的实际面积则由它的人口密度所决定。

第二,边界:邻里单位应当以城市的主要交通干道为边界,这些道路应当足够宽以满足交通需要。

第三,机构用地:学校和其他机构的服务范围应当对应于邻里单位的界限,它们应该适当地围绕着一个中心或公地进行成组布置。

第四,开放空间:应当提供小公园和娱乐空间的系统,它们被计划用来满足特定邻里的需要。

第五,内部道路系统:邻里单位应当提供特别的街道系统,第一条道路都要与它可能承载的交通量相适应,整个街道网要设计得便于单位内的运行同时又能阻止过境交通的使用。

第六,地方商业:与服务人口相适应的一个或更多的商业区应当布置在邻里单位的周边,最好是处于交通的交叉处或与临近相邻邻里的商业设施共同组成商业区。

第三节　当代城市规划的发展趋势

一、城市规划向区域规划拓展

目前,城市空间形态逐渐向区域化发展,区域规划在很多方面不同于单个城市的规划,由于规划方法的改变甚至可能会带动整个城市规划体系的调整与变革。这使得城市规划的视野必须越过单个城市本身,而投射到城市以外的区域大环境中。

二、多学科交融的综合规划

目前,已经有很多学科参与到城市规划中,但城市规划不再是把各学科简单地叠加,而是要创造一种系统的、能协调城市建设各个方面的综合方法来解决规划的问题。

三、静态规划向动态规划发展

城市是一个不断发展的大系统,运行过程效益的高低、城市各系统是否协调发展远比最终理想状态的合理性重要,更何况现阶段推断的最终状态是否合理还有待时间的检验。因此,静态规划就不断向动态规划发展。动态规划是把城市规划的对象确定为动态的过程,城市规划的成果也是一种动态的控制和引导方法,城市规划管理的控制手段也是一种动态的过程。

四、公众参与的城市规划

由于城市规划具有对社会利益平衡的巨大调节作用,因而在政治民主化日益发展的背景下,城市规划不再是少数所谓精英关起门来的作品,不再是一种"政府行为",公众参与城市规划的论证、咨询和决策的趋势,已经越来越深入和普遍。

五、可持续发展的城市规划

"可持续发展"被定义为"既满足现代人的需要,又不对后代人满足其需要的能力构成危害的发展"。此后,可持续发展战略成为许多世界最高级会议和全球大会的中心议题。

《中国 21 世纪议程》提出我国可持续发展城市的目标是:建设规划布局合理,配套设施齐全,有利工作,方便生活,住区环境清洁、优美、安静,居住条件舒适的城市。这一目标包含城市规模、城市景观、城市功能和城市素质等几个方面的内容。所谓城市规模,就是指由人流、物流、能量流、信息流所形成的核心聚集量。城市景观则是指城市生态环境和城市风貌。城市功能就是指能够满足上述各种"流体"进行国内外交往和城市社会、经济、生活所必需的基础建设和机制。而城市素质就是指城市文化修养、道德风貌和居住安全。

总之,我国可持续发展城市所要达到的目标是要确保城市经济—城市社会—城市环境这一复杂的人工复合系统持续、稳定、健康地发展。

六、城市规划实践的发展趋势

美国的 Planning Commissioners Journal 杂志于 1999 年提出了 21 世纪现代城市规划发展的九大趋势。

(一)开发者与环境保护主义者合作

城市规划由以前的开放型的规划走向环境整治型的规划,如划定各种鼓励开发区、引导开发区、限制开发区、禁止开发区等,强调开发与保护相结合。

(二)拓展交通和土地利用的整体规划

交通通信是城市物质环境结构的框架,现代城市规划受交通技术和发展方式的刺激,而将城市规划和道路布局视作城市规划最基本的构成要素。对城市交通问题的思考和研究,推动了现代城市理论和实践的进步和发展。

(三)开放空间网络与绿色通道

网络化的空间、绿色的通道可以给城市的发展、布局带来更大的弹性。网络化空间的形成也是因为郊区化、逆城市化的过程及信息、交通技术的发展,使之成为可能,并成为一种主动的需求。

(四)更加紧凑的开发与混合使用的中心

随着资源环境的趋紧,紧凑发展成为越来越主动的需求。随着西方国家市中心的复兴,传统单一的商业中心转变为包容商业购物、娱乐、文化休闲等内容的综合中心。

(五)网络空间对土地利用影响巨大

随着信息网络技术的发展,城市空间正在发生着新的、根本性的演变。

(六)复苏市中心

20 世纪 80 年代以后,一些国家实施了有力的“再城市化”战略,通过对原有市中心的功能与环境改造,努力复苏,创造一个充满活力的市中心。

(七)穷人和老龄人的需求不断增长

随着社会两极分化的加剧及老龄化社会的到来,城市规划必须考虑这种社会环境的变化并满足相应产生的种种要求。

(八)日益重视公众参与

随着城市社团力量的壮大,非政府力量对城市规划的干预作用增强,出现了“城市管制”等思潮。

（九）重视区域合作

在经济全球化的今天，要增强竞争力，必须通过协作实行"双赢"战略，区域合作更加受到重视。

总之，在知识经济、信息社会和经济全球化的背景下，多种规划思想的交汇为城市规划的发展呈现出更加广阔的学科理论的发展天空，也给城市规划带来了新的挑战。

第四章 城市规划的编制

在进行具体的城市规划前,首先要进行城市规划的编制。在本章内容中,将对城市规划编制的相关内容进行阐述,具体包括城市规划的编制体系、城市规划编制的主体与要求以及城市规划编制的任务与内容。

第一节 城市规划的编制体系

一、城市规划编制体系的发展

城市规划编制体系的不断改革、完善和创新,是伴随着我国科学技术的进步和城市社会经济的发展,以及社会矛盾和各阶层利益的变化而展开的。

在新中国成立初期,我国在经济建设方面全面学习前苏联的计划经济体制,在城市规划编制体系方面也套用前苏联的方法。1956 年 7 月,国家建委颁发了《城市规划编制暂行办法》,规定城市规划按初步规划、总体规划和详细规划三个阶段进行,并规定城市初步规划与总体规划是同一性质的规划。在尚不具备开展总体规划的条件时可以先行搞初步规划。《城市规划编制暂行办法》自颁布后,一直施行了 24 年,经历了"大跃进""国民经济困难""文化大革命十年"等社会现象,在相当长的时期内作为唯一指导中国城市规划编制的文件,先后指导了全国 150 个城市完成了初步规划或总体规划的编制工作,使我国的城市规划得以迅速恢复和快速发展。

1980 年,第一次全国城市规划工作会议召开,并审议了新的《城市规划编制审批暂行办法》。《城市规划编制审批暂行办法》规定,城市规划编制依据其内容和深度的不同可以划分为两个阶段,即总体规划阶段和详细规划阶段。根据这一编制方法,全国城市和建制镇普遍开展了总体规划的编制和审批。到 1988 年底,全国所有城市和县城全部编制审批完毕,中国城市的建设和发展也随之基本进入了有规划可依的历史阶段。

1991 年 9 月,国家建设部颁布了新的《城市规划编制办法》,明确规定编制城市规划一般分为总体规划和详细规划两个阶段,并规定可以根据实际需要在编制总体规划前编制城市总体规划纲要,同时大、中城市可以在总体规划的基础上编制分区规划;而详细规划分为控制性详细规划和修建性详细规划。这一规定有力地推动了新一轮城市总体规划编制、分区规划和控制性详细规划的普及开展,对于指导处于变革转轨和快速城市化时期的城市有序发展和规范规划管理也起到了十分重要的作用。

进入 21 世纪以后,随着改革的进一步深入以及经济社会的进一步发展,我国的社会、经济、文化、政治等发生了全面的变化。与此同时,21 世纪的我国面临着城市化的日益加剧、激荡的全球化和经济体制中市场经济的稳固、政治体制中民主和法治框架建立等重大挑战,政治经济体制和社会文化生活正在经历着重大的发展和推进。为适合大环境的变化和发展,城市规划体系的改革势在必行,这同时也是中国城市规划体系获得新生的动力。在 2005 年 12 月 31 日,我国公布了新修订的《城市规划编制办法》,并规定自 2006 年 4 月 1 日起开始施行。这是我国城市规划改革深化的一项重要举策,也是我国城市规划编制体系的一次重要完善。

新的城市规划编制体系(或城市规划编制办法)相比过去,发生了一些重要转变,具体表现在以下几个方面。

(1)新的城市规划编制体系提出了科学发展观、和谐社会、节约和集约利用资源、关注中低收入人群的指导思想。

(2)新的城市规划编制体系明确了协调发展和降低社会摩擦的目标,具体表现在注重缩小城乡差距、地区差距和社会群体间的收入差距以及解决就业问题等方面。

(3)新的城市规划编制体系进一步加强了资源配置中市场的基础性作用。

(4)新的城市规划编制体系强化了城市规划是公共政策的基本属性。

(5)新的城市规划编制体系突出了市场经济一体化的跨区域经济交流和联系。

(6)新的城市规划编制体系统筹规划了涉及国计民生的战略性资源的开发建设。

(7)新的城市规划编制体系进一步加快了政府民主决策和依法行政的进程。

(8)新的城市规划编制体系切实提高了规范和约束政府行为的条件等。

二、现行城市规划编制体系的构成

城市规划的编制体系是由两个部分构成的,即城市规划编制体系的总体框架和城市规划编制体系的层次组成。

(一)城市规划编制体系的总体框架

依据 2005 年 12 月 31 日公布的《城市规划编制办法》,我国现行的城市规划编制体系的总体框架包括五章四十七条,具体如图 4-1 所示。

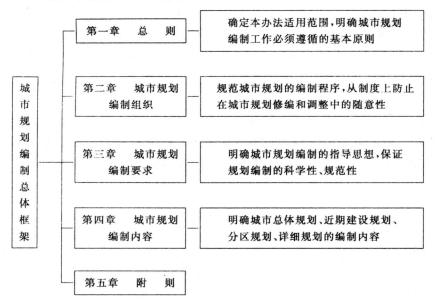

图 4-1　城市规划编制体系的总体框架示意图

城市规划编制体系在发展的过程中会受到不同时期社会与经济等各方面因素的影响,具体到构建现行城市规划编制体系的总体框架上来,就要处理好四个关系、实现四个转变、把握三个重点。

1.四个关系

这里的四个关系指的是城市规划建设中的四个关系,即城镇化与人口规模的关系、城市发展的保障与可持续发展的关系、建设节约型城市与发展节能省地型住宅和公共建筑的关系以及规划的科学性与权威性、严肃性的关系。

2.四个转变

这里的四个转变指的是城市规划编制工作的四个转变,即规划编制组织方式的转变、规划范围重点的转变、规划重点内容的转变以及城市规划从技术文件向公共政策的功能性转变。

3.三个重点

这里的三个重点指的是根据我国规划建设的形势发展要求增补规划的内容,针对当前城市规划编制工作迫切需要解决的问题增加强制性内容,通过明确城市规划编制组织、要求和内容来强化规划编制程序和规范规划编制行为。

(二)城市规划编制体系的层次组成

当前,我国城市规划编制体系的层次组成可以概括为"两阶段、六层次"。其中,"两阶段"指的是总体规划阶段和详细规划阶段;"六层次"指的是城市总体规划纲要、城市总体规划(含市域城镇体系规划和中心城区规划)、城市近期建设规划、城市分区规划、城市控制性详细规划和城市修建性详细规划。

1.城市总体规划纲要

一般来说,在进行城市总体规划编制前,应首先由城市人民政府组织编制城市总体规划纲要,按规定提请审查批准后,作为指导城市总体规划编制的重要依据。

城市总体规划纲要主要是研究确定城市总体规划中的重大问题和重大原则,而在进行城市总体规划纲要的编制时,应该依据国务院建设主管部门组织编制的全国城镇体系规划和省、自治区人民政府组织编制的省域城镇体系规划。

2.城市总体规划

在进行城市总体规划的编制时,要以全国城镇体系规划、省域城镇体系规划以及其他上层次法定规划为依据,从区域经济社会发展的角度研究城市定位和发展战略,按照人口与产业、就业岗位的协调发展要求,控制人口规模、提高人口素质,按照有效配置公共资源、改善人居环境的要求,充分发挥中心城市的区域辐射和带动作用,合理确定城乡空间布局,促进区域经济社会全面、协调和可持续发展。

3.城市近期建设规划

我国宏观经济调控和城市建设控制的一个重要手段就是城市近期建设规划。城市近期建设规划就性质、功能和内容来说,都不同于城市总体规划、城市分区规划和城市详细规划。

新修订的《城市规划编制办法》对城市近期建设规划的要求有着明确的规定:城市人民政府应当依据城市总体规划,结合国民经济和社会发展规划以及土地利用总体规划,组织制定近期建设规划;编制城市近期建设规划,应当依据已经依法批准的城市总体规划,明确近期内实施城市总体规划的重点和发展时序,确定城市近期发展方向、规模、空间布局、重要基础设施和公共服务设施选址安排,提出自然遗产与历史文化遗产的保护、城市生态环境建设与治理的措施。

4.城市分区规划

在进行城市分区规划编制时,要综合考虑城市总体规划确定的城市布局、片区特征、河流道路等自然和人工界限,并结合城市行政区划,划定分区的范围界限。

5.城市控制性详细规划

在进行城市控制性详细规划编制时,要以城市分区规划以及建设主管部门(城乡规划主管部门)做出的建设项目规划许可为依据。

6.城市修建性详细规划

在进行城市修建性详细规划编制时,要依据已经依法批准的城市控制性详细规划,对所在地块的建设提出具体的安排和设计。

三、现行城市规划编制体系存在的问题

现行的城市规划编制体系,在实践过程中出现了很多的问题,而且在未来的施行过程中面临着很多的挑战。

(一)现行城市规划编制体系在实践过程中出现的问题

现行城市规划编制体系总体来说是较为合理的,但在实际的操作过程中,由于种种原因暴露出了不少的问题,具体来说有以下几个。

1.在宏观方面缺乏科学、整体的调控和互动作用

我国作为社会主义国家,原本应在国土和区域范围内的宏观空间布局与发展调控方面具有优势,然而由于规划运行体系不完善,对空间整体规划的重要性认识不足,使得在城市规划领域的宏观调控作用未能得到有效的发挥,导致应有的优势变成了劣势。

2.在分层次的空间规划方面缺少有机的衔接

由于现行城市规划编制体系在分层次的空间规划方面缺少有机的衔接,导致城市规划逐渐变为了分学科和分部门的规划。而这种学科间和部门间的分割造成了城市发展的分离和区域内投资建设的重复浪费。

3.始终将物质建设规划作为唯一目的

由于现行的城市规划编制体系始终将物质建设规划作为唯一目的,导致规划要素单一,在规划过程中始终以抽象的"模式人"和抽象的空间功能关系作为分析和解决问题的途径,对空间规划促进社会发展、维持社会安定、维护公众利益、有效配置资源、延续历史文化的重要目的则没有引起高度的重视。

4.更多追求的是城市规划期末的漂亮蓝图

现行的城市规划编制体系始终将物质建设规划作为唯一目的,也导致了城市的空间规划变得简单,功能由政府和抽象的"社会人"确定,布局由模式化的空间关系确定,规划师由此根据统

一的定量标准而制定"蓝图"。由于脱离了现实的经济和社会发展,脱离了公众的需要和城市空间发展的自身规律,许多规划只能"墙上挂",即使实施也可能给城市空间的未来发展带来负面效应。

(二)现行城市规划编制体系在未来施行过程中将面临的挑战

现行城市规划编制体系在当前的实践过程中已经出现了很多的问题,而随着我国社会、经济的飞速发展,特别是社会主义市场经济的发展,其在未来的施行将面临着严峻的挑战,具体表现在以下几个方面。

(1)随着我国社会主义市场经济体制的确立及逐渐稳固,国家明确划分了中央事权和地方事权,形成了不同行政地域层次政府之间权限的差别,空间规划的层次关系由指导性向协调性和引导性转变。这种转变对于城市规划编制体系的构成提出了严峻的挑战,即如何在宏观规划中发挥国土规划、区域规划等宏观规划的调控作用。

(2)在我国,投资、土地使用以及建设项目等都引入了市场竞争机制,在这一趋势的影响下,建立公开和开放的城市规划编制体系已经成为必然趋势。但是,如何建立一种既具有控制作用,又能体现公平和灵活性的多层次城市规划编制体系,还需要进行进一步的探索。

四、城市规划编制体系的进一步改革

由于现行的城市规划编制体系还存在着不少的问题,在未来的施行过程中也面临着不小的挑战,因而当前社会各界越来越重视对城市规划编制体系进行进一步的改革。而进行城市规划编制体系的进一步改革,需要特别注意以下几个方面。

(1)城市规划编制体系的进一步改革,首先要进一步明确国家事权和地方事权。国家对地方城市规划的审批只需要审查涉及区域、流域协调和国家战略的重大问题,减少城市发展对区域的不良"外部性"影响,重点审查粗线条规划。

(2)城市规划编制体系的进一步改革,要重视建立地方规划编制制度,明确规划委员会制度、公众参与制度,以制衡的权力体系保证城市规划编制的有序发展。

(3)城市规划编制体系的进一步改革,要注意弱化期限控制,用一个更为长远的发展战略和一个更为弹性的、强调程序控制的动态规划替代一劳永逸的二十年不变的静态规划编制;弱化规模控制,用相对大的空间包容不确定的快速发展,强调容量规划,划定城市发展的生态底线,对发展中不宜破坏的东西划定明确底线,重视近期规划的编制,使近期行动与长远战略良好地结合起来。

第二节 城市规划编制的主体与要求

一、城市规划的编制主体

我国《城市规划法》明确规定,城市规划的编制工作由城市人民政府负责,特别是城市总体规划的编制,是城市政府和全市人民生活中的一件大事,必须引起高度的重视,并严格依照法律程序进行。同时,城市规划的编制应当在城市政府的领导下,由城市规划行政主管部门委托具有相应资格的规划设计部门具体承担,而且必须要在城市规划编制的过程多次听取各有关部门的意见和群众的反映,还要经过多方案的比较和专家论证评审。在经过了多次的修改、补充、改善后确定的城市规划编制成果,还必须要依法通过同级人民代表大会或者其常务委员会审查同意,进而由城市人民政府报上级机关审批。

由此可以知道,整个的城市规划编制工作在操作过程中实际上是由以下几类人员或机构共同参与完成的。

(1)政府部门。通常情况下,政府部门要提出编制城市规划的计划,并组织技术力量进行城市规划的编制,还要在城市规划编制的过程中提供必要的经费,因而是城市规划编制的主体。

(2)市民团体及个人。一般来说,市民团体及个人代表了社会各阶层以及各利益集团的要求,对城市规划编制的内容实施影响。在公众参与意识发达的民主社会中,市民团体及个人甚至会成为影响城市规划编制内容的重要力量。

(3)城市规划专业人员。城市规划专业人员能够为城市规划编制方案的提出与选择提供专业的知识技术咨询。

二、城市规划的编制要求

在进行城市规划编制时,需要遵守一定的要求,具体来说有以下几个。

(1)城市规划的编制应当以科学发展观为指导,以构建社会主义和谐社会为基本目标,坚持五个统筹,坚持中国特色的城镇化道路,坚持节约和集约利用资源,保护生态环境,保护人文资源,尊重历史文化,坚持因地制宜确定城市发展目标与战略,促进城市全面协调可持续发展。

(2)城市规划的编制必须要注意采取适当的方式听取群众意见,具体包括有关部门、单位和市民的意见。而在听取群众的意见时,可以通过举办座谈会、方案征询会、专题问题座谈会等形式,以切实广泛调动公众参与到城市规划方案的编制过程中。

(3)城市规划的编制必须要考虑人民群众的基本需要,改善人居环境,方便群众的生活,充分关注中低收入人群,扶助弱势群体,促进维护社会稳定和公共安全。

(4)城市规划的编制必须要坚持政府组织、专家领衔、部门合作,并积极扩大公众参与程度,以实现科学决策。

(5)城市规划的编制必须要具备相应的城市测量、勘察资料以及其他必要基础资料,包括经济、社会发展计划、自然环境、城市发展历史、现状情况的调查资料等。

(6)城市规划的编制要注意进行多方案比较和技术经济论证,进而在多方案比较和技术经济论证的基础上选择最优的城市规划编制方案。

(7)城市规划的编制必须要遵循《城市规划法》《城市规划编制办法》等法律法规确定的各项规划原则,符合国家和地方的有关标准和技术规范,并采用先进的规划设计方法和技术手段。

(8)城市规划的编制必须要由具有相应规划设计资格的单位承担,凡是没有城市规划设计资格的单位,都不能承担城市规划编制的任务。

(9)城市规划编制的成果必须依据《城市规划编制办法》的要求保证质量,而且不论是形式、图例、比例尺还是专业术语等都要保证规范化。同时,城市规划编制的成果文件要以书面文件和电子文件这两种方式进行表达。

第三节　城市规划编制的任务与内容

一、城市总体规划纲要编制的任务与内容

(一)城市总体规划纲要编制的任务

城市总体规划纲要编制的任务是在进行城市总体规划之前,研究确定城市总体规划的重大原则,并报经城市政府批准后,作为编制城市总体规划的依据。

(二)城市总体规划纲要编制的内容

城市总体规划纲要编制的内容,具体来说有以下几个。

(1)城镇体系规划纲要,具体包括提出市域城乡统筹发展战略;确定生态环境、土地和水资源、能源、自然和历史文化遗产保护等方面的综合目标和保护要求,提出空间管制原则;预测市域总人口及城镇化水平,确定各城镇人口规模、职能分工、空间布局方案和建设标准;原则确定市域交通发展策略。

(2)论证城市国民经济和社会发展条件,原则确定规划期内城市发展目标。

(3)论证城市在区域发展中的地位,原则确定市(县)域城镇体系的结构与布局,提出城市规划区范围以及禁建区、限建区、适建区范围。

(4)原则确定城市性质、规模、总体布局,选择城市发展用地,提出城市规划区范围的初步意见。

(5)研究中心城区空间增长边界,提出建设用地规模和建设用地范围。

(6)预测城市人口规模。

(7)研究确定城市能源、交通、供水等城市基础设施开发建设的重大原则问题,提出重大基础设施和公共服务设施的发展目标,提出交通发展战略及主要对外交通设施布局原则。

(8)提出建立综合防灾体系的原则和建设方针。

二、城市总体规划编制的任务与内容

(一)城市总体规划编制的任务

城市总体规划编制的任务,具体来说有以下几个。

(1)综合研究和确定城市性质、规模和空间发展形态。

(2)统筹安排城市各项建设用地。

(3)合理配置城市各项基础设施。

(4)处理好远期发展与近期建设的关系,指导城市合理发展。

(二)城市总体规划编制的内容

城市总体规划编制的内容,具体来说又可以分为以下几个方面。

1. 城镇体系规划的内容

城镇体系规划的内容,具体来说有以下几个。

(1)综合评价区域和城市发展、开发建设的条件,提出市域城乡统筹的发展战略。

(2)预测区域人口增长,确定各城镇人口规模、职能分工、空间布局和建设标准,确定城市化目标。

(3)确定本区域内的城镇发展战略,划分城市经济区。

(4)提出城镇体系的功能结构和城镇分工。

(5)确定城镇体系的等级和规模结构。

(6)确定城镇体系的空间布局,提出重点城镇的发展定位、用地规模和建设用地控制范围。

(7)统筹安排区域内的基础设施和社会设施。

(8)确定保护生态环境、自然和人文景观、历史文化遗产的原则和措施,确定生态环境、土地和水资源、能源、自然和历史文化遗产等方面的保护与利用的综合目标和要求,提出空间管制原则和措施。

(9)确定一个时期重点发展的城镇,提出近期重点发展城镇的规划建议。

(10)确定市域交通发展策略,原则确定市域交通、通信、能源、供水、排水、防洪、垃圾处理等重大基础设施、重要社会服务设施、危险品生产储存设施的布局。

(11)根据城市建设、发展和资源管理的需要划定城市规划区,而城市规划区的范围应位于城市的行政管辖范围内。

(12)提出实施城市体系规划的有关措施和建议。

2. 中心城区规划的内容

中心城区规划的内容,具体来说有以下几个。

(1)确定城市性质、职能和发展目标。

(2)预测城市的人口规模,确定市级和区级中心的位置和规模,提出主要的公共服务设施的布局。

(3)安排建设用地、农业用地、生态用地和其他用地,确定建设用地的空间布局,提出土地使用强度管制区划和相应的控制指标(建筑密度、建筑高度、容积率、人口容量等),并划定禁建区、限建区、适建区和已建区,制定空间管制措施。

(4)确定村镇发展与控制的原则和措施;确定需要发展、限制发展和不再保留的村庄,提出村镇建设控制标准。

(5)研究中心城区空间增长边界,确定建设用地规模,划定建设用地范围。

(6)划定旧区范围,确定旧区有机更新的原则和方法,提出改善旧区生产、生活环境的标准和要求。

(7)研究住房需求,确定住房政策、建设标准和居住用地布局;重点确定经济适用房、普通商品住房等满足中低收入人群住房需求的居住用地布局及标准。

(8)确定交通发展战略和城市公共交通的总体布局,落实公交优先政策,确定主要对外交通设施和主要道路交通设施布局。

（9）确定绿地系统的发展目标及总体布局，划定各种功能绿地的保护范围，划定河湖水面的保护范围，确定岸线使用原则。

（10）确定电信、供水、排水、供电、燃气、供热、环卫发展目标及重大设施总体布局。

（11）确定生态环境保护与建设目标，确定综合防灾与公共安全保障体系，提出防洪、消防、人防、抗震、地质灾害防护等规划原则和建设方针。

（12）确定历史文化保护及地方传统特色保护的内容和要求，划定历史文化街区、历史建筑保护范围，确定各级文物保护单位的范围；研究确定特色风貌保护重点区域及保护措施。

（13）提出地下空间开发利用的原则和建设方针。

（14）确定空间发展时序，提出规划实施步骤、措施和政策建议。

3.城市总体规划的强制性内容

城市总体规划的强制性内容，具体来说有以下几个。

（1）城市规划区的范围。

（2）市域内应当控制开发的地域。具体包括基本农田保护区，风景名胜区，湿地、水源保护区等生态敏感区，地下矿产资源分布地区等。

（3）城市的建设用地。具体包括三个方面的内容：一是规划期限内城市建设用地的发展规模，土地使用强度管制区划和相应的控制指标；二是城市各类绿地的具体布局；三是城市地下空间开发布局。

（4）城市基础设施和公共服务设施。具体包括三个方面的内容：一是城市干道系统网络、城市轨道交通网络、交通枢纽布局；二是城市水源地及其保护区范围和其他重大市政基础设施；三是文化、教育、卫生、体育等方面主要公共服务设施的布局。

（5）生态环境保护与建设目标，污染控制与治理措施。

（6）城市历史文化遗产保护。具体包括两个方面的内容：一是历史文化保护的具体控制指标和规定；二是历史文化街区、历史建筑、重要地下文物埋藏区的具体位置和界线。

（7）城市防灾工程。具体包括四个方面的内容：一是城市防洪标准、防洪堤走向；二是城市抗震与消防疏散通道；三是城市人防设施布局；四是地质灾害防护规定。

三、城市近期建设规划编制的任务与内容

（一）城市近期建设规划编制的任务

城市近期建设规划编制的任务是，在与城市国民经济和社会发展规划的年限一致，并在不违背城市总体规划的强制性内容的前提下，确定城市近期的建设计划，并制定相应的措施保证实行。在城市近期建设规划将要到期时，还要依据城市总体规划组织编制新的城市近期建设规划。

（二）城市近期建设规划编制的内容

城市近期建设规划编制的内容，具体来说有以下几个。

（1）确定近期人口和建设用地规模，确定近期建设用地范围和布局。

（2）确定近期交通发展策略，确定主要对外交通设施和主要道路交通设施布局。

(3)确定各项基础设施、公共服务和公益设施的建设规模和选址。

(4)确定近期居住用地安排和布局。

(5)确定历史文化名城、历史文化街区、风景名胜区等的保护措施,城市河湖水系、绿化、环境等保护、整治和建设措施。

(6)确定控制和引导城市近期发展的原则和措施。

四、城市分区规划编制的任务与内容

(一)城市分区规划编制的任务

城市分区规划编制的任务是,在城市总体规划的基础上,进一步安排城市土地利用、人口分布和公共设施、城市基础设施的配置,以更好地指导城市详细规划的编制。

(二)城市分区规划编制的内容

城市分区规划编制的内容,具体来说有以下几个。

(1)确定市级、地区、居住区级公共设施的分布及其用地范围。

(2)确定分区内土地使用性质、居住人口分布、建筑及用地的容量控制指标。

(3)确定市、区、居住区级公共服务设施的分布、用地范围和控制原则。

(4)确定城市主、次干道的红线宽度、断面、控制点坐标、标高,确定支路的走向、宽度以及主要交叉口、广场、停车场位置和控制范围。

(5)确定绿地系统、河湖水面、供电高压走廊、对外交通设施、风景名胜的用地界线和文物古迹、历史地段的保护范围,提出空间形态的保护要求。

(6)确定工程干管的走向、位置、管径、服务位置以及主要工程设施的位置和用地位置。

五、城市控制性详细规划编制的任务与内容

(一)城市控制性详细规划编制的任务

城市控制性详细规划编制的任务是,在城市总体规划或城市分区规划的基础上,详细地规定建设用地范围内的各项控制指标和其他规划管理要求,指导修建性详细规划的编制。

(二)城市控制性详细规划编制的内容

城市控制性详细规划编制的内容,具体来说有以下几个。

(1)确定规划范围内各类不同性质用地的界线;规定各类用地内适建、不适建或者有条件地允许建设的建筑类型。

(2)规定各地块容积率、建筑高度、建筑密度、绿地率等控制指标。

(3)确定公共设施配套要求、交通出入口方位、停车泊位、建筑后退红线距离、建筑间距等控制指标。

(4)提出各地块的建筑体量、体形、色彩等要求。

(5)确定各级支路的红线位置,控制点坐标和标高。

(6)根据规划容量确定工程管线的走向、管径和工程设施的用地界线。

(7)制定相应的土地使用和建筑管理规定。

六、城市修建性详细规划编制的任务与内容

(一)城市修建性详细规划编制的任务

城市修建性详细规划编制的任务是,在上一个层次规划(城市控制性详细规划、城市分区规划、城市总体规划)的基础上,将城市建设的各项物质要素在当前拟建设开发的地区进行空间布置,对具体建设内容做出详细安排和规划设计。

(二)城市修建性详细规划编制的内容

城市修建性详细规划编制的内容,具体来说有以下几个。

(1)建设条件分析及综合技术经济论证。

(2)建筑、道路和绿地等的空间布局和景观规划设计,布置总平面图。

(3)对住宅、医院、学校和托幼等建筑进行日照分析。

(4)根据交通影响分析,提出交通组织方案和设计。

(5)市政工程管线规划设计和管线综合。

(6)竖向规划设计。

(7)估算工程量、拆迁量和总造价,分析投资效益。

第五章　城市总体规划

城市总体规划是城市规划编制体系中具有法定效力的最高层次的规划,是对一定时期内城市性质、发展目标、发展规模、土地利用、空间布局以及各项建设的综合部署和实施措施,也是一种战略层面的城市发展蓝图。因此,城市的各种详细规划的完成与城市总体规划息息相关。对于初步了解城市规划专业的人来说,了解城市总体规划的一般知识、过程及内容,熟悉城市总体规划专题研究的基本要件,掌握城市的用地组成和总体布局,是有效管理任何一个项目的开发和建设的必要条件。

第一节　城市总体规划及其区域背景分析

一、城市总体规划

(一)城市总体规划的概念

城市总体规划是对一定时期内整个城市发展的综合布局,是根据城市规划纲要,综合研究和确定城市性质、规模、容量和发展形态,统筹安排城乡各项建设用地,合理配置城市各项基础工程设施的综合性规划,其目的在于保证城市每个阶段的发展目标、途径、程序的优化和布局结构的科学性,引导城市健康发展。

(二)城市总体规划的重要性

首先,城市的建设和发展是一项庞大的系统工程,而城市总体规划则是驾驭整个城市建设和发展的基本依据和基本手段。

其次,城市总体规划关系各行各业,影响千家万户,涉及政治、经济、文化、社会的广泛领域,具有很强的综合性。尤其是随着我国市场经济的快速发展,城市在国民经济、社会发展中的地位和作用日益加强,城市的结构和功能日趋多样化,城市各项行政管理和经济管理关系日趋频繁,传统的依靠行政手段进行城市管理,而没有对城市建设进行总体规划的做法已经不能适应现代社会的需要。

最后,城市的土地利用和各项建设活动都与城市总体规划密切相关,只有进一步强化城市总体规划的综合、协调职能,并将城市建设过程中涉及到的方方面面综合考虑进城市总体规划中,才能保证城市建设的合理发展和协调运转。

(三)城市总体规划应遵循的原则

(1)城市总体规划应该是适应经济、社会发展变化的一种动态型的规划,应保证城市目标的实现。

(2)公众参与应成为城市总体规划制定和实施过程中的重要步骤和组成部分。

（3）城市发展的战略研究和与之相应政策的制定应成为城市总体规划的核心内容。

（4）城市总体规划是一项战略性的任务，在明确一定时期（20年左右）城市发展方向与目标的同时，也要对长远发展有所估计，留有充分的弹性，不能把内容定得过死、过细。

（5）在实施城市总体规划的过程中，应不断根据城市经济、社会发展的动向，分析新形势、研究新问题，对城市总体规划予以调整、深化、补充、完善，以便为修改下一轮总体规划积累资料。

二、城市总体规划的区域背景分析

城市是区域的中心，区域是城市的基础。任何一个城市的产生和发展，都有其特定的区域背景。城市要从区域取得发展所需要的食物、原料、燃料和劳动力，又要为区域提供产品和各种服务，城市和区域之间的这种双向联系无时无刻不在进行，它们互相交融、互相渗透。对城市总体规划进行区域背景分析，可以从以下几方面入手。

（一）区域自然背景分析

通常情况下来说，城市的区域自然背景包括区域所处的地理位置和区域内的自然资源。其中，城市地理位置的核心是城市交通地理位置。对外交通运输是城市与外部联系的主要手段，是实现城市与区域交流的重要杠杆。自然资源是区域社会经济发展的物质基础，也是区域生产力的重要组成部分。

在分析城市的区域自然背景的过程中，应考虑到城市的自然地理位置。一般情况下，自然地理位置优越的城市未来发展的潜力更大。而就自然资源而言，需要考虑自然资源的数量、质量及开发利用条件、地域组合等。一般情况下，同时，自然资源的数量会影响区域生产发展规模；自然资源质量及开发利用条件会影响区域经济效益；自然资源的地域组合影响区域的产业结构。当某种自然资源数量丰富时，利用该自然资源发展生产的规模就越大。自然资源的质量及开发利用条件影响对自然资源利用的成本投入及劳动生产率、产品质量、市场售价等。不同种类自然资源的组合，就可能产生以这些自然资源为基础的不同产业结构。

（二）区域社会经济背景分析

对城市的区域背景进行分析，除了要分析其自然背景之外，还要分析其社会经济背景。

就社会背景而言，主要分析其与周边地区的关系。城市作为区域的中心，要想发展，必须与周边地区保持密切的联系，以获取进一步发展的动力和空间。其原因在于以下两方面。

（1）周边地区会为城市的产生提供初始条件。由于城市产生初期占主导地位的经济是手工业和商业，城市的主要特征是消费，它要求周边地区为其提供各种剩余的农副产品与劳动力，以满足生存需要。

（2）周边地区会为城市的发展提供各种经济社会资源，而城市也会要求周边地区消化其产品，以便使其基本部门的产品的价值得以实现，其正常运转得以顺利进行。

由此可见，每个城市都不是孤立存在的，它和其所在区域的关系是点和面的关系，是互相联系、互相制约的辩证关系。因此，分析城市社会背景时应考虑其周边地区的社会背景。

就经济背景而言，城市的经济背景分析主要应考虑城市的人口与劳动力、科学技术条件、基础设施条件及政策、管理、法制等社会因素。

（1）城市的人口与劳动力方面。区域劳动人口的数量影响区域自然资源开发利用的规模；区域人口的素质影响区域经济的发展水平和区域产业的构成状况；人口的迁移和分布影响区域生产的布局。

（2）科学技术条件方面。科学技术是人类改变和控制客观环境的手段或活动，自然条件和自然资源提供了发展的可能，科学技术则将这种可能转变为现实。科学技术的进步节约了要素的投入，可以减少区域发展对非地产资源的依赖程度；科学技术的进步引起经济总量的增长，推动区域经济结构多样化；科学技术的进步使社会产生新的需求，在新的需求水平上增加劳动投入，为劳动就业开辟出路。

（3）基础设施条件及政策、管理、法制等社会因素方面。区域内基础设施的种类、规模、水平、配套，以及区域发展政策、办事效率、法制等对经济的发展也有重要的影响。

（三）区域城镇体系发展综合背景分析

对区域城镇体系发展的综合背景进行分析，可以从以下几方面入手。

（1）分析不同时期区域城镇体系的产生、形成及其发展的历史背景，如主要历史时期的城镇分布格局，以及体系内各城镇间的相互关系，特别是地区中心城市发展、转移的成因等，这对揭示区域城镇发展的主要影响因素至关重要。通过对其历史发展背景的分析，能够帮助规划者了解区域城镇体系的分布格局的形成原因，为下一步的发展规划提供思路。但在这一过程中，规划者应注意不能陷入对个别城市城址变迁的繁琐考证工作中，同时也要避免厚古薄今的倾向。

（2）分析区域城镇体系的现状。规划者应从宏观的、对比的角度分析区域城镇当前的发展水平、速度、结构、分布及存在的问题，从而认识、分析城市自身发展的有利条件、不利条件以及二者的辩证关系，并找出阻碍城市及区域发展的主要原因，为未来发展提供规划依据和目标。

第二节　城市用地的构成与空间布局

一、城市用地的构成

城市是一个承载多种经济活动和社会活动的综合性地域空间。由于各种经济活动或社会活动的内在规律和特殊要求不同，不同国家和地区的城市用地特点也大不相同。

根据1991年3月1日起实施的中华人民共和国国家标准《城市用地分类与规划建设用地标准》（GBJ137—90）的规定，城市用地由居住用地、公共设施用地、工业用地、物流仓储用地、绿化与广场用地等构成。

（一）居住用地

1.居住用地分类

（1）一类居住用地

一类居住用地多为市政公用设施齐全、布局完整、环境良好的低层住宅用地，如别墅区、独立式花园住宅、四合院等。

(2)二类居住用地

二类居住用地多为市政公用设施齐全、布局完整、环境良好的中、高层住宅用地。

(3)三类居住用地

三类居住用地多为市政公用设施比较齐全、布局相对完整、环境较好的中、高层住宅用地。

(4)四类居住用地

四类居住用地多为市政公用设施不齐全,环境较差的,需要加以改造的简陋住宅用地,包括危改房、城中村、棚户区、临时住宅等。

一般情况下,这四类居住用地的住宅建筑可适当兼容公共管理与公共服务和商业服务业设施,其中商业性的功能兼容不应超过建设量的3%;配建绿化和道路用地为居住小区及小区级以下的小公园和道路用地,不包括承担城市公共使用的绿地和支路。

此外,这四类居住用地的居住小区及小区级以下的主要公共设施和服务设施用地,包括幼托、文化体育设施、商业金融、社区服务、市政公用设施等用地不包括中小学(该用地应归入中小学用地)。

上述内容中,住宅用地所占比重最大,是核心内容。其他各项内容所需的规模大小、位置要依据居民使用它们的频繁程度及它们自身的特点来合理确定。

2.居住用地指标

居住用地的技术经济指标通常是住宅用地、公共设施用地、道路用地和公共绿地等各单项指标的总和,以城市居民人均所占有的居住用地面积来表示。

正确地确定居住用地的技术经济指标,将有助于合理地确定城市的人口规模和用地规模,有助于城市居民的居住环境水平宏观控制和预测,并与城市建设的经济合理性直接相关。

居住用地指标的选择,必须综合考虑城市经济和人民生活的现状水平和规划期可能达到的水平,并根据城市性质、规模等条件的不同来区别对待。一般地,城市小,居住用地比重高;城市大,居住用地比重低。而公共设施、道路和绿地用地则相反,城市小,比重低;城市大,比重高。

按照《城市用地分类与规划建设用地标准》(GB 50137—2011)提出的建设用地指导性标准,我国城市居住用地人均指标,人口在500万以上的城市可以在16~26m²/人;200万~500万的城市可以在20~30m²/人;100万~200万的城市可以在22~32m²/人;50万~100万的城市可以在25~35m²/人。规定中居住用地的指标不包括居住用地中居住用地以外的其他组成内容的指标。住宅用地指标是由居住面积定额(m²/人)、居住建筑平面系数(%)、居住建筑密度(%)、建筑平均层数等四项技术经济指标来确定的,其关系如下:

$$人均住宅用地面积 = \frac{居住面积定额}{建筑密度 \times 建筑层数 \times 平面系数}$$

居住面积定额反映了城市的居住水平,也反映了城市在一定时期内的社会经济发展水平和人民生活水平。目前,我国城市居民的居住水平还比较低,但将随着经济发展水平的提高而逐渐提高。

平面系数是指住宅建筑中的居住面积与建筑面积之比。平面系数除了与建筑中的结构面积和交通面积(楼梯、门厅、走廊等)所占的比例有关外,主要取决于住户内辅助设施(卫生间、厨房等)的水平和标准。辅助设施标准越高,所占的建筑面积越大,平面系数越低。目前,我国新建住宅建筑的平面系数在 55% 左右。

居住建筑密度是指居住建筑基底面积与居住用地面积之比,它的大小主要取决于建筑层数、建筑组合方式、地形条件以及不同地区采用的日照标准。

3.居住用地的用地条件

(1)地形条件

居住用地的最小坡度一般不小于 3‰,以利于组织排水,其适用上限一般控制在 10% 以内。在山区或丘陵地区的城市,居住用地的最大坡度可达到 20%～30% 左右,在这种情况下,应在规划设计中保证居住用地内的道路纵坡不大于 8%。

(2)地质条件

居住用地土壤承载力应不小于 150kPa,地下水位埋深应大于 1.50m;低于上述条件的用地,经特殊工程措施处理后也可用做居住用地。

(3)其他条件

为节约用地,减少投资,居住用地要尽可能选用坡地、荒地,不占或少占用良田。

(二)公共设施用地

1.公共设施用地的分类

除了居住用地和工业用地外,城市中还存在着大量的从事城市管理的设施以及为城市居民日常生活所必需的商业、服务等公共设施。这些用地分为公共管理与公共服务用地、商业服务业设施用地,这里将其统称为公共设施用地。这些公共设施用地可以分为几下几种类型。

(1)商业服务业设施用地

商业服务业设施用地主要指的是居住区及居住区级以上的各类零售商,商业性办公、研发设计等综合设施用地。以营利为主要目的的商业服务设施,不一定完全由市场经营,政府如有必要亦可独立投资或合资建设,如剧院、音乐厅等机构。商业服务业设施用地可分为以下几种类型。

第一,商业设施用地。商业设施用地指的是从事各类商业销售活动及容纳餐饮旅馆业、娱乐康体等各类活动的用地,包括中小型零售商业用地、大型零售商业用地、餐饮旅馆用地、娱乐设施用地、康体设施用地等。

中小型零售商业用地主要为周围小区或更大社区提供各式商业服务,包括小型零售、影楼等商业设施以及独立地段以零售为主的农贸市场、商品市场等用地。

大型零售商业用地主要为全市或更大区域提供服务的各式零售业用地,包括综合百货商场、大型购物中心、大型超市等。

餐饮旅馆用地主要为餐馆、宾馆、旅馆、招待所、度假村等及其相应附属设施用地。

娱乐设施用地主要为单独设置的剧院、音乐厅、电影院、歌厅、舞厅、洗浴中心等用地。

康体设施用地主要为保龄球馆、台球厅、健身房、高尔夫球场、赛马场、溜冰场、跳伞场、摩托车场、射击场以及水上运动的陆域部分等用地。

第二,研发设计用地。研发设计用地指的是科学研究、勘测设计、技术服务咨询等机构用地,不包括附设于其他单位内的研究室用地。

第三,商务设施用地。商务设施用地指的是除政府机关团体以外的金融、保险、证券、新闻出版、文艺团体等行业的写字楼或以写字楼为主的综合性设施用地,包括传媒业用地、文化艺术团体用地、贸易咨询用地、金融保险业用地、其他商务设施用地等。

传媒业用地主要为广播电视制作及管理、新闻出版等传媒业用地。

文化艺术团体用地主要为各种文化艺术团体等用地。

贸易咨询用地主要为各种贸易公司、商社及其咨询机构等贸易咨询业用地。

金融保险业用地主要为银行及分理处、信用社、信托投资公司、证券交易所、保险公司,以及外国驻本市的金融和保险机构等用地。

其他商务设施用地主要为电信服务、计算机服务及软件业、房地产业等其他办公用地。

第四,其他商服设施用地。其他商服设施用地指的是私人诊所、私立学校等其他商服设施的用地。

(2)公共管理与公共服务用地

公共管理与公共服务用地指居住区及居住区级以上的行政、文化、教育、卫生、体育等机构和设施的用地,不包括居住用地中的社区服务设施用地,核心内涵在于必须设置以保障满足民生需求的公共服务设施。公共管理与公共服务用地可分为以下几种类型。

第一,文化设施用地。文化设施用地指的是图书展览等文化活动设施用地,包括图书展览设施用地、其他活动设施用地等。

图书展览设施用地主要为公共图书馆、展览馆、博物馆、科技馆、纪念馆、美术馆和会展中心等设施用地。

其他活动设施用地主要为综合文化活动中心、文化宫、青少年宫、儿童活动中心、老年活动中心等设施用地。

第二,行政办公用地。行政办公用地指的是党政机关、社会团体、群众自治组织等设施用地。

第三,教育用地。教育用地指的是高等院校、中等专业学校、中学、小学等用地,包括中小学用地、中等专业学校用地、高等院校用地、其他教育用地等。

中小学用地主要为中学、小学等用地。

中等专业学校用地主要为中等专业学校、技工学校、职业学校等用地,不包括附属于普通中学内的职业高中用地。

高等院校用地主要为大学、学院、专科学校、研究生院及其附属用地,包括军事院校用地。

其他教育用地主要为独立地段的电视大学、夜大、教育学院、党校、干部学校、业余学校、培训中心、聋哑盲人学校及工读学校等用地。

第四,体育用地。体育用地指的是基本的体育场馆和体育训练基地等用地,包括体育场馆用地、体育训练用地等,但不包括学校等单位内的体育用地。

体育场馆用地主要为室内外体育运动用地,如体育场馆、游泳场馆、各类球场等,包括附属的业余体校用地。

体育训练用地主要为各类体育运动专设的训练基地用地。

第五,社会福利设施用地。社会福利设施用地指的是为社会提供福利和慈善服务的设施及其附属设施的用地,包括福利院、养老院、孤儿院等用地。

第六，医疗卫生用地。医疗卫生用地指的是医疗、保健、卫生、防疫、康复和急救设施等用地，包括一般医疗用地、特殊医疗用地、卫生防疫用地、其他医疗卫生用地等。

一般医疗用地主要为一般综合医院、专科医院、急救中心和血库等用地。

特殊医疗用地主要为对环境有特殊要求的传染病、精神病等专科医院。

卫生防疫用地主要为卫生防疫站、专科防治所和检验中心等用地。

其他医疗卫生用地主要为动物检疫站、宠物医院、兽医站等。

2. 公共设施用地指标

(1) 公共设施用地指标的内容

公共设施用地指标是按照城市规划不同阶段的需要来拟定的，其内容包括两个部分：在总体规划时，为了进行城市用地的计算，需要提供城市总的公共设施用地的用地指标和城市主要公共设施用地的分项用地指标；在详细规划阶段，为了进行建筑项目的布置，并为建筑单体设计、规划地区的公共设施用地总量计算及建设管理提供依据，必须有公共设施用地分项的用地指标和建筑指标，有的公共设施用地还包括有设置数量的指标等。

(2) 公共设施用地指标的确定

公共设施用地指标的确定方法，根据不同的公共设施用地，一般有下列三种。

第一种，根据实际需要来确定。这类公共设施用地多半是与居民生活密切相关的设施，如医院、电影院、食堂、理发店等。可以通过现状调查、统计与分析或参照其他城市的实践经验来确定它们的指标。一般可以以每一个人占多少座位（或床位）来表示。至于一些有明显地方特色的设施，更需要就地调查研究，按实际需要具体拟定。

第二种，根据各专业系统和有关部门的规定来确定。有些公共设施，如银行、邮电局、商业、公安部门等，由于它们本身的业务需要，都各自规定了一套具体的建筑与用地指标。这些指标是从其经营管理的经济与合理性来考虑的。这类公共设施指标，可以参考专业部门的规定，结合具体情况来拟定。

第三种，按照人口增长情况通过计算来确定。这种方法主要是确定与人口有关的中小学、幼儿园等设施的指标。它可以从城市人口年龄构成的现状与发展的资料中，根据教育制度所规定的入学、入园（幼儿园）年龄和学习年制，并按入学率和入园率（即入学、入园人数占总的适龄人数的百分比），计算出各级学校和幼儿园的入学、入园人数。通常是换算成"千人指标"，也就是以每一千城市居民所占有若干的学校（或幼儿园）座位数来表示。然后再根据每个学生所需要的建筑面积和使用面积，计算出建筑与用地的总需要量。之后，还可以按照学校的合理规模和规划设计的要求来确定各所学校的班级数和所需的面积数。

（三）工业用地

工业用地指工矿企业的生产车间、库房及其附属设施等用地，包括专用的铁路、码头和道路等用地，不包括露天矿产用地。工业用地是城市用地的重要组成部分，其在城市中的布置直接影响到城市功能的发挥。在城市总体规划中，应综合考虑工业用地、居住、交通等各项用地之间的关系，布置好工业用地。

1. 工业用地的分类

工业用地有各种分类方法，常见的如按工业性质或工业门类划分，这种划分方法的优点是与国家有关工业的分类相一致,资料来源面广,容易获得统计数据,也便于分析工业的性质、产品、产值等,但在统计口径上往往与城市规划工作的要求不一致,也不适用于工业选址和用地管理工作,不能满足城市规划工作的需要。本分类按工业对居住和公共设施等环境的干扰污染程度,将工业用地分成三类。

(1)一类工业用地:对环境基本无干扰污染。

(2)二类工业用地:有一定干扰污染。

(3)三类工业用地:对环境有严重干扰污染。

2.工业用地指标

不同性质规模的城市,工业用地规模指标有所不同,《城市用地分类与规划建设用地标准》(GB50137—2011)提出了工业用地指导性标准:人口在 200 万以上的城市,人均工业用地面积 $6\sim25m^2/$人;50 万~200 万的城市为 $20\sim30m^2/$人;20 万~50 万的城市为 $20\sim35m^2/$人;20 万以下的城市为 $8\sim20m^2/$人。

城市规划中工业用地规模指标的选择应从当地的实际情况出发,贯彻因地制宜的原则。

(四)物流仓储用地

物流仓储用地是城市用地组成部分之一,与城市其他用地如工业用地、生活居住用地、交通用地有着十分密切的关系。物流仓储用地指用于物资储备、中转、配送、批发、交易等的用地,包括货运公司车队的站场等用地,但不包括加工用地;包括大型批发市场。

物流仓储用地内部也存在着必要的功能分区。除了用于短期或长期存放物资的用地外,还应包括行政管理用地、后勤设施用地和库内道路用地。

1.物流仓储用地的分类

物流仓储用地的分类如下。

(1)普通物流仓储用地:对环境基本无干扰和污染的物流仓储用地。

(2)特殊物流仓储用地:对环境有一定干扰和污染的物流仓储用地。包括危险品仓库、对环境有影响的堆场等用地。

2.物流仓储用地的规模

(1)物流仓储用地的规模的估算

当物流仓储设施确定后,可参考下述步骤确定每处物流仓储用地的规模:

第一,确定参数和指标。包括物流仓储货物的规划年吞吐量、货物的年周转次数、库房和堆场利用率、单位面积容量、货物进仓系数、库房建筑层数和建筑密度等。

第二,计算物流仓储用地规模。计算公式如下所示:

$$库房用地面积=\frac{年吞吐量\times货物进仓系数}{单位面积容量\times仓库面积利用率\times层数\times年周转次数\times建筑密度}$$

$$堆场面积=\frac{年吞吐量\times(1-货物进仓系数)}{单位面积容量\times堆场面积利用率\times年周转次数}$$

$$物流仓库用地规模=库房用地面积+堆场面积$$

(2)估算物流仓储用地规模时应考虑的因素

第一,城市规模。一般情况下,城市规模大,城市日常生产和生活所需物资和消费水平比小城市高,物资储备量大,因此,物流仓储用地规模应该大一些。同理,小城市的物流仓储用地规模就要小一些。

第二,城市经济和居民生活水平。通常同等规模的城市,若城市经济和居民生活水平不同,则所需的物流仓储用地规模也不相同。一般来说,随着城市经济的发展和居民生活水平的提高,城市生活和居民生活所消耗的物资的品种和数量也会增多,相应的物资储备量也会增加,物流仓储用地的需求就相应增大。

第三,城市性质。铁路、港口枢纽城市,除了城市的生产资料和生活资料物流仓储用地外,还需要设置不直接为本市服务的转运仓库。转运仓库规模应根据对外交通枢纽的货物吞吐量和经营管理水平来酌情确定。工业城市要求生产资料供应物流仓储用地的规模要大一些;风景旅游城市对小型生产资料供应物流仓储用地的需求要大一些。

第四,物流仓储设施和储存方式。不同的物流仓储设施和储存方式,如露天堆场、低层仓库和多层仓库对物流仓储用地的规模都有直接影响。

第五,物流仓储物品的性质与特点。物流仓储物品的性质与特点影响每处独立设置物流仓储用地的用地规模。如粮食仓库需要大面积的露天堆晒场,且储量大,因而所需用地规模也大;国家和地区储备仓库、中转仓库均以储存大宗货物为主,仓库用地规模也很大;而为日常居民生活服务的日用商品仓库,规模就可小一些。

(五)绿化与广场用地

城市园林绿地既是城市用地中的一个重要组成部分,也是城市生态系统中的一个子系统。在城市总体规划阶段,绿化与广场用地规划的主要任务是根据城市发展的要求和具体条件,确定城市各类绿地的用地指标,并选定各项主要绿地的用地范围,合理安排整个城市的园林绿地系统,作为指导城市各项绿地的详细规划和建设管理的依据。广场具有集会、贸易、运动、停车等功能,集会场、市场、运动场、停车场于一体,可以概略地说,城市广场是指城市中供公众活动的场所。

1.绿化与广场用地的分类

绿化与广场用地指市级、区级和居住区级的公共绿地与广场等开放空间用地,其分类方法,应按绿地的主要功能及其使用对象来划分,使之与城市用地分类取得相应关系,并照顾传统的习惯提法,以利于与城市总体规划及其他各专项规划相配合,同时也应兼顾与建设的管理体制及投资来源相一致。此外,还要明确计算方法,避免与城市其他用地面积重复计算,使之在城市规划的经济论证上具有可比性。

绿化与广场用地分类如下。

(1)公共绿地

市级、区级、居住区级的向公众开放、有一定游憩设施的公共绿化广场用地,包括公园用地和街头绿地。

常见的公园用地有综合性公园、纪念性公园、儿童公园、动物园、植物园、古典园林、风景名胜公园和居住区小公园等的用地。

街头绿地指的是沿道路、河湖、海岸和城墙等,设有一定游憩设施或起装饰性作用的绿化用地。

（2）广场

这里的广场主要指公共活动、交通集散的广场用地，不包括单位内的广场用地。

2.城市绿化与广场的主要定额指标

（1）我国城市规划和建设实践中常用的绿地定额指标

我国不同时期采用的公共绿地定额指标见表 5-1。

表 5-1　我国不同时期采用的公共绿地定额指标

年代及颁发单位	近期（m²/人）	远期（m²/人）
"一五"时期规划指标	—	15（20 年）
1956 年全国基建会议文件	—	6～10（50 万人以下城市） 8～12（50 万人以上城市）
1964 年国家经委规划局讨论稿	—	4～7（不分近远期）
1975 年国家建委拟订参考指标	2～4	4～6
1978 年全国园林会议	4～6（至 1985 年）	6～10（至 2000 年）
1980 年国家建委颁发暂行规定	3～5	7～11
1991 年建设部制定并印发	5（"八五"期末）	≮7（至 2000 年）
2011 年住房与城乡建设部制定	≮10	

（2）城市绿化总面积的指标

城市园林绿地总面积是指以上绿地面积的总和，反映了城市普遍绿化的程度和水平。有两种表示方法：

$$每人平均城市绿地面积（m²/人）=\frac{市区公共绿地面积（公顷）}{市区人口（万人）}$$

$$城市园林绿地占城市总用地的比例=\frac{市区公共绿地总面积（公顷）}{市区总用地（公顷）}\times100\%$$

$$城市绿化覆盖率=\frac{市区绿化覆盖总面积（公顷）}{市区总面积（公顷）}\times100\%$$

绿化覆盖面积可按树冠垂直投影测算，但乔木树冠下的灌木和草本植物则不得重复计算。公共绿地一般质量较高，为简化计算，可考虑其绿化覆盖面积为 100%；其他绿地，一般成片绿地覆盖面积可考虑为 100%；而布置稀疏或零星的树木，则按树冠冠径分株统计覆盖面积。

城市绿化覆盖率是全面衡量城市绿化效果的标志。根据林学方面的研究，一个地区的绿化覆盖率应达到 30% 才能起到改善气候的作用；绿化覆盖率应达到 50% 以上。

目前城市用地紧张，应将城市一些可以绿化的地方都绿化起来，形成完整、有机的绿地系统，注意发挥垂直绿化的作用。

（3）广场用地指标

根据《城市用地分类与规划建设用地标准》（GB 50137—2011），广场的控制性指标为：200 万以上人口城市单个广场面积不应超过 5hm²；50 万～200 万人口城市单个广场面积不应超过 3hm²；20 万～50 万人口城市单个广场面积不应超过 2hm²；20 万以下人口城市单个广场面积不应超过 1hm²。

二、城市用地的空间布局

在各种主要城市用地的规模大致确定后，需要将其落实到具体的空间中去。城市规划需要按照各类城市用地的分布规律，并结合规划所执行的政策与方针，明确提出城市用地的规划方案，同时进一步寻求相应的实施措施。

（一）城市用地空间布局的原则

1. 点面结合，城乡统一安排

要注意区域协调，把城市作为一个点，而其所在的地区或更大的范围作为一个面，点面结合，分析研究城市在地区国民经济发展中的地位和作用。这样，城市与农村、工业与农业、市区与郊区才能统一考虑、全面安排。

2. 规划结构清晰，内外交通便捷

要合理划分功能分区，使功能明确，面积适当，避免将不同功能用地混淆在一起，造成相互干扰，但也要避免划分得过于分散零乱。

3. 兼顾旧区改造与新区的发展需要

新区与旧区要融为一体、协调发展、相辅相成，使新区为转移旧区某些不适合功能提供可能，为调整、充实和完善旧区功能和结构创造条件。处理好开发区与中心城市的关系，使之有利于城市布局结构。

4. 功能明确，重点安排城市工业用地

要合理布置好对城市发展及其方向有重要制约作用的工业用地，并考虑其与居住生活、交通运输、公共绿地等用地的关系。要防止出现"一厂一电""一厂一路"等现象，要处理好工业区与市中心区、居住区、水陆交通设施等的关系。

5. 各阶段配合协调，留有发展余地

城市需要不断发展、改造、更新、完善和提高。研究城市用地空间布局，要合理确定首期建设方案，加强预见性，在布局中留有发展余地，主要表现为：在定向、定性上具有可补充性，在定量上具有可伸缩性，在空间定位上具有可变移性。

（二）城市用地空间布局的特征

城市用地种类在空间布局上的特征见表 5-2[①]。

---

① 谭纵波：《城市规划》，北京：清华大学出版社，2005 年，第 239 页。

表 5-2　城市用地种类在空间分布上的特征

用地种类	居住用地	商务、商业用地（零售业）	工业用地（制造业）
功能要求	较便捷的交通条件、较完备的生活服务设施、良好的居住环境	便捷的交通、良好的城市基础设施	良好、廉价的交通运输条件、大面积平坦的土地
地租承受能力	中等—较低（不同类型居住用地对地租的承受能力相差较大）	较高	中等—较低
与其他用地的关系	与工业用地、商务用地等就业中心保持密切联系，但不受其干扰	需要一定规模的居住用地作为其服务范围	需要与居住用地之间保持便捷的交通，对城市其他种类的用地有一定的负面影响
在城市中的区位	从城市中心至郊区，分布范围较广	城市中心、副中心或社区中心	下风向、下游的城市外围或郊外

（三）影响城市用地空间布局的因素

（1）各种用地所承载的功能对用地的要求。

（2）各种用地的经济承受能力。

（3）各种用地相互之间的关系。

（4）公共政策因素。

（四）当代城市用地立体空间的开发

随着经济的发展和城市化水平的提高，生态失衡、资源耗竭、环境污染等问题相伴而生，特别是城市人口的集聚增长与城市规模的快速扩张，使许多城市产生"城市综合征"，如交通堵塞、环境污染、生态恶化等。在这种背景下，"可持续发展"战略在 21 世纪受到越来越多的世界各国有识之士的重视，立体空间理念也在国内外城市用地的空间布局中有越来越多的体现。

1. 国外城市用地立体空间的开发

从 1863 年英国伦敦建成世界上第一条地铁开始，国外地下空间的开发利用便开始从大型建筑物向地下的自然延伸发展到复杂的地下综合体（地下街道）再到地下城（与城下快速轨道交通系统相结合的地下街道系统），地下建筑在旧城的改造与再开发中发挥了重要作用。同时，市政设施也从地下供、排水管网发展到地下大型供水系统，地下大型能源供应系统，地下大型排水及污水处理系统，地下生活垃圾的清除、处理和回收系统，以及地下综合管线廊道（共同沟）。充分利用地下空间是城市立体化开发的重要组成部分，这样的立体再开发的结果是扩大了城市空间容量，提高了城市的集约度，消除了人车混杂现象，交通变得畅通，增加了城市开敞空间和地面绿地，地面环境变得优美宜人。

2. 我国城市用地立体空间空间的开发

随着我国城市化进程的不断加快，大城市、特大城市的城市问题也越来越突出，最主要还是对城市土地需求的无限与城市土地数量的有限的矛盾。为了解决城市空间需求的问题,也为了城市集约化发展的需要,许多城市已经在大规模开发利用城市地下空间,其常见的开发利用有以下几种。

(1)地下商业中心

在城市中心区繁华地带,结合广场、绿化、道路修建综合性商业设施,集商业、文化娱乐、停车及公共设施于一体,并逐步创造条件,向建设地下城发展,如上海人民广场地下商场、香港街联合体。

(2)保护性地下广场

在历史名城和城市的历史地段、风景名胜地区,为保护地面传统风貌和自然景观不受破坏,常常利用地下空间使问题圆满解决,如西安钟鼓楼地下广场。

(3)地下交通枢纽

结合地铁建设修建集商业、娱乐、换乘等多功能为一体的地下综合体,与地面广场、汽车站、过街地道等有机结合,形成多功能、综合性的换乘枢纽,如上海火车站地下综合体。

(4)改造地下设施

已建地下建筑、人防工程的改建利用是中国近年利用地下空间的一个主要方面,改建后的地下建筑常被用作娱乐、商店、自行车库、仓库等。

(5)地下过街通道—商场

在市区交通拥挤的道路交叉口,以修建过街地道为主,兼有商业和文娱设施的地下人行道系统,既缓解了地面交通的混乱状态,做到人车分流,又可获得客观的经济效益,是一种值得推广的模式,如长沙芙蓉路口地下商场。

(6)高层建筑的地下室

一般高层建筑多采用箱形基础,有较大埋深,土层介质的包围使建筑物整体稳固性加强,为建造高层建筑中的多层地下室提供了条件。将车库、设备用房和仓库等放在高层建筑的地下室,是常规做法。

(五)不同城市用地的空间布局

1.居住用地的空间布局

居住用地的布置方式与城市其他用地一样,要服从城市用地的总体布局形态,当城市用地较少受地形地质条件限制时,城市用地布局形态大多呈集中团状;当城市用地受地形地质条件限制较大或被河流、山脉以及铁路等天然和人工建筑物分割时,城市用地布局形态则多为带状、放射状。此外,在一些大城市和特大城市,为了控制城市规模,改善城市环境,常在母城之外以建设卫星城的方式,疏散和迁出一部分居民,形成子母状布局形态。

第一,集中式布置(图5-1)。这种布置方式多见于城市用地条件良好,并且具有较完善的城市基础设施的老城市。随着城市的发展,在城市原有用地周边,不断布置新的城市居住用地和工业用地。

第二,放射状布置(图5-2)。这种布置方式多见于丘陵、山区城市,主要是因为城市建设发展用地受山川走势的限制和引导而成,也有一些是因为某些特殊原因,工业用地需要分散布置造成的。

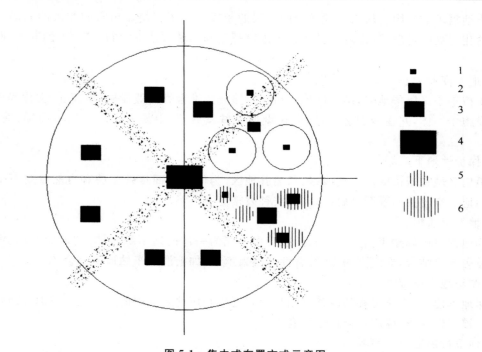

图 5-1　集中式布置方式示意图

1、2、3、4.不同等级的服务中心;5、6.不同规模的结构单元

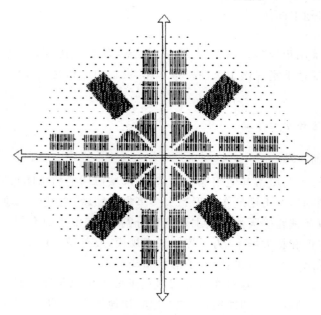

图 5-2　放射状布置方式示意图

　　第三,带状布置(图 5-3)。这种布置方式多因城市受山川、河流、海岸、铁路及公路等条件约束而成。按与工业用地的相对位置而言,居住用地可选择平行布置、行列式布置和梳状布置等几种方法。

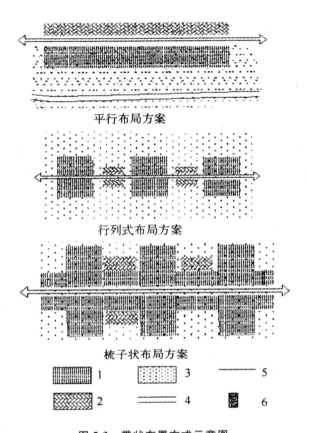

平行布局方案

行列式布局方案

梳子状布局方案

| | 1 | | 3 | | 5 |
| | 2 | | 4 | | 6 |

图 5-3　带状布置方式示意图

1.生活居住用地;2.工业用地;3.绿地;4、5.交通运输线路;6.公共中心

第四,母城带卫星城状布置(图 5-4)。这种布置方式多见于一些大城市和特大城市。主要是为了控制母城的发展规模,减轻母城的压力,改善城市的生活居住环境。

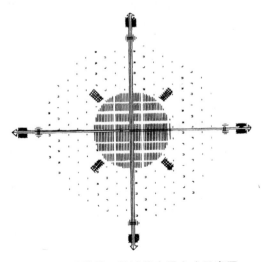

图 5-4　母城带卫星城状布置方式示意图

2.公共设施用地的空间布局

(1)公共设施服务半径布局

公共设施的服务半径是指某类公共设施到其服务范围最远处的直线距离,它是检验公共设施布置是否合理的标准之一。影响公共设施服务半径的因素很多,比如,在人口密度高、公共设施需求量大的地区,相同规模的公共设施的服务半径比人口密度低的地方要小一些;小学、幼儿园、食杂店的服务半径小一些,不直接为居民日常生活服务的部门和管理机构的服务半径就大一些;居住小区级公共设施的服务半径小一些,居住区级和市级的公共设施的服务半径就要大一些。此外有自然条件、交通方便程度等也是影响公共设施服务半径的因素。

目前,在我国城市规划中,主要是依据居住用地的规划结构等级来确定公共设施的服务半径。居住小区级的公共设施的服务半径在 500m 左右,居住区级公共设施有服务半径在 1 000～1 500m 左右,市级公共设施的服务半径不限。

(2)各类公共设施之间的布局

公共设施等级不同,其配套内容也有所区别。在布置各等级的公共设施时,应以满足居民生活需要为目的进行配套布置。在布置中各类公共设施时要有合理的联系或分隔,既要避免不同类别的公共设施在使用中互相干扰,又要便于集中经营和管理,并方便居民使用。比如,学校、医院和科研等公共设施,要求有良好的环境条件,不应与影剧院、游乐场等布置在一起;行政管理机构也不宜与体育场馆、影剧院等布置在一起。

(3)公共设施布局与城市综合交通规划

公共设施的分布要结合城市交通组织来进行布置。公共设施比较集中的地区往往也是城市主要的交通产生源和吸引点,人流、车流非常集中。公共设施的使用性质不同,其交通生成量和交通流的特征也不相同,要区别对待。

第一,交通生成量大且交通流时间分布不均匀的大、中型公共设施,如体育场馆、俱乐部、博览中心等,在布置时必须考虑用地周围的城市干道是否有足够的通行能力,是否能方便快捷的集疏人流和车流,避免出现交通阻塞。

第二,大、中型公共设施必须配置足够面积的停车场,可根据有关规范配置。

第三,幼儿园、小学不应该布置在城市干道的两侧,以避免交通噪声干扰和空气污染的侵害,减少小学生穿越城市干道的次数。

第四,在城市对外交通枢纽附近,如火车站、港口码头附近需要布置为旅客服务的旅馆、商店和饮食服务店等公共设施。在大、中城市中,不宜将以本市居民为主要服务对象的市级商业中心与对外交通枢纽布置在一起。

第五,大、中城市的市级公共设施最好能以适当的规模,采取集中式布局方式,以形成商业区。不宜将所有的大、中型公共设施沿一两条城市干道布置成辐射状,更不宜将城市干道主要交叉口的四周都布满大型公共设施。

3.工业用地的空间布局

(1)工业用地空间布局的形式

城市工业区的工业企业布局形式主要有单列长方块(矩形)布局、双列长方块布局、多列长方块布局三种(图 5-5)。

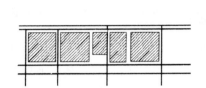 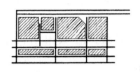 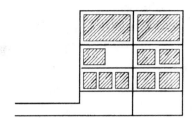

图 5-5 城市工业区工业企业的布局形式

单列长方块(矩形)布局适用于排放有害物情况比较一致的工业,它们所需卫生防护带宽度相近;双列长方块布局适用于排放有害情况相同但运输方式不同的企业;多列长方块布局适宜于排放有害物程度不同的企业,采用这种形式可以将最有害的企业配置在离居住地最远的那列长方块中。

(2)居住用地附近的工业区的布置

第一种:将工业区配置在居住用地的周围。

这种布置方式可以减轻工业的大量运输对城市的干扰,但由于工业区已将城市包围,会使城市在任何一种风向下受到工业排放的有害气体的污染,而使城市的发展受到限制,因而这种布置方式是不恰当的。

第二种:将工业区布置在居住区的中心。

这种布置形式容易使居住区受工业区的污染,而且工业运输穿越居住用地,易产生交通阻塞和不安全,同时工业区的发展也会受到影响,因而这一形式也是不恰当的。

第三种:工业区和居住区呈线条状平行布置。

从城市规划的观点看,这是较合理的布置方式,它允许城市的工业区和居住区朝三个方向发展,城市规模可以发展得相当大,由于居住区沿快速路交通线布置,居民可以从居住点迅速到达工业区。

第四种:在多个居住区组群之中建立一个大工业区。

结合现状和地形条件,有时也可布置得较为合理。

第五种:将工业区布置在居住用地的一边。

这是一种比较好的布置方式,适宜于中、小城市的工业区布局。

第六种:工业区和居住用地平行布置。

这种布置方式可使居住地和工业区之间有方便的联系,工业区和居住用地可以独立地发展。但这一种布置,由于铁路对外运输线路的位置,会使工业区发展受对外运输的限制。如果将铁路布置在居住区和工业区之间,则城市的工业区和居住区均有扩展的余地,但居住区和工业区之间的交通要穿越铁路线。

第七种:将工业区和居住用地综合布置。

这种将工业区和居住用地布置成综合区的形式适宜于在大城市和特大城市中采用。

(3)工业用地空间布局的基本要求

第一,要符合交通运输的要求。在确定工业布局时,要根据工业区货运量的大小、货物单件尺寸、货物种类、运输距离等情况,综合考虑各种运输方式的特点和要求,选择适宜的运输方式使其互相联系,互相补充,形成系统,将有关内容布置在有相应运输条件的区域。

通常,需大量能源、原材料和生产大量产品的工业区,或年运输量大于 10 万吨、有特殊要求需要铁路运输的工业区宜设置于铁路附近,或有专用线与编组站接轨;通航的城市,大宗货物(如木材、砖石、煤炭等)的运输应尽量采用水运;同时,工业布置应为各种运输方式的衔接和联运创造条件。

第二,要有利于工业区与居住区的联系。在城市出行中,劳动出行最大,为减少客运交通消耗,降低劳动出行对城市交通的压力,节约职工在途时间和精力,在布置工业区时,应使工业区与居住区联系方便。一般要求工业区与居住区的距离以步行不超过 30min 为宜,当工厂规模很大时,应组织安排好交通。

第三,要符合工业建设用地的要求。工业建设用地要综合考虑用地的形状、大小、地形特征、水源条件、能源条件、地质、水文条件及其他一些工业用地的特殊要求。

工业用地的形状、大小和地形要求与工业的生产类别、自动化程度、运输方式、工艺流程等有紧密的关系,在安排工业用地时,既要精打细算,节约用地,又要给工业区留有适当发展余地。当厂内需铁路运输时,场地坡度不宜大于 2%,但也不宜小于 0.5%,以便保证地面排水的需要。

安排工业用地必须保证工厂有满足生产需要的能源和水源。工厂应靠近水质、水量均能满足生产需要的水源,并在安排工业项目时注意工业与农业用水的协调平衡;大量用电的工厂应争取发电厂直接输电;需大量热能的工厂应尽可能靠近热电站。

工业用地应选在优良地质、水文条件区域,不宜设在洪水淹没地区。工厂用地一般应高出洪水位 0.5m 以上。

另外,一些特殊的工业对地区的气压、湿度、空气含尘量、电磁波强度有一定要求,布置时应充分考虑这些因素。同时工业区还应避开军事用地、水利枢纽、大桥等战略目标区和矿藏区、文物古迹区、生态保护区、风景旅游区等。

第四,要减少工业对城市的污染。工业生产中噪声及排放的废气、废水、废渣等会造成环境质量的恶化。为了减少有害气体对城市的污染,在布置工业区时除注意将排放有害气体的工业布置在主导风向的下风向和空气流通的高地外,还应注意不要将散发有害气体的工业过分集中在一个地段,特别是不要把排放的废气能相互作用产生新污染源的工厂布置在一起;再是将污染少的工业靠近居住区布置,污染多的工业远离居住区布置,并设置必要的防护带。

为了减少有害废水对城市的污染,在工业布置时要注意在城市现有和规划水源的上游,不得设置排放有害废水的工业,在排放有害污水工业的下游附近不得开辟新的水源;还可按不同水质要求,把工厂串联起来,实行水的重复使用,以减少废水。

为了减少工业废渣对城市的污染,在城市中布置工业时,可根据其废渣成分及综合利用的可能,适当安排一些配套项目,以求物尽其用。

4.物流仓储用地的空间布局

(1)不同类别的物流仓储用地在城市中的位置安排

第一,危险品仓库应远离城区布置。其用地应便于封闭管理,与周围民用建筑的防护间距应符合国家有关的专项规范要求。

第二,国家和地区物资储备仓库一般不直接为所在地的城市服务,因此,可设在城市郊区便于独立管理的地段。这类仓库的规模一般都比较大,需要设铁路专用线和其他的专用交通设施。

第三,在大、中城市,除了全市性的生活资料物流仓储用地外,还常在商业中心区或其附近的合适位置上分散设置二级仓库,以便为各级零售商店服务。

第四,生活资料仓库的布置应视储存物品的性质区别对待。粮食仓库用地较大,且加工储存过程中对城市有一定污染,不宜在城市生活居住用地内布置,也不应与有污染的工业用地相邻布置;蔬菜、水果仓库应分散布置在郊区和城乡结合部位,不宜过分集中;鱼、肉等鲜活食品冷藏仓库常附设屠宰加工厂,对城市有一定的污染,有时需要铁路运输,因此,要设在郊区和对外交通设施附近。

第五,生产资料仓库一般应与工业用地一起综合考虑,安排在工业区附近或城市外围地区。其中的散装水泥仓库、煤炭仓库、木材仓库、石油等易燃易爆仓库应在郊区独立地段布置,且应在城市主导风向的下风或侧风侧,沿水系布置则应在城市的下游地区,其防火和卫生间距应符合有关规范的要求。

第六,转运仓库视其与对外交通枢纽的位置关系可以有两种布置方式。一种是仓库与铁路、港口等设施紧密结合,集中布置;另一种是分散布置,即将转运仓库布置在城市郊区。前一种布置方式应对城市对外交通枢纽的最终发展规模进行科学的预测,以便留足转运仓库的发展用地;后一种布置方式应考虑在库区与对外交通枢纽之间设立专门的货运道路,以免与城市内部交通相冲突,并避免其交通运输线路穿越城市。

(2)不同规模城市物流仓储用地的布置

小城市特别是县城,用地范围小,城市性质单纯,辖区内产业结构中第一产业的比重较大,乡镇工业地域分布较广。因此,此类规模城市的物流仓储用地宜在城市用地边缘靠近水路、铁路、公路、港站附近集中布置,以方便城乡物资交流。实际规划中还应注意此类城市的发展方向和规模,尽量保证现在的物流仓储用地与城市未来发展用地之间仍能维持比较合理的关系。

大、中城市用地规模大,城市性质复杂,产业结构中第二、三产业比重较高。因此,物流仓储用地不宜集中布置在一处。应按照物流仓储用地的类别和服务对象在城市的适当位置上相对分散布置。一般来说,大、中城市中相对集中布置的物流仓储用地不宜少于3处。直接为居民日常生活服务的物流仓储用地可均匀布置在生活居住用地的附近并与商业用地统筹考虑。

5.绿化用地的空间布局

(1)绿化用地的布局形式

我国的城市园林绿地系统,从布局形式上可以归纳为以下五种形态。

第一种:块状绿地布局。块状绿地指的是若干封闭的、大小不等的独立绿地,分散布置在规划区内。这类布局多数出现在旧城改建中,如上海、天津、武汉、大连、青岛等。我国多数城市属于此种形式。块状绿地的形式,可以做到均匀分布,居民使用比较方便,但对构成城市整体的艺术面貌作用不大,对改善城市小气候的生态作用也不显著。在旧城改建中,由于建筑密集,不可能大量拆迁房屋布置绿地,因此小块的公园绿地常常嵌入街坊和建筑群中;有些地形平坦的城市,布局比较规整的古城,采用方格形道路网,公园绿地相应的成块状形式穿插分布在市区中。

第二种:环形绿地布局。环形绿地指的是利用城市的环形道路、护城河、水系、山林、城垣遗址或名胜古迹串联组织起来的绿地系统。如日本东京的绿色控制带规划是两条双环绿带,主要由农田和小树林组成,此种形式也可归入带状绿地布局。

第三种:楔形绿地布局。楔形绿地指的是从郊区楔入市区范围内,由宽到狭的绿地。这种绿地可把市区与郊区有机的联系起来,一般都是利用河流、起伏地形、放射干道等结合市郊农田、防护林布置,将郊区绿地引入市区,形成楔形绿地系统。优点是可以改善城市小气候,也有利于城市艺术面貌的表现。

第四种:带状绿地布局。带状绿地指的是呈直线或曲线状延伸贯穿城市中心或城市局部地区的绿地。这种布局多数是利用河湖水系、城市道路、旧城墙等因素,形成纵横向绿带、放射状绿带及与环状绿地交织的绿地网,如西安、哈尔滨、苏州、南京等。带状绿地的布局容易表现城市的艺术面貌。一些城市以带状的林荫道、人行道绿带、滨江和滨海公园及各种防护林带为骨干形成园林绿地系统;也有一些受自然条件限制,呈窄长形布局的城市,有时相应的设置带状绿地系统。

第五种:混合式绿地布局。混合式就是上述四种形式的综合运用。此种形式可以做到城市绿地点、线、面的结合,组成较完整的园林绿地体系,如北京市。其优点是可以集上述各类布局形式的优点,使生活居住区获得最大的绿地接触面,是最为理想的布局形式。

(2)绿化用地空间布局的要求

第一,布局合理。按照合理的服务半径,均匀分布各级公共绿地,使全市居民享有同样的条件。结合城市道路及水系规划,开辟纵横分布于全市的带状绿地,把各级各类绿地联系起来,相互衔接,组成连绵不断的绿地网络。

第二,质量良好。城市绿地不仅种类要多样化,还要有丰富的植物配植形式、较高的园艺水平、充实的文化内容、完善的服务设施,以满足城市生活与生产活动的需要。

第三,指标先进。城市的绿地指标,不仅要分为近期与远期的,还要分出各类绿地的指标。要根据国民经济计划、生产和生活水平,以及城市的发展规模确定各类绿地指标,这样才能分别得出各城市园林绿地建设的合理发展速度和水平,才可避免某些虚假现象。

第四,环境改善。不论在居住区与工业区之间设置卫生隔离林带,还是设置改善城市气候的通风林或防风林带,都能起到保护与改善城市环境的作用。

第三节　城市总体布局的形式、内容与功能组织

一、城市总体布局的形式

(一)集中型

这种城市布局中,城市建成区主体轮廓长短轴之比小于4/1,是长期集中紧凑全方位发展的状态,如方形、圆形、扇形等,城市往往以同心圆式同向四周扩延。主要城市活动中心多处于平面几何中心附近,属于一元化的城市规划格局,北京、沈阳、长春、西安、石家庄、济南、成都(图5-6)、郑州、许昌(图5-7)等城市仍基本保持这种形态。这种布局形式的城市市内道路网为较规整的格网。

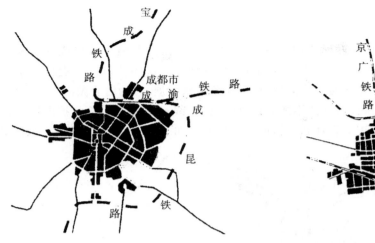

图 5-6 成都市总体布局形态图

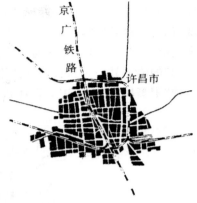

图 5-7 许昌市总体布局形态图

(二)组团型

这种布局中,城市建成区由两个以上相对独立的团块和若干个基本团块组成,这多是由于较大河流或其他地形等自然环境条件的影响,城市用地被分隔成几个有一定规模的分区团块,有各自的中心和道路系统,团块之间有一定的空间距离,但由较便捷的联系通道使之组成一个城市主体。如银川、福州、秦皇岛、韶关、宁波、澳门、重庆、武汉等(见图 5-8、图 5-9)。

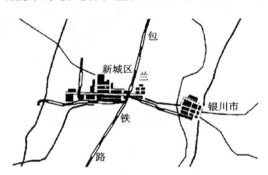

图 5-8 银川市总体布局形态图

图 5-9 秦皇岛市总体布局形态图

(三)带型

这种布局中,建成区主体平面形状的长短轴之比大于 4/1,并明显呈单向或双向发展形态。带型的城市总体布局形式除了"一"字型外还有 U 型、S 型等。这些城市往往受自然条件所限,有的完全适应和依托区域主要交通干线而形成,呈长条带状发展,有的沿着湖海水面一侧或江河两岸延伸;有的因地处山谷狭长地形或不断沿铁路、公路干线一个轴向地长向扩展城市;有的全然是按一种"带型城市"理论按既定规划实施而建造成的。如宜昌市、兰州市(图 5-10、图 5-11)。

图 5-10 宜昌市总体布局形态图

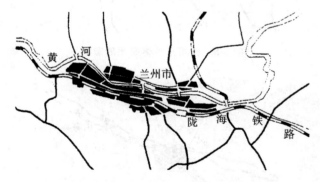

图 5-11 兰州市总体布局形态图

(四)散点型

这种布局中,城市没有明确的主体团块,各个基本团块在较大区域内呈散点状分布。这种状态多为资源较分散的矿业城市和地形复杂的山地丘陵城市,如淄博、大庆(图 5-12、图 5-13)。

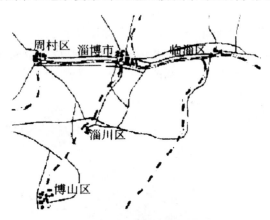

图 5-12　淄博市总体布局形态图

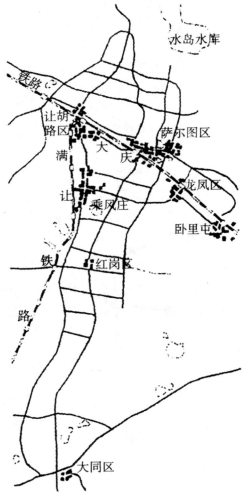

图 5-13　大庆市总体布局形态图

(五)星座型

这种布局中,城市总平面由一个相当大规模的主体团块和三个以上较次一级的基本团块组成复合形态。采用这种布局形式的城市多是一些国家的首都或特大型地区中心城市,其周围一定距离内建设发展若干相对独立的新区或卫星城镇,如美国华盛顿、德国莱比锡等(图 5-14、图 5-15)。

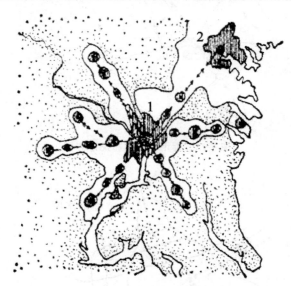

图 5-14　华盛顿总体布局形态图

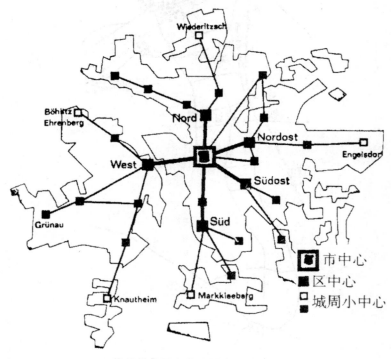

图 5-15　莱比锡总体布局形态图

(六)放射型

这种布局中,建成区总平面主体团块有 3 个以上明确的发展方向,这包括指状、星状、花状等类型。这些形态的城市多是位于地形较平坦,而对外交通便利的平原地区,如哥本哈根、堪培拉等(图 5-16、图 5-17)。

图 5-16 哥本哈根总体布局形态图

二、城市总体布局的内容

(一)确定城市发展的方向

城市发展方向是指城市各项建设规模需求扩大所引起的城市空间地域扩展的主要方向。确定城市发展方向需要以用地的适用性评价为基础,对城市发展用地作出合理选择。对城市发展用地做出合理的选择就是选择城市的具体位置和用地范围。对新建城市就是选定城址,对老城市则是确定城市用地的发展方向。

具体来说,选择城市发展用地应做到以下几方面。

1.尽量少占耕地农田

保护农田是我国的基本国策,少占耕地农田是城市用地选择时必须遵循的原则。在选择城市发展用地时应尽量利用劣地、荒地、坡地,在可能情况下,应结合工程建设造田、还田。

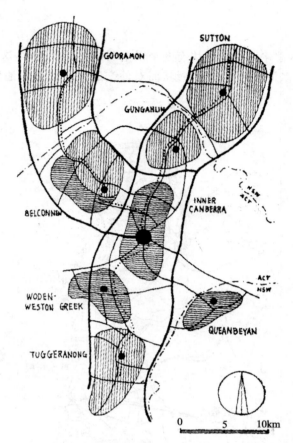

图 5-17　堪培拉总体布局形态图

2.尽量选择有利的自然条件

虽然在现代技术条件下,一些不利的自然条件可以通过一定的工程改造措施加以利用,但是这些改造都必须注意经济上的合理性与工程上的可行性,因此,在选择城市发展用地上,应尽量选择地势较平坦,地基承载力良好,不受洪水威胁,不需花费很多的工程建设投资,并能保护城市生产生活安全的地区作为城市的发展用地。

3.要为城市合理布局和长远发展创造良好条件

城市用地选择直接关系到城市布局的合理性,需要结合城市规划的初步设想,反复分析比较。充分尊重和利用自然条件是城市合理布局的基础。若忽视自然条件的种种制约,则会造成城市发展的长期不良后果。

4.要满足重大建设项目的要求

城市建设的项目和内容有主次之分。对城市发展关系重大的建设项目,应优先满足其建设的要求。在选择用地时不仅要研究这些项目本身的用地要求,还要研究它们的配套设施如水、电、运输等用地的要求,以使这些主要建设项目能迅速建成并经济地运行。

5.要注意保护自然和历史遗迹

城市用地选择应避开历史文物古迹、水源地、生态敏感地区、风景区及已探明有开采价值的矿藏的分布地区。对历史资源丰富的地区,必需取得文物考古部门和相关部门的协助,掌握确实可靠的科学依据,在不十分清楚的情况下,应持慎重态度。

(二)布局城市主要功能要素

合理组织城市用地功能是城市总体布局的核心。各种功能的城市用地之间,有的相互联系、依赖,有的相互间有干扰、矛盾,这就需要在城市总体布局中按照各类用地的功能要求以及相互之间的关系加以合理组织。

1.居住用地的布局

居住生活是城市的首要功能活动,而居住用地是承担居住功能和生活活动的场所。随着城市功能的不断拓展,城市居住的概念已远远超出了满足城市居民居住需求的范畴,提升到人居环境的层面上。在竞争日益激烈的市场环境中,城市竞争已扩展为广义的人居环境的竞争。基于为城市居民创造良好的居住环境,不断提高生活质量,乃是"人类住区"规划的主旨之一,也是城市规划的主要目标之一。随着对城市宜居环境和人文环境的日益重视,以邻里导向、公交导向、适度就业的混合等已成为城市近年来国外在社区组织方面的重要原则。

2.公共设施的布局

城市公共设施以公共利益和设施的可公共使用为基本特性。城市公共设施的内容设置与城市的职能相关联,在一定程度上反映出城市的性质、生活水平和城市的文明程度。城市公共服务设施布局需要考虑分类的系统分布和分级集聚两方面的要求。按照各项公共设施与城市其他用地的配置关系,使之各得其所。

一般情况下,非地方性的公共服务设施分布往往有其自身的服务区位要求。地方性的公共服务设施一般是按照用地性质,根据城市用地结构进行,分级和分类配置,按照与居民生活的密切程度确定合理的服务半径。

此外,不同功能类型的公共设施具有不同的布局特点。商业、服务业、娱乐业等一般以中心地方式布局,形成中央商务区(CBD)、分区中心、居住区中心、小区中心等,也会形成一些其他形式,如商业一条街、购物中心等。医疗卫生设施根据不同的级别和服务范围,均匀布置在城区。有些小城市担负着为较大地区服务的职能(如县城),应在长途汽车站、火车站等附近增设一些医疗设施。大型体育设施一般应均匀布置在城市中心区外围或边缘,需要有良好的交通疏解条件。而服务居民的体育、文化设施,常与居住用地、公建中心相结合,构成社区级公共活动中心。大专院校、科研机构用地布局较为多样,一些新建的大学占地大,往往布置在城区边缘;科研机构和专科学校,常常与生产性机构相结合,形成一定的专业化地区;科技园区(高新技术园区)与综合性大学相毗邻,利于相互促进、共同发展。

3.工业用地的布局

工业用地的组织方式与布置形式对城市活动的组织有着很大的影响。工业需要大量的劳动力并产生客货运量,对城市的主要交通的流向、流量起着决定性影响。新工业的布置和原有工业的调整,可能直接影响到城市功能结构和城市形态。一些工业会在生产过程中产生大量污染,引起城市环境质量的下降和生态破坏。需要全面分析工业对城市的影响,使城市中的工业布局既能满足工业发展的要求,又有利于城市本身健康地发展。在城市总体布局中,工业生产用地的安排需要综合考虑自身的发展要求、对城市的影响以及与和居住、交通运输等各项用地之间的关系。

4.道路系统的布局

首先,在城市总体布局中,城市道路与交通体系规划占有特别重要的地位,必须与城市工业区和居住区等功能区的分布相关联,同时又必须遵循现代交通运输对城市本身以及对道路系统的要求,即按各种道路交通性质和交通速度,对城市道路按其从属关系合理划分类别和等级。

其次,道路系统的布局应能有效衔接不同交通系统,包括不同运输方式之间、内外交通之间、枢纽节点与网络之间的衔接等。

最后,城市应兴建相应的对外交通系统。

5.城市绿地与开敞空间系统的布局

城市绿地系统要结合用地自然条件分析,有机组织,同时城市绿地指标的确定要结合城市的用地条件,考虑居民的需求,合理而有效地组织,一般需遵循以下原则。

(1)因地制宜。

(2)应均衡分布在城市各功能组成要素之中,并尽可能与郊区大片绿地(或农田)相连接,与江河湖海水系相联系,形成较为完整的城市绿地体系构筑城乡一体的生态绿化环境,充分发挥绿地在总体布局中的功能作用。

(3)绿地要适应不同人群的需要,分布要兼顾共享、均衡和就近分布等原则。

(4)在城市总体布局中,既要考虑在市区(或居住区)内设置供居民休憩与游乐的场所,也要考虑在市郊独立地段建立营地或设施,以满足城市居民的短期(如节假日、双休日等)休憩与游乐活动。

城市开敞空间系统主要由城市的绿地、公园、道路广场以及周边的自然空间共同组成,其布局方式多种多样,常见的如绿心、走廊、网状、楔形、环状等(图5-18)。

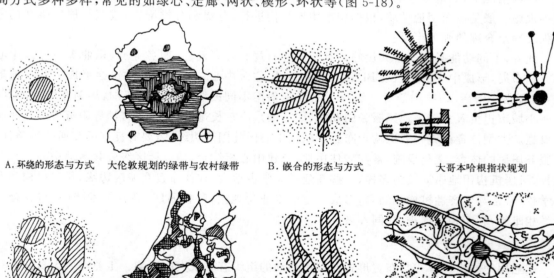

A.环绕的形态与方式　　大伦敦规划的绿带与农村绿带　　B.嵌合的形态与方式　　　大哥本哈根指状规划

C.核心的形态与方式　　荷兰兰德斯塔德城镇布局示意　　D.带形相接的形态与方式　　巴黎地区规划示意

图5-18　区域开敞空间系统战略的四种形态方式

(三)控制城市整体结构

在总体布局的过程中,不仅要合理选择城市发展方向,处理好不同功能要素的分布关系,还应从整体的角度,研究城市整体结构。具体来说,在控制城市整体结构的过程中,应做好以下几方面的工作。

1. 土地利用与交通系统的整合

城市布局与交通网络形态密切相关,不同的交通策略会成为影响城市空间组织的重要因素,也会直接决定城市空间扩张的形式。中国的城市仍然面临大规模的空间增长和结构重组的过程,面对高密度人居环境,积极发展公共交通,将交通策略与城市布局的整合发展将是必然选择。

2. 市中心体系与城市形态的关系

城市中心或节点共同构成的中心体系在整合城市空间发展关系方面具有引领性的作用,会影响城市空间的整体组织效率,因而在城市布局控制中促进城市中心体系的聚合是非常关键的内容。

一般情况下,城市规模越大,城市中心体系越复杂,在对其进行分布规划时也越需要将其与城市形态联系起来。如带形城市,一般会是多中心的组团结构,相对分散组团状城市中心则会采用一主多辅的形式。

3. 城市分区与组合关系

城市整体结构控制要处理好功能性分区和综合性分区的关系。功能性分区是保证整体结构清晰的重要方式,而综合性分区则有利于城市各种活动的协调和保持城市的活力。如工业区和生活区的关系,既要保证两者相对清晰的空间关系,也要保证两者的有机联系,平衡就业和居住的关系。许多单一功能的工业区,最终往往走向综合性功能的新区,如苏州新加坡工业园区在总体规划中更加注重功能的综合。

4. 空间资源配置的时序关系

从城市空间扩张的方式来看,有同心圆扩张、星状扩张、带状生长、跳跃式生长等多种方式,每种方式均有其形成的原因和条件。对城市生长过程不加控制或引导往往会造成城市空间蔓延或预期的目标难以实现。因此,也需要注重城市地域开发序列的衔接与过渡,要处理好新发展地区与老城的关系,选择新区发展应当兼顾与老城的依托关系,充分分析城市跨越门槛的成本和条件,不切实际而一味追求新区的发展,反而会制约新区开发的进程,甚至可能造成新区开发的失败。

5. 各类保护地区与城市布局的关系

保护地区包括城市已有的一些独特的自然资源地区、历史保护地区,是在城市布局中需要控制发展的地区。城市布局应突出这些保护地区的作用,并有机地组织到新的城市结构之中。

(四)比较城市总体布局方案

综合比较是城市总体布局设计的重要工作方法,在城市规划设计的各个不同阶段,都应进行方案比较。

开展方案比较要充分掌握城市发展的内部和外部因素与条件。城市发展的内部条件主要指城市自身的资源、自然条件及限制条件,如矿藏、物产、地形、地貌、用地等。城市外部条件主要指外部的环境及因素,如中小城市需要考虑邻近大城市、中心城市或区域性基础设施,对城市发展的影响,规划及上级部门对本城市的要求等。

方案比较考虑的范围可以由大到小、由粗到细,分层次、分系统、分步骤地逐个解决。方案比较的内容包括以下几方面。

1. 自然条件

包括地形、地下水位、土质承载力大小、城市用地布局与自然环境的结合情况、生态地区受到的压力等情况。

2. 工程的可行性

包括用地是否有被洪水淹没的可能,工程方面所采取的措施以及所需的资金和材料是否合理,给水、排水、电力、电信、供热、燃气以及其他工程设施的布置是否经济合理等。

3. 城市布局的合理性

(1)城市总体布局的合理性

包括城市用地选择与规划结构是否合理,城市各项主要用地之间的关系是否协调,在处理城市与区域、城市与农村、市区与郊区、近期与远景、新建与改建、需要与可能、局部与整体等关系中是否科学等。

(2)居民用地的合理性

包括居住用地的选择和位置是否恰当,分析用地布局与合理组织居住生活之间的关系,各级公共建筑的配置情况等。

(3)生产协作的合理性

包括重点工厂的位置是否恰当,工厂之间在原料、动力、交通运输、厂外工程、生活区等方面的协作条件是否合理等。

(4)交通运输的合理性

包括交通系统与城市用地布局的关系是否合理,货运站的设置及与工业区的联系是否合理等。

4. 经济上的可行性及社会成本的比较

包括城市建设投资及收益、社会成本等的比较。

三、城市总体布局的功能组织

(一)城市布局的两种基本形态

城市布局的两种基本形态一般可归纳为集中紧凑与分散疏松两大类。

1. 集中式

集中式的城市布局中,城市各项主要用地布置比较集中,便于集中设置较完善的生活服务设施,方便居民生活,便于行政领导和管理,又可节省投资。通常情况下,只要城市的条件许可,大都采用这种布局形式。有些城市需要进一步扩展,有条件可以依托原有城市,但受到它的牵制和吸引,形成了在原有城市基础上的进一步集中。实践证明,如果对城市用地布局的高度集中不加控制,任其自行发展,工业和人口骤增,会导致城市环境恶化、居住质量下降的后果。

2.分散疏松式

分散疏松式城市布局中,城市的各项主要用地受自然地形、矿藏资源或交通干道的分隔,形成若干分片或分组,这种情况的城市布局显得比较分散,彼此联系不太方便,市政工程设施的投资会提高一些。

(二)从区域角度研究分析城市总体布局各项影响因素

城市不可能孤立地出现和存在,它必须以周围地区的生产发展和需要为前提。一方面,城市自身发展对周围地区有着影响;另一方面广大地区的城市化进程,城市外部发展的因素和条件也会在一定程度上影响城市总体布局。如果不以一定区域范围的腹地背景作为前提来分析研究城市,就城市论城市,就难以真正了解一个城市的历史演变及其发展趋势;所拟定的城市总体布局,必然缺乏全局观点和科学依据。因此,我们在着手编制一个城市的总体布局时,必须从区域的角度研究分析城市布局的各项影响因素。

1.工业的影响

一般情况下,一些大的国家骨干工厂和若干重要工业部门,大都集中在城市,由国家来办,而一些稍小的工业则把主机和总装配放在城里,把零件的生产放在乡镇。这种布局方式一方面能够有效地发展农业机械业;另一方面也会对城市总体布局产生影响。

2.农业的影响

(1)农副产品是工业原料的来源,农村是工业产品广阔的市场,重工业可为其技术改造服务,轻工业为其提供生活资料,这些在一定程度上影响城市有关工业部门的配置。

(2)城市周围的农业地区是城市副食品的生产基地,对城市居民的生活有着重要保障作用。

(3)城市周围地区的农业用地、劳动力是影响城市发展的重要因素。

3.交通运输业的影响

城市在一定的地域中往往是客货运集散的中心,也是作为交通运输网中的一个"点",更是地区交通运输的"线"和"面",其线路、交通设施等会对市总体布局产生影响。例如,河北省中部的衡水,现有石家庄—德州铁路线由此通过,修建的京九铁路线也经过此地。京九线经过衡水的线路,特别是进、出线路的具体走向,直接涉及城市用地的发展方向,与城市总体布局密切有关。衡水编制总体规划时就是根据铁路部门已明确的具体走向进行的。图5-19a方案中衡水市总体布局与铁路线路、站场用地等方面配合协调,城市建设发展用地与铁路以南的城市现有用地联系较好。图5-19b方案所示的线路方向,往南去九龙的线路就会成为城市用地向西发展的障碍,迫使城市更多地跨线向北发展,难以做到城市用地向铁路一侧适当集中发展的要求。

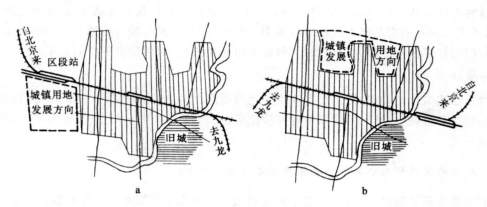

图 5-19　铁路线对城市布局的影响

a.京九线自城市左侧进线的规划布局；b.京九线自城市右侧进线的规划布局

4.水利及矿产等资源综合利用的影响

水利及矿业等资源是国民经济的宝贵资源。由于各部门对这些资源的要求不同,因而很容易引起各种矛盾,如发电与防洪、灌溉之间,工业用水与农业用水之间的矛盾等,这些矛盾也会影响到城市总体布局及有关部门的规划。

（三）安排城市用地要突出重点

1.注重城市工业布局的合理性

在各种类型的城市中,有工业的城市占了绝大多数,工业生产是城市化的基本动力,更是现代城市发展的主要组成。工业布局直接关系到城市用地功能组织的合理与否,对城市发展的规模与发展方向有重要的制约作用。合理地布置工业用地,综合地考虑与居住生活、交通运输、公共绿地等用地之间的关系,是反映城市用地功能组织的一项很重要的内容。

具体来说,对于小城市,如县城的工业布局,要依托县镇内的劳动力资源和生活服务设施,考虑到上下班方便等因素,不宜离开旧城过远。对于占地较大或在旧城内发展受到限制需要易地扩建、新建的工厂,包括排出"三废"或噪声对居民有危害、需要调整用地的工厂,则应按卫生防护和生活服务措施,使小城市的总体布局能比较集中紧凑。

对于中等城市,在进行工业区布局时,应将工业区成组、成区布置,将性质相同和生产协作密切的工厂相邻布置,以避免不同性质工厂的相互干扰和缩短协作厂间产品和原料的运输距离。同时,也可结合具体建设条件,因地制宜地做出较为理想的城市布局。

对于大城市,在进行工业区布局时,不能局限于城市的本身,应结合考虑它与周围城市的关系。同时,要严格控制新建项目,特别是有些占用土地、能源消耗多和"三废"危害大的项目,更应严格控制,以克服由于城市过大,而在生产、生活、交通运输和环境保护等方面产生的问题。对必须新建的项目,应布置在远郊或附近的小城市。

2.注重旧区与新区的协调发展

（1）新区与老区要融为一体,协调发展

城市新区的开辟,意味着城市地域的扩大、空间的延伸,为调整和转移某些不适合在旧区的功能提供可能,为进一步充实和完善旧区的结构创造条件。新区和老区的协调发展,以新区和旧区的相辅相存,构成城市的整体,达到繁荣社会经济、发展科技文化和提高环境质量的目的。

(2)科学、合理地确定城市用地发展方向

首先,要切合客观实际,选择的城市发展用地要立足当地的气象、水文、地质、社会、经济、环境等条件。同时,要注意节省工程投资,方便建设施工。

其次,要顺应城市发展趋势,满足城市长远发展的可能和需要。

最后,要抓住城市发展的机遇,使原有布局有新的突破。

(3)妥善处理开发区与中心城的关系

中心城不能因开发区的建设而妨碍其本身的发展,给城市带来新的矛盾,也不能影响开发区的建设,它们是在一定空间范畴内并存的相对独立体。开发区的选址要有利于城市原有布局的完善,而不是与原有良好的城市布局结构发生冲突。

3.协调好工业区、居住区与交通三者之间的关系

(1)工业区与居民区之间需要有方便的联系

有的城市在规划布局中,除了考虑工业污染外,仅就组织交通而言,应注意工业区与居民区之间的联系,加大两个区域之间的交通流量。

(2)工业区要有良好的对外交通条件

第一,对于原料、燃料运量大的工业区,应铺设铁路专用线。

第二,对于进入工业区的铁路专用线,要注意其进线方向,尽量避免和进入工业区的主干道垂直相交。

第三,要在工业区内设置工业编组站,以便工业车辆的编组及铺设专用线。

第四,有几个工业区的城市,按其需要将铁路货场可分设几处,以减少中转运输,同时又可减少城市道路的交通压力。

第五,可沿着对外交通干道布置工厂,在规划工作中要合理组织工厂出入口与厂外道路的交叉,避免过多地干扰对外交通。

第六,一些与水面的关系特别密切的工厂,如造船厂、造纸厂、木材厂、化肥厂、印染厂等要求靠近河岸,但要注意岸线的合理使用。

第七,对有些交通量不大或主要以公路运输为主的工厂和仓库,可布置在离航道远一些的地段,以免占用江河岸线。

第八,旧城区有的工厂分设几个车间,分散几处,要尽量设法调整集中,或创造条件迁址另建新厂。

(四)城市结构清晰,交通联系便捷

城市用地结构清晰是城市用地功能组织的一个标志。结构清晰反映了城市各主要组成用地功能明确,而且各用地之间有一个协调的关系,同时具有安全、便捷的交通联系。

在具体进行城市用地规划布局的过程中,要注意以下几方面。

(1)在分析研究城市用地功能组织时,必须充分考虑使各区之间有便捷的交通联系,使城市交通有很高的使用效率。

(2)将不同功能的用地混淆在一起,容易互相干扰,可以利用各种有利的自然地形、交通干道、河流和绿地等,合理划分各区,使其功能明确、面积适当。

(3)城市和外部交通系统要有方便的衔接,便于紧急时城市外向疏散;同样,城市自身的若干

主要组成部分之间要有便捷的联系。

（4）城市各组成部分的内部也要有相应的道路沟通，有的城市设有专门的自行车道系统、人行道系统，甚至高架天桥系统。

（5）城市是一个有机的综合体，生搬硬套、胡乱臆想的图案是不能用来解决问题的，必须结合各地具体情况，因地制宜地探求切合实际的城市用地布局。

（五）搞好分期建设、留有发展余地

1. 合理确定前期建设的方案

（1）前期建设项目的用地应力求紧凑、合理、经济、方便，并应保持最大限度的永久性，妥善处理施工用的临时性建筑如仓库、施工棚、宿舍等。否则，往往由于这些临时建筑的用地安排不当，或不能及时转移，可能成为以后实施合理规划的障碍。

（2）前期工程项目建设中注意平衡生产与生活之间的关系，如尽可能减少职工上下班往返交通的时间，并为以后的发展奠定良好的基础，取得较好的经济效益和时间效益。

（3）前期项目建设要尽可能接近建筑基地，使建筑材料和构件的运输快捷而方便。

2. 增强城市布局的弹性，布局中留有发展用地

（1）城市的建设发展总有一些预见不到的变化，在规划布局中需要留有发展用地，或者在规划布局中有足够的"弹性"。特别是对于经济发展的速度调整、科学技术的新发展、政策措施的修正和变更，城市总体布局要有足够的应变能力和相应措施。

（2）城市空间布局也要有适应性，使之在不同发展阶段和不同情况下都相对合理。

（3）规划布局中某些合理的设想，在眼前或一时实施有困难，就要留有发展余地，并通过日常用地管理严加控制，待到适当的时机，就有实现的可能性。

3. 城市建设各阶段要互相衔接，配合协调

（1）对于城市各建设阶段用地的选择、先后程序的安排和联系等，都要建立在总体布局的基础上。

（2）对各阶段的投资分配、建设速度要有统一的考虑，使得现阶段工业建设和生活服务设施，符合长远发展规划的需要。

第四节　城市总体规划实例

前面章节已经介绍，城市的总体规划是确定城市性质、规模、发展方向，合理利用城市土地，协调城市空间布局和各项建设的综合部署，因而侧重宏观层面的分析，而且，城市总体规划的期限大多为二十年左右，需要对城市的远景发展及未来走向作出科学性、轮廓性的安排。下面以上海为例，介绍《上海市城市总体规划》的概要内容①。

---

① 上海市城市规划管理局：《上海市城市总体规划》概要，http://www.shghj.gov.cn/，2004 年 9 月 20 日。

一、规划地位和作用

《上海市城市总体规划》是指导本市发展和建设的法定性文件,也是实施城市建设、城市管理的基本依据。在本市进行的各项建设活动,编制国民经济和社会发展近期计划、分区规划、区(县)域规划、详细规划、各专项规划等,均应执行本规划。

二、规划期限

本规划期限自 1999—2020 年,近期至 2005 年。规划立足于 21 世纪的长远发展,对城市性质、发展目标、市域城镇布局及交通、市政基础设施布局均考虑了更长时间的发展要求,并对城市远景发展进程和方向作出轮廓性安排。

三、规划区范围

本规划区范围为上海市行政辖区,总面积 6 340 平方公里。本规划与《上海市土地利用总体规划》相衔接。

四、规划指导思想

(1)根据党中央提出的把上海建成"一个龙头,三个中心"的要求,进一步确定上海城市发展的战略目标,面向 21 世纪,体现国际大都市水平。

(2)体现国际经济中心城市的功能要求,合理安排城市的空间布局、生产力布局、人口分布及基础设施建设。

(3)体现可持续发展战略,促进经济、社会、人口、资源和环境的协调发展。

(4)体现以人为本的宗旨,为市民创造良好的生活、工作、学习和休闲的环境。

(5)体现区域整体发展的思想,从长江三角洲城市群经济一体化发展出发,统筹上海的产业、能源布局和交通、水利体系等建设。

五、城市性质

上海是中国重要的经济中心和航运中心,国家历史文化名城,并将逐步建成社会主义现代化国际大都市,成为国际经济、金融、贸易、航运中心之一。

六、城市发展规模

控制中心城人口和用地规模,引导中心城的人口和产业向郊区疏解。2020 年,全市实际居住人口 1 600 万左右,其中,非农人口 1 360 万,城市化水平达到 85%,集中城市化地区城市建设总用地约 1 500 平方公里。中心城规划人口约 800 万人,城市建设用地约 600 平方公里,郊区城镇规划人口约 560 万。

七、城市发展目标

2020 年,把上海初步建成国际经济、金融、贸易中心之一,基本确立上海国际经济中心城市的地位,基本建成上海国际航运中心。发挥上海国际国内两个扇面辐射转换的纽带作用,进一步促进长江三角洲和长江经济带的共同发展。主要标志为以下几方面。

(1)基本形成现代化国际大都市的经济规模和综合实力,基本形成与国际经济中心城市相匹配的城市功能布局。

(2)基本形成符合现代化大都市特点的城乡一体、协调发展的市域城镇布局,并与长江三角洲地区城市共同构筑经济发达、布局合理的城市群。

(3)基本形成人与自然和谐的生态环境。全面建成环城绿带,形成郊区以大型生态林地为主体、中心城以"环、楔、廊、园"为基础的绿化系统和市域绿色空间体系。

(4)基本形成与现代化国际大都市相匹配的基础设施框架。以"三港两路"(三港指海港、空港和信息港,两路指高速铁路和高速公路)为主体,建设一批衔接国内外的枢纽型重大工程;以"两网"(轨道交通网和高速公路网)建设为重点,形成市域内快速便捷的客货运交通网络。

(5)基本形成以促进人的全面发展为核心的社会发展体系,建设布局合理、环境洁净、配套齐全、生活舒适、交通便捷的居住园区。

八、城市发展方向

拓展沿江沿海发展空间,形成宝山新城、外高桥港区(保税区)、空港新城、海港新城、上海化学工业区、金山新城等组成的滨水城镇和产业发展带;继续推进浦东新区功能开发和形象建设;集中建设新城和中心镇;将崇明作为 21 世纪上海可持续发展的重要战略空间。

(一)市域城镇体系

形成"中心城—新城(含县城,下同)—中心镇—集镇"组成的多层次的城镇体系及由沿海发展轴,沪宁、沪杭发展轴和市域各级城镇等组成的"多核、多轴"空间布局结构。

中心城是上海政治、经济、文化中心,也是上海市城镇体系的主体,以外环线以内地区作为中心城范围,人口控制在 800 万人,城市建设用地 600 平方公里。

新城是以区(县)政府所在城镇或依托重大产业及城市重要基础设施发展而成的中等规模城市。规划新城 11 个,分别是宝山、嘉定、松江、金山、闵行、惠南、青浦、南桥、城桥及空港新城和海港新城。新城人口规模一般为 20~30 万人。

中心镇是市域范围内分布合理、区位条件优越、经济发展条件较好的集镇,也是依托产业发展而成的小城市。规划朱家角、泗泾、周浦(康桥)、奉城、枫泾、堡镇、南翔及罗店等 22 个左右中心镇,规划人口规模一般为 5~10 万人。

集镇由现有建制镇根据区位、交通、资源条件等适当归并而成(现状约 170 个)。规划约 80 个左右的一般镇,人口规模一般为 1~3 万人。

中心村是在合理归并自然村后形成的具有地方特色、环境优美、布局合理、基础设施和服务设施较完善的现代化农村新型社区。中心村规模在 2 000 人左右。

（二）中心城布局

中心城空间布局结构为"多心、开敞"。规划按现状自然地形和主要公共中心的分布以及对资源优化配置的要求，合理调整分区结构。中心城公共活动中心指中央商务区和主要公共活动中心。

1. 中央商务区

中央商务区由浦东小陆家嘴（浦东南路至东昌路之间的地区）和浦西外滩（河南路以东，虹口港至新开河之间的地区）组成，规划面积约为 3 平方公里。中央商务区集金融、贸易、信息、购物、文化、娱乐、都市旅游以及商务办公等功能为一体，并安排适量居住区。

2. 主要公共活动中心

主要公共活动中心指市级中心和市级副中心。市级中心以人民广场为中心，以南京路、淮海中路、西藏中路、四川北路四条商业街和豫园商城、上海站"不夜城"为依托，具有行政、办公、购物、观光、文化娱乐和旅游等多种公共活动功能。

副中心共有 4 个，分别是徐家汇、花木、江湾—五角场、真如。徐家汇副中心主要服务城市西南地区，规划用地约 2.2 平方公里；花木副中心主要服务浦东地区，规划用地约 2.0 平方公里；江湾—五角场副中心主要服务城市东北地区，规划用地约 2.2 平方公里；真如副中心主要服务城市西北地区，规划用地约 1.6 平方公里。

九、产业发展规划

（一）产业发展

坚持"三、二、一"产业发展方针，以技术创新为主要动力，全面推进产业结构优化、升级，重点发展以金融保险业为代表的高层服务业和以信息产业为代表的高科技产业；积极拓展国内与海外市场，提高产业外向度，基本形成与现代化国际大都市相适应的经济规模、综合实力与服务功能。

（二）产业布局

从上海和长江三角洲地区的区域整体发展出发，按照地域紧密度和产业关联度合理布局产业，集中集约发展。市域产业布局共分以下三个层次。

第一层次是城市内环线以内的地区。以发展第三产业为重点，适当保留都市型工业。

第二层次是城市内外环线之间的地区。以发展高科技、高增值、无污染的工业为重点，调整、整治、完善现有工业区。

第三层次是城市外环线以外的地区。以发展第一产业和第二产业为重点，提高经济规模和集约化水平，集中建设市级工业区，积极发展现代化农业和郊区旅游业。

十、对外交通规划

以"三港两路"建设为重点,建设上海国际航运中心,建设国际集装箱枢纽港、亚太地区航空枢纽港、现代化信息港和以高速公路、高速铁路、骨干航道为构架的水、陆、空交通运输系统,形成衔接国内外、辐射长江三角洲的快速、便捷的客货运交通运输网络。

十一、市域交通规划

市域交通以"两网"建设为重点,加快大容量城市轨道交通系统的建设;形成市域高速公路网,完善中心城道路网络;加强对外交通和市内交通的衔接,建设客运换乘枢纽和停车场,充分发挥交通系统的综合效率;贯彻公共交通优先的城市客运交通基本政策,形成以轨道交通与地面公交密切衔接、各种交通工具协调发展的现代化城市交通体系。

十二、环境景观规划

以绿化建设和环境保护、治理为重点,提高城市综合环境质量,加强城市设计,保护城市传统风貌,改善城市空间景观,基本形成人与自然和谐发展的生态环境。

(一)绿化建设

按照城市与自然和谐共存的原则,调整绿地布局,完善绿地类型,以中心城"环、楔、廊、园"和郊区大面积人造森林的建设为重点,改善城市生态环境。到 2020 年,人均公共绿地指标应达到 10 平方米以上,人均绿地指标 20 平方米以上,绿化覆盖率大于 35%。

(1)重点发展滩涂造林;集中建设佘山—淀山湖地区森林公园。

(2)建设主要道路与主要河道两侧的防护绿地。

(3)建设内外环线之间三岔港、张家浜、三林塘、大场、吴中路等 8 块楔形绿地。

(4)建成南浦大桥—杨浦大桥之间黄浦江两侧的滨江绿地,结合苏州河综合整治建成滨河绿地。

(5)中心城每区至少有一块 4 公顷、每个街道至少有一块 1 公顷以上公共绿地,郊区城镇至少建成一处 3 公顷以上的公共绿地。

(6)正确处理城市建设和生态环境保护的关系,划定城市生态敏感区和城市建设敏感区。切实保护好市域风景区和大小金山海洋生态、崇明东滩鸟类、长江口中华鲟幼鱼、九段沙湿地和淀山湖等自然保护区。

(二)城市空间景观建设

加强城市设计,美化城市空间,妥善处理好保护与发展的关系,形成既有浓郁地方特色,又有鲜明时代特点的现代化国际大都市景观形象。

强化中心城东西向景观主轴线,组织街道、广场和标志性建筑与空间,安排公共活动功能,丰富城市景观。

建设中心城滨江（黄浦江）滨河（苏州河）景观走廊,组织滨水空间序列和绿化步行带,强化自然特征和亲水特点,塑造上海滨水城市新形象。

相对集中地布置高层建筑,保护中心城区若干景观视线走廊,营造优美的城市天际线。

十三、城市历史风貌保护规划

上海是国家历史文化名城。要挖掘城市历史文化内涵、增强城市文化气息、提升城市艺术品位、体现历史与未来的共融,把上海建设成为具有丰富历史文化内涵、海派文化氛围、高品质文化气息的现代化国际大都市。

（一）保护的主要内容

历史文化名城保护内容包括物质形态和精神文化两个方面,前者着重保护好现有的全国重点文物保护单位 13 处、市级文物保护单位 113 处、市级优秀近代建筑保护单位 337 处、区县级文物保护单位 82 处、中心城历史文化风貌保护区 11 处以及郊区历史文化名镇 4 个,后者着重继承和发扬优秀、健康的地方传统文化、民俗民风、戏剧曲艺、民间工艺等。

（二）保护原则

历史文化名城保护必须继承和发扬历史文脉,保护名城特色,保护及合理利用历史文化资源,正确处理保护与发展的关系;历史文化风貌区的保护应注重区域整体风貌的保持与延续,以及地区基础设施的改善与生活环境的整治;对个体建筑的保护应依据保护等级、划定保护范围和建设控制地带、明确保护要求,在保护范围内改建建筑物或者在建设控制地带内新建、改建建筑物,应当符合有关规定,不得破坏原有环境风貌。

（三）中心城旧区风貌保护

中心城旧区风貌（历史建筑与街区）保护是上海历史文化名城保护的重要内容,在名城保护规划确定的保护建筑及历史风貌保护区的基础上,对中心城旧区中（包括内环线以内的浦西地区以及内环线以外的普陀区曹杨地区）总面积约 80 平方公里范围内的有保护价值的花园住宅、公寓、新式里弄、旧式里弄及其他有特色的建筑进行保护。规划确定 234 个完整的历史街坊、440处历史建筑群,保护的历史建筑总面积约 1 000 万平方米。

十四、住宅发展规划

以提高居住环境质量为核心,结合市场需求,按照交通方便、环境幽雅、生活舒适、配套齐全的要求,规划建设住宅区,基本实现住宅成套化。郊区城镇住宅建设标准和环境质量应优于中心城。调整住宅建设结构,满足不同收入家庭的需要。

住宅建设布局本着与城市发展方向、大容量轨道交通和基础设施建设相一致的原则,重点建设内外环线之间 20 个左右大型居住园区。

十五、科教与社会事业发展规划

实施科教兴市战略,全面提高市民素质和城市文明程度,建立与现代化国际大都市相适应的、比较完善的社会事业体系,基本形成与社会主义市场经济体制相适应的社会事业运行机制,实现国民经济与社会事业协调发展。

十六、近期建设规划

城市近期建设规划主要是对城市近期内的发展方向和主要建设项目作出具体安排,为实现城市远期发展目标奠定基础。2005 年近期规划的指导思想是:近期必须保持经济持续快速增长,不断塑造以城市环境建设为主的城市新形象,提高人民生活水平,基本实现现代化,为建成现代化国际大都市奠定基础,更好地服务全国。

(一)形象目标

初步形成现代化国际大都市的经济规模和综合实力,以及与之相适应的文教体卫、社会福利事业体系;基本建成对内对外现代化综合交通网络及立体交通框架;基础设施整体水平基本达到中等发达国家标准;城市环境获得较大改善;浦东新区形象、功能开发取得显著成效;中心城的用地与人口规模得到有效控制,功能布局更趋合理;郊区初步实现"三个集中"的格局,综合实力明显增强,城乡一体协调发展的城镇体系初步形成,城镇建设水平得到较大提高;为建设国际经济中心城市打下良好基础。

(二)主要标志

(1)城市化水平达到 76%。

(2)城市综合功能进一步强化,中央商务区和内环线以内及周边地区主要公共活动中心基本建成;黄浦江观光河段基本建成,都市旅游线路和设施比较完善。

(3)国际集装箱深水港区建成框架,铁路第二客站建成;市域高速公路骨架、中心城"环形加十字"的轨道交通网骨架全面建成;各类交通枢纽、停车场(库)等得到较大的发展。

(4)环境建设:以"环、楔、廊、园"为主体的中心城绿地系统和郊区四大生态林地基本建成,人均公共绿地面积达到 7 平方米。

(5)住宅建设:内外环线之间 20 个左右现代生活居住园区初步建成,人均居住面积 12 平方米(建筑面积 24 平方米),住宅成套率 80% 以上。

十七、规划实施对策

(1)统一思想,提高认识,加强对城市总体规划的宣传力度,特别是各级领导要高度重视,树立城市规划的权威性、严肃性,提高现代化国际大都市管理水平,发挥城市规划的导向作用。

(2)按照《中华人民共和国城市规划法》的规定,城市总体规划一经批准,应及时编制或调整分区规划、区(县)域规划、详细规划和各专项规划,并加强重要地区、重要路段城市设计。

（3）继续完善城市规划分级管理体制,发挥两级政府实施规划的积极性加强规划法制建设,提高规划的法律地位,强调依法建设,不断完善城市规划管理法规体系。

（4）拓展公众参与规划的渠道,实行政务公开,发挥法律监督、行政监督、舆论监督和群众监督的作用,加大对违法建筑的整治。

（5）研究完善城市规划实施机制,充分运用法律、行政等多种手段,促进规划的有序实施。

第六章　城市分区规划

城市分区规划是城市规划实践发展到一定阶段的产物。随着大批建设项目的涌现,城市建设大规模的开展,各地编制了城市总体规划和详细规划来指导城市建设。而城市总体规划主要是确定城市发展方向和原则,是宏观地指导城市发展的纲领性文件,难以直接用于规划管理的操作。详细规划是局部地段具体规划,是微观的建设项目具体安排,且编制工作量大,覆盖面小。于是,介于城市总体规划与详细规划之间的城市分区规划应运而生。

第一节　城市分区规划概述

一、城市分区规划的产生和发展

在国外,不少国家在编制城市规划的程序中设置了类似中国"城市分区规划"的内容,不同国家在分区规划的具体名称上有所不同,在工作方式和内容上也不尽相同。例如:美国的"zoning"(分区制),英国的"local plan"(地方规划)已开展了多年的实践,并通过规划立法或颁布政令确立了自己的地位。而在中国,虽然新中国成立以后随着城市的发展,规划界也曾进行过类似分区规划的研究工作,但一直未形成完整的理论和完善的工作方法。进入 20 世纪 90 年代,中国已将分区规划纳入城市规划编制体系,并以法规的形式明确下来。近年来,大中城市对分区规划进行了一些有益的探索。城市分区规划作为承上启下的中间阶段,在城市规划编制体系中起到了重要作用。纵观中国分区规划的发展,大致可以分为起步、摸索、定位、发展这几个阶段。

(一)起步阶段(20 世纪 80 年代初期)

20 世纪 80 年代中国城市规划虽已经走上正轨,但对编制办法缺乏必要的经验总结,人们对编制规划阶段的划分以及各阶段内容深度认识不一致,做法也有差异。对规划阶段的划分、深度、成果要求不一,这种状况影响到城市规划的深化、设计水平的提高和建立技术经济责任制的质量标准。主要存在的问题之一是总体规划与详细规划之间衔接不紧,硬性规定多,弹性规定少。针对这一问题,在贯彻落实总体规划的工作中,为适应城市不断发展变化的新情况,从而更有效地指导城市建设和详细规划的进行,在总体规划和详细规划之间插入一个"分区规划",即用分解的办法深化总体规划内容,以便为编制详细规划和实施规划管理提供可靠依据,这一做法逐渐被一些城市所采用,如长沙、南京、哈尔滨、鞍山等。这些城市对城市分区规划的实践填补了两个阶段规划中的不足,使规划的编制更加科学化、系统化。

1983 年 11 月,全国 40 多个单位在长沙市召开了第一次城市分区规划的经验交流会,"分区规划"一词就是在这次会议上提出的,并就分区规划的范畴、内容、作用、步骤和原则等问题进行了广泛的探讨。

1984 年,国务院颁发了《城市规划条例》,将城市规划阶段分为总体规划和详细规划两个阶段。

（二）摸索阶段（20 世纪 80 年代中期）

城市分区规划在长沙市展开后,北京、天津、上海、太原等一些城市和地区,相继进行了城市分区规划的实践。当时各城市都处在摸索阶段,具体做法因市而定,没有统一的模式。总体而言,大致有三种:第一种类似于总体规划,侧重于用地功能划分和布局;第二种类似于详细规划,除对用地进行定性定量分析外,还进行了控制性建筑布局;第三种是专业规划做法,如管线系统规划、历史文物保护规划等。

1985 年 1 月,第二次分区规划学术讨论会在太原、榆次举行。自第一次学术讨论会以来不到两年的时间里,全国开展分区规划的城市已从 7 个增加到 25 个,形势有了很大发展。这次会议认为,解决规划管理的依据问题是开展分区规划的主要原因之一。确定分区规划的主要任务是在总体规划指导下,对城市各项建设用地的布局与人口分布进行综合平衡。其内容增加了对控制性技术指标和技术规定的确定。

（三）定位阶段（20 世纪 80 年代末期至 90 年代初期）

实践表明,将城市规划阶段分为总体规划和详细规划对小城市和县镇是合适的,但对大中城市有必要增加一个"分区规划"的层次。这一实践结果在 1989 年新颁布的《城市规划法》中得到了反映,国家将对分区规划编制形成规范性文件。

1989 年颁布的《中华人民共和国城市规划法》最终明确了城市分区规划的地位:"编制城市规划一般分总体规划和详细规划两个阶段进行。大城市、中等城市为了进一步控制和确定不同地段的土地用途、范围和容量,协调各项基础设施的建设,在总体规划基础上,可以编制分区规划。"这样,分区规划被归入总体规划阶段,其控制性定量部分改由控制性详细规划来体现。1991年颁布的《城市规划编制办法》中,控制性详细规划作为详细规划编制阶段的第一编制层次的地位也被确立下来。但关于城市分区规划的定位实际上仍很不明晰。

（四）发展阶段（20 世纪 90 年代中后期至今）

20 世纪 90 年代中后期至今,中国各大、中城市根据《城市规划法》均已开展"分区规划"的方案,取得了可喜的成绩。哈尔滨于 1991 年编制了全市 7 个区的分区规划编制工作,上海、南京、北京、长沙、广州等城市也都展开了相应工作。从 1994 年开始,广州市在城市总体规划确定的规划发展用地及临近区域全面编制分区规划,经市人民政府审批后具有相应的地方法规效力,成为城市规划和建设管理的重要科学依据;并将分区规划的成果直接建立起分区规划管理信息库,作为其城市规划信息系统的重要内容之一,有效支持了其规划管理办公自动化,探索了应用计算机技术参与分区规划的实践的一整套方法。

虽然国内城市分区规划逐渐普及,但作为实践中产生的新规划程序,其编制实施仍然存在一些有待商榷和深入的问题,如分区规划的具体内容、范围和深度;分区规划的具体编审程序等。

2007 年 10 月 28 日,第十届全国人民代表大会常务委员会第三十次会议通过了《中华人民共和国城乡规划法》,自 2008 年 1 月 1 日起施行,《城市规划法》同时废止。

二、城市分区规划的界定

将规模较大的整体地域分成几个组成部分称为分区。就城市而言,根据不同的因素,可以有各种各样的分区。中国城市分区规划中的分区,与行政分区、自然分区、规划结构分区、功能分区都有密切的关系,但又有其特定的内涵。划分的主要依据是城市的规模和总体结构,在一定程度上也与其历史上的形成过程有关。明显的自然地形(如河流、山岭)和人工地形(如城市干道、铁路干线)通常是规划分区最稳定的边界线①。

关于城市分区规划的界定,有下列几种提法。

在2000年发行的《城市规划设计手册》中提出"城市分区规划是城市总体规划的补充和深化,属于城市总体规划的范畴,是总体规划和详细规划之间的过渡规划。"

2002年长沙市规划管理局制定了《分区规划编制内容深度规定》,其中提出"分区规划旨在为总体规划的进一步深化提供更为具体可行的指导依据,将总体规划与各专业规划要求层层分解,提出规划控制要求,在总规与控规之间架起一座桥梁,承上启下,以确保规划的一脉相承"。

《中华人民共和国城市规划法》第十八条明确阐述:"大城市、中等城市为了进一步控制和确定不同地段的土地用途、范围和容量,协调各项基础设施和公共设施的建设,在总体规划基础上可以编制分区规划"。

综上所述,本书认为,"城市分区规划是指根据城市规划需要以及已编制的城市总体规划所做的市内各局部地区的规划,依据城市功能分区的原则,即各区按不同的功能和性质,确定土地利用和空间布局形式,形成各功能区各自的与城市总体规划和详细规划内容和深度相衔接的规划,是城市总体规划和详细规划两个阶段的过渡。"②

三、城市分区规划的作用

(一)明确提供规划管理、详细规划及各工程规划的依据

分区规划使城市土地使用性质和土地使用强度、人口分布、管线和竖向工程规划直接深入到每个街区,公共服务设施和市政设施配置深入到地块,定量定标,避免土地划分过细过小,保证了街区内土地使用的原则性和应变灵活性,方便了与详细规划和各项工程规划的衔接,起到承上启下的作用,满足了规划管理对土地、建设的管理要求,有效地指导了城市建设。

(二)落实和深化城市总体规划

编制分区规划是对城市总体规划的深化和具体化,分区规划以总体规划为依据,并遵循总体规划对分区规划确定的原则,如分区职能、人口与土地总量平衡、用地结构的主要比例关系和空间关系、大型设施的定点等,进一步将城市总体规划所确定的发展目标、分区职能、人口与土地利

---

① 陈伟新:《深圳城市分区规划的作用与定位》,规划师,2002年第3期。
② 王克强等:《城市规划原理》(第2版),上海:上海财经大学出版社,2011年,第144页。

用、基础设施和公共设施、环境保护、绿化规划等规划内容在分区规划中深化、细化、调整和完善，促进城市总体规划实施，保障城市协调发展，谋求城市建设合理的环境质量和容量。

（三）为创立城市规划信息库、促进新技术应用打下基础

由于分区规划既有定性又有土地使用强度的定量，其信息量大、编制覆盖范围广，工作量比详细规划和修建规划小，可以满足城市管理要求，适宜作为城市规划信息库的基础工作，有利于推动城市规划计算机管理。

（四）超前规划，全面控制和引导土地利用

分区规划编制的时限与总体规划一致，覆盖的范围较大，可供选择开发的建设用地多。根据城市建设的规划布局、发展时序和开发条件，分区规划为避免城市土地资源的争夺、土地利用的无序化，保障城市土地在政府的控制和引导下正常地开发建设打下基础，也为招商引资、吸引和安排各种建设项目提供条件。

第二节　城市分区规划的内容与成果要求

一、城市分区规划的主要内容

在城市总体规划完成后，大、中城市可根据需要编制城市分区规划，城市分区规划宜在市区范围内同步开展，各分区在编制过程中应及时综合协调。分区范围的界线划分，宜根据总体规划的组团布局，结合城市的区、街道等行政区划，以及河流、道路等自然地物确定。编制城市分区规划的主要任务是：在总体规划的基础上，对城市土地利用、人口分布和公共设施、城市基础设施的配置做出进一步的安排，以便与详细规划更好地衔接。一般情况下，分区规划的规划期限应和总体规划一致。

根据城市分区规划的主要任务和含义界定，应当包括下列内容。

（一）原则规定分区内各项容量控制指标

即根据分区内土地利用现状、自然社会经济条件划分土地用途（即居住、工业、商业、交通等各类用途），确定相应地块的主导用途，同时通过容积率、建筑系数等各项容量控制指标控制各类用地的强度。

（二）确定各级公共设施的分布及其用地范围

即综合考虑人口、经济发展的需要和各级公共设施的属性（辐射型和集聚型、公益型和花费型等各种类型）和服务半径，确定公共设施的数量，布置各级公共设施并确定其用地范围。

（三）规划分区内的交通用地

即确定城市主、次干道和支路的红线位置、断面、控制点坐标和标高，确定支路的走向、宽度以及主要交叉口、广场、停车场的位置和控制范围。此项内容主要是规划分区内的交通用地，根

据客货流的不同特性、交通工具性质、交通速度差异将分区内的道路分为三级,即主干道(全市性干道,主要联系城市中的主要工矿企业、主要交通枢纽和全市性公共场所等,为城市主要客货运输路线,一般红线宽度为 30～45m)、次干道(区干道,为联系主要道路之间的辅助交通路线,一般红线宽度为 25～40m)和支路(街坊道路,是各街坊之间的联系道路,一般红线宽度为 12～25m)。此外要充分结合当地自然条件、社会条件和现状条件,注意节约用地和投资费用,满足敷设各种管线及与人防工程相结合的要求,确定各级道路的走向、宽度、控制点坐标、位置、断面以及交叉口、广场、停车场位置和规模等道路系统形式。此外,也要充分结合城市道路布局,形成一个完整的城市道路系统。

(四)确定绿化系统、河湖水面、供电高压线走廊

绿化系统的布置应对工业用地、居住用地、道路系统以及当地自然地形等方面的条件予以综合考虑,因地制宜,与河湖山川自然环境和绿化特点结合,均衡分布,有机形成绿地系统,连成网络系统。供电高压线走廊,在符合总体规划要求的基础上,节省投资,保障安全,与其他建设协调,同时要考虑城市发展远景的电力需求,留出必要宽度的电力走廊。

(五)确定各种管线的敷设位置、用地范围、分布及其标准

即确定工程干管的位置、走向、管径、服务范围以及主要工程设施的位置和用地范围,主干线的分布及其标准。城市中各种管线一般都沿着道路敷设,各种管线工程的用途不同,性能和要求也不一样。但工程干管的布置应根据自然地形、城市规划或发展方向、道路系统以及其他管线综合布置等因素,根据管线工程的用途性质,结合分区大小、人口密度、用户分布情况等进行技术经济比较和规划设计,确定其位置、走向、管径、服务范围。

(六)确定居住小区、新区开发和旧区改造的地点、位置和用地范围,并提出城市建筑布局的基本要求

主要是针对目前城市化发展迅速的现象,合理处理新区开发和旧区改造的关系,以形成合理的城市布局和形态。居住区的规划应根据总体规划和近期建设的要求,对居住区内各项建设做好综合全面的安排,并考虑一定时期经济发展水平和居民的文化背景、经济生活水平、生活习惯、物质技术条件以及气候、地形等条件,同时应注意远近结合,不妨碍今后的发展。

二、城市分区规划的成果要求

(一)城市分区规划的成果组成

总体而言,城市分区规划的成果包括分区规划文件及主要图纸,其中分区规划文件包括规划文本和附件、规划说明及基础资料收入附件;分区规划图纸包括规划分区位置图、分区现状图、分区土地利用及建筑容量规划图、各项专业规划图,图纸比例为 1/5 000。具体如表 6-1所示。

表 6-1　城市分区规划的成果组成

项目	内容描述
规划文本	(1)编制规划的依据和原则 (2)分区土地利用原则及不同使用性质地段的划分 (3)分区内各片人口容量、建筑高度、容积率等控制指标,列出用地平衡表 (4)道路(包括主、次干道)规划红线位置及控制点坐标、标高 (5)绿地、河湖水面、高压走廊、文物古迹、历史地段的保护管理要求 (6)工程管网及主要市政公用设施的规划要求
规划图纸	(1)规划分区位置图 (2)分区现状图 (3)分区土地利用规划图 (4)分区建筑容量规划图 (5)道路广场规划图 (6)各项工程管网规划图
基础资料	(1)总体规划对分区的要求 (2)分区人口现状 (3)分区土地利用现状 (4)分区居住、公建、工业、仓储、市政公用设施、绿地、水面等现状及发展要求 (5)分区道路交通现状及发展要求 (6)分区主要工程设施及管网现状

(二)城市分区规划的成果要求

由于城市总体规划具有建立城市规划信息系统较粗放、详细规划太繁杂的缺点,而城市分区规划的城市信息系统覆盖面较广,又有土地使用的总量控制,作为城市规划的基础信息库较适宜。城市分区规划中采用计算机辅助设计提高规划的效率和成果质量,并为建立规划信息库打下基础。因此对城市分区规划的规划成果有下列要求。

1.制图的标准化和规范化

分区规划应制定一系列计算机图件交换格式规定,如统一图名、统一编码、统一图例,保证各设计单位规划编制标准的一致性,满足数据入库、图形连接和应用的要求。

2.规划定位、定标技术的全面应用

计算机绘制的规划图精度比手工要高,分区规划的用地、设施布点、道路网河流等的定位、定标都由计算机绘出,根据制图标准要求,精确到小数点后 3～5 位数,使分区规划定量、定位精度达到新的水准。

3.采用地块编码的方式处理图形信息

图形与数据库连接通过绘图软件的动态数据交换功能将图形信息传送并处理进入数据库。要求绘制时对图形要严格分层和线条的规定,为方便数据库中数据的提取,图形采用 Polyline 线条,为城市规划管理和 GIS 数据库建立提供了较佳途径。

4.规划成图清晰明了、快速便捷

分区规划图纸较多,数据量大,需要运用计算机辅助设计,由于有精确的底图作保证,图纸精度更高,成图清晰,便于复制,简捷易行。

第三节　城市分区规划的原则与程序

一、城市分区规划的原则

(一)现实性原则

针对各个城市的现实特点(包括历史、经济和社会各方面优劣势)进行规划工作,解决实际问题。抓住各个城市分区规划的症结,突出重点解决问题。

(二)操作性原则

城市分区规划应借鉴深圳等地区城市规划编制的先进经验,将主要规划内容向控规方向进行适当延伸,紧密联系详细规划,增强规划成果的可操作性。

(三)连续性原则

延续城市总体规划、深化城市总体规划、完善城市总体规划,并紧密连接详细规划。追求城市分区规划的长期性、弹性、可发展等特点,实现城市分区规划本身的可持续发展。

(四)生态性原则

坚持可持续发展战略,改善能源结构,提高资源利用率,减少污染并保证达标排放。

二、城市分区规划的程序

根据《中华人民共和国城市规划法》的相关规定,以及城市分区规划与城市总体规划和详细规划之间的关系,城市分区规划的总体工作程序如图 6-1 所示。

根据《城市规划手册》,在城市分区规划工作程序中,尤以规划提要、规划结构、土地使用和建筑容积率四个部分最为重要。编写规划提要的过程,就是统一认识、集思广益的过程。把城市总体规划意图和分区各方面的意见集中起来,形成合理的规划构思,并以此作为城市分区规划的依据。这样有利于提高城市分区规划的质量和效率。

具体而言,城市分区规划的进行应遵循以下几个程序。

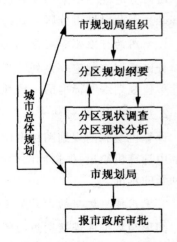

图 6-1　城市分区规划的总体工作程序

(一)制定计划

列入年度规划编制计划。

（二）落实经费

由规划管理部门根据计划中所列项目，依据国家收费标准及地方规定详细核算所需经费，向市政府提出经费申请。部分规划经费可由区主管部门提供。

（三）委托任务

以规划任务形式下达给（符合资质要求的设计单位）规划设计单位。

（四）前期筹备

（1）需规划局协助提供的基础资料的清单。
（2）技术力量安排。
（3）有关规划编制方法及技术方面的设想等。

（五）规划阶段性成果及汇报审查

规划设计单位在现状基础资料收集齐备后，正式方案制定之前，可向市规划局进行规划阶段性成果汇报。主要内容包括：规划大纲、现状分析、方案构想或多方案比较、主要问题等。

（六）规划评审会

规划评审会由市规划局组织，区属各有关部门参加，由规划设计单位汇报。

意见征询可采用会议、个别询问、新闻媒介宣传与意见反馈等多种形式。征询到的意见应交规划设计单位，在规划中参考使用。

规划评审会的结果以会议纪要的形式下达给规划设计单位，主要内容包括：方案的技术评价、评审结果（通过或未通过）、下一步工作要求。

（七）城市分区规划的论证和审批

《中华人民共和国城市规划法》第二十一条中规定："城市分区规划由城市人民政府审批。"其审批过程一般为以下几个方面。

（1）规划设计单位将依据评审纪要重新做出的规划成果送交规划管理部门。
（2）规划管理部门对成果进行审查，应就其是否达到任务书要求、是否符合评审纪要精神做出审查意见。若成果未达到有关要求，则将审查意见连同报送的规划成果反馈给规划设计单位，重新编制成果。
（3）由市规划局报请市政府审查批复，给市政府的审批报告由局长审批签发。
（4）经批准的规划成果由规划管理部门盖章后提供使用。

第四节　城市分区规划实例

广州市在20世纪80年代开始试行城市分区规划，为其他大中城市分区规划提供了一定的借鉴意义。因此，这里以广州市城市分区规划（2000～2010）为例，更具体地展示城市分区规划的内容、作用、方法和程序。

一、规划实例的概况

广州市城市分区规划是在形成分区的基础上展开的,如图 6-2 所示。广州越秀分区规划是广州市旧城中心的分区规划之一。其分区规划要综合考虑现状和规划、旧城改造和空间形态布局等各方面因素,规划时限为 1997—2010 年。

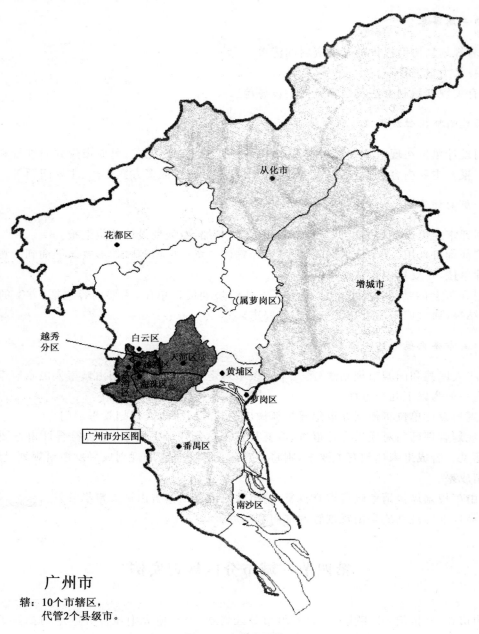

广州市

辖：10个市辖区,
代管2个县级市。

图 6-2　广州市分区图

二、规划实例的规划原则

按照保持旧城中心区的整体结构,完善用地配置,控制合理的人口容量,保护与尊重历史,体现规划管理的可操作性、长期性与阶段性,建立规划设计的系统性,引入城市设计方法的原则开展规划编制工作。

三、规划实例的规划结构

越秀分区规划为"五区三带、五横三纵"的结构,如图 6-3 所示。

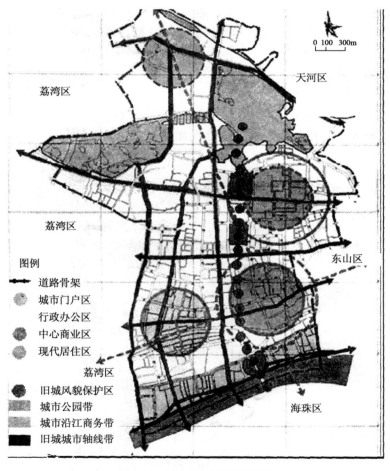

图 6-3 越秀分区规划结构图

"五区三带"是指其用地布局。"五区"具体指以下几个区域。

第一,以火车站为核心的城市门户区。

第二,以省政府、市政府为核心的行政办公区。

第三,以北京路、中山五路为核心的中心商业区。

第四，以东风街、解放北街为核心的城市现代居住区。

第五，以大新街、诗书街、光塔街为核心的旧城风貌保护区等功能分区。

"三带"具体指以下几个地带。

第一，流花湖公园—越秀山公园等城市公园带。

第二，一德路—泰康路与滨江西路之间的城市沿江商务带。

第三，越秀山镇海楼—中山纪念堂—市政府—人民公园—起义路—海珠广场—海珠桥连接而成的广州旧城城市轴线带。

"五区三带"概括了越秀区的用地布局与功能分区，其中商业中心区与行政办公区不但是广州市的中心商业区与行政办公区，也是广东省的行政中心。

"五横三纵"是指其道路骨架。"五横"即环市路、东风路、中山路、新观绿路、滨江西路（包括长堤大马路及八旗二马路）等城市东西向主干道。"三纵"即人民路、盘福路—海珠路、解放路等城市南北向主干道。"五横三纵"构成了越秀区的道路骨架，联系越秀区与广州市其他各区。

四、规划实例的功能分区

越秀分区规划大致分为流花商贸流通区、城市空间开敞区、行政办公区、传统居住区、传统商业区、传统商贸旅游区六大类功能区，其分布状况如图 6-4 所示。

图 6-4　广州市越秀分区规划管理单元划分示意

（1）流花商贸流通区：以广州市火车站为核心，包括广州市火车站周边的长途客运站、星级宾馆、旅馆、专业批发市场等区域。

（2）城市空间开敞区：以流花湖公园及越秀公园为主体，连接草暖公园、兰圃、中山纪念堂、中国进出口商品交易会广场、东方宾馆广场、以太广场等区域。

（3）行政办公区：以东风路为核心，包括解放路以东、中山五路以北区域，是省、市办公机构集中区域。

（4）传统居住区：包括中山六路以南、解放路以西区域。

（5）传统商业区：以北京路步行街为核心，由中山五路以南、解放路以东、泰康路以北、文德路以西地段围合而成的区域。

（6）传统商贸旅游区：包括沿江路、长堤大马路、一德路的沿江地段。

五、规划实例的主要技术经济指标

技术经济指标内容主要包括下列几个方面。

第一，确定城市主、次干道的红线位置、断面、控制点坐标和标高，确定支路的走向、宽度以及主要交叉口、广场、停车场位置和控制范围。

第二，确定绿地系统、河湖水面、供电高压线走廊、对外交通设施、风景名胜的用地界线。

第三，确定工程干管的位置、走向、管径、服务范围以及主要工程设施的位置和用地范围，主干线的分布及其标准。如越秀分区规划中的绿地系统规划确立了"六线规划控制体系"，以便与上一层次规划相衔接。其中六线即紫线、红线、绿线、蓝线、黄线和黑线。绿地规划绿线主要用于划定公共绿地、防护绿地、生产绿地、居住区绿地、单位附属绿地、道路绿地、生态风景林地等的控制线。

此外，越秀分区又以图6-4所示的分区规划管理单元为单位，对各个管理单元制定相应的控制性指标，各管理单元其控制内容包括主导属性、总用地面积、文物保护属强制性指标（内容），配套设施、开敞空间的数量和用地规模为强制性指标（内容），位置和人口规模属指导性指标（内容）。

六、规划实例的实施效果

规划成果包括现状调查报告和规划说明两部分。第一，现状分析部分，分区规划对现状各街区的人口密度与居住人口密度作了分析并以图表形式加以说明，揭示了旧城区人口疏解的矛盾与核心所在，并以量化形式表达，以指导规划；规划对现状建设质量与建筑密度（开发强度）作了调查研究，为旧城改造及城市设计提供了依据；规划尤其重视了人文景观资源与自然景观资源的概括与调查，为城市景观建设与历史文化名城建设打下基础。第二，规划部分，规划是在广州市城市总体规划的指导下对旧城区的发展建设作了全面的策略分析，包括旧城改造的手法与策略、人口疏解的研究、空间形态的研究等，以实现总规划与分区规划的过渡。因此对越秀进行如下的土地利用规划，如图6-5所示。

图 6-5 广州市越秀土地利用规划

由上述可知,广州市城市分区规划实施的效果体现为以下几个方面。

第一,该规划努力摸索出旧城中心区分区规划的行之有效的方法,并力求能够系统、科学地控制中心区的改造与建设,便于规划管理与操作。规划实施后,在城市规划管理过程中操作效果良好,大大缩短了办案时间,有效地指导有关其他各项规划,补充完善了总体规划内容,对旧城的更新与保护起到了重要作用。

第二,该规划针对越秀分区的特点,重点加强了居住用地、商业金融用地规划,对道路交通、古城风貌及历史文物古迹保护等专项规划作了深入细致的研究,在落实总体规划要求的基础上,建立了旧城中心发展更新的总体构架。

第三,在规划操作方面,规划根据旧城发展策略与空间形态研究,确定了土地开发强度分区,并以此为指导确定各地块的开发强度,地块规划控制表除常规内容外,对建设现状、用地涉及案号、规划实施的方法和依据均作了明确的表述,具有较强的指导性。

第四,在工程管线规划方面,在充分调查地下管线现状的基础上,根据城市规划对用地指标强度的控制,逐个地块进行市政容量需求计算,规划充分论证现状管线的运行状况,以提高人民生活质量为目标进行综合有效的规划,提高整个规划区域的市政供应能力。

第七章 城市详细规划

城市详细规划是指以城市总体规划或分区规划为依据,对一定时期内城市局部地区的土地利用、空间环境和各项建设内容所做的具体安排。它是中国城市规划体系中的一个重要组成部分,包括控制性详细规划和修建性详细规划两个层次,还涉及城市居住区、重点街区、工业园区与城市园林绿地的详细规划。

第一节 城市详细规划概述

一、中国城市详细规划的发展

城市详细规划最早出现在 1952 年《中华人民共和国编制城市规划设计程序(初稿)》中,并一直为后来的城市规划体系所沿用。

新中国成立初期,为了建设社会主义工业基地,进行了大规模的城市规划工作。由于当时百废待兴,大批生产生活和城市基础设施项目亟须建设,因而城市详细规划主要侧重于修建性详细规划,用以对各种城市用地和各建设项目进行定性、定量和定位。这种规划措施在当时的历史条件下,无疑是正确的和必要的。然而,20 世纪 80 年代以来,随着改革开放的不断深入和社会主义市场经济的建立,城市建设与开发的主体已经从计划经济时代的一元(国家)转变为多元,这就要求各级政府必须站在广大市民和国家的立场上,通过城市规划调整城市建设中经济利益、社会利益和环境利益之间的相互关系,引导和控制城市开发,保障城市的可持续发展。单纯的修建性详细规划已经无法适应市场经济条件下城市规划管理的要求,在这种客观条件下,控制性详细规划应运而生,成为了城市规划管理和实施中最主要的技术平台和管理手段之一。[①]

控制性详细规划首次出现在 1991 年《城市规划编制办法》中。在之前的城市规划体系中,修建性详细规划与城市总体规划相对应,主要承担描绘城市局部地区具体开发建设蓝图的职责,修建性详细规划就是详细规划的代指。之后,城市详细规划形成了控制性详细规划、修建性详细规划两个层次。

二、城市详细规划的编制层次

详细规划的任务是以总体规划或分区规划为依据,具体安排城市土地使用和空间组织,详细规定建设用地的各项控制指标和规划管理要求,或直接对建设项目及设施作出具体的安排和布局。详细规划的编制可根据具体情况分为两个层次,第一层次是控制性详细规划,第二层次是修建性详细规划。控制性详细规划的重点是确定用地功能的组织、制定各项规划控制条件;修建性详细规划的重点是进行建筑与设施的具体布局。

---

① 殷成志:《我国法定图则的实践分析与发展方向》,城市问题,2003 年第 4 期。

三、城市详细规划的编制原则

(一)以满足人的需要为规划目标

城市空间的价值和组成的本质,就是提供人们的活动空间,满足人的需要。人是城市的主体,详细规划是对人的工作、生活等具体空间环境的设计和组织,因此较其他规划应更注重人的需求。对于人的需求,美国社会学家马斯洛(A. Maslow)在《人类动机理论》中提出了"需要等级"学说,把人的基本需要按发生顺序分为五个等级(表7-1)。

表 7-1   马斯洛的需要等级

需要等级	描述
生理需要	这是最基本的需要,包括衣、食、住、行、医疗等的需要
安全需要	包括人身安全、劳动安全以及对未来的保障,如就业保障、丧失劳动能力后的生活保障等
社交需要	出于人的社会性特点,人和集体的协调、和朋友的友谊等与民族背景、文化传统、教育水平和信仰等有关
心理需要	包括个人自尊心、自信心、求知欲以及他人的尊重等
自我完成需要	这是最高级的需要,指在没有任何精神的、物质的压力之下自觉(或不自觉)地充分发挥自己聪明才智的内在需要

表7-1中五个等级的需要与城市规划都有关系,其中特别是人的生理需要、社交需要与详细规划的关系尤为密切,为此应在规划编制中着重强调。在满足人的生理要求和多样化的社交活动要求的同时,还要满足人们的心理要求,从整体观念出发,讲究空间环境的统一与和谐,创造出具有亲切感、充实感、平衡感,既有地方特色,又有时代精神的空间环境。

(二)以城市总体规划或分区规划为依据

详细规划是城市总体规划及分区规划的继续,它必须在城市总体规划或分区规划的框架下进行,满足城市职能、城市总体布局、城市发展的要求。

1. 满足城市职能的要求

不同的城市具有不同的性质,它在城市总体规划中已经确定,不同性质的城市在风格、色彩、层数、密度等方面都有不同的要求及表现形式,详细规划要反映和体现这些要求。

2. 满足城市总体布局的要求

详细规划编制地域范围是城市布局结构中的一个组成部分,在用地功能、开发强度、交通组织等方面应与总体布局相协调,并充分体现城市总体规划所提供的各种规定条件。

3. 满足城市发展的要求

城市发展过程中,不断注入着新的物质文化、新的城市机能和新的土地利用内容。因此在城市的地区详细规划中,要考虑到该地区在未来城市发展中所起的作用,要考虑其发展的前景,以保证总体规划确定的发展目标能逐步地实现。

（三）要适应市场经济体制下的城市开发条件

在市场经济条件下,城市的投资主体和利益主体呈多元化,开发活动具有不确定性。详细规划的编制要充分考虑开发管理的需求,规划既要有明确的目标,又要有必要的灵活性和适应性,为建设、管理提供合理的、具有操作性的规划依据。

（四）要反映出城市的地方特色

每个城市在自然环境上、历史传统上、地域位置上与发展作用上都有其自身的特征,所以在城市形象上也要与之相适应。要通过详细规划创造出具有这种地域特征和魅力的城市空间,主要应反映出以下几方面的特征。

(1)自然环境特征:地理位置、地形、气候等。

(2)人工环境特征:建筑形式、建筑色彩、建筑风格等。

(3)社会环境特征:历史传统、风俗习惯、社会风尚及其作用地位等。

上述各点是最基本的原则,在具体的详细规划编制中,还应该按照不同的城市或地区的具体条件加以调整和充实。

第二节　控制性城市详细规划

一、控制性详细规划的基本内涵

所谓控制性详细规划,是指市和区、县人民政府根据城市各层次总体规划和地区经济、社会发展以及环境建设的目标,对土地使用性质、土地使用强度、空间环境、市政基础设施、公共服务设施以及历史文化遗产保护等作出具体控制性规定的规划。

根据《城市规划编制办法》第二十四条的规定,编制城市控制性详细规划,应当依据已经依法批准的城市总体规划或分区规划,考虑相关专项规划的要求,对具体地块的土地利用和建设提出控制指标,作为建设主管部门(城乡规划主管部门)做出建设项目规划许可的依据。

二、控制性详细规划产生的背景和发展

（一）控制性详细规划产生的背景

控制性详细规划的产生与中国经济体制转型有着很密切的关系。改革开放以来,中国从计划经济体制逐渐向市场经济体制过渡,投资主体、土地使用制度都发生了很大的变化,特别是城市土地使用制度由无偿、无限期使用转向有偿、有限期使用,城市土地使用权可以在市场中流转。在城市发展和变化中,如何对城市土地进行合理有效的利用和分配,是中国城市建设开发管理面临的挑战。因此,需要引进新的规划手段——控制性详细规划——来解决城市建设面临的问题。这也就是控制性详细规划产生的大背景,具体而言主要有以下几个方面。

1. 土地使用制度改革

从新中国成立开始，中国城市土地使用制度实行无偿、无期限的行政划拨制度，其弊端是土地的经济效益得不到发挥，土地资源浪费严重。随着中国经济体制的转型，经济利益主体多元化，对城市土地的需求竞争加剧，城市土地的稀缺性逐渐显现。1982年，深圳市率先实行"土地有偿使用"，标志着中国城市土地使用逐步由无偿划拨向有偿使用过渡、从计划模式向市场模式过渡。在市场经济的原则下，"价高者得"使城市土地的利用效率得到了提高，但这种竞争应当在规划的控制下使土地利用结构、城市布局趋于合理，于是引入了控制性详细规划。

2. 城市建设投资主体多元化

改革开放之前和之初，城市建设以国有单位为建设主体。经济体制转型后，土地的有偿使用使城市建设的投资主体由单一的城市逐渐变为国家、集体、个人及企业等，计划经济体制下以国有单位为主的相对单一的投资渠道被作为商业活动的房地产开发和工业开发所取代。

3. 城市管理工作手段向法治与经济调控为主的转变

随着城市管理工作的手段从依靠行政指令为主转向依靠法治与经济调控为主，以及以建设为导向转向以管理控制为导向的观念改变，作为城市规划管理重要依据的规划形式与内容必然要发生根本性的变化。这种变化主要体现在以下几个方面。

第一，必须适应规划管理工作的需求，能够为规划管理与控制提供具有权威性的依据。

第二，规划的内容不必是终极蓝图，但要对开发建设提出明确的要求和指导性意见，并在执行过程中具有一定的灵活性（即规划要有弹性）。

第三，对城市开发建设提出的明确要求不但要符合城市总体规划的方针、政策和原则，同时还要体现城市整体设计的思想和构造。

（二）控制性详细规划的发展

1983年，上海编制虹桥开发区规划时首先采用了控制性详细规划的技术。

1986年8月，建设部在兰州召开了全国城市规划设计经验交流会，会上上海市城市规划设计院介绍了虹桥开发区规划，规划将整个地区分为若干地块，对每个地块提出了八项指标，本次规划已初具控制性详细规划的雏形。此后，清华大学与同济大学分别在对桂林、厦门的规划工作中进行了通过建立指标体系来引导规划建设的探索。而广州市在街区规划中通过了《广州市城市规划管理办法》和《实施细则》两个地方性城市法规，通过立法程序确立了街区规划的权威性。这些都对当时中国的城市规划界产生了广泛的影响，使控制性详细规划和传统的详细规划有了本质上的区别。

1988年，《城市规划》编辑部和唐山市建委联合举办了控制性详细规划专题研讨班，广泛交流了国内的实践经验，系统介绍了国外的理论与实践，中国的控制性详细规划理论体系正式建立，并在此后的应用中不断完善。

建设部在1989—1993年的城市规划工作纲要中明确提出"控制性详细规划"的概念，并列入1991年10月1日施行的《城市规划编制办法》中。接下来的几年中，江苏、上海、浙江、广东等省市的重要城市纷纷开展了控制性详细规划的编制实践。

1995年，建设部制定了《城市规划编制办法实施细则》，进一步明确了控制性详细规划的地位、内容与要求，使其逐渐走上了规范化的轨道。

1998年，深圳人大通过了《深圳市城市规划条例》，把城市控制性详细规划的内容转化为法定图则,为中国控制性详细规划的立法提供了有益的探索。

(三)法定图则

中国的法定图则是由控制性详细规划演化而来,是中国控制性详细规划的一种形式,所以在这里专门对其进行介绍。

法定图则是在已经批准的全市总体规划、次区域规划和分区规划的指导下,对分区内各片区的土地利用性质、开发强度、公共配套设施、道路交通、市政设施及城市设计等方面做出详细控制规定。法定图则是借鉴国外的"分区法"、中国香港的"法定图则"经验,结合本地实际情况而实施的一项规划编制、审批的管理制度。[1]

随着中国城市化的加速和城市的迅猛发展,在深圳首先出现了在规划层次上与中国香港和台湾以及美国的区划法相当的法定图则。这一重大举措标志着中国城市规划特别是详细规划,从单纯的技术规划开始转向公众参与的、依法行政的城市规划。在法定图则的编制中,深圳市注重法规体系的完善、科学决策机制的建立、公众参与的强化以及技术准备的加强,法定图则的形式日趋成熟,编制过程逐渐规范。[2]

1998 年,深圳市颁布《深圳市城市规划条例》,该条例规定:"城市规划编制分为全市总体规划、次区域规划、分区规划、法定图则、详细蓝图五个阶段。"深圳"三层次五阶段"城市规划编制体系(图 7-1)确立了以法定图则为核心的新型的城市规划体系,法定图则以地方立法的形式正式成为深圳市城市规划依法行政的重要依据。1999 年,深圳市城市规划委员会颁布《深圳市法定图则编制技术规定》,使法定图则的编制工作进一步走上了规范化的道路。

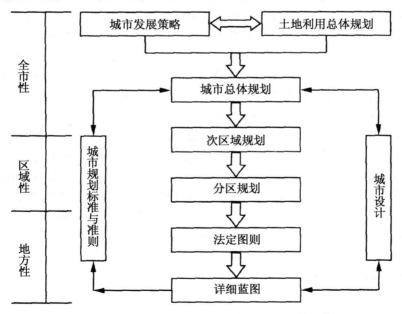

图 7-1　深圳"三层次五阶段"城市规划编制体系[3]

---

①　郑毅:《城市规划设计手册》,北京:中国建筑工业出版社,2000 年,第 325 页。
②　殷成志:《我国法定图则的实践分析与发展方向》,城市问题,2003 年第 4 期。
③　李百浩,王玮:《深圳城市规划发展及其范型的历史研究》,城市历史研究,2007 年第 2 期。

1. 法定图则的内容

《深圳市城市规划条例》规定,法定图则由市规划主管部门根据全市总体规划、次区域规划和分区规划的要求组织编制,由城市规划委员会在公开展示征询公众意见后审批。

法定图则的内容包括文本和图表两部分。《深圳市法定图则编制技术规定》中定义"文本是指经法定程序批准具有法律效力的规划控制条文",主要包括总则、土地利用性质、土地开发强度、配套设施、道路交通、城市设计要求及其他有关规定。

《深圳市法定图则编制技术规定》同时还规定"图表是指经法定程序批准并由深圳市城市规划委员会主任签署生效的具有法律效力的规划控制总图及附表",要求在比例尺为1/2 000的最新实测地形图上表达用地性质、布局、地块编号及其他控制内容,并以插图的方式表达本图则所在区域位置以及主要规划控制指标,其中包括用地性质、区域位置、地区编号、地块划分、地块边界、配套设施、交通控制、市政控制。

在编制上述作为法定文件的文本和图表之前,应先编制与法定图则相关的技术性文件(包括规划研究报告和规划图),作为制定法定文件的技术支撑和解释性说明。与法定文件的内容相比较,技术性文件还包括了有关现状的概况与分析、道路交通规划以及城市基础设施规划的相关内容。在有关现状的概况与分析中,还涉及到表达各块土地权属的用地地籍现状图。

2. 法定图则中的公众参与

通常情况下,城市规划行政主管部门组织法定图则的编制工作,报城市规划委员会审批。深圳城市规划委员会由29名成员组成,设主任委员1名,副主任委员2名,其他委员包括公务人员、有关专家及社会人士,其中公务人员不超过14人,主任委员由市长担任,其他委员由市政府聘任,每届任期三年。深圳城市规划委员会负责对全市总体规划、次区域规划和分区规划草案进行审议,并负责法定图则的审批和监督实施。城市规划委员会的决议必须获2/3以上多数通过,这样就使得过去由某些部门和个人进行的规划决策扩大为多部门、较多人的决策。除了由多方组成的市规划委员会负责法定图则的审批和监督实施外,深圳市法定图则的公众参与措施还包括:市规划委员会组织法定图则公开展示30日,并在城市主要新闻媒体上公布;任何单位和个人都有权向市规划委员会提出对法定图则草案的意见和建议,市规划委员会对公众意见进行审议后将其结果书面通知提议人;市规划委员会审批通过的法定图则应予以公布。

由上述对城市规划委员会的运行机制可以看出,在法定图则的编制中,公众参与力度大大加强。公众参与规划包括三个层次的工作:一是在城市规划委员会中广泛吸纳社会各界人士参与,使公众能直接参与法定图则的决策;二是通过新闻媒体的宣传和设立规划展览场所增加公众的接触规划、理解规划的途径和机会,也培养了公众参与规划的意识;三是在法定图则实施前的群众意见反馈机制使城市规划工作法制化和民主化相结合。[①]

三、控制性详细规划的特点

(一)定性和定量相结合

在控制性详细规划中,不仅要确定每块土地的使用性质,还要确定每类土地的规划面积。此

---

① 郑毅:《城市规划设计手册》,北京:中国建筑工业出版社,2000年,第325页。

外,建筑密度、建筑高度、容积率和绿地率等指标均须确定其大小,而且在控制性详细规划中如何确定这些指标的数量将影响土地利用、居民的居住环境和城市环境质量。

(二)规定性和弹性

控制性详细规划必须具备规定性才能为日常的规划管理服务;面对快速发展的经济和瞬息万变的社会,灵活性或弹性又是必不可少的。

(三)复杂性

城市功能多样,土地级差收益差异较大,城市土地利用类型多样,决定了控制性城市规划的复杂性。因此,控制性详细规划的控制性要求及控制方式必然是多样的。

四、控制性详细规划的作用

(一)通过抽象的表达方式落实城市总体规划的意图

中国城市规划界倾向将控制性详细规划看作是一个规划层次,起到连接粗线条的作为框架规划的总体规划与作为小范围建设活动总平面的修建性详细规划的作用,即上承总体规划所表达的方针、政策,将城市总体规划的宏观、平面、定性的规划内容体现为微观、立体、定量的控制指标;下启修建性详细规划,作为其编制的依据。

(二)传达城市政策的信息

作为城市政策的载体,控制性详细规划通过传达城市政策方面的信息,在引导城市社会、经济、环境协调发展方面具有重要的影响力。市场运作过程中各类经济组织和个人可以通过规划所提供的政策,以及社会经过充分协调的关于城市未来发展的政策和相关信息来消除在决策时所面对的未来不确定性,从而促进资源的有效配置和合理利用。

(三)提供管理依据,引导城市开发建设

一部分城市通过地方性立法等努力,试图将控制性详细规划作为按照法定程序审议的、事先确定的、公开的、较为公平合理的规划,使之成为城市规划管理的主要依据,因此比较重视控制性详细规划的可操作性,力图使城市规划管理工作做到有章可循。另外,控制性详细规划的内容如果能做到公开,并保持相对的稳定性,在事实上就起到了开发建设指南的作用,使城市中开发建设活动的盈损具有了相当程度的可预测性,从而降低了具体开发建设活动的风险。

(四)帮助政府实现城市的各项功能

控制性详细规划可以实现城市的各项功能。假如没有控制性详细规划,就会造成某些用地供给不足,某些用地又供给过剩的失调状况。为了防止这一现象的出现,政府必须干预市场,对给水排水、道路、学校、图书馆等建设进行协调,为它们提供充足、合适的土地,保证某些土地用途的变化不会造成城市布局整体上的混乱。

（五）体现城市设计的构想

由于中国现行的城市规划体系中，城市设计并不是法定城市规划的内容，因此各个空间层次上的城市设计构想与意图，必须通过一定的途径才能得到体现。控制性详细规划可部分起到这种作用，它将城市总体规划、分区规划的宏观的城市设计构想，以微观、具体的控制要求进行体现，并直接引导修建性详细规划及环境景观规划等的编制。

土地开发往往会给一些具有特色的地区（各传统文化地区）产生一定的压力，出于经济效益的考虑，这些特色往往在城市的新建与改建中丧失掉。为了从市场压力下将这些地区保护起来，有必要采取控制性详细规划措施，对这些地区进行临时性的保护。控制性详细规划还可通过一些交换手段，达到对历史文化遗址等加以保护的目的。

（六）有利于对城市开发进行严格控制

实施控制性详细规划后，可将开发商置于公共当局的监督控制之下，有效地制止其仅出于自身经济利益而进行的种种不合理开发活动，从而保证城市开发在整体上符合全体市民的长远利益。此外，控制性详细规划可使政府拓宽融资渠道，加快城市建设的步伐。

（七）有利于稳定和调节地价

土地具有不可移动的特性，一块土地的价格与周围的用地性质密切相关。人们在决定土地的市场价格时，往往只考虑成交时周围用地对成交地块的影响，当土地买卖成交后，该地块对周围的用地有可能产生不良影响，因而反过来造成这块土地的价格下跌。因此，采用控制性详细规划对土地的用途进行合理的规定，从而提高地价的稳定程度，有利于土地市场的繁荣与稳定。

五、控制性详细规划的控制体系和控制指标

（一）控制性详细规划的控制体系

控制性详细规划的重点在于确定控制体系，控制体系是影响控制性详细规划控制功能的最主要的内部因素。城市规划控制体系包括六个方面：土地使用、环境容量、建筑建造、城市设计引导、配套设施和行为活动，控制性详细规划也是从这六个方面进行控制的。

1. 土地使用控制

土地使用控制是对建设用地上的建设内容、位置、面积和边界范围等方面做出规定。其具体控制内容包括用地使用性质、用地使用相容性、用地边界和用地面积等。其中，用地使用性质按照《城市用地分类与规划建设用地标准》规定建设用地上的建设内容进行标注。用地使用相容性通过土地使用性质兼容范围的规定或适建性要求，给规划管理提供一定程度的灵活性。

2. 环境容量控制

环境容量控制即是为了保证良好的城市环境质量，对建设用地能够容纳的建设量和人口聚

集量做出合理规定,其控制指标一般包括容积率、建筑密度、人口密度、人口容量、绿地率和空地率等。

3.建筑建造控制

建筑建造控制即是为了满足生产、生活的良好环境条件,对建设用地上的建筑物布置和建筑物之间的群体关系做出必要的技术规定。其主要控制内容有建筑高度、建筑间距、建筑后退、沿路建筑高度、相邻地段的建筑规定等,同时还包括消防、抗震、卫生防疫、安全防护、防洪以及其他专业的规定。

4.城市设计引导

城市设计引导多用于城市中重要景观地带和历史文化保护地带,即为了创造美好的城市环境,依照空间艺术处理和美学原则,从城市空间环境对建筑单体和建筑群体之间的空间关系提出指导性综合实际要求和建议,用具体的方案进行引导。

建筑单体环境的控制引导,即一般包括建筑风格形式、建筑色彩、建筑高度等内容,另外还包括绿化布置要求及对广告、霓虹灯等建筑小品的规定和建议。其中,建筑色彩一般从色调、明度和彩度上提出控制引导要求。

建筑群体环境的控制引导,对建筑实体围合成的城市空间环境及周边其他环境要求提出控制引导原则,一般通过规定建筑组群空间组合形式、开场空间的长宽比、街道空间的高宽比和建筑轮廓线示意等达到控制城市空间环境的目的。

5.配套设施控制

配套设施是生产生活正常进行的保证,配套设施控制是对居住、商业、工业、仓储等用地上的公共设施和配套设施建设提供定量配置要求,包括公共设施配套和市政公用设施配套。

公共设施配套一般包括文化、教育、体育、公共卫生等公共设施和商业服务业等生活服务设施的配置要求。

市政公用设施配套包括给水、排水、电力、通信、机动车和非机动车停车场以及基础设施容量规定等。

配套设施控制应按照国家和地方规范作出规定。

6.行为活动控制

行为活动控制是从外部环境的要求,对建设项目就交通活动和环境保护两方面提出控制要求。

交通活动的控制在于维护交通秩序,其规定一般包括允许出入口方向和数量、交通运行组织、地块内允许通过的车辆类型,以及地块内停车泊位数量和交通组织、装卸场地规定、装卸场地位置和面积等。

环境保护的控制则通过限定污染物排放最高标准,来防治在生产建设或者其他活动中产生的废气、废水、废渣、粉尘、有毒有害气体、放射性物质以及噪声、震动、电磁波辐射等对环境的污染和危害,达到环境保护的目的,这方面的控制应与当地环境保护部门的相关要求结合。

(二)控制性详细规划的控制指标

根据控制性详细规划控制内容,按照各个指标不同的控制力度,将各指标分为规定性和指导性两类。

1.规定性指标

规定性指标是必须严格遵照的指标,包括用地性质[主要分为十大类:居住用地(R)、行政办公用地(C)、工业用地(M)、仓储用地(W)、对外交通用地(T)、道路广场用地(S)、市政公用设施用地(U)、绿地(G)、特殊用地(D)、水域和其他用地(E)]、用地面积、建筑密度、建筑控制高度、建筑红线后退距离、容积率、绿地率、交通出入口方位、机动车出入口方位、禁止机动车开口地段、主要人流出入口方位、停车泊位等。

规定性指标是在实施规划控制和管理时必须遵守执行的,体现为一定的"刚性"原则。

2.指导性指标

指导性指标是参照执行的指标,包括人口容量、建筑形式、建筑体量、建筑色彩、建筑风格、其他环境要求(视具体情况确定)。

指导性指标是在实施规划控制和管理时需要参照执行的内容,这部分内容多为引导性和建议性,体现为一定的弹性和灵活性。

(三)控制性详细规划的相关指标术语概念

(1)建筑密度,即一定地块内所有建筑物的基底总面积占用地面积的比例。

(2)容积率,即一定地块内总建筑面积与建筑用地面积的比值。

(3)绿地率,即城市一定地区内各类绿化用地总面积占该地区总面积的比例。

(4)人口容量,即环境人口容量的简称,指一国或一地区在可以预见的时期内,利用该地的能源和其他自然资源及智力、技术等条件,在保证符合社会文化准则的物质生活水平条件下,所能持续供养的人口数量。

(5)建筑体量,指建筑在空间上的体积,包括建筑的横向尺度、竖向尺度和建筑形体控制等方面。

(6)道路红线,指规划的城市道路路幅的边界线。

(7)建筑红线,指城市道路两侧控制沿街建筑物或构筑物(如外墙、台阶等)靠临街面的界线,又称建筑控制线。

(8)紫线,指国家历史文化名城内的历史文化街区和省、自治区、直辖市人民政府公布的历史文化街区的保护范围界线,以及历史文化街区外经县级以上人民政府公布保护的历史建筑的保护范围界线。

(9)黑线,指城市电力的用地规划控制线。

(10)橙线,指为了降低城市中重大危险设施的风险水平,对其周边区域的土地利用和建设活动进行引导或限制的安全防护范围的界线。划定对象包括核电站、油气及其他化学危险品仓储区、超高压管道、化工园区及其他安委会认定须进行重点安全防护的重大危险设施。

(11)蓝线,指规定城市水面,主要包括河流、湖泊及护堤的保护控制线。

(12)绿线,指城市各类绿地范围的控制线。

(13)黄线,指对城市发展全局有影响的、城市规划中确定的、必须控制的城市基础设施用地的控制界线。

（14）建筑红线后退距离，指规定建筑物应距离城市道路或用地红线的程度。

（15）建筑间距，指两栋建筑物或构筑物外墙之间的水平距离。

（16）用地面积，指规划地块用地边界内的平面投影面积。

（17）土地使用的相容性，指在确定地块主导用地属性下，在其中规定可以兼容、有条件兼容、不允许兼容的设施类型。

（18）交通运行组织，是对街坊或地块提出的车行、人行等的交通组织要求。

（19）建筑高度，指地块内建筑地面上的最大高度限制，也称建筑限高。

（20）建筑后退，指建筑控制线与规划地块边界之间的距离。

六、控制性详细规划的编制

（一）控制性详细规划的编制步骤

控制性详细规划的编制通常划分为现状调研与前期研究、规划方案与用地划分、指标体系与指标确定、成果编制四个阶段。

1. 现状调研与前期研究

现状调研与前期研究应该包括上一层次规划即城市总体规划或分区规划对控制性详细规划的要求、其他非法定规划提出的相关要求等，还应该包括各类专项研究，如城市设计研究，土地经济研究，交通影响研究，市政设施、公共服务设施、文物古迹保护、生态环境保护等的研究，研究成果应该作为编制控制性详细规划的依据。

这个阶段，需要收集大量的资料，主要包括各种已批准的规划资料、技术文件、地形图、规划范围现状人口详细资料、土地使用现状资料、建筑物现状资料、道路交通现状资料、市政工程管线（市政源点、现状管网、路由等）现状资料、公共安全及地下空间利用现状资料、公共设施规模及分布资料、土地经济分析资料（土地级差、地价等级、开发方式、房地产指数等）、所在城市及地区历史文化传统资料、建筑特色资料等。

在详尽的现状调研基础上，梳理地区现状特征和规划建设情况，发现存在的问题并分析其成因，提出解决问题的思路和相关规划建议。从内因、外因两方面分析地区发展的优势条件与制约因素，分析可能存在的威胁与机遇。对现有重要城市公共设施、基础设施、重要企事业单位等用地进行分析论证，提出可能的规划调整动因、机会和方式。

2. 规划方案与用地划分

通过深化研究和综合，对编制范围的功能布局、规划结构、公共设施、道路交通、历史文化环境、建筑空间体型环境、绿地景观系统、城市设计及市政工程等方面，依据规划原理和相关专业设计要求做出统筹安排，形成规划方案。将城市总体规划或分区规划思路具体落实，并在不破坏总体系统的情况下做出适当的调整，成为控制性详细规划的总体性控制内容和控制要求。

在规划方案的基础上进行用地划分，一般控制性详细规划的用地应分至小类，细分到地块。划分地块的目的是便于规划管理分块批租、分块开发、分期建设，成为控制性详细规划实施具体控制的基本单位。划分地块应考虑用地现状、产权划分和土地使用调整意向、专业规划要求。经过划分后的地块是编写控制性详细规划技术文件的载体。

3.指标体系与指标确定

按照规划编制办法,选取符合规划要求和规划意图的若干规划控制指标组成综合指标体系,并根据研究分析分别赋值。综合控制指标体系是控制性详细规划编制的核心内容之一,必须包括编制办法中规定的强制性内容。

指标确定的方法包括测算法、标准法、类比法、反算法。

测算法——由研究计算得出。

标准法——根据规范和经验确定。

类比法——借鉴同类型城市和地段的相关案例比较总结。

反算法——通过试做修建规划和形体设想方案估算。

指标确定的方法依据实际情况决定,也可采用多种方法相互印证。基本原则是先确定基本控制指标,再进一步确定其他控制指标。

4.成果编制

按照编制办法的相关规定编制规划图纸、分图控制图则、文本和管理技术规定,形成规划成果。

(二)控制性详细规划的编制控制方法

在编制控制性详细规划时,可针对具体建设情况采取不同的控制方法,具体如表7-2所示。

表7-2　控制性详细规划的控制方法

方法	描述
指标量化	通过一系列控制指标对用地的开发建设进行定量控制,如容积率、建筑密度、建筑高度、绿地率等。这种方法适用于城市一般建设用地的规划控制。量化指标应有一定的依据,采用科学的量化方法
条文规定	通过对控制要素和实施要求的阐述,对建设用地实行的定性或定量控制,如用地性质、用地使用相容性和一些规划要求说明等。这种方法适用于规划用地的使用说明、开发建设的系统性控制要求及规划地段的特殊要求
图则标定	在规划图纸上通过一系列的控制线和控制点对用地、设施和建设要求进行的定位控制,如用地边界、"五线"(即道路红线、绿地绿线、河湖蓝线、保护紫线、设施黄线)、建筑后退红线、控制点及控制范围等。这种方法适用于对规划建设提出具体的定位的控制
城市设计引导	通过一系列指导性的综合设计要求和建议,甚至具体的形体空间设计示意,为开发控制提供管理准则和设计框架。这种方法宜于在城市重要的景观地带和历史保护地带,为获得高质量的城市空间环境和保护城市特色时采用

(三)控制性详细规划的编制成果组成

控制性详细规划的编制成果分为规划文本、图件和附件。其中,图件由图纸和图则两部分组成,规划说明、基础资料和研究报告收入附件。

1. 文本

控制性详细规划的文本包括土地使用与建设管理细则,以条文形式重点反映规划地段各类用地控制和管理原则及技术规定,经批准后纳入规划管理法规体系。具体内容如表7-3所示。

表 7-3 控制性详细规划的文本内容

项目	描述
总则	阐明制定规划的目的、依据、原则、规划范围与概况、适用范围、主管部门和管理权限等。编制目的:简要说明规划编制的目的、规划的背景情况及编制的必要性和重要性,明确经济、社会、环境目标。规划依据与原则:简要说明与规划相关的上位规划,各级法律、法规、行政规章、政府文件和相关技术规定,提出规划的原则,明确规划的指导思想、技术手段和价值取向。规划范围与概况:简要说明规划自然地理边界、规划面积、现状区位条件、自然、人文、景观、建设等条件及对规划产生重大影响的基本情况。适用范围:简要说明规划控制的适用范围,说明在规划范围内哪些行为活动需要遵循本规划。主管部门和管理权限:明确在规划实施过程中,执行规划的行政主体,并简要说明管理权限及管理内容
土地使用和建筑规划管理通则	主要包括用地分类标准、原则与说明,用地细分标准、原则与说明,控制指标系统说明;各类适用性质用地的一般控制要求,道路交通系统的一般控制规定,配套设施的一般控制规定和其他通用性规定等
城市设计引导	根据城市设计研究,提出城市设计总体构思、整体结构框架,落实上位规划的相关控制内容;阐明规划格局、城市风貌特征、城市景观、城市设计系统控制的相关要求和一般性管理规定
关于规划调整的相关规定	主要包括调整范畴、调整程序、调整的技术规范等
奖励与补偿的相关措施与规定	对老城区公共资源缺乏的地段,以及有特殊附加控制与引导内容的地区,提出规划控制与奖励的原则、标准和相关管理规定
附则	阐明规划成果组成、使用方式、规划生效、解释权、相关名词解释等
附表	一般应包括《用地分类一览表》《现状与规划用地平衡表》《土地兼容控制表》《地块控制指标一览表》《公共服务设施规划控制表》《市政公用设施规划控制表》《各类用地与设施规划建筑面积汇总表》及其他控制与引导内容或执行标准的控制表

2. 图件

图件通常包含图纸、规划图则两大部分内容。

图纸部分包括规划用地位置(区位)图(比例不限)、规划用地现状图、土地使用规划图(1/5 000～1/2 000)、道路交通及竖向规划图(1/5 000～1/2 000)、公共服务设施规划图(1/5 000～1/2 000)、工程管线规划图(1/5 000～1/2 000)以及其他相关规划图纸。其中,工程管线规划图主要是绘制出各类工程管网平面布置、管径、控制点坐标和标高,具体分为给排水、电力电信、热力燃气等（表7-4）。必要时，可分别绘制。

表7-4　工程管线规划图的绘制内容

各类工程管线规划图	描述
给水规划图	标明规划区供水来源，水厂、加压泵站等供水设施的容量、平面位置及供水标高、供水管线走向和管径
排水规划图	标明规划区雨水泵站的规模和平面位置，雨水管渠的走向、管径及控制标高和出水口位置；标明污水处理厂、污水泵站的规模和平面位置，污水管线的走向、管径、控制标高和出水口的位置
电力规划图	标明规划区电源来源，各级变电站、变电所、开闭所平面位置和容量规模，高压线走廊平面位置和控制高度
电信规划图	标明规划区电信来源，电信局所的平面位置和容量，电信管道走向、管孔数，确定微波通道的走向、宽度和起始点限高要求
供热规划图	标明规划区热源来源，供热及转换设施的平面布置、规模容量，供热管网等级、走向、管径
燃气规划图	标明规划区气源来源，储配气站的平面位置、容量规模，燃气管道等级、走向、管径

规划图则包括地块划分编号图（1/5 000～1/2 000）、总图则（1/5 000～1/2 000）、分图图则（1/2 000～1/500）。

地块划分编号图（1/5 000～1/2 000）标明地块划分具体界线和地块编号，作为地块图则索引。

总图则（1/5 000～1/2 000）按各项控制要求汇总图，一般应包括地块控制总图则、设施控制总图则、"五线"控制总图则。总图则应重点体现控制性详细规划的强制性内容。

分图图则（1/2 000～1/500）是在规划范围内针对街坊或地块分别绘制的规划控制图则，应全面系统地反映规划控制内容，并明确区分强制性内容。

此外，控制性详细规划图根据具体项目编制需要，可增加规划结构图、绿化结构图、总平面示意图等。

3.附件

附件主要包含以下几方面的内容。

第一，规划说明书。对规划背景、规划依据原则与指导思想、工作方法与技术路线、现状分析与结论、规划构思、规划设计要点、规划实施建议等内容进行系统详尽的阐述。

第二，相关专题研究报告。针对规划重点问题、重点区段、重点专项进行必要的专题分析，提出解决问题的思路、方法和建议，并形成专题报告研究。

第三，相关分析图纸。包括规划分析、构思、设计过程中必要的分析图纸，比例不限。

第四，基础资料汇编。包括规划编制过程中所采用的基础资料整理与汇总。

（四）控制性详细规划的编制要求

1.综合考虑各种因素

编制控制性详细规划,应当综合考虑当地资源条件、环境状况、历史文化遗产、公共安全及土地权属等因素,满足城市地下空间利用的需要,妥善处理近期与长远、局部与整体、发展与保护的关系。

2.遵守相关规定

编制控制性详细规划,应当依据经批准的城市、镇总体规划,遵守国家有关标准和技术规范,采用符合国家有关规定的基础资料。

3.征求意见

控制性详细规划草案编制完成后,控制性详细规划组织编制机关应当依法将控制性详细规划草案予以公告,并采取论证会、听证会或者其他方式征求专家和公众的意见。公告的时间不得少于30日。公告的时间、地点及公众提交意见的期限、方式,应当在政府信息网站以及当地主要新闻媒体上公告。

4.分期、分批编制

控制性详细规划组织编制机关应当制定控制性详细规划编制工作计划,分期、分批地编制控制性详细规划。中心区、旧城改造地区、近期建设地区以及拟进行土地储备或者土地出让的地区,应当优先编制控制性详细规划。

七、控制性详细规划的审批与修改

（一）控制性详细规划的审批

控制性详细规划组织编制机关应当组织召开由有关部门和专家参加的审查会。审查通过后,组织编制机关应当将控制性详细规划草案、审查意见、公众意见及处理结果报审批机关。自批准之日起20个工作日内,通过政府信息网站及当地主要新闻媒体等便于公众知晓的方式公布。

城市的控制性详细规划经本级人民政府批准后,报本级人民代表大会常务委员会和上一级人民政府备案。

县人民政府所在地镇的控制性详细规划,经县人民政府批准后,报本级人民代表大会常务委员会和上一级人民政府备案。其他镇的控制性详细规划由镇人民政府报上一级人民政府审批。

（二）控制性详细规划的修改

经批准后的控制性详细规划具有法定效力,任何单位和个人不得随意修改;确需修改的,应当按照下列程序进行。

第一,控制性详细规划组织编制机关应当对控制性详细规划修改的必要性进行专题论证。

第二,控制性详细规划组织编制机关应当采用多种方式征求规划地段内利害关系人的意见,必要时应当组织听证。

第三，控制性详细规划组织编制机关提出修改控制性详细规划的建议，并向原审批机关提出专题报告，经原审批机关同意后，方可组织编制修改方案。

第四，修改后应当按法定程序审查报批。报批材料中应当附上规划地段内利害关系人意见及处理结果。

控制性详细规划修改涉及城市总体规划、镇总体规划强制性内容的，应当先修改总体规划。

八、中国城市控制性详细规划中存在的问题

控制性详细规划是中国城市规划体系中的重要组成部分，是规划行政主管部门审批建设项目最直接的依据，也是土地出让的前提条件，控制性详细规划在具体实践中面临诸多问题。

（一）编制技术落后，成果可操作性较弱，与规划管理脱节

现行控制性详细规划编制技术是计划经济下的产物，控制内容强求统一，面面俱到，缺乏弹性。而市场经济条件下城市发展的复杂性和多变性要求控制性详细规划的控制内容更具弹性，要求研究控制指标的弹性和应变范围，使之控而不死，变而不乱。此外，现有控制性详细规划的编制技术要求主要侧重于对控制性详细规划成果的终极要求。这种成果框架型的编制技术要求往往导致控规成果对城市建设中可能遇到问题的研究深度不够，导致对各地块控制指标数值的确定缺乏科学性，规划成果与管理脱节。

（二）管理实施程序不完善，法制不健全

现行控制性详细规划在规划编制方式上偏重于"技术"上的合理，不够重视法律程序，缺乏必要的法律保障。控制性详细规划制定后，如何管理、依法实施等环节无章可循。特别是控规成果的实施性、操作性不够强，面对现实不得不进行经常性的调整。

（三）公众缺乏有效的参与途径，随意变更现象严重

公众对控制性详细规划编制和实施管理的参与程度不够，缺乏"自下而上"的规划编制过程。大多数现行的控制性详细规划都是由当地政府或城市规划行政主管部门组织编制和审批，公众缺乏有效的参与途径，规划实施过程缺乏应有的监督保障，以至于在规划管理中变更规划、越权审批、迁就开发商利益等现象时有发生。

第三节　修建性城市详细规划

一、修建性详细规划的基本内涵

（一）修建性详细规划的概念

所谓修建性详细规划是指市和区、县人民政府根据城市总体规划、分区规划或控制性详细规

划,对实施开发地区的各类用地、建筑空间、绿化配置、交通组织、市政基础设施、公共服务设施以及建筑保护等做出具体安排的规划,用以指导各项建筑和工程设施的设计和施工,是城市详细规划的一种。城市重点项目或重点地区的建设规划、居住区规划、城市公共活动中心的建筑群规划、旧城改造规划等均可以看作是修建性详细规划。

(二)修建性详细规划与控制性详细规划的联系

在控制性详细规划出现以后,修建性详细规划的基本职责并未发生太大的变化,依然以描绘城市局部的建设蓝图为主。但相对于控制性详细规划侧重于对城市开发建设活动的管理与控制,修建性详细规划则侧重于具体开发建设项目的安排和直观表达,同时也受控制性详细规划的控制和指导。

二、修建性详细规划的任务和特点

(一)修建性详细规划的任务

《城市规划编制办法》第二十五条中要求:"对于当前要进行建设的地区,应当编制修建性详细规划,用以指导各项建筑和工程的设计和施工。"因此,修建性详细规划的根本任务是按照城市总体规划、分区规划以及控制性详细规划的指导、控制和要求,以城市中准备实施开发建设的待建地区为对象,对其中的各项物质要素,如建筑物的用途、面积、体形、外观形象、各级道路、广场、公园绿化以及市政基础设施等进行统一的空间布局。

(二)修建性详细规划的特点

相对于控制性详细规划,修建性详细规划具有以下特点。

1.修建性详细规划是建筑设计的重要依据

修建性详细规划是城市规划编制体系中的最后一个环节,它与建筑设计的联系最为紧密,是建筑设计的直接依据,有些内容甚至可能与建筑设计互相交叉,而且规划范围越小,交叉越有可能发生。修建性详细规划是规划层面的工作,它的设计深度不必要达到建筑设计的深度,它的主要目的是研究和确定建筑、道路以及环境之间的相互关系,计算开发量,其作用是具体指导各项建设和工程设施的设计。

2.修建性详细规划是城市空间、形象与环境的形象表达

与控制性详细规划相比,修建性详细规划的表现形式更为直观,它主要是用规划图纸来说明问题,表现规划意图。修建性详细规划一般采用模型、透视图等形象的表达手段将规划范围内的道路、广场、建筑物、绿地、小品等物质空间构成要素综合地体现出来,具有直观、形象、易懂的特点。

3.修建性详细规划以具体、详细的建设项目为依据,计划性较强

修建性详细规划通常以具体详细的开发建设项目策划及可行性研究为依据,按照拟定的各种功能的建筑为要求,将其落实到具体的城市空间中。修建性详细规划以落实建设项目为

主要目的,是进行城市建设项目的前期准备阶段。同时,修建性详细规划要对基本落实的拟建项目重点落实用地的布局,协调包括建筑、道路、绿化、工程管线等建筑与各工程设施之间的关系。

4.修建性详细规划的编制主体是多元化的

与控制性详细规划代表政府意志,对城市土地利用与开发建设活动实施统一控制与管理不同,修建性详细规划本身并不具备法律效力,且其内容同样受到控制性详细规划的制约。因此,修建性详细规划的编制主体并不限于政府机构,而是根据开发建设主体的不同而异。

三、修建性详细规划的编制

(一)修建性详细规划编制的基本原则

第一,要贯彻我国城市建设中一直坚持的"实用、经济、在可能条件下注意美观"的方针。

第二,坚持以人为本、因地制宜的原则,要时刻考虑人是环境的使用主体,并且要结合当地的民族特色、风俗习惯、文化特点和社会经济发展水平,为构建社会主义和谐社会创造出良好的物质环境。

第三,注意协调的原则,包括人与自然环境之间的协调、新建项目与城市历史文脉的协调、建设场地与周边环境的协调等。

(二)修建性详细规划编制的要求

第一,根据《城乡规划法》和《城市规划编制办法》的规定,编制城市修建性详细规划应当依据已经依法批准的控制性详细规划,对所在地块的建设提出具体的安排和设计。

第二,组织编制城市修建性详细规划,应当充分听取政府有关部门的意见,保证有关专业规划的空间落实。

第三,在城市修建性详细规划编制过程中,应当采取公示、征询等方式,充分听取规划涉及的单位、公众的意见,对有关意见采纳结果应当公布。

第四,城市修建性详细规划调整应当取得规划批准机关的同意。

第五,规划调整方案,应当向社会公开,听取有关单位和公众的意见,并将有关意见采纳结果公示。

(三)修建性详细规划编制的程序

修建性详细规划的编制程序通常分为三个阶段,如图 7-2 所示。

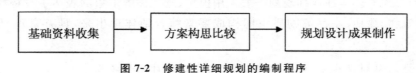

图 7-2 修建性详细规划的编制程序

四、修建性详细规划的成果组成及其内容的深度要求

(一)修建性详细规划的成果组成

修建性详细规划的成果主要由规划说明书和规划图纸组成。

1.规划说明书

规划说明书由以下几部分组成。

(1)现状条件分析。

(2)规划原则和总体构思。

(3)用地布局。

(4)空间组织和景观特色要求。

(5)道路和绿地系统规划。

(6)各项专业工程规划及管网综合。

(7)竖向规划。

(8)主要技术经济指标,一般应包括总用地面积、总建筑面积、住宅建筑总面积、平均层数、容积率、建筑密度、住宅建筑容积率、建筑密度、绿地率。

(9)工程量及投资估算。

2.规划图纸

规划图纸应该包含规划地段位置图、规划地段现状图、规划总平面图、道路交通规划图、竖向规划图、单项或综合工程管网规划图。

(1)规划地段位置图

图上应标明规划地段在城市的位置以及与周围地区的关系。

(2)规划地段现状图

图纸比例为1/500～1/2 000,图上应标明自然地形地貌、道路、绿化、工程管线及各类用地和建筑的范围、性质、层数、质量等。

(3)规划总平面图

图纸比例为1/500～1/2 000,图上应标明规划建筑、绿地、道路、广场、停车场、河湖水面的位置和范围。

(4)道路交通规划图

图纸比例为1/500～1/2 000,图上应标明道路的红线位置、横断面,道路交叉点坐标、标高,停车场用地界线。

(5)竖向规划图

图纸比例为1/500～1/2 000,图上应标明道路交叉点、变坡点控制高程,室外地坪规划标高。

(6)单项或综合工程管网规划图

图纸比例为1/500～1/2 000,图上应标明各类市政公用设施管线的平面位置、管径、主要控制点标高,以及有关设施和构筑物位置。

（二）修建性详细规划成果内容的深度要求

1.规划设计说明书的要求

规划设计说明书要含前面提及的技术经济指标。

2.绘制区位图的要求

一般应采用两张图表述，一张表示行政区范围内的项目位置与周边现状关系图，另一张表示以一定范围内能清楚反映项目周边地块性质、道路系统、建筑配套设施等情况的控规图中的项目地块位置，同时附现场照片。绘制区位图所需的控规资料按程序要求在网上公布。

3.绘制规划总平面图的要求

第一，设计内容应符合《选址意见书》及规划的有关强制性要求。

第二，总平面图应在批准规划红线范围内设计布置，不能擅自改变红线外用地和道路现状，并准确清楚表达规划红线中的控制内容。

第三，图中应准确反映建筑层数、建筑正负零标高、场地设计标高、建筑间距（含与用地边界的半间距及与建筑间的全距离）、建筑与道路坐标、与道路环境的关系，做好各类人行、车行出入口的交通组织。

第四，坡地建筑应完整表达竖向设计即反映设计堡坎的位置。

第五，总平面图中地形图应清晰，与新设计的内容在线条深度上应明确区分，图纸比例准确。

第六，总平面图上的建筑、道路及环境的各种设计线条应粗细有别、层次分明。

第七，需要分期实施建设的工程项目，在总图中应标明分期范围线并列出各期建筑面积等技术经济指标。

第八，地块内须保留的建筑应注明，其规模应计入项目总规模。

第九，总平面图须与平、立、剖面图相吻合。

第十，符合现行的修建性详细规划综合技术经济指标表。

第十一，设计单位资质应符合有关要求并盖章、签字齐全。

第十二，电子文档与纸质文件内容一致。

4.绘制竖向规划图的要求

场地设计应与周边规划道路相衔接，并结合现状高差合理确定建筑正负零标高，避免深挖高砌。

5.绘制道路交通规则图的要求

用地内的设计与周边城市道路合理连接，车型道路开口的数量与位置应符合道路设计规范，车道变坡线不应超越道路红线。

6.绘制绿地系统规划图的要求

有公共绿地的应在总图上标明其面积与位置，建（构）筑物不得侵占公共绿地，同时还应符合园林部门的有关规定。

7.绘制综合管网规划图的要求

用地内综合管网不得超越城市道路红线，污水处理装置（生化池）不得占用公共绿地，其与建筑的间距应满足有关规划要求,建筑物不得占压各类管网保护范围,须改线的应在审查时提交有关部门的相应意见。

五、修建性详细规划的审批与修改

修建性详细规划与控制性详细规划同为城市详细规划,其审批程序以及修改的相关规定大体相同,由于前文已经有所介绍,此处不再赘述。

六、修建性详细规划的实施步骤

(1)成立组织机构。
(2)收集必要规划资料,包括以下几点:第一,本地区城市总体规划、分区规划或控制性详细规划资料。第二,现行规划相应规范、要求。第三,现有场地测量和水文地质资料调查。第四,人口资料及本区经济发展情况调查。第五,供水、供电、排污等情况调查。第六,居民消费水平调查。
(3)根据规范计算出本地区各项规划指标。
(4)确定路网和排水排污体系。
(5)确定需拆除及改造项目,并议定赔偿搬迁方案。
(6)确定活动中心与绿化位置。
(7)绘制总平面和竖向设计。
(8)各基本原则经济指标分析。
(9)编制文本说明。
(10)组织相关专业人员评审。
(11)报规划主管部门审批。

第四节　城市居住区详细规划

一、居住区规划理论与实践

(一)西方居住区规划理论

进入工业社会后,西方的居住区规划经历了从花园城市到邻里单位理论的发展过程。为克服工业化和城市化带来的弊端,早期空想社会主义者曾力图消灭大型的城镇,取而代之以他们所认为的"模范村"。从罗伯特·欧文提出的"新协和村"到霍华德的"田园城市"都想尝试这样一条道路,并对后来的居住区规划理论产生了不小的影响。西方居住区规划理论主要包括邻里单位理论、居住街坊理论、小区规划理论、综合居住区理论、新城市主义理论(表7-5)。

表 7-5　西方居住区规划理论派别

理论派别	内容描述
邻里单位理论	1929 年,美国建筑师西萨·佩里提出了邻里单位的理论。他把控制居住区内部的车辆交通以保障居民的安全和环境的安宁作为邻里单位的理论基础和出发点,制定了邻里单位的六条基本原则。第一条,邻里单位四周为城市道路包围,城市道路不穿过邻里单位内部。第二条,邻里单位内部道路系统应限制外部车辆穿越。一般应采用尽端式以保持内部的安静与安全和低交通量的居住气氛。第三条,以小学的合理规模为基础控制邻里单位的人口规模,使小学生上学不必穿过城市道路。一般邻里单位的规模约 5 000 人,规模小的为 3 000～4 000 人。第四条,邻里单位的中心建筑是小学校,它与其他的邻里服务设施一起放在中心公共广场或绿地上。第五条,邻里单位占地约 160acre(合 65hm²),每英亩 10 户,保证儿童上学距离不超过 0.5mile(0.8km)。第六条,邻里单位内小学附近设有商店、教堂、图书馆和公共活动中心
居住街坊理论	在邻里单位被广泛采用的同时,前苏联等国提出了居住街坊的居住组织形式,其规划原则与邻里单位十分相似。居住街坊的规划布置,以满足街坊内居民生活居住的基本要求为原则。街坊内除居住建筑外,还设有托儿所、幼儿园、商店等生活服务设施,成人和儿童游憩、运动的场所和绿地。居住街坊的用地面积一般为 2 万～10 万 m²
小区规划理论	在采用邻里单位和居住街坊的居住组织形式之后不久,各国在居住区规划和建设实践中又进一步总结和提出了居住小区和新村的组织结构,进而产生了小区规划理论。小区规划以组团为基本单位,这种组合方式使居住区规划布局具有更多的灵活性,不仅能保证居住生活的方便、安全和宁静,而且有利于城市交通的组织,减少城市交通对居民生活的干扰
综合居住区理论	在工业社会里,城市按功能分区有其必要性。应把居住区同有污染的工业区和繁华的商业区分离开,使居民拥有良好的居住环境。然而,随着城市的扩大,居住区作为纯粹的"卧"区却带来难以解决的交通问题,人们不得不花费大量的时间和精力在往返的路途上。1977 年,《马丘比丘宪章》中指出:"不应把城市作为一系列组成部分拼在一起来考虑,而必须努力去创造一个综合的、多功能的环境。"于是,工作、居住、生活综合区应运而生
新城市主义理论	"新城市主义"主张借鉴第二次世界大战前小城镇规划的优秀传统,塑造具有城镇生活氛围的、紧凑的、以人为本的社区,以此取代"郊区化"模式的蔓延,实现社区与城市及周围环境的可持续发展。在这样的核心思想引导下,"新城市主义"形成了两种主要的发展模式:传统邻里发展模式和公交主导发展模式。前者强调城镇内部街坊社区建设理念,后者则更加强调城市从整体方面出发的建设理念。二者之间没有本质区别,都体现了"新城市主义"城市建设的紧凑性、适宜步行、多样性、珍视环境、可支付性等原则

(二)我国居住区建设实践

中国古代城市居住区的基本组织形式经历了从唐代的里坊制、北宋的街巷制到元代的大街——胡同的转变。从 1840 年鸦片战争至 1949 年新中国成立前,城市居民的居住问题一直没有得到解决,住宅建筑混乱无序。新中国成立以后,随着国民经济的发展与对外交流,城市住宅建设的快速发展,我国居住区的规划也受到国外居住区规划理论的影响,呈现出多种形式。

1.传统的大街

传统的大街这种组织形式一般由街、弄、里三级组成。街是城市的行车干道,街两侧的分支就是里弄,一般情况下不通机动车,弄两侧的分支就是里,一般是死胡同式的。沿街布置商店、旅舍、作坊等公共性的和生产性的建筑,它的后面是布置成片的二层、三层或一层、二层联立式住宅,属低层高密度类型,住宅的长边垂直于弄,两排住宅之间就是里。这种组织形式至今仍时有可见。图 7-3 为里弄单栋住宅平面图。

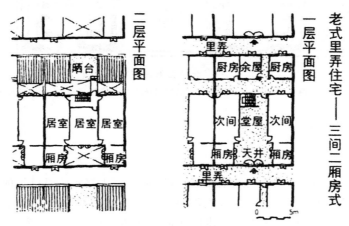

图 7-3　里弄单栋住宅平面图

2.借鉴邻里单位与居住街坊理论的实践

20 世纪 50 年代初,一些大城市曾借鉴邻里单位的规划手法来建设居住区,居住区内设有小学和日常商业网点,住宅多为 2～3 层,成组布置,有点、线、面结合的绿化用地,比较自由灵活。还有的居住区设计则参照并移植了居住街坊的规划模式,如北京百万庄住宅区(图 7-4)。

3.改革开放后的探索与发展

从 20 世纪 80 年代开始,我国政府本着"造价不高水平高,标准不高质量高,面积不大功能全,占地不多环境美"的宗旨,推进城市住宅小区建设试点工作,摸索出住宅小区建设的立项、规划、设计、建设监理、质量监督、小区物业管理等方面的经验,在一定程度上起到了以点带面、提高城市住宅建设水平的作用。

进入 20 世纪 90 年代,我国政府为推动城镇住房制度改革,解决城镇中低收入住房困难户的居住问题,加快经济适用住房建设,加速住房商品化、社会化进程,促进住房新体制的建立,开始实施名为国家安居工程的房改示范工程。在此基础上,国家又实行了小康住宅示范工程、国家康居示范工程,在统一规划、合理布局、因地制宜、综合开发、配套建设、科技先导、质量优良、环境优美的指导思想下,经过多年的努力,通过多个试点小区、试点居住区的实施,为将城市住宅水平提高到新的阶段起到了助推器的作用。

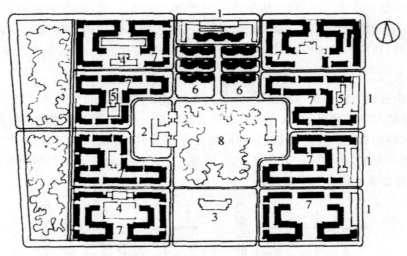

图 7-4　北京百万庄住宅区

1.办公区；2.商场；3.小学；4.托幼区；5.锅炉房；6.2 层并联住宅；7.3 层住宅；8.绿地

（三）现代居住区规划的发展趋势

1.智能化

在科技飞速进步的时代中，人们的工作、学习和生活方式都发生着巨大的变化。居住区的发展越来越多地要依靠高科技的支持，其智能化的特点正日益凸显。随着新一代网络革命和更多智能化产品的运用，智能化居住区能够提供给居民更加便利和快捷的服务。

2.生态化

人们越来越注重居住环境对生活质量的影响，因此，要求居住区规划设计首先应能够提供良好的生活居住环境。生态化的居住区即是通过调整人居环境生态系统内生态因子和生态的关系，成为具有自然生态和人文生态、自然环境和人工环境和谐统一、可持续发展的理想城市住区。

3.人文化

居住区除了满足居民的物质需求外还应满足居民的精神需求，能够提供多元化的生活方式。这就要求居住区能够提供人文化的关怀，提供有利于交往的空间，关心儿童、老人和弱势群体，并且在全球化的大背景下体现出当地的文化传统特色。

二、居住区规划设计基本要素

（一）居住区的规模

根据 2002 年修订的国家标准《城市居住区规划设计规范》(GB 50180—93)，居住区按居住户数或人口规模可分为居住区、小区、组团三级。各级标准和控制规模应符合表 7-6 的规定。

表 7-6 居住区分级控制规模

项目	居住区	小区	组团
户数/户	10 000～16 000	3 000～5 000	300～1 000
人口/人	30 000～50 000	10 000～15 000	1 000～3 000

(二)居住区用地指标

1.人均居住区用地指标

人均居住区用地指标是每个居民所拥有的居住区用地面积(m²/人)。按照国家标准《城市用地分类与规划建设用地标准》的规定,此项指标一般控制在 18～28m²/人。对于规划人均建设用地指标较低,而且有能力建部分高层住宅的城镇,人均居住区用地指标可适当降低,但不得少于 16m²/人。

2.居住区用地平衡表

参与居住区用地平衡的用地应为构成居住区用地的四项(住宅用地、公建用地、道路用地、公共绿地)用地,其他用地不参与用地平衡。居住区用地平衡表的格式应符合《城市居住区规划设计规范》(GB 50180—93)的规定。

3.居住区用地构成比例

居住区各单项用地占居住区用地的比例(常用百分比表示)称为居住区各项用地的构成比例。构成居住区用地的四项用地具有一定的比例关系,这一比例关系的合理性是衡量居住区规划设计是否科学、合理和经济的重要标志。这个比例关系用居住区用地平衡控制指标来进行限制,在居住区规划设计中要求符合表 7-7 的规定。

表 7-7 居住区用地平衡控制指标(单位:%)

用地构成	居住区	小区	组团
1.住宅用地(R01)	50～60	55～65	70～80
2.公建用地(R02)	15～25	12～22	6～12
3.道路用地(R03)	10～18	9～17	7～15
4.公共绿地(R04)	7.5～18	5～15	3～6
居住区用地(R)	100	100	100

(三)居住区规划组织结构的基本形式

居住区规划组织结构的形式多种多样,但归纳起来其基本形式主要有以下三种:以组团和小区为基本单位、以小区为基本单位、以组团为基本单位。

1.以组团和小区为基本单位组织居住区

以组团和小区为基本单位组织居住的规划组织结构方式为:居住区—小区—组团三级结

构,即居住区由若干个小区组成,每个小区由若干个组团组成,如图 7-5a 所示。

2. 以小区为基本单位组织居住区

以小区为基本单位组织居住区的规划组织结构方式为:居住区—小区两级结构,即居住区由若干个小区组成,如图 7-5b 所示。

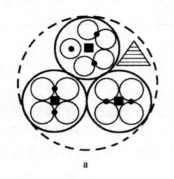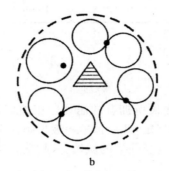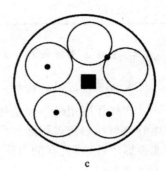

a   b   c

图 7-5　居住区规划组织结构形式示意图

△居住区级中心;　■小区级中心;　●组团级中心

3. 以组团为基本单位组织居住区

以组团为基本单位组织居住区的规划组织结构方式为:居住区—组团两级结构,如图 7-5c 所示。这种方式不划分明确的小区用地范围,居住区直接由若干居住组团构成,也可以说是一种扩大小区的形式。由于其规模小,建筑相对集中,且多为住宅建筑,建设周期短,因而有利于居住区分期建设及整体面貌的形成。

除此以外,目前我国一些城镇居住区规划组织结构的形式还有相对独立的组团、居住区—小区—街坊—组团四级结构、居住区—小区—街坊和居住区—街坊群(小区)—组团三级结构以及小区—街坊两级结构等类型,其特点是将街坊作为规划组织结构中的一级,或与小区相当,或与组团同级,或居于小区、组团之间。

三、居住区各类用地规划布置

(一)居住建筑及其群体空间设计

居住建筑及其群体空间设计是居住区规划设计的主要内容,应综合考虑当地的用地条件、住宅的类型选择、朝向、间距、层数与密度、绿地、群体组合和空间环境等因素。

1. 居住建筑类型选择

居住建筑选型将直接影响居民的生活使用、建设投资和用地的经济效益以及城镇面貌的形成,是居住区规划的重要内容之一。

(1)居住建筑的类型

由于使用对象的不同,居住建筑基本上分为两大类:第一类是供以家庭为单位居住的建筑,一般称为住宅;第二类是供单身人集体使用的建筑,如学校的学生、工矿企业的单身职工等居住的建筑,一般称为宿舍。其中,第一类以户为基本组成单位的住宅有多种类型,如表

7-8 所示。

表 7-8　以户为基本组成单位的住宅类型

划分标准	类型	备注
按平面组成分类	可分为梯间式、内廊式、外廊式、内天井式、点式、跃层式、台阶式、独院式、联排式等类型	
按套型分类	可分为一室一厅（又称一套一）、一室二厅一卫、三室二厅二卫等类型	"套型"是每套住房的面积大小及居室、客厅、餐厅和卫生间的数量。套型的确定主要是为了满足住户不同家庭人口组成的需要，而这与每人平均居住面积的定额标准有密切关系，一般标准越高，每户使用面积越大
按层数分类	低层住宅	低层住宅的层数一般为1～3层。这类住宅使用方便，结构简单，易于施工和就地取材，因此，造价较低，但占地较大，一般适用于小城镇或地震区
	多层住宅	多层住宅的层数一般为4～6层(不设电梯)。这类住宅在使用上不如低层住宅方便，但用地比较经济
	中高层住宅	中高层住宅的层数一般为7～9层(设置电梯)
	高层住宅	高层住宅的层数一般为10层以上(设置电梯)
按体形分类	条式	如为高层住宅则称板式。这是最常见的住宅类型，其特点是住宅朝向、通风、日照以及对于施工等方面都比较有利，在建筑造价和用地方面也较经济
	点式	如为高层住宅则称塔式。这类住宅由于体形短，能适应零星的小块用地及坡地的建造，且有利于住宅组群内的通风、日照以及组群空间组合的变化，但点式和塔式住宅一般是一梯多户，故每户的朝向、通风、采光难以做到最佳
	L、Π、工、E形等其他形状住宅	这类住宅在不规则地形布置可提高居住建筑面积密度，在城镇道路交叉口采用沿街坊周边布置 L 形住宅还可美化街景，但有些住户的朝向和通风条件较差，在结构和施工方面也复杂一些

(2)住宅建筑经济和用地经济的关系

住宅建筑经济是指住宅每平方米建筑面积的造价和平面利用系数等，而住宅用地经济是指住宅在群体布置中利用土地的经济性。这两者之间有着密切的联系，有时住宅建筑经济和住宅用地经济是一致的，而有时则相互矛盾，与住宅层数、住宅进深、住宅长度、住宅层高、建筑节能等密切相关(表 7-9)。

表 7-9　影响住宅建筑经济、用地经济的因素分析

因素	对住宅建筑经济、用地经济的影响
住宅层数	在一般情况下,由于低层住宅可采用地方材料,且结构简单,故造价可低于多层住宅。但低层住宅在同样建筑面积密度下用地大。对于多层住宅,提高层数能降低住宅建筑造价。从住宅用地经济来分析,提高层数能节约用地,国内外经验都认为 6 层住宅比较经济,因此得到了广泛的应用
住宅进深	住宅进深加大,外墙相应缩短,对于采暖地区外墙需要加厚的情况下经济效果更好。住宅进深在 11m 以下时,每增加 1m,每公顷可增加建筑面积 1 000m² 左右;11m 以上效果就不显著了
住宅长度	住宅长度在 30~60m 时,每增长 10m,每公顷可增加建筑面积 700~1 000m²,在 60m 以上时效果不显著。住宅长度也直接影响建筑造价,因为住宅单元拼接越长,山墙也就越省
住宅层高	住宅层高对住宅投资影响较大,还与节约用地有关。据测算,如层高每降低 0.1m,能降低造价 1%,节约用地 2%。但为了保证住宅室内的舒适要求,层高不能降得过低,住宅起居室、卧室的净高一般不应低于 2.40m
建筑节能	建筑节能是通过降低"建造能耗"和"使用能耗"的总能耗量而取得的。根据统计,建筑物年度的使用能耗远比年平均的建造能耗多。在寒冷地区,用于房屋采暖的能耗占使用能耗中的大部分。因此,降低采暖能耗是建筑节能中的重点。要降低采暖能耗,一是在采暖设备方面;二是在建筑设计方面采取措施

2.居住建筑群体规划设计

(1)居住建筑群平面布置基本形式

住宅建筑布置受多方面因素的影响,如气候、地形、地质、现状条件以及选用的住宅类型等,因而形成了各种不同的布置方式。概括起来,住宅建筑的平面布置形式一般可分为行列式、周边式、混合式、自由式这几种基本形式,其特点如表 7-10 所示。当然,这几种基本布置形式并不包括住宅建筑布置的所有形式,任何一种形式都是在特定的条件下产生的,在进行规划布置时,应避免以形式出发,而是根据具体情况,因地制宜地创造不同的布置形式。

表 7-10　居住建筑群平面布置基本形式及特点

基本形式	特点
行列式	住宅建筑按一定的朝向和合理的间距成行成排地布置,形式比较整齐,有较强的规律性。这种形式能使绝大多数居室获得良好的日照和通风,但是如果处理不好,会造成单调、呆板的感觉,容易产生穿越交通的干扰。为此在规划中常采用山墙错落、单元错接、矮墙分隔以及成组改变朝向等手法来消除呆板、单调的感觉,组织院落、丰富景观
周边式	住宅建筑或院落沿街坊周围布置。这种布置形式形成近乎封闭的空间,具有一定的空地面积,便于组织公共绿化休息园地,组成院落比较完整、安静。在寒冷及风沙较严重的地区,周边建筑可起阻挡风沙、减少寒风袭击及院落内积雪的作用。它还可提高居住建筑的密度,有利于节约用地

基本形式	特点
混合式	混合式是以上两种形式的混合布置。通常以行列式为主,以少量住宅或公共建筑沿街道及院落周边布置
自由式	自由式是从实际出发,照顾日照和通风要求,密切结合地形,灵活自由的有规律的成组布置住宅。它可以充分结合地形起伏状况和道路弯曲相宜布置,适于山地、丘陵地区

(2)居住建筑群体组合与日照、朝向、通风和噪声的防治

在居住建筑群体规划设计中,日照、朝向、通风和噪声的防治是必须要加以考虑的重要因素。

日光对人的生理卫生有很大的影响。因此,在布置住宅建筑时应适当利用日照,在冬季应争取最多的阳光,在夏季则应尽量避免阳光照射时间太长。

住宅的朝向与地理位置、日照时间、太阳辐射强度、常年主导风向、地形等因素有关,同时还要考虑局部地区对气候的影响,如靠近山谷或河湖,其昼夜之间温差将引起风向的变化等。因此,住宅居室的朝向与所在地区有关。在南方炎热地区,除了争取冬季日照外,还要注意夏季防止西晒和有利于通风。所以,住宅居室应避免朝西;但在北方寒冷地区,夏季西晒不是主要矛盾,而重要的是在冬季获得必要的日照,故住宅居室应避免朝北。在中纬度炎热地带,既要争取冬季的日照,又要避免西晒。我国部分地区的建筑适宜朝向范围如表 7-11 所示。

表 7-11 我国部分地区建筑朝向

地区	最佳朝向	适宜朝向	不宜朝向
北京地区	南偏东 30°以内 南偏西 30°以内	南偏东 45°范围内 南偏西 45°范围内	北偏西 30°~60°
上海地区	南至南偏东 15°	南偏东 30°至南偏西 15°	北、西北
乌鲁木齐地区	南偏东 40°至南偏西 30°	东南、东、西	北、西北
成都地区	南偏东 45°至南偏西 15°	南偏东 45°至东偏北 30°	西、北
昆明地区	南偏东 25°~56°	东至南至西	北偏东 35°至北偏西 35°
厦门地区	南偏东 5°~10°	南偏东 22°30′至南偏西 10°	南偏西 25°至西偏北 30°
重庆地区	南、南偏东 10°	南偏东 15°至南偏西 5°、北	东、西
青岛地区	南、南偏东 5°~15°	南偏东 15°至南偏西 15°	西、北
哈尔滨地区	南偏东 15°~20°	南至南偏东 15°至南至南偏西 15°	西、西北、北
南京地区	南偏东 15°	南偏东 25°至南偏西 10°	西、北
武汉地区	南偏西 15°	南偏东 15°	西、西北

居住区的通风一般是指自然通风,它不仅受大气环境所引起的大范围风向变化的影响,而且

还受到局部地形特点所引起的风向变化的影响。良好的通风不仅能保持室内空气新鲜,也极有利于降低室内温度、湿度,所以建筑布置应保证居室及院落有良好的通风条件。与建筑自然通风效果相关的因素包括建筑的高度、进深、长度、外形和迎风方位,建筑群体的间距、排列组合方式和迎风方位,住宅区的合理选址以及住宅区道路、绿地、水面的合理布局。

居住区的噪声主要来自三个方面:交通噪声、人群活动噪声和工业生产噪声。住宅区噪声的防治可以从住宅区的选址、区内外道路与交通的合理组织、区内噪声源相对集中以及通过绿化和建筑的合理布置等方面来进行。

(二)公共设施布置

公共设施的设置和布置方式直接影响居民的生活方便程度,同时公共设施的建设量和占地面积仅次于居住建筑,而其形体色彩富于变化,有利于组织建筑空间,丰富建筑群体面貌,在规划布置中应予以足够的重视。

1.公共设施的分类

居住区公共设施的设置是为了满足居民的物质和精神生活的需要,其内容和项目是很广泛的,所以可从不同角度去分类,如表 7-12 所示。

表 7-12　公共设施的分类

划分标准	类型	备注
按使用性质分类	可分为教育、医疗卫生、文化体育、商业服务、金融邮电、社区服务、行政管理和市政公用设施等	
按使用频率分类	居民每日或经常使用的公共设施	包括综合商店、中学、小学、幼儿园、居委会、卫生站、青少年活动站、老年人活动室、服务站、自行车寄存处等
	居民必需的非经常使用的公共设施	包括百货、食品、服装、家具、五金、家电、照相、药店、邮电、银行、医院、街道办事处、房管所、派出所、俱乐部、影剧院等

需要指出的是,居住区公共设施的内容和项目并不是一成不变的,它与人民的生活水平、各地的生活习惯、社会经济体制、公共服务设施完善程度等有关。另外,人们社会生活组织的变化对它也有影响。

2.公共设施定额指标

在城市规划的一系列控制性定额指标中,公共设施定额指标是其中的一项重要内容。其一般由国家统一制定,作为进行居住区规划设计和审批的依据。公共设施定额指标包括建筑面积和用地面积两个方面。其计算方法在我国目前有千人指标、民用建筑综合指标两种。

以每千居民为计算单位,故称千人指标。千人指标是根据设施的不同性质而采用不同定额单位来计算建筑面积和用地面积。例如,幼托、中小学、饭店等以每千人多少座位来计算;医院和旅馆以床位为单位;门诊所按每日就诊人次数;商店、行政经济机构等以工作人员为定额单位等。

民用建筑综合指标包括家属宿舍、单身宿舍和公共建筑三项,这是按厂矿企业每职工多少平方米来计算的。

3.公共设施规划布置的要求

第一,各类公共设施应有合理的服务半径。一般认为:居住区级公共设施为800~1 000m;居住小区级公共设施为400~500m;居住生活单元级公共设施为150~200m。

第二,应设在交通比较方便、人流比较集中的地段,可结合职工上下班的走向布置。

第三,如为独立的工矿居住区或地处市郊的居住区,则应在考虑附近地区和农村使用方便的同时,保证居住区内部的安宁。

第四,应利用公共设施本身造型活泼、内容丰富的特点组成富有个性的各级公共中心,这些中心宜与公共绿地结合布置或靠近河湖水面,以取得较好的环境效果。

(三)道路停车设计

1.居住区道路的分级和规划设计的基本要求

(1)居住区道路的分级

第一级:居住区级道路。是居住区的主要道路,用以解决居住区内外交通的联系。道路红线宽度一般为20~30m。

第二级:居住小区级道路。是居住区的次要道路,用以解决居住区内部的交通联系。道路红线宽度一般为10~14m,车行道宽度6~9m,人行道宽1.5~2m。

第三级:住宅组团级道路。是居住区内的支路,用以解决住宅组群的内外交通联系。道路红线宽度一般为8~10m,车行道宽度一般为3~5m。

第四级:宅间小路。是通向各户或各单元门前的小路,一般宽度不小于2.5m。

此外,在居住区内还可有专供步行的林阴步道或锻炼跑道,其宽度根据规划设计的要求而定。

(2)居住区道路规划设计的基本要求

第一,居住区内部道路主要为本居住区服务,不应有过境交通穿越居住区。同时,不宜有过多的车道出口通向城市交通干道。出口间距应小于150m,也可用平行于城市交通干道的地方性通道来解决居住区通向城市交通干道出口过多的矛盾。

第二,道路走向要便于职工上下班,尽量减少反向交通。住宅与最近的公共交通站之间的距离不宜大于500m。

第三,应充分利用和结合地形,如尽可能结合自然分水线和汇水线,以利雨水排除。

第四,在进行旧居住区改建时,应充分利用原有道路和工程设施。

第五,车行道一般应通至住宅建筑的入口处,建筑物外墙面与人行道边缘的距离应不小于1.5m,与车行道边缘的距离不小于3m。

第六,尽端式道路长度不宜超过120m,在尽端处应能便于回车。

第七,车道宽度为单车道时,每隔150m左右应设置车辆互让处。

第八,道路宽度应考虑工程管线的合理敷设。

第九,道路的线形、断面等应与整个居住区规划结构和建筑群体的布置有机结合。

第十,应考虑为残疾人设计无障碍通道。

2.居住区道路系统的基本形式

居住区道路系统组织可分为人车分行、人车混行和人车局部分行三种形式。

人车分行是由车行和步行两套独立的道路系统组成的。

人车混行在私人小汽车数量不多的国家和地区比较适合,特别对一些居民以自行车和公共交通出行为主的城市更为适用。

人车局部分行是在人车混行的道路系统基础上,在居住区局部采用人车分行的方式,如设立托幼以及小学的专用步行道。

3.居住区停车系统的规划设计

居住区停车系统的规划设计是指如何安排各类交通工具的存放,一般应以方便、经济、安全为原则,采用集中与分散相结合的布置方式,并根据居住区的不同情况可采用室外、室内、半地下或地下等多种存车方式。

(四)绿地系统设计

1.居住区绿地的组成和标准

(1)居住区绿地的组成

居住区绿地包括公共绿地、专用绿地、宅旁和庭院地、街道绿地。

(2)居住区绿地的标准

居住区绿地的标准是用公共绿地指标和绿地率来衡量的。

根据 2006 年版的《居住区环境景观设计导则》,居住区内的公共绿地,应根据居住区不同的规划组织结构类型,设置相应的中心公共绿地,包括居住区公园(居住区级)、小游园(小区级)和组团绿地(组团级),以及儿童游戏场和其他的块状、带状公共绿地等,并应符合相关规定(表 7-13)。

表 7-13   各级中心公共绿地设置规定

中心绿地名称	设置内容	要求	最小规模 /hm²	最大服务半径 /m
居住区公园	花木草坪、花坛水面、凉亭雕塑、老幼设施、停车场地和铺装地面等	园内布局应有明确的功能划分	1.0	800～1 000
小游园	花木草坪、花坛水面、雕塑、儿童设施和铺装地面等	园内布局应有一定的功能划分	0.4	400～500
组团绿地	花木草坪、桌椅、简易儿童设施等	灵活布局	0.04	

居住区内人均公共绿地指标:组团不少于 0.5m²/人;小区(含组团)不少于 1m²/人;居住区(含小区和组团)不少于 1.5m²/人。

绿地率指标方面,新区建设不应低于 30%,旧区改造不宜低于 25%,种植成活率不低于 98%。

2.居住区绿地的规划布置

(1)居住区绿地规划的基本要求

第一,根据居住区的功能组织和居民对绿地的使用要求,采取集中与分散、重点与一般,点、线、面相结合的原则,以形成完整统一的居住区绿地系统,并与城市的绿地系统相协调。

第二,充分利用自然地形和现状条件,尽可能利用劣地、坡地、洼地进行绿化,以节约用地,对建设用地中原有的绿地、湖河水面等应加以保留和利用,节省建设投资。

第三,合理地选择和配置绿化树种,力求投资少,收益大,且便于管理,既能满足使用功能的要求,又能美化居住环境,改善居住区的自然环境和小气候。

第四,住宅区内各种绿化要与建筑物、构筑物、管线保持适当的间距。

(2)公共绿地的规划布置

公共绿地的规划布置应注意点、线、面相结合,平面绿化与立体绿化相结合,绿化与水景相结合,绿化与各种小品相结合,观赏绿化与经济作物绿化相结合,绿地分级布置等。

四、居住区规划技术经济指标

(一)开发强度指标的内容

衡量居住区的开发强度指标除容积率以外,还有居住建筑密度等系列相关指标,各项指标从不同的角度控制居住环境质量(表 7-14)。

表 7-14　开发强度指标

项目	住宅平均层数/层	人口毛密度/(人/hm²)	人口净密度/(人/hm²)	住宅建筑面积毛密度/(万 m²/hm²)	住宅建筑面积净密度/(万 m²/hm²)	容积率/(万 m²/hm²)	住宅建筑净密度/%	总建筑密度/%
指标	▲	▲	△	▲	▲	▲	▲	▲

注:"▲"必要指标;"△"选用指标。

(二)国家引导性的技术经济指标规范

为适应 21 世纪的居住区规划建设需要,国家有关部门出台了一系列引导性规范,如《绿色生态住宅小区建设要点与技术导则》和《居住小区智能化系统建设要点与技术导则》。下面对这两部导则进行简要介绍。

1.《绿色生态住宅小区建设要点与技术导则》

(1)主要技术内容

包括总则、能源系统、水环境系统、气环境系统、声环境系统、光环境系统、热环境系统、绿化系统、废弃物管理与处置系统、绿色建材系统。

(2)适用范围及目的

适用于实施绿色生态住宅小区的新建工程,引导小区建设过程中,积极采用适用、先进和集成技术,使能源、资源得到高效、合理的利用,并有效地保护生态环境,达到节能、节水、节地、治污的目的。

(3)提出各系统的建议设计指标

为了便于绿色生态住宅小区各系统的建设,《绿色生态住宅小区建设要点与技术导则》的附录(表7-15)中给出了各系统建议设计指标。

表 7-15　绿色生态住宅小区各系统建议设计指标

九大系统	指标内容		生态小区指标
1.能源系统	(1)新能源、绿色能源(如太阳能、风能、地热能、废热资源等)的使用率		10%
	(2)建筑节能(北方采暖地区)		50%
	(3)其他节能措施节能		5%
2.水环境系统	(1)管理直饮水覆盖率(自选)		80%
	(2)污水处理达标排放率		100%
	(3)水回用占整个小区用水量的比例		30%
	(4)建立雨水收集与利用系统		√
	(5)小区绿化、景观、洗车、道路喷洒、公共卫生等用水使用中水或雨水		√
	(6)节水器具使用率		100%
3.气环境系统	(1)小区内大气环境质量标准		二级
	(2)小区内禁止使用对臭氧层产生破坏作用的 CFC11 类产品		√
	(3)住宅中有自然通风房间的占比		80%
4.声环境系统	(1)小区声环境	白天	≤45dB
		夜间	≤40dB
	(2)小区室内声环境	白天	<35dB
		夜间	<30dB
5.光环境系统	(1)小区光环境	道路照明	15～20lx
		住宅日照执行规范	GB50180—93
	(2)小区室内光环境	自然采光房间数	80%
		无光污染房间数	100%
		节能灯具使用率	100%
6.热环境系统	(1)绿色能源作为冷热源比例		10%
	(2)推广使用采暖、空调、生活热水三联供的热环境技术		√

续表

九大系统	指标内容			生态小区指标
7. 绿化系统	(1)小区的绿化应与居住区的规划同步进行,有良好的生态及环境功能			√
	(2)小区绿地率 绿地本身的绿化率			≥35% ≥70%
	(3)硬质景观中自然材料占工程量的比例			20%
	(4)种植保存率	成活率		≥98%
		优良率		≥90%
	(5)雨水应储蓄并加以利用,雨水储蓄率			√
	(6)垂直绿化面积达到绿化总面积的			20%
	(7)植物配置的丰实度	乔木量:株/100m² 绿地		3
		立体或复层种植群落占绿地面积		≥20%
		植物种类	三北地区木本植物种类	≥40 种
			华中、华东地区木本植物种类	≥50 种
			华南、西南地区木本植物种类	≥60 种
8. 废弃物管理与处置系统	(1)生活垃圾	收集率		100%
		分类率		70%
	(2)生活垃圾收运密闭率			100%
	(3)生活垃圾处理与处置率			100%
	(4)生活垃圾回收利用率			50%
9. 绿色建筑材料系统	(1)墙体材料中 3R 材料的使用量应占所用材料的比例			30%
	(2)小区建设中不得使用对人体健康有害的建筑材料或产品			√
	(3)建筑物拆除时,所有材料的总回收率			40%

注:带"√"表示住宅小区建设中应满足该条文的要求。

2.《居住小区智能化系统建设要点与技术导则》

《居住小区智能化系统建设要点与技术导则》提出的居住小区智能化系统总体目标是:通过采用现代信息传输技术、网络技术和信息集成技术,进行精密设计、优化集成、精心建设,提高住宅高新技术的含量和居住环境水平,以满足居民现代居住生活的需求。

(1)系统建设原则

第一,符合国家信息化建设的方针、政策和地方政府总体规划建设的要求。

第二,系统的等级标准应与项目开发定位相适应。

第三,小区的规划、设计、建设必须遵循国家和地方的有关标准、规范和规定。

第四,系统的规划、设计、建设应与土建工程的规划、设计、建设同步进行。

第五,小区必须实行严格的质量监控,并达到国家规定的验收标准。

第六,小区建设应推进信息资源共享,促进我国住宅信息设备和软件产业的发展。

(2)系统的分类

小区按不同的功能设定、技术含量、经济投入等因素综合考虑,划分为一星级、二星级、三星级三种类型。

一星级:根据小区实际情况,建设《居住小区智能化系统配置与技术要求》标准中所列举的基本配置。在安全防范子系统方面,应有住宅报警装置;访客对讲装置;周边防越报警装置;闭路电视监控装置;电子巡更装置。在管理与设备监控子系统方面,应有自动抄表装置;车辆出入与停车管理装置;紧急广播与背景音乐;物业管理计算机系统;设备监控装置。此外,还应该有信息网络子系统。为实现这些功能科学合理布线,每户不少于两对电话线、两个电视插座和一个高速数据插座。

二星级:除具备一星级的全部功能之外,要求在安全防范子系统、管理与设备监控子系统和信息网络子系统的建设方面,其功能及技术水平应有较大提升,并根据小区实际情况,科学合理地选用《居住小区智能系统技术分类》标准中所列举的可选配置。

三星级:应具备二星级的全部功能,系统先进、实用和可靠,并具有可扩充性和可维护性。特别要重视智能化系统中管网、设备间(箱)、设备与电子产品安装以及防雷与接地等设计与施工。在采用先进技术与为物业管理和住户提供服务方面有突出技术优势。

第五节　重点街区、工业园区与城市园林绿地的详细规划

一、重点街区的详细规划

(一)商业中心区详细规划

城市商业中心是城市中心区系列之一,是城市居民社会生活集中的地方。在大、中城市,除市级中心以外,还有分区级中心、居住区级中心等,而小城镇一般只需要有一个市中心即能满足要求。

1.布局要点

商业中心应根据城市总体规划布局,综合考虑后确定其合理的位置。各级、各类中心都是为居民服务的,它们的位置应选在被服务的居民能便捷的到达的地段。但是,中心的位置并不一定都处在服务范围的几何中心。不同功能和级别的中心,其服务对象和范围各不相同。高一级的中心,如全市的中心,服务范围最大,内容也较齐全。居住区的中心,内容则较少,服务仅限于居住区本身及周边地区。中心地点的选择不仅要在分布上合理,并形成系统,还要根据城市设计原则考虑城市空间及景观要素,使商业中心成为城市形象和城市趣味的集中点,更集中体现城市商业活动的空间特征。

商业中心在布局中应注意以下几点。

第一,充分利用原有基础。

第二,协调好与交通的关系。疏解与中心活动无关的过境交通,积极开辟步行区,中心区四周布置足够的停车设施,发展立体交通。

第三,规模必须适度。按照世界惯例,只有在交通便利、周边商圈人口超过百万的情况下,方

能支撑起一个营业面积几十万平方米的大型购物中心。

第四,掌握合理的环境容量。商业中心合理的人流密度,是维持正常的运营秩序和健康宜人的购物休闲环境的关键指标;规划设计的环境规模也是计算商业中心总体顾客容量的重要依据。根据典型调研分析,不同的人均占用活动场地面积、不同的人流动态密度,人流环境容量状态有很大区别,具体如表 7-16 的分析。

表 7-16 商业中心区人流环境容量状态分析

人流状态	人均占用场地面积/(m²/人)	人流动态密度/(人/min·m)
阻滞	0.2~1	60~82
混乱	1~1.5	46~60
拥挤	1.5~2.2	33~46
约束	2.2~3.7	20~33
干扰	3.7~12	6.5~20
无干扰	12~50	1.6~6.5

一般不应按约束—阻滞的状态规划计算标准人流规模,而应保持在商业中心行人适当有所干扰的状态,这是掌握合理环境容量的推荐指标。

2.交通组织

商业中心是人流、车流最为集中的地区,既要有良好的交通条件,又要避免交通拥挤、人车干扰。因此,最大限度地避免人车混行,是商业中心交通组织的焦点。在城市中心采用全部管制、部分管制或定时封锁车流的方法开辟步行街,把商业中心从人车混行的交通道路中分离出来,形成步行商业街,是一种行之有效的普遍做法。在城市中心区开辟步行系统,把人流量大的公共建筑组织在步行系统之中,使人、车流明确分开,各行其道。目前,有完全步行街、半步行街、定时步行街、公共步行街这几种开辟步行街的方式(表 7-17)。

表 7-17 开辟步行街的方式

方式	描 述
完全步行街	步行街上禁止任何车辆通行,供应商店货物的车辆只能在专用道路或步行街两侧的交通性道路上行驶
半步行街	以步行交通为主,但允许专为本中心区服务的车辆慢速行驶。如美国纽约的依脱卡公共小区的半步行街,在道路中设置绿地、建筑小品,形成一条曲折的"车行小巷",从而迫使在其中运行的服务性车辆减速行驶。这些绿地、小品的设置也加强了步行街的吸引力和步行气氛
定时步行街	在交通管理上限定白天步行、夜间通车,或星期天、节假日为步行街,其他时间允许车辆通行
公共步行街	只允许公交车辆通行,其他车辆禁止通行,在街道上布置"街道家具",如路灯、电话亭、座椅、花池、垃圾箱等

3.业态构成

城市商业中心是城市主要公共建筑分布集中的地区,是居民进行购物休闲和社会交往的场所,是城市社会生活的中心。现代商业中心除了传统的购物流通功能之外,往往还涵盖商务、展示、娱乐、休闲、游憩、观光甚至旅游接待、行政管理等内容,因此,它往往也是综合性的城市公共服务中心,应兼有多方面的功能。现代城市中心往往是一组多种功能的建筑群体,应该由各类建筑、活动场地、绿地、广场、道路和街道小品等构成,应结合交通和环境进行统一规划、综合设计。

4.空间组织

人们在商业中心的活动,实际是在不同的公共空间中进行的。城市中心空间的规划不仅要处理好土地使用和交通的联系,而且还要考虑公共活动中心空间的尺度、建筑形体和市景,也就是中心建筑空间和城市面貌的塑造应考虑审美要求。在小的城市或在大城市的旧城中心,建筑体量一般较小,其他组成部分,如街道、广场等的尺度也较小,其所形成的城市中心、建筑空间往往比较适度,体现了传统的尺度概念和视觉要求。鉴于人体的脸部形状及眼球构造,经过对宜人的空间影响范围尺度研究,可以得出观赏总体形象的仰视视角不宜超过18°(控制阈),最佳的视角为仰视 30°以内(作用阈)、俯视 45°以内,平面视角范围约 45°(知觉阈)则是近窥的最佳范围,空间规划应参照此要求进行。北京钟鼓楼广场视角就符合这些要求(图 7-6)。

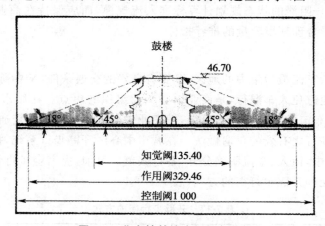

图 7-6　北京钟鼓楼广场视角分析

城市中心的建筑群以及以建筑群为主体形成的空间环境,不仅要满足市场活动功能上的要求,还要能满足人们精神和心理上的需要。因为城市中心创造了具有强烈城市气氛的活动空间,为市民提供了活跃的社会活动场所,形成了城市独特的吸引力。同时,城市中心也往往是该城市的标识性地区。

5.文化氛围

城市商业中心是城市人群汇集,交流物质、信息与情感的场所,体现出一定的文化氛围。城市文化的缺失,反映在商业中心的规划建设方面,就是缺乏文化、千城一面的通病盛行泛滥。欧洲诸国对保存其文化氛围情有独钟,对古城保护、尤其是传统形式的商业中心的保护,更是不遗余力、精心策划。许多商店由古老的仓库、消防队用房、港口码头建筑改造而成,其中还刻意留存一些当年的物品,以创造一种文化情趣。

值得一提的是,商业中心区的规划要适应可持续发展的需要,城市商业中心的布局应与城市用地发展相适应,必须考虑到远近结合,既要在近期位置比较适中,又应该在远期更趋合理。因此,在用地及建筑群体的空间上留有一定的余地,布局上保持必要的灵活性十分重要。同时,中心各组成部分的实施时序往往有先有后,还要注意在各个时期都有比较完整的环境风貌。

(二)中央商务区详细规划

中央商务区(或中心商务区)多被简称为 CBD,是英文 Central Business District 的缩写。它是城市中全市性(或区域性)商务办公的集中区,集中着商业、金融、保险、服务、信息等各种机构,是城市经济活动的核心地带。

1.布局特征

城市商务中心通常位于城市的中心位置,这里的中心位置通常是指相对的中心,而不是几何中心。随着功能构成的完善和规模的扩大,商务中心区在城市中的位置也应该有合理的调整,但其位移的距离相对于城市用地范围而言是有限的。总之,其位置一般应处于城市交通的中枢与传统商业中心之间。城市商务中心在城市中的位置大致可以有三种方案:第一种,与城市(商业)中心组合,一般为混合中心形式的城市商务中心。第二种,与城市(商业)中心分立,一般为单一中心形式的城市商务中心。第三,脱离城市中心区,一般为多中心形式的城市商务中心。

2.交通需求

(1)交通特征

城市商务中心的特殊功能及其区位,使商务中心具有如下五个特征。

第一,流量集中,其车流和人流是城市中负荷较高的地区。

第二,交通量集中,通勤交通流量峰值明显,由于不能做到工业居住就地平衡,昼夜交通量十分悬殊。

第三,强调与市内及区域的交通关系,必须与国际航空港、高速公路、铁路等大型交通设施有便捷的联系。

第四,需要足够的停车空间,满足静态交通要求。

第五,充分体现人性化,重视区内人行的交通系统。

(2)交通策略

第一,补充与调整原有交通网络。

第二,对交通体系做结构性更新和改造。

第三,坚持公交优先战略。

3.规划原则

(1)加强宏观控制

在不具备条件的城市盲目进行 CBD 规划和建设,只会浪费更多的土地及社会资源,并不能取得预期的效益,所以一定要加强宏观控制。

(2)重视交通规划

CBD 功能区对城市交通的要求很高,在交通结构组织方面一般应包括以下几点。

第一,要求具备跨省市、地区,乃至跨国的交通条件,因而,首先必须解决好 CBD 与高速公路、铁路和航空港等大型对外交通设施的便捷联系,在城市内部则要求与城市总体道路系统的联系必须顺畅,以保障区内员工上下班通勤的可达性。

第二，依据路网条件进行交通组织，统筹解决好内部的公共交通、货运交通、步行交通以及停车场、库的布局等问题。保持合理的路网密度，地块尺度以不小于 150m 且不大于 300m 见方为宜。由于城市商务中心区的高层建筑密集，要特别注重垂直交通与水平交通节点及与步行系统、停车场库之间的衔接与联系。

第三，在外围形成截流绕行的交通系统，使"过境交通"不从城市商务中心内部，尤其是城市商务中心核心区域贯穿。也可以采用分层（局部或整体）交通体系，将人、车系统，过境交通与内部交通，以及停车场库等进行垂直空间上的分流疏解。

（3）统筹用地布局

在城市用地功能的总体规划中，应该对与 CBD 相关的其他地区功能作通盘一体化的调整，以使城市商务中心区的效能得到最大限度的发挥。

（4）拉动区域经济

CBD 是拉动城市及区域经济发展的"引擎"，演绎着经济和社会强力发展的机遇。开发强度的高低与经济活动有密切联系，在城市演进的过程中，商务活动的高聚集性导致了中心区商务办公建筑的空间集约化，城市商务中心应该成为城市内高建筑容量、高交通量、高就业岗位密度和高投入产出效益的"四高"地区。

（三）文化休闲中心区详细规划

城市的文化休闲中心区是市民和旅游观光者聚集活动的重要场所，是城市中最为活跃而富有生气的区位，甚至可以作为一个城市形象的集中体现。

1. 布局特点

（1）区位适中，有强烈的聚集力和辐射力。

（2）具有地方特色和时代特点，体现开放、民主和传统文化精神。

（3）交通便捷，有较强的通达力。

（4）设施人性化，适宜不同层次活动需求。

（5）通常的布局形式是以广场组织建筑群，形成建筑中心组群及场所，与环境有机融合，创造出特定的空间领域感。

2. 布局形式

（1）规则式布局

规则式布局位于城市轴线或重点发展地段，一般呈对称式布局。此类布局的中心广场或中心建筑富于纪念性与公众性，体现宜人作用。

（2）自由式布局

自由式布局结合自然条件及现状条件，规划布局与城市整体空间有机联系，能较好地体现城市的环境特点和历史发展特征。自由式布局中，一类是将城市的历史文脉作为重点，突出城市中心的文化休闲功能及在空间上与传统的联系；另一类是将自然因素作为重点，借自然用地条件，就势布置。

（3）综合式布局

综合式布局介于上述两种形式之间，在一般中小型城市、历史文化名城（镇）及分区的文化休闲中心较为多见。

3.交通组织

文化休闲中心区由于人流密集,对车流和人流的组织必须深入细化,主要考虑以下几个因素。

第一,体现公交优先原则,创造便捷的公共交通系统。

第二,规划一定的步行范围,建立均匀服务的步行及换乘网络,适应重大活动的交通集散。

第三,布置足够的停车空间。

第四,截流无关的过境穿行交通。

第五,在有条件的地区发展立体交通,实施人车分流。

4.景观和环境设计原则

第一,形成严整与开放的格局,便于活动。

第二,突出地方特色与文化传统,形成个性化风格和特色。

第三,塑造象征性标志,彰显城市文化形象。

第四,注重人工环境与自然环境的融合,造就一种遐想性与亲切感的氛围。

5.广场规划设计

(1)功能要求

广场是一种为市民提供历史、文化教育和休息的室外空间。广场的建筑、环境设施等均要求有较高的艺术价值。广场的空间、比例、尺度、视线和视角均应有良好的设计。

(2)空间环境要求

广场的空间环境包括形体环境和社会环境两方面。形体环境由建筑、道路、场地、植物、环境设施等物质要素构成;社会环境由人们的各种社会活动构成,如欣赏、游览、交往、购买、聚会等。其中,由于形体环境是社会生活和活动的场所,对各种行为活动起容纳、促进或限制、阻碍作用,因此其规划设计应满足人的生理、心理需求,符合行为规律,为人们的各种活动提供环境支持,创造适合时代要求的广场空间。

(3)比例、尺度要求

广场的大小应与其性质功能相适应,并与周围建筑高度相称。

(4)形态要求

广场的形态大致分平面与空间两大类。平面形广场主要取决于空间平面形状的变化;空间形广场又可分为上升式广场与下沉式广场两种,其目的主要是结合自然地形或分层解决交通需求。

广场平面形状不同,给人的感受是不同的。

正方形广场:可以突出广场中央部位。

长矩形广场:有利于烘托轴向空间,更能强调方向上的主次,纵、横向都可设计为主要方向,其纵横向长短之比以 3∶4～1∶2 为宜,当大于 1∶3 时便易失去广场的理想空间效果(图 7-7)。

梯形广场:带有明显的方向性,主轴线只有一条,易于突出主题,更可显示其端部的雄伟庄重。

圆形广场:可突出中央圆心部位。

不规则形广场:一般局限于特殊的用地环境条件,可以形成活泼自然而更富情趣的氛围。

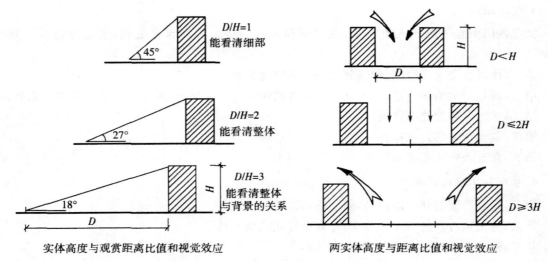

图 7-7　城市广场比例关系分析图

二、工业园区的详细规划

工业园区(科技园区、开发区)建设的特点是大规模、大投入,但也是大产出与高风险的项目。

(一)规划原则

1.节约用地,集约用地

土地是工业园区的基本资源,是工业园区发展的载体,因此土地在工业园区的各种资源中显得尤为重要。应充分考虑土地使用的经济效益,使有限的土地发挥出最大的效益。

通过提高园区企业的准入条件,吸引占地少、科技含量高、相关产业链长的企业入园,以降低园区单位土地面积的投资额和提高单位土地面积的产值额。要用每公顷土地的投入和产出密度作为评估园区效益的主要指标。要用综合化、紧凑型的思路规划园区内的管理、服务和生活建筑用地,严格控制用地标准、合理提高建筑层数、布置综合性建筑群。

2.发展集群产业,培育龙头产业

园区的产业品类必须形成产业群。注重发展产业集群,尽可能加长产业价值链,这个产业价值链不是在一个企业内部完成的,而是由一系列的相关企业协同才能实现。产业集群能产生规模效应和集聚效应,可为园区企业的发展提供良好的生存和发展环境。

产业结构必须要有自身特点,避免相互雷同、重复建设。应根据本地区的资源特点和区域经济发展总体战略,科学地确定园区的主导主体产业,形成园区的"龙头"产业,并由此组成具有自身特色的产业集群,培育一批骨干企业和自主创新型品牌,以加强在市场经济中的综合竞争力。

3.积极发展循环经济

创造高质量的环境,建设生态型经济园区;注意开创可持续发展之路,充分利用本地资源特点,积极搞好节地、节水、节能、节材的"四节型"园区建设,实现经济和社会的可持续发展。

4.综合调整与中心城市的结构

新建设的园区一般就是城市的新增长极,空间结构必须依托城市总体规划的基础,既应与城市中心区总体融为一体,又应是城市总体空间的有机延伸。

(二)开发强度指标体系

工业园区的开发强度指标体系大致内容与控制性详细规划一节的要求相似,但作为园区建设,还应有自身的一些特点。

1.地块划分规模

要以一般园区建设项目的工艺流程为依据,科技园区项目占地一般较小,每块约 $0.5\sim1hm^2$,而工业园区则因门类复杂,必须参照具体项目而定。但在土地一级开发阶段通常不能具体化,应考虑地块分合应变的可能。

2.交通组织

园区的工作生产与城市一般的建成区交通内涵构成有很大差异,它既要求与城市及区域的联系便捷,又不应产生城市干道穿越区内的过境干扰。园区的员工人流与母城之间容易产生"钟摆式"交通,工业区的车流车种复杂,要求道路断面必须与之适应;对停车场(库)的容量,应在规模上比当地标准适度提高,并要在以小汽车为标准当量的停车位定额的基础上,特别注意应按不同车型换算成相应的停车位数量。

(三)规划的循环经济发展导则

1.注重生态效益

贯彻生态之园、生态建园、生态兴园的指导方针,严格筛选园区的业态准入。

2.构建园区产业链

招商引资项目中要注意使上游产业与下游产业衔接,以期协作密切、效率提升。园区产业链的形成,不仅可以最大限度地实现诸多资源重复利用的自循环,更可提高园区综合的经济、社会、环境三大效益。

3.利用废旧建筑资源

工业区旧建筑或废弃建筑物、构筑物可以成为文物。德国的鲁尔工业区是最成功的范例之一,它通过产业转型,将旧厂房变成展览馆、起重架高墙改造成为攀岩训练场、冷却池转变成潜水活动中心。

(四)用地布局

1.构建完整交通体系

园区的道路交通网是保障区内科研、生产、生活和服务各基本功能得以正常运转的最重要前提。由于园区的区位特性,它既要自成一体,又要与中心城市有便捷的联系,这是园区道路系统规划的总体要求。

2.体现园区产业特性

用地功能分区应科学有序,能体现新世纪产业园组织理性、分工明确的特点。如北京的中关村生命科学园,以"生命从水起始"的理念,营造了湿地型的中心水环境,用"反规划"的思路,形成以"生命"为主题的园区布局意境。

3. 统筹内外有别功能

(1)产业园的"孵化器"是研发和中试的基地,是产业成功的关键,应有相对独立而安宁的位置。

(2)展示、信息中心、管理、培训接待等是园区的对外窗口项目,宜安排在园区出入方便又易彰显形象的部位。

(3)生活、休憩及后勤部分,应另行安排于单独部位,并与其他功能用地有方便的联系。

4. 完善基础配套设施

园区的正常运营必须有项目齐全、规模适宜的完整配套设施。现状或规划地面的架空高压线位置,对于园区用地布局有很大影响,因为按规范要求,"高压线走廊"是不可侵占的,如不能移动,则园区的道路及用地必须与高压线走廊相协调。

不同电压等级架空线与建筑物的最小间距参照表7-18的规定。

表7-18 不同电压等级架空线与建筑物的最小间距表

与建筑物的最小间距/m	高压线额定电压/kV				
	1~15	20~35	60~110	220	330
在最大弧度时的下垂间距	3	4	5	6	7
L	3	3.5	4	5	6
L′	1.5	2	4	6	7

注:在新建区或用地开阔区,高压线走廊总宽度 $\sum L \geqslant 2$ 倍杆塔最大高度。

各项基础设施的布局应符合规范要求,在规模方面应依据建设项目的特点,采用不同的定额,并依此确定相应的占地规模。具体数据可参考表7-19。

表7-19 基础设施配套规模参考指标一览表

区域\设施	上水	污水	供电	电信	燃气	供热
一类工业	100m³/hm²·日	70m³/hm²·日	200kW/hm²	30 部/hm²	4m³/户·日	50 大卡/m²·h
二类工业	250m³/hm²·日	180m³/hm²·日	300kW/hm²	25 部/hm²	4m³/户·日	50 大卡/m²·h
三类工业	400m³/hm²·日	280m³/hm²·日	450kW/hm²	20 部/hm²	6m³/户·日	50 大卡/m²·h
一类居住	500L/人·日	350L/人·日	10kW/户	2 部/户	3m³/户·日	70 大卡/m²·h
二类居住	200L/人·日	140L/人·日	4kW/户	1 部/户	2.5m³/户·日	70 大卡/m²·h
商业办公	60m³/hm²·日	50m³/hm²·日	400kW/hm²	1 部/30m²(建筑面积)	—	80 大卡/m²·h
宾馆酒店	80m³/hm²·日	30m³/hm²·日	500kW/hm²	1 部/80m²(建筑面积)	—	100 大卡/m²·h
仓储	30m³/hm²·日	20m³/hm²·日	80kW/hm²	10 部/hm²	—	—
道路绿地	15m³/hm²·日	10m³/hm²·日	20kW/hm²	—	—	—

园区内的市政管线用地下敷设应避免用架空式,但工业输汽及空压输氧、乙炔等管线仍宜用架空式。有条件的园区,建议采用综合管沟(即共同沟),以提高园区土地的集约化利用及节省经常性的维修更换费用。

(五)规划成果要求

工业园区建设应和城市发展相协调,要落实城市总体规划提出的各项建设和用地的要求,所以规划成果基本上与《城市规划编制办法》中的规定相符,但鉴于园区是城市的"特区",具有相对的独立性,因此,在详细规划阶段的控制内容中应强调基础设施的落实,并把规划的内容拓展到服务等方面。

三、城市园林绿地的详细规划

(一)城市园林绿地的分类

我国城市园林绿地的分类方法很多,各个时期分类有不同方法,如按功能分、按规模分、按位置分、按服务对象分、按服务范围分、按系统分等,名目繁多,不一而足。由于目前还没有一个全国统一的绿地分类标准,因而城市绿地统计口径不规范,使城市之间的绿化规划建设指标缺乏横向的可比性。根据绿地系统的现状实际情况,建议采用《城市绿地分类标准》(CJJ/T85—2002),从功能和用途上进行分类,并与《城市用地分类与规划建设用地标准》(GB 50137—2011)相协调的综合分类办法。具体可参考本书第十章的相关内容。

(二)城市园林绿地的指标

1.城市园林绿地指标的计算

城市园林绿地指标要与《城市用地分类与规划建设用地标准》(GB 50137—2011)相协调。这里采用 9 种关键的指标计算。

(1)城市规划区绿地面积(hm^2)=城市建设用地内绿地面积+绿色空间控制区面积(含绿地范围内的水面)。

(2)城市建设用地内绿地面积(hm^2)=公园绿地面积+生产绿地面积+防护绿地面积+专用或附属绿地面积。

(3)人均公园面积(m^2/人)=公园面积(万 m^2)÷总人口(万人)。

公园面积包括综合性公园、儿童公园、动物园、植物园、历史名园、风景名胜公园、游乐公园、其他专类公园等公共绿地。

(4)人均公园绿地面积(m^2/人)=公园绿地面积(万 m^2)÷总人口(万人)。

(5)公园绿地面积=公园面积+开敞型绿地面积(滨水绿地+环城绿地+沿街绿地+城市广场绿地)。

(6)绿地率(%)=总绿地面积(hm^2)÷城市建设总用地面积(hm^2)×100%。

(7)绿化覆盖率(%)=全部乔木、灌木的垂直投影面积及地面植被覆盖面积(hm^2)÷城市建设总用地面积(hm^2)×100%(覆盖面积只计算一层,不重复计算)。

(8)城市规划区绿色空间比例(%)＝城市规划区绿色空间控制区面积(hm²)÷城市建设总用地面积(hm²)×100%。

(9)苗圃拥有量(亩/km²)＝苗圃面积(亩)÷城市建设总用地面积(km²)。

2.影响城市园林绿地指标的主要因素

(1)经济社会发展水平

不同的经济社会发展水平,对建设城市园林绿地的紧迫性及实施条件有较大差异,城市园林绿地指标亦会在规划方面有所体现。

(2)城市自然条件

一般南方城市气候温暖、湿润,绿化的自然条件较好,而北方城市气候寒冷、干燥,两者的绿化自然条件相差悬殊,绿地指标也会有较大差异。

(3)城市性质

不同性质的城市绿化基础不同,对园林绿地的要求也不同,如风景城市,以游览、开放功能为主的城市,指标较高。

(4)城市规模

中、小城市用地条件一般稍宽松,绿地指标宜偏高些;而大城市往往用地紧张,需要与可能两者之间矛盾突出,绿地指标往往偏低。

(三)城市园林绿地的布局

1.布局原则

(1)结合实际,因地制宜

在绿地规划中要从实际出发,绿地建设必须根据本地的实际情况,切忌生搬硬套。要克服浮躁和盲目,反对商业炒作和文化炒作,摒弃故弄玄虚、玩弄概念,避免不加消化的照抄照搬。提倡简约、朴素,反对过分雕凿和粉饰。在规划中,还要依据园林绿地的性质、结构布局和具体条件,确定所需要的游览设施的数量和级配。

(2)人本为先,均衡分布

应提倡"四结合"的原则:点、线、面相结合,大、中、小相结合,集中与分散相结合,重点与一般相结合,最大限度地为市民提供方便而适用的城市园林绿地。这里的绿地指的是各级各类公园绿地及附属绿地,原则上应根据人口的密度来配置相应数量的公园绿地,而且在级别上要配套,服务半径要适宜。城市中心区人口密集、绿地少,应尽可能利用城市广场进行绿化,开辟小型休闲空间绿地,满足居民生活需要。

(3)符合城市总体规划

绿地系统是城市总体规划诸项用地功能布局系统的一部分,但在具体布局方案上,应对总体规划的绿地系统作深化,并表示出应该分项的各类绿化用地的位置。

(4)尊重市场,适应规律

在市场经济条件下,绿地建设既要突出为民服务的宗旨,反对以丧失绿化用地换取暂时的经济效益;也要遵循市场规律,考虑园林建设经济运营的实际需求。在实际操作中,充分考虑哪些是福利性的,哪些是经营性的。处理好服务与经营的关系,从而达到建设城市园林的良性循环的目的。

（5）合理设计，科学种植

园林绿地的种植必须坚持"有绿有荫"的指导思想。在草地比例过高的城市，应考虑"退草还树""减草增树"。应该尽可能使用本土树种，或引入适应能力强、易于养护管理、成本较低的树种，使其在城市园林绿地中的比例达到 70% 左右，形成布局合理、植物多样、层次丰富、景观优美的园林绿化系统。

（6）远近结合，立足当前

城市不断发展，人们的生活水平逐步提高，对环境绿化的需求逐渐加大。因此，在规划中不能只看眼前利益，应留有一定的空间用地，为今后的绿地建设作好准备。忌贪大求全、大而无当，还要根据自身的条件，制定近期建设规划，一步一步地逐年实施。

2.布局形式

（1）块状绿地布局

块状绿地的布局比较均匀，接近居民，但绿地之间没有很好的联系。

（2）带状绿地布局

这种布局多数利用现状地形地势、河湖水系和城市道路等自然因素形成，基本由纵横绿带、放射绿化、环水绿地交织形成绿地体系。带状绿地对改善城市小气候和提升城市的景观形象有较好的作用。

（3）楔形绿地布局

这种布局利用自然河流、放射干道、防护林等形成由市郊向市中心分布的绿地系统，对改善市区生态环境质量有较好的作用，也有利于城市景观面貌的表现。

（4）混合式绿地布局

这种布局是综合性布局，也是体现城市绿地点、线、面结合的较完整的绿化体系。绿地的有机联系密切，整体效果好。

（四）环境容量分析

城市公园设计必须确定公园的游人容量，作为计算各种设施的容量、个数、用地面积以及进行公园管理的依据。而环境容量应包括外来游人、职工和当地居民三类人口，不可以仅以常住人口为根据，对流动人口（包括交通枢纽城市、旅游观光城市、国际性城市、历史文化名城等）必须要有充分估计。

公园游人容量应按下式计算：

$$C = A/A_m$$

式中，C——公园游人容量（人）；

A——公园总面积（m^2）；

A_m——公园游人人均占地面积（m^2/人）。

一般的环境容量经验数据为：市、区级公园游人人均占有公园面积以 60m^2 为宜，居住区公园、带状公园和居住小区游园以 30m^2 为宜，近期公共绿地人均指标低的城市，游人人均占有公园面积可酌情降低，但最低游人人均占有公园的陆地面积不得低于 15m^2。风景名胜公园游人人均占有公园面积宜大于 100m^2。对于水面面积或坡度大于 50% 的陡坡山地面积超过总面积的 50% 的公园，游人人均占有公园面积应适当增加，其指标可参照表 7-20 的规定。

表 7-20 游憩用地生态容量

用地类型	允许容人量和用地指标	
	/(A/hm²)	/(m²/人)
针叶林地	2～3	5 000～3 300
阔叶林地	4～8	2 500～1 250
森林公园	<15～20	>660～500
疏林草地	20～25	500～400
草地公园	<70	>140
城镇公园	30～200	330～50
专用浴场	<500	>20
浴场水域	1 000～2 000	20～10
浴场沙滩	1 000～2 000	10～5

第六节 城市详细规划实例

一、城市控制性详细规划实例——苏州沧浪新城

近几年,苏州市沧浪新城成为苏州市住宅小区的亮点,其控制性详细规划的规划方案要点如下。

(一)规划范围

东起盘蠡路,南至石湖风景区,西至京杭大运河,北至南环西路,规划总用地面积 5.06km²,规划建设用地 4.67km²。

(二)规划理念

经济理念:将环境好、区位好、地势高、相对方整的土地优先用于居住、公共设施,而将沿河用地用于绿化、市政设施及科技创业,提高土地利用效率。

交通引导开发理念:公交及轨道交通站点与人流集中的大型公共服务设施、居住区开发相结合,充分发挥公交及轨道交通的效益。

人文理念:保护城市景观视线走廊,延用现有城市路网、水系格局于新城区,延续城市文脉。

生态理念:结合道路、水系建设生态网络,有机渗透到各地块,创建层次分明,富有活力,人、自然、历史和谐共生的人居环境。

(三)规划目标

以苏州古城为依托,与国际教育园、石湖风景区及京杭运河景观带相联系,促进区域结构优化调整,推动服务业发展,强化和提升中心城市辐射带动功能,增强综合竞争力,建成集创业、居住、商务、高科技研发和中试为主要功能的城市副中心。

(四)土地利用

规划确定"一区、两轴、三片"的功能结构布局。

一区:沧浪新城核心商务区。以京杭运河为依托,在其两侧建设商业、商务中心,构筑新城核心商务区。

两轴:沿京杭运河绿化景观轴和沿友新路城市景观轴。

三片:东部、中部和西部三个相对独立的居住片区。

在规划区西南部布置新城核心区,建设集金融、商业、办公等诸多现代服务业功能于一体的中央商务区。沿京杭运河和友新路建设绿化景观轴和城市景观轴。围绕核心区建设三个相对独立的居住片区,同时结合中央核心区规划部分高级公寓。

(五)市政公用设施用地规划

用地指标:规划市政公用设施用地 20.54hm²,占规划建设用地的 4.47%。

供应设施用地:规划供应设施用地 2.16hm²。保留 110kV 联星变电站和 110kV 友新变电站;京杭运河南侧、友新路东侧规划合建 220kV 与 110kV 变电站,其中 110kV 变为轨道专用变电站;保留福运路天然气调压计量站和友联气化站。

交通设施用地:规划交通设施用地 1.67hm²。保留宝带西路南侧的公交首末站,保留南环路南侧的苏州市机关加油站和汽车管理服务中心(市政汽修厂)。

环境卫生设施用地:规划环境卫生设施用地 14.07hm²。规划扩建福星污水处理厂,保留盘蠡花园西北角的污水提升泵站;保留友新街道办西侧的垃圾中转站以及友新立交西侧已出让的垃圾中转站地块;保留现状福星粪便处理厂。

施工与维修设施用地:规划施工与维修设施用地 0.54hm²。规划在福运路西侧、福星粪便处理厂北侧设置市政养护基地;友新路西、公交首末站南规划设置路灯分控中心。

其他市政设施用地:保留友新立交西侧已出让的消防站地块,用地面积 0.76hm²。京杭运河南侧规划设置定点屠宰场,占地 1.50hm²。

(六)道路交通系统规划

规划区规划道路网络主要采用"方格网"式布局形式,道路系统主要采用快速路—主干道—次干道—支路四级系统。

规划保持 S2、M2 轨道线形,对 S1 号轨道线进行局部线路调整。在福运路、中央商务区、宝带西路和友新路共设 4 个轻轨站点。规划区不设集中式地面社会停车场,停车场主要为地下停车场,同时,考虑部分地块内的临时地面停车位。此外,规划对公交首末站、公交线路和港湾式公交站台均作了周密的规划。

(七)河道整治规划

河道设计最高排涝控制水位采用 3.8m,预降控制水位采用 3.0m。最大调蓄水深为 0.8m,堤顶高程为 4.3m。

由于航道等级四级提升为三级的需要,京杭运河沧浪新城段规划拓宽至90m,其拐弯处拓宽至110m。

以东西向的京杭运河为界将沧浪新城划为南北两个排涝区。北片建设"四横、二纵"骨干水系。"四横"指仙人大港、友新河、九曲港和一号河,"二纵"指顾家河—吴宫港一线和高架河—南庄浜一线。南片重点对新郭港和二号河进行整治,局部断头浜作填埋处理。表7-21为河道规划一览表。

表7-21 河道规划一览表

序号	名称	起点	终点	长度(m)	底高(m)	面宽(m)	备注
1	仙人大港	南环路	盘蠡路	1 700	0.0	15~20	疏浚
2	友新河	京杭运河	盘蠡路	2 645	0.0	15	疏浚,部分开挖
3	九曲港	京杭运河	盘蠡路	2 683	0.0	10~20	疏浚,部分开挖
4	一号河	吴宫港	盘蠡路	1 975	0.0	10~20	疏浚,部分开挖
5	新郭港	京杭运河	友新路	1 390	0.0	20	疏浚
6	二号河	友新路	河象港	560	0.0	20	疏浚
7	顾家河	友新河	九曲港	408	0.0	20	疏浚
8	吴宫港	九曲港	京杭运河	880	0.0	20	疏浚,部分开挖
9	南庄浜	九曲港	京杭运河	860	0.0	20	疏浚
10	高架河	仙人大港	九曲港	1 005	0.0	20	新开河道
11	西河	南环西路	仙人大港	223	0.5	8~12	疏浚
12	东河	南环西路	仙人大港	217	0.5	10~15	疏浚
13	规一河	仙人大港	友新河	400	0.5	7~15	疏浚
14	规二河	九曲港	一号河	392	0.5	15	新开河道
15	规三河	京杭运河	新郭港	280	0.5	15	疏浚
16	规四河	京杭运河	新郭港	300	0.5	15	疏浚
17	河象港	一号河	二号河	490	0.5	15~20	疏浚

(八)地下空间利用规划

中央商务区充分利用地下空间建设地下商场、停车库、通道等设施,地下一层为地下商场,地下二层以下(含二层)为停车场及其他用房。居住区和公共绿化地下重点建设停车库、市政用房等设施。

(九)绿地系统规划

规划沿京杭运河设50~100m宽防护绿带,沿友新高架设置30m宽防护绿带,沿友新路设25~50m防护绿带,其他区域性道路两侧控制10~15m的防护绿带,以种植乔木、灌木为主。规划在中央商务区设36米宽的圆形绿廊。中央商务区广场中心至上方山塔的视线设置50m绿化通廊。

(十)城市设计引导

沧浪新城公共及居住建筑以多层及小高层为主,核心区规划部分超高层建筑群。办公建筑、居住建筑色彩宜淡雅,商业建筑色彩可丰富多彩。建筑既要具有江南水乡特色,又要有时代特征,形成地方特色。

二、城市修建性详细规划实例——上海金山工业区南区职工生活基地

上海市金山工业区南区职工生活基地位于上海市金山工业区南区内,基地地势平坦近似梯形,东西平均宽约 350m,南北长约 225m,建设用地面积约为 78 000m²。地块在工业开发区域内,交通十分便捷。

近年来,金山区依托上海区位优势,工业蓬勃发展,工业开发区不断扩大,工业区快速发展,外来投资日益增多,外来务工人员也急剧增多。外来务工人员的集结对本区经济发展和繁荣有很大的贡献,这些外来族的生活居住、社会管理、商业活动设施的严重不足等问题,也给本地区带来了很大的压力。建设金山工业区南区职工生活基地,对解决外来投资者、打工族的生活居住、社会活动问题及全面提升工业区品位、实现经济快速发展都具有重大现实意义。

第八章　城市交通规划

人类的活动离不开交通,它作为人和货物发生位移的手段而广泛存在于人类社会中。交通发展的程度与国家(地区)的经济水平、能源状况、科技水平以及人们的生活水平有着密切的关系,不仅能够促进地区经济、文化的发展,而且为城市规划布局开拓了更广阔的空间。因而,研究城市交通规划也是城市规划的一个重要内容。

第一节　城市土地利用与城市交通

一、城市土地利用与城市交通的相互作用

城市交通规划总要落实在土地上,这使得城市交通和土地利用的关系非常密切。

(一)城市土地利用对城市交通的作用

首先,城市土地利用带来了交通需求,人口或商业增长带来交通流量并造成堵塞,从而产生了解决这种问题的力量。由此,许多的高速公路得以兴建,交通规划的力量凸显。

其次,不同的城市土地利用形态决定了交通发生量、交通吸引量和交通分布形态,在一定程度上决定了交通结构。城市土地利用形态不合理或者土地开发强度过高,将使交通容量无法满足交通需求。

(二)城市交通对城市土地利用的作用

1. 交通拓展了城市用地的形态

一般而言,城市用地是沿着交通轴向外延伸发展的,随着不同历史时期的交通工具突破性变革,城市用地的形态就会不断由团状向星状扩展。在船运时期,城市沿河道发展;铁路出现后,城市沿着铁路车站呈串珠状发展;汽车运输时期,城市又沿着道路向外呈星状发展。随着城市快速路、高速公路和城市快速轨道交通的建设,城市用地范围空前扩大,也使大城市郊区化成为可能。

2. 交通增强了城市土地利用的强度

道路的修建改变了地价,进而改变了土地利用的强度,使得土地利用得到升级。发达的交通改变了城市结构和土地利用形态,使城市中心区的过密人口向城市周围疏散,城市商业中心更加集中、规模加大,土地利用的功能划分更加清楚。

3. 交通促进了城市土地增值

城市交通的发展和便捷带来了经济效益,使土地不断增值,交通方便程度直接影响地价,越接近市中心,城市基础设施越完善,地价也越高;反之,离市中心越远,地价就越低,交通运输费就越高。人们常在两者之和为最低的地方选购房屋。当城市交通设施发达、近郊的房价和交通费

逐渐降低时，人们就会向郊外迁移，城市也不断向外扩大。

4. 交通引导了城市的土地利用

交通的规划和建设对土地利用和城市发展具有导向作用，交通设施沿线的土地开发利用异常活跃，各种社会基础设施大都集中在地铁和干道周围。所以，各项经济指标、人口和土地利用是交通需求预测的始点，也就是说，上述指标是最基本的输入数据，城市综合交通规划是以这些数据为基础构造模型，进行交通需求预测，制定综合规划方案的。

5. 交通带动了土地开发

交通带动了郊区土地开发和城市基础设施建设，由于市中心地区的区位优势，会更促使它的地价高涨，开发商为了获得更多利润，常不断提高土地的开发强度，若它超过了道路的疏解能力和停车能力，则后患无穷。为此，城市规划对不同地块的土地开发强度要有严格的控制，需要超前考虑土地开发与交通发展的互动关系。例如，相当规模的大城市需要建设地下铁道，应先做地下空间规划，在高层建筑的地下桩群之间先留出空间。在城市用地未来发展方向上，所需建设的桥位和交通走廊均要提前控制，以免盲目建设，造成日后不必要的拆迁和被动。

由此可见，城市交通与土地利用相互联系，相互影响，相互促进。鉴于城市交通与土地利用的上述关系，交通规划领域的专家们越来越重视在交通规划过程中导入交通与土地利用的相互反馈作用，注意协调交通与土地利用的关系，注重土地利用规划和交通规划的综合化。

二、城市交通与土地区位

土地区位最初由德国经济学家屠能提出，他在其 1826 年的《孤立国同农业和国民经济的关系》一书中首次提出了"农业土地区位"的概念。之后，德国经济学家韦伯于 1905 年发表了《论工业的区位》，提出了"工业土地区位"的相关理论。20 世纪 30 年代德国地理学家克里斯塔勒提出了中心地理论，也就是所谓的城市土地区位论。不久，德国经济学家廖什从市场土地区位的角度分析和研究城市问题，提出了与克里斯塔勒的城市土地区位论相似的理论，为与前者相区别，后人将其概括为市场土地区位论。

土地区位是自然地理位置、经济地理位置和交通地理位置在空间地域上有机结合的具体表现。城市交通是城市与其周围地区及城市内部各功能区之间相互联系的桥梁和纽带，是城市赖以形成和发展的先决条件。因此，城市中的土地区位受经济地理位置和交通地理位置的影响更大。

(一)城市交通与商业区位

商业是满足人们物质文化生活需要，直接将工业和其他各业产品输送给消费者的服务行业。在商业活动中，商业设施聚集形成商业中心，其服务对象散布在周围一定范围内，两者通过交通设施联系起来。就方便性和效率性两方面而言，商业区位的主要特征就是交通条件优良，以保证购物者能顺利、通畅地到达商业中心。因此，商业与交通不可避免地交织在一起。

一般情况下，交通条件越好的商业区位，其服务对象在数量上越多，在空间上分布越广，该商业区位的规模也就可能越大。同时，一个商业区的交通条件得到改善，则会明显提高其通达性，改善其作为商业中心的外部环境，扩张商业活动的范围，进而增强该商业区的土地区位的优越性。同时,商业设施吸引的购物人流增多,也会对交通设施提出更高的要求。

此外,商业区周围的交通设施也对其崛起有重要影响。以北京西单商业区为例,该区的迅速发展就得益于该地区交通条件的改善。西单商业街的繁华程度在新中国成立前不如前门和王府井大街。新中国成立后,由于首都城市建设的需要,北京首先扩展了西长安街,之后又开辟了通向复兴门的大街,这样,一条横贯北京东西的交通干线经过西单,再加上西单原来就位于西城区的南北干线上,其商业区位条件显著改善,现已发展成为与王府井、前门并列的三大商业中心之一。同时,一号线和四号线地铁的开通又进一步优化了西单的区位条件,促进该地区商业的繁荣和发展。

商业区的发展规模在一定的交通条件下是有上限的,存在均衡的商业规模。其原因在于,随着商业功能的加强,商业中心的吸引能力会不断加强,继而也会对交通设施产生更大的压力。当这种压力到达一定程度后,交通将变得拥挤不堪,开始抑制人流的增加,人流规模达到一定限度,也就限制了商业规模的进一步扩大,最后,二者处于均衡状态。均衡商业规模如图 8-1 所示。

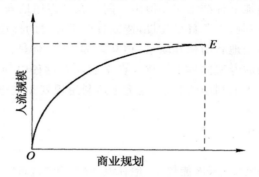

图 8-1　一定交通条件下的均衡商业规模

同时,由于不同的交通条件对人流量的承受能力各不相同,因而其所对应的商业规模也各有差异。在图 8-2 中,曲线 *OA*、*OB*、*OC* 和 *OD* 分别表示在 4 种交通条件下人流规模与商业规模的关系。曲线 *OA* 反映最优交通条件下的对应关系,其均衡商业规模最大;曲线 *OD* 反映最差交通条件下二者的对应关系,其均衡商业规模最小。

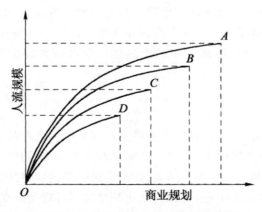

图 8-2　不同交通条件下的均衡商业规模

可见,当商业区的交通通达性越好时,其商业规模的均衡点则越好;而当交通条件限制了人流的增加,阻碍了商业的进一步发展时,人们就会进行交通工程建设,改善交通条件,使之能容纳更多的人流和物流,从而使商业规模继续扩大,这样,均衡商业规模不断提高,如图8-3所示。

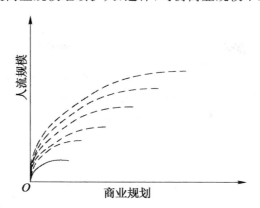

图8-3　均衡商业规模随着交通条件的改善而不断提高

从8-3可看出,交通建设优化了商业的区位条件,促进了商业区的发展。交通条件的不断改善为商业的不断繁荣提供了物质基础。当然,如前所述,交通条件的改善是有上限的。

(二)城市交通与工业区位

与商业区不同,工业区在土地区位上具有如下几方面的特点。

首先,工业区有自动集结成团的倾向。工业企业之间一般都有一定的技术、经济联系,为了取得集聚经济效益,技术、经济联系较密切的企业自然集结成团。而且,同类企业也有自觉集结成团的倾向,这不仅有利于建立统一的服务体系,更有助于相互之间的学习和竞争,从而推动技术创新和进步。

其次,工业区寻求交通方便的地区。交通方便的地区便于设备安装、原材料的运进和制成品的运出,生产成本低,利润高。

最后,工业区会不断向市区边缘迁移。随着经济发展,各类用地逐渐分化。一般的,工业企业往往有某种程度的环境污染,因而工业用地与其他行业用地有一定的互斥性。所以,随着城市的发展,交通条件不断改善,基础设施日益完备,工业企业逐渐迁移到城市郊区。

由于具备了如上几方面的特点,所以,工业区受到交通条件的影响也和商业区不同。

具体来说,由于每个企业都希望能降低生产成本,获得更高的利润,而其所在区位的好坏直接影响企业的生产成本。因而企业常常通过比较不同地点交通运输费用的大小来确定工业区位。根据这一点,德国经济学家韦伯提出了工业区位选择的一般原则,即任何一个生产部门都应该在原料地和消费地之间寻找一个均衡点,使得工厂位于该点时,生产和销售全过程中的交通运输成本最低。决定交通运输费用大小的因素很多,如工业原料等。

不同性质原料的运输费用是不同的,对工厂区位选择的影响也是不一样的。一般情况下,生产过程中所需运输的物质可分为三类:生产原料、产生动力的燃料、制造的正副产品。前两类统称为原料,后一类简称为产品。原料可根据生产过程中耗用原料的重量与制成品重量之比分为无重量损失的纯原料和有重量损失的原料两种。

其中,无重量损失的纯原料,指在生产过程中全部重量几乎都能转移到产品中的原料。这类原料从运费角度考虑,若生产单位主要使用不失重的纯原料生产产品,而且原料与产品的一单位重量运输成本大致相同时,则该生产单位既可将生产区位设在原料产地,也可设在产品消费地。

有重量损失的原料,指在生产过程中只有部分重量转移到产品中的原料。若生产单位主要使用有重量损失的原料,而原料与产品的单位重量运输成本大致相同时,生产地点的选择应偏向于原料产地。

除了工业原料之外,对工业区土地区位产生影响的要素还有交通运输的距离、运载货物的性质、交通工具、交通的种类(水运、陆运、空运等)等。而这些要素对工厂产生影响的最重要方面就是对交通运输成本产生影响。综合这些因素,再考虑工业区对成本的控制,在选择区位时,可采用数学方法或几何方法求解来确定工厂的最佳区位,即通过优化下式确定工厂的最佳区位:

$$\text{Min } T = \min \sum_{i=1}^{n} W_i Q_i D_i$$

式中,T 为总的运输成本;i 为原料及产品的种类,$i = 1, 2, 3, \cdots$;W_i 为第 i 种原料或产品的重量;Q_i 为单位重量的第 i 种原料或产品的单位距离运输成本;D_i 为原料产地或产品销售地到工厂的距离。

(三)城市交通与住宅区位

住宅用地区位要求交通便利,通达性好,使居民的工作、娱乐等出行便捷有效,而且,随着人们生活水平的提高,对住宅区的自然环境提出了更高的要求。因此,在城市的形成和发展过程中,住宅区首先从工商混合区中独立出来,建立在交通方便、环境条件相对较为优越的城市外围地带。

第二节 城市总体布局与城市交通

随着城市的扩大,出行半径增大,建筑和人口规模的扩大,使交通需求和车辆激增,交通问题日益突出。人们从成功的经验和失败的教训中认识到不能简单、孤立地研究和解决交通问题,城市规划师与交通工程师应携手合作,把交通规划作为城市总体规划中的不可分割的重要组成部分。也因为如此,城市总体规划与城市交通彼此互相影响,共同发展。

一、城市交通对城市总体布局的影响

(一)城市交通对城市总体发展的影响

交通是城市形成、发展的重要条件,是构成城市的主要物质要素,是国民经济四大生产部门(农业、采掘、加工、交通运输)之一,是城市化过程中的必备条件。城市交通运输条件的好坏会在很大程度上对一个城市的总体发展情况产生影响。

此外,由于交通运输方式配备的完善程度与城市规模、经济、政治地位有着正相关关系,因此,城市交通的完备与否也在很大程度上体现了一座城市的发展潜力。

（二）城市交通对城市总体规模的影响

交通对城市总体规模影响很大，它既是发展的因素也是制约的因素，原因如下。

首先，城市贸易、旅游活动必须有交通条件保证，而大量流动人口及服务人口是形成城市总体规模的主要因素之一。

其次，交通枢纽（如站场、港区）作为城市的主要组成部分，直接影响到所在城市的总人口与用地规模。

（三）城市交通对城市总体规划的影响

交通对城市的总体规划有着巨大影响，这些影响主要体现在以下几方面。

(1)运输设备的位置影响到城市其他组成部分(如工业、仓库等用地)的规划。

(2)车站、码头等交通设施的规划影响到城市干道的走向。

(3)城市交通是城市面貌的反映。对外交通是城市的门户，因此，在沿线(如铁路进入市区沿线、机场入城干道沿线、滨海滨河岸线等)以及车站码头附近，均布置了城市的主要景观。

(4)城市道路系统是城市的骨架，更影响到城市的用地规划。

(5)对外交通用地规划，如铁路选线的走向、港口选址、岸线位置等均关系到城市的发展方向与规划。

可见，城市交通对于一个城市的总体规划布局有着举足轻重的作用。

二、城市总体布局对城市交通发展的影响

（一）城市的总体布局是城市交通发展的基础

各种城市总体布局会导致不同的交通需求，经过方案的总体战略评价，可以影响该城市的交通发展。

（二）城市总体布局可以影响城市道路交通网的服务水平

城市的总体布局会在很大程度上决定城市道路交通用地的强度、性质、数量、发展，进而也会对城市道路网的服务水平产生影响。

第三节　城市交通需求与城市交通发展战略

一、城市交通需求

（一）分析城市交通需求

对城市交通需求进行分析，是进行城市交通优化的基础，也是制定城市交通发展战略的基础。

所谓的城市交通需求分析，就是利用交通现状调查资料和城市总体发展目标和方针政策，研

究未来规划期城市交通发展前景的过程；是运用计算机技术，对交通现象建立数学模型进行数学模拟、概率分析，对未来交通现象做出量化推断的预测过程。

一般情况下，常见的分析城市交通需求的方法有以下几个。

1. 交通分布预测法

这种方法主要是通过交通分布预测得到未来各交通分区间的 OD 分布期望值。常见的交通分布预测法有以下几个。

(1)重力模型法

这种方法是以交通区 i 到交通区 j 的交通分布量 T_{ij} 与 i 区交通生成量 T_i、j 区交通吸引量 T_j 成正比；与 i、j 交通区之间的交通阻抗 r_{ij} 成反比。交通阻抗参数由两区间的距离或行车时间或费用构成的函数式表达。无约束重力模型（基本重力模型）的形式为：

$$T_{ij} = K \cdot T_i^\alpha \cdot T_j^\beta / r_{ij}^\gamma$$

式中的待定系数 $(K、\alpha、\gamma、\beta)$ 系依据现状 OD 资料拟合确定，无约束重力模型需应用增长系数法经过多次迭代运算使交通分布量 T_{ij} 满足约束条件：

$$\sum_i T_{ij} = T_j \, \text{、} \, \sum_j T_{ij} = T_i$$

之后，再完成交通分布预测工作。

由于阻抗函数式的不同，重力模型还有乌尔希斯法、美国公路局法等。重力模型考虑的因素比增长系数法全面，比较吻合交通实际。即使没有完整的 OD 调查资料，此法也可推断未来交通分布情况。

(2)增长系数法

这种方法是以当前的交通量 OD 分布值为 T_{ij}，以未来的 OD 分布值为 T_{ij}，则：

$$T_{ij} = t_{i,j} f(\alpha、\beta)$$

经多次运算，使交通分布量的总和（$\sum T_{i,j}$）趋近交通生成预测值而完成计算。

式中 $f(\alpha、\beta)$ 为增长系数函数式，由增长系数函数计算形式与计算繁简的不同，增长系数模型有均衡增长率法、平均增长率法、底特律法、福雷特法等。

2. 交通分配预测法

这种方法主要是把各种出行方式的空间 OD 量分配到具体的交通网络上，分配后各路段、交叉口的交通负荷状况是检验路网规划合理性、可行性的主要依据。常见的交通分配预测法有以下几个。

(1)多路径概率分配法

多路径分配法克服了单路径分配法中流量分配集中在最短路上这一不合理现象，使各条可能的路线均分配到交通量。各出行路线获得交通量的分配率由多路径概率分配模型计算。该模型的表达式为：

$$P(\gamma、s、k) = \exp[-\sigma t(k) / \bar{t}] / \sum_{i=1}^{m} \exp[-\sigma t(i) / \bar{t}]$$

式中，$P(\gamma、s、k)$——OD 量 $T(\gamma、s)$ 在第 k 条路线上的分配率；

　　　$t(k)$——第 k 条行驶路线的路权（行驶时间）；

　　　$\bar{t}$——各出行路线的平均路权（行驶时间）；

　　　σ——分配参数；

m——有效出行路线条数。

该分配模型既反映了路径选择过程中的最短路因素,也反映了交通状况的随机因素。

在多路径分配模型的基础上,当考虑路权受交通负荷变化的影响因素后,则建立了容量限制——多路径交通分配法,使分配结果更趋合理。此法与容量限制—增量加载分配法的分配程序、路权修正、参数确定等方法一致,所不同的是增量加载法采用最短路分配模型,多路径分配法采用多路径分配模型。容量限制——多路径分配模型执行图如图 8-4 所示。

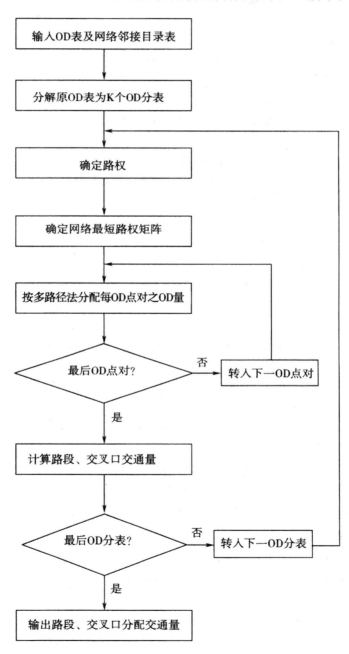

图 8-4　容量限制——多路径交通分配模型软件执行图

(2)最短路分配法

这种方法是一种静态交通分配法,在该方法中取路权(两交叉口间的行驶时间)为常数,不考虑路段上车速、交通负荷与延误的影响,交通量依靠对路权的判定选择单一路径前进,该法又称全有全无法。该法虽计算简便,但出行量全部集中在最短路上则不符合实际。以此法为基础,将路权作为变数,随路段上交通量变化而修正路权,以此种动态的交通分配法为基础,建立了容量受到限制的增量加载分配法。该法中路权以特定的路阻函数表示,美国联邦公路局提出的路阻函数为:

$$t = t_o \left[1 + \alpha (V/C)^{\beta} \right]$$

式中,t——两交叉口间路段行驶时间;

t_o——交通量为零时的行驶时间;

V——路段交通量;

C——路段实用通行能力;

α、β——待定参数。

我国研究工作者从混合交通特征出发,提出的路阻函数为:

$$t = t_o \left[1 + k_1 (V_1/C_1)^{k_3} + k_2 (V_2/C_2)^{k_4} \right]$$

式中,V_1、V_2——路段机动车与非机动车交通量;

C_1、C_2——路段机动车与非机动车实用通行能力;

k_1、k_2、k_3、k_4——回归参数;

t_o——交通量为零时的行驶时间。

容量限制——增量加载的分配过程是将 OD 表分解成 K 部分,然后用矩阵迭代法逐次计算,寻求最短路权矩阵,并以此分配交通量,该法的软件执行图如图 8-5 所示。

3. 交通生成预测法

交通生成预测法就是以预测生成交通量为目的的方法。常见的交通生成预测法有以下几个。

(1)生成率法

这种方法主要利用 OD 调查资料可得到单位人口或单位经济指标的交通发生量(吸引量),假定环境是稳定的,则根据未来交通区的人口或经济指标,即可预测未来交通发生量(吸引量)。

(2)类比法

这种方法运用于缺少现状资料时,主要是借用类似城市交通生成指标进行本区交通预测。

(3)回归分析法

这种方法主要利用 OD 调查资料探寻影响交通生成的相关因素,通过相关分析建立数学方程式,用模型预测交通生成量。

4. 交通方式预测法

居民采用何种方式出行,与城市规模、经济发展水平、出行目的和各类交通服务水平有关。现状 OD 调查资料是预测未来居民出行方式的基础,常用交通方式预测方法有以下几个。

(1)回归模型法

这种方法主要是通过建立交通方式分担率与有关影响因素之间的回归公式,利用回归公式作为交通方式预测模型。

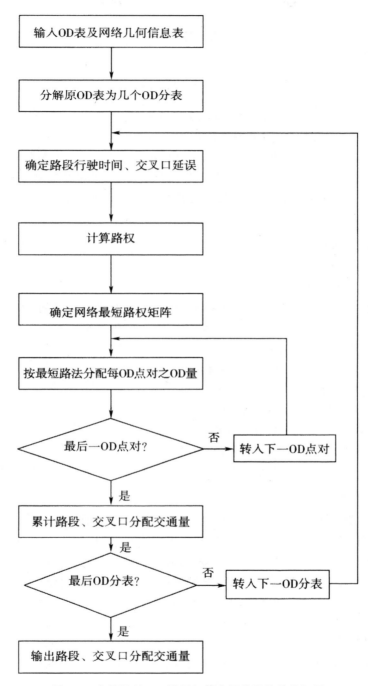

图 8-5　容量限制——增量加载交通分配软件执行图

（2）转移曲线模型法

这种方法主要是利用大量调查资料绘出交通方式分担率与影响因素的关系曲线，从影响因素（如经济收入水平）可以查出对应的交通方式分担率。美、英、加拿大等国均绘有成套的公共交通与私人小轿车的转移曲线。

(3)概率模型法

这种方法主要是以阻抗为概率分析对象而建立的一种交通方式分担模型。概率模型（Logit模型）的计算公式为：

$$P_{ijm} = e^{v_m} / \sum_{m=i}^{n} e^{v_m}$$

式中，P_{ijm}——i,j 区间第 m 种运输方式的分担率；

v_m——第 m 种运输方式的阻抗，用现状交通资料确定。

上述模型法均需现状大量基础资料支持，模型中的阻抗参数、待定系数均依现状资料确定，若模型不能建立则应依据城市交通政策和城市发展的可能性，借用类推原则和专家调查法，选择参照城市确定某种交通方式的发展速率，以定性定量相结合的预测方法确定未来城市交通方式构成。

（二）预测城市客（货）运输量

1.城市客（货）运输量的预测过程

城市客货运输量的预测宜采用定量预测与定性预测相结合的方法进行，并且货运量与客运量应分别进行预测。宜先预测整体总量，后做结构分析，预测工作应按下列程序进行。

(1)收集现状资料、分析客货运特性。

(2)收集未来规划期城市总体规划政策和经济、交通发展方针与指标。

(3)确定预测范围和预测目标。

(4)选择预测方法、确定主要的参数指标。

(5)进行客运量、货运量的预测推定工作。

(6)利用预测运量和运能指标推定车辆保有数量。

(7)对车辆保有量和保有率进行校核评价，最终确定城市客货运量和结构及机动车保有量。

2.城市客（货）运输量的预测方法

(1)运用历史资料，采用移动平均法、指数平滑法等进行中短期的客（货）运输量预测。

(2)分析影响客（货）运输的相关因素，如利用城市人口、国民收入、工农业产值、社会商品销售额等数据进行相关分析，建立回归模型预测客（货）运量。

(3)对大型企业建立投入产出模型进行专项货运预测。

(4)参照有关专家的咨询意见进行统计分析，对客（货）运量做出预测。

(5)借用类似城市的运输指标、增长率、弹性系数等数据建立本城市的定额指标，利用定额指标进行客（货）运量推算预测。

(6)依据城市总体规划政策、城市经济、交通发展方针对城市客货运输的制约和影响度。

(7)依据公式推算城市客（货）运量。

城市客运总量推算公式为：

$$Q = \alpha\beta p(1+\eta)$$

式中，Q——城市一日客流总量（万人次/日）；

α——居民平均日出行次数[次/(人·日)]；

β——大于 5 岁人口的百分率（%）；

p——预测城市常住人口(万人);

η——流动人口百分率(%)。

城市货运总量产值推算公式为:

$$W = \sum_{i=1}^{n} r_i p_i$$

式中,W——城市货运总量(万 t/日);

$r_i p_i$——第 i 种产值量(万元/日)和单位产值产生的货运量(t/万元)。

对采用上述各种方法所得到的初始预测数值要进行汇总整理,通过协调交通运输内部结构关系,协调运量与运能关系,最终确定预测指标。

二、城市交通发展战略

(一)城市交通发展战略的指导思想

(1)贯彻城市总体发展战略规划,从地理区位出发,研究城市的政治、经济、文化和物产特征,进行城市功能的分析和定位,明确城市区域合作范围,构建区域交通网络和城市对外交通体系。

(2)贯彻国家城市交通的技术政策,从运输能力、运输效率和节能环保的角度出发,在大型城市和特大型城市的公共交通建设中提倡发展轨道交通的规划建设。

(3)贯彻以人为本原则,构建和谐文明的城市环境和交通环境。

(4)贯彻科学发展观,建设高效便捷型、节能环保型、安全规范型和公平公正型的交通设施和交通管理体系。

(5)贯彻可持续发展方针,构建多元化、现代化城市交通体系。

(二)城市交通发展战略的基本任务

(1)分析城市发展的背景、条件和制约因素,特别是研究预测城市的发展规模结构和经济水平、人口规模、产业结构等。

(2)综合估测规划期城市交通发展的客货运输总需求,确定交通发展目标水平。

(3)确定城市客货运输的交通方式和交通结构。

(4)确定城市道路网络、交通网络的总体布局及城市对外交通、市内客货运输设施的选址和用地规模。

(5)提出有关交通发展政策和交通需求管理政策的建议。

(三)城市交通发展战略的目标体系

城市交通发展战略规划必须对全局性、基础性的规划项目做出量化规定,明确规划的阶段性和目的性并作为检查评价规划的依据。现选择若干指标作为战略规划的指标体系供参考,具体如表 8-1 所示。

表 8-1　城市交通发展战略指标体系

序号	规划控制指标	单位	目标值	
			一期	二期
1	城市居民人均日出行次数	次/人·日		
2	城市居民单程出行最大时耗	min		
3	城市年客运总量	亿人次/年		
4	城市年货运总量	亿 t/年		
5	城市居民每千人机动车拥有量	辆/千人		
6	城市居民人均道路面积	m²/人		
7	城市道路用地率	%		
8	城市道路主干道网密度	km/km²		
9	城市居民人均公共停车面积	m²/人		
10	道路网总体负荷水平(高峰时)	%		
11	城市居民每千人公共汽车拥有量	辆/千人		
12	城市市区公交线网密度	km/km²		
13	城市年出入境货运总量(铁路、公路、水路、航空)	亿 t/年		
14	城市年出入境客运总量(铁路、公路、水路、航空)	亿人次/年		
15	交通安全指标	死亡人数/万车		
16	交通环境指标,道路 CO 含量	mg/m²		
17	等效声级	dB(A)		

第四节　城市市内交通规划

城市市内交通主要是从事工作、生活和学习的人群日常所需的交通和货运交通,其周转量的大小是随城市人口数量和出行距离成倍增长的。所以,大城市中心区的交通问题要比小城市复杂得多。对城市市内交通进行规划主要从城市的客运交通组织规划、城市货运组织规划和城市道路系统规划三方面入手。

一、城市客运交通组织规划

不管人们出行采用何种交通方式,如徒步、骑自行车、坐小汽车、乘公共交通工具,其表现出的形式都是交通,它们也都是为城市客运服务的,应统称为城市客运交通。城市客运交通是城市市内交通的一个重要内容,对城市客运交通组织进行规划也是城市市内交通规划的一个重要方面。具体来说,城市客运交通组织规划可从以下几方面入手。

（一）城市公共交通规划

作为城市政府直接为市民提供出行服务的一项重要的基础设施,公共交通具有明显的社会公益性质。

1.城市公共交通的类型及客运能力特点

通常情况下,城市公共交通包括一般公共交通(公共汽车和无轨电车)、轨道公共交通(地铁、轻轨、有轨电车)。其中,一般公共交通的服务面最广,且具有在经营良好、服务质量高的情况下安全、迅速、准时、方便、可靠等优点;轨道公共交通具有速度快、对道路上的交通干扰少、舒适、清洁、低噪声、大容量、运输效率高等优点,是大城市和特大城市交通发展的方向。

要对城市公共交通进行规划,必须先了解不同的公共交通方式单向客运能力(表8-2),只有在此基础上才能对其进行科学、合理的规划。

表8-2　公共交通方式单向客运能力

公共交通方式	运送速度/(km/h)	发车频率/(人次/h)	单向客运能力/(千人次/h)
公共汽车	16～25	60～90	8～12
无轨电车	15～20	50～60	8～10
有轨电车	14～18	40～60	10～15
中运量快速轨道交通	20～35	40～60	15～30
大运量快速轨道交通	30～40	20～30	30～60

资料来源:《城市道路交通规划设计规范》(GB 50220—95)。

2.城市公共交通的规划

在分析了不同公共交通方式的特点及其运载能力之后,可从一般公共交通和轨道交通两方面入手进行城市公共交通规划。

（1）一般公共交通的规划

在进行一般公共交通的规划时,应实行"公交优先"的管理模式,充分发挥一般公共交通的主导作用。此外,还可以参照国内外一些大城市的做法,采用开辟公交车专用道、限制小汽车进入市中心区、在公交线路交汇点修建免费停车场等措施,最大限度地发展公共交通,方便居民。在一般公共交通路线的密度上,市中心区应达到3～4km/km²;在城市边缘区应达到2～2.5km/km²。一般公共交通车站的服务半径应达到300～500m。

（2）轨道交通的规划

城市轨道交通分地铁与轻轨两种。在进行地铁规划时,可参照国内外许多大城市的做法,将地铁线路设置于市中心区车站或区间的地下,当线路延伸到近郊时,可采用高架或路堤的做法,以节约投资。在进行轻轨规划时,应注意在信号自动控制和集中高度配合下能保证快速而安全地运送中等运量的旅客运输任务。轻轨交通系统的投资比地铁要少很多,通常每公里行人为地铁的1/3～1/5。

（二）社会车辆客运交通规划

社会客运交通是工矿企业、事业、商业等单位使用的各类大中小型客车交通,有的是单位上下班定时的专用交通车,有的是公务用客车。其特点是数量多、种类复杂、运量小(与公交相比),占城市客运总量的 10%～15%。

由于我国汽车业的快速发展和人民生活水平的不断提高,社会客运交通快速发展,是城市客运交通的一个重要内容。作为私人个体交通工具,想要长期限制其发展,似乎已是不太可能,但在城市的有限空间内,任其发展这种小汽车交通,势必将产生严重后果,这是一对矛盾。因此对其进行近期规划,只能是有控制地增长,并将其有计划地纳入以公共交通为主的城市交通结构中。另外,在考虑城市发展的规划中应充分考虑私人小汽车的发展趋势。

(三)自行车交通规划

自行车具有方便、环保、健康、价廉、易维修、多用途等优点,在我国的持有量非常高,远远超过其他国家。自行车适宜出行距离一般在 6km 以内,是极受欢迎的大众化交通工具。人们选择自行车作为主要出行方式,主要有以下几个原因。

第一,自行车灵活、方便,可以完成门到门出行活动。

第二,道路交通拥挤,公交车速低,不准点,出行时间长。自行车则可以克服这些问题。

第三,公交网布局不完善,个别地区缺乏公交线路连接。

第四,乘公交车大多需要换乘,换乘次数多则耗时也多。

但同时,它在安全性、受天气与季节影响等方面也存在着不足。此外,自行车多在街道两旁人行道上临时停放,大量地占用了有效人行道面积,影响行人的行走空间。因此,如果对自行车交通缺乏有效的规划,过多的自行车将加剧交通拥挤的程度,引发更多的交通事故。

在对自行车交通的规划上,我国许多大城市采取的是引导其向公共交通转移的政策,即不断完善城市道路交通设施,尤其是快速轨道客运系统和地面公交系统,以便使城市居民的长距离的自行车出行逐步转变为公共交通出行。

同时,我国在对自行车交通的规划上,还实施了设置自行车支路、自行车专用道、分离式自行车专用道等措施,以便组成一个能保证自行车连续交通的网络。同时,各地因地制宜,及时制定对策,全面考虑自行车的停放场地,不断完善了自行车交通与公共交通的衔接和换乘,交叉口自行车专用车道等的建设。

此外,将自行车与机动车分离也是对自行车交通进行合理规划的有效办法,这需要在城市主干道和次干道设置自行车专用道或在自行车道与机动车道之间设分隔带或隔离墩。自行车道的宽度应根据调查、预测得出的流量来确定。在交叉口处,如果采用立交,原则上机动车和非机动车应分道行驶;平交路口由于自行车与机动车冲突多,可采取渠化和自行车信号灯管理等措施。

(四)行人交通规划

步行是人类最基本的一种交通方式。人们采用任何交通工具或进行任何目的的出行,其起始点总少不了步行,从而也就出现了行人交通。城市行人交通的形成取决于人们的出行方式,同时与城市的大小、用地布局、城市性质、人们工作及生活习惯和公共交通的方便程度有关。

城市的行人交通设施主要包括人行道、人行横道、人行天桥和地道、步行林荫道和步行街等,此外,盲道、无障碍通道等也属于行人交通的范畴。在对行人交通进行规划时,可参照一般城市的做法,将一条步行带的宽度设置在 0.75m 左右,通行能力应为 800～1 000 人/h。此外,步行道的数量还应考虑高峰小时的行人数量,一般情况下,在城市主干道单侧步行道应不少于 6 条,次干道单侧步行道不小于 4 条,住宅区道路的步行道则不小于 2 条。

此外,由于市中心是步行人流集散的主要地点,步行者常结伴而行,速度慢,持续时间长,人流密度也较大,因此需要设置宽敞的人行道、步行街、步行广场和绿地,以适应步行者的活动。而对外交通的车站、码头等是城市的门户,人流交通换乘的枢纽点,因此需要有较大的广场容纳步行人流和停放多种车辆,同时就近设置公交站点,提供宽敞、便捷、安全的步行道路。

二、城市货运交通组织规划

城市货运交通规划是一项城市干道布局、用地规划和车辆运营管理的综合性规划。对城市货运交通组织进行规划可从以下两方面入手。

(一)货物流动规划

1. 货物流动和运输方式

(1)居民生活供应货物和运输方式

生活必需的食品、燃料、日常用品、家用设备以及生活废弃物等货物的运输量比较稳定,与城市人口成正比。其主要的运输方式为铁路、水运和汽车运输。

(2)工业生产过程中的货物和运输方式

对工业原材料、煤、油等能源,生产加工的零部件、半成品、产品和工业废弃物等货物的运输量,根据工业企业的性质、规模、生产工艺、原材料、能源供应地,以及企业的分布和成品的销售方向等进行统计。主要的运输方式有铁路运输、水路运输和汽车运输。原料矿石、煤炭等长距离的运输中,铁路和水运占较大的比例。零部件、成品在城市中的运输以汽车为主,附加值较高产品的航空运输也在发展之中。

(3)城市建设货物和运输方式

新区开发和旧区改造中各种住宅、公共活动设施、工厂企业、道路桥梁等市政工程建设的工程材料、土方、建筑垃圾等货物的运输量占相当的比例,特别是在城市发展较快的阶段,其运输量的地区分布存在不均衡和多变的特征。就运输方式而言,城市建设货物主要的运输方式为铁路运输、汽车运输、水路运输等。

2. 货运量和平均运距的估算

(1)货运量的估算

货运量是指在单位时间内被运货物的总量。通过调查得到现状货运量,可以分析预测规划期的货运量。

流动货物的种类不同,其货运量的估算也不相同。其中,工业的货运量可以用各种工业产品对原材料、燃料的需要量或用产品的产值(吨/万元)来估算。居民生活货运量可以用每人每年所需的货运量统计。建筑材料的货运量可以用建筑面积量和工程量来进行估算。而对城市的各种运输量的总和与国民经济发展的水平作相关的分析,估算城市居民人均货运量。

(2)平均运距的估算

平均运距是全市各种货物运距的加权平均值,与城市规模、布局以及工厂、仓库、物流中心等主要货源点的分布直接有关。据统计,特大城市的平均运距约 10km,降低平均运距是货运规划中的重要任务。

3. 货运交通网、货运车道数的规划

(1)货运交通网的规划

在规划货运交通网时,应根据现状货流图和规划货流图,组织城市货物运输网络和主要路线,确定货运道路的线型、宽度、净空、交叉口、路面、桥梁等技术参数,作为建设和改造城市道路的依据。

(2)货运车道数的规划

在规划货运车道数时,可以采用车辆饱和度估算。车辆饱和度是行驶在道路上的货运车辆,按行驶时车头间隔一辆接一辆排列时所占用的长度与货运道路提供车道长度之比。货运车道数的最大饱和度不宜超过0.8。

(二)货物流通中心规划

为了充分发挥汽车运输固有的特点,现代交通开始走联合运输的道路。把与交通运输有关的站场、保养维修设施、仓储、加工、包装、批发、商贸以及旅馆等生活服务设施,组合形成综合性的物流交通枢纽,就是货物流通中心。货物流通中心设置在城市外围干道的出入口附近,既能提高运输服务的效率,又可减少进入城市的交通。

货物流通中心的作用,是将各个子系统、各个环节有机地结合在一起,使之充分发挥各自的功能,同时又可兼顾左右、协调发展使货物流通系统达到最佳运转状态。由此可见,货物流通中心不是单一的仓储设施,是集货物流通系统各种功能于一体的一种综合性、现代化的货物集散基地,是现代货物流通系统不可缺少的重要支柱。

在进行货运流通中心的规划时应做到以下几点。

第一,合理布局工业区和工业街坊,对分散的而又有生产联系的工厂加以适当集中以减少生产过程中的半成品和零配件的往返运输。

第二,合理设置货物仓库,运量大的仓库区设在交通条件好的车站码头或交通枢纽附近;小型仓库均衡分布,以缩短运距。

第三,原材料、矿石、燃料需求大的工厂企业应设在交通方便的地区以充分利用水运和铁路运输条件,并减少汽车运输量。

第四,大城市应发展物流中心,物流中心可设在城市环路及运输干道旁,采用综合配货,用集装箱车向市内超级市场、大型百货公司供货,以提高运输效率,减少运输车次。

三、城市道路系统规划

(一)城市主干道规划

主干道,是城市道路系统的骨架,主要承担中心城区各功能分区之间的交通,联系城市交通枢纽和全市性公共场所等,以交通功能为主,为城市主要客货运输路线,一般红线宽度为35~60m。

1. 城市主干道的作用

城市主干道以交通功能为主,即为城市交通源如车站、码头、机场、商业区、厂区等之间提供通畅的交通联系。它的规划、布局对城市道路网形式和功能的发挥起着决定性的作用。除交通功能外,城市主干道还应有以下一些功能。

第一,构成城市各种功能区。城市主干道的修建,使周围土地的可达性增强,有利于各种功能区开发利用。另外,由主干道围成的地区,形成相对完整的生活区,可能是某些人如老人、主妇、小孩等一日的生活范围。

第二,布设地上、地下管线的公共空间。城市主干道也是城市的主要开阔地,其沿线一般会还布设电力、燃气、暖气、上下水管道干线等设施。因此城市主干道的规划应同以上各种管线的规划及大城市的地铁线路规划综合进行。

第三,防灾。灾害发生时,城市主干道可起到疏散人群和财产、运送救援物资及提供避难空间的作用,还可以阻止火灾的蔓延。

2. 城市主干道的规划

不同的城市,应根据本身的特点和问题,制订出适合本市的主干道规划。城市主干道应与城市的自然环境、历史环境、社会经济环境、交通特征和城市总体规划相适应,为做到这一点,应经过全面深入的调查和分析工作。

第一,规划前的综合性调查。调查的内容包括人口、产业调查,交通现状调查,用地现状调查及城市规划调查,依此确定规划的基本方针,提出若干比较线路。

第二,线路调查。在完成了综合性调查之后,应在分析调查结果的基础上,对不同比较线路进行深入调查,掌握拆迁的难度和拆迁量,土地征购面积等,同时还要掌握建设费用、投资效益和道路周围用地环境。再根据线路调查结果,对不同线路进行比较,制订出规划方案。

第三,定性分析。作为城市交通的动脉,在城市主干道的规划线路定线时一定要突出其交通功能,应拟订较高的建设标准。同时,由于城市主干道一般较宽,道路上车速高,主干道之间多采用立体交叉,因此主干道的布置应避免穿过完整的功能区,以减少城市生活中的不便和横过主干道的人流和车流对主干道交通的干扰。

此外,在进行城市主干道的规划时,还应与自然地形相协调,在路线工程上与周围用地相配合,减少道路填、挖方量。否则,不但会因土方工程量的增加而耗资,也不利于道路两侧用地开发,视觉上更不美观。在城市主干道的规划设计中,要使线路尽量避开难以迁移的结构物,充分利用原有道路系统,减少工程造价。

（二）城市次干道和支路规划

次干道,为主干道之间的辅助交通路线,分布在城市各区域,也称区干道。其功能是分散主干道的交通与承担区域内主要交通运输和客运,一般红线宽度为25~40m。支路(街坊道路),包括居住地区道路和街区内部的街道,是联系次干道和居民区、工业区、商业区、公用设施用地的纽带,而且还是划分城市街区的基本因素。支路一般红线宽度为12~15m。

城市次干道用于联系主干道,与主干道结合组成道路网并作为主干道的辅助道路(起集散交通的作用),设计标准低于主干道;支路则为各街坊之间的联系道路,并与次干道连接,设计标准低于次干道。

虽然城市次干道和支路并非像主干道一样是城市交通的主动脉,但它们所起的作用却类似于人体的支脉和毛细血管,只有通过它们,主干道上的客、货流才能真正到达城市不同区域的每一个角落;主干道上的交通流也靠它们汇集、疏散。因此,在进行城市道路系统的规划时,也不能忽视城市次干道和支路的规划。

在规划城市次干道和支路时,由于其主要解决分区内部的生产和生活活动需要,因而交通量要小一些,车速也较低,交通功能没有主干道那样突出,在规划时应在其两侧布置为城市生活服务的大型公共设施,如商店、剧院、体育场等。城市次干道和支路与主干道一样为城市提供公共空间,起着各种管线的公共走廊和防灾、通风等作用。

(三)城市快速路规划

城市快速路是在城市干道基础上发展起来的一种城市道路类型。它一般应用于特大城市。在特大城市里,市区土地利用率的不断增高,人口密度加大,经济活动和生活出行强度的提高,使得原有道路体系不断受到交通需求增长的冲击,加之市区面积越大,跨市中心区的交通受到市中心道路通行能力的束缚越严重,使市区内和市区对外交通的联系受到削弱,限制了城市的发展。在此背景下,产生了一种新的道路体系,即城市快速道路,它是用来保证城市生活能适应现代化的节奏的。因此,城市快速路的特点是要求汽车的行驶不能人为中断(行人过街、信号灯、路口警察指挥等),当然,发生交通事故等类似情况时警察采取管理措施除外。简言之,城市快速路的交叉口一般要做立交,保证道路交通的连续和快速。

城市快速路与城市干道规划的要求一样也必须同城市的用地功能布局、自然条件及城市其他规划和对外交通相配合。从某种程度上讲,城市快速路要向城市交通提供较高的可靠度。因此,在这个意义上,快速路不同于干道,它不仅要连接主要的分区,还要使交通不间断地运行,对其予以规划应符合以下几方面的要求。

第一,道路横断面布置要接近高速公路标准,对不同方向的交通流和不同的交通方式必须进行隔离。

第二,快速路要严格限制横向交通的干扰(包括机动车、非机动车和行人),与其他快速路及主干道相交时,必须采用立交,只允许有少量的合流和分流车辆存在。

第三,纵断线形要保证在高速行车允许范围内,在凹型曲线底部要有充分的排水设备从而保证道路不积水。

第四,城市快速路的计算行车速度为 60~80km/h,道路平面线形要满足高速行驶的要求,因此在选线时,要避免过多的曲折。

第五,与城市整体路网配合,使车辆能通顺地进出快速路网。

第六,选择恰当的立交形式,避免由于立交通行能力的限制而影响汽车的运行,降低快速路网的标准。

第七,规划足够的车行道宽度,以适应发展需要。

第八,在建设规划过程中,还要注意与之配套的服务设施及道路标志的完善,使城市快速路的服务质量真正达到高水平。

从现实情况来看,最常见的城市快速路便是地铁和轻轨。

1.地铁的规划

地铁运量大、速度快,且在地下运行(国外有时地铁也在地面上行驶与地上铁路连网),有自己专用轨道,享有绝对路权,没有其他交通干扰,是另一种城市快速连续交通运输形式。建立和完善地铁网能够在很大程度上缓解地面交通的压力,其快速、准时的优势是地面交通无法相比的。

在进行地铁规划时,应认真考虑远景的交通需求,要有系统、全面的观点,应和地面道路规划相配合,特别是建设初期的地铁,只有与其他交通方式很好的结合,才能发挥其作用。

2.轻轨的规划

轻轨运输灵活,可以布置在城市一般街道上。与公共汽车相比,它有自己的轨道,在交叉口享有优先权,运量比公共汽车大得多,而且更加快速、准时。

在进行轻轨的规划时,可以根据地区特点进行具体规划(表 8-3)。

表 8-3　城市轻轨车和新交通系统的规划

地区特点	市中心	原有市区	新建市区(新市)
1.路线性质	连接市中心和主要火车站,作为支线服务	1.连接相连的市区和主要火车站 2.连接市区一部分和附近的火车站	连接新市和附近的火车站
2.路线的作用,引入的动机	1.处理市中心行人交通 2.缓和市中心的车辆交通集中问题 3.发展市中心经济	1.缓和原有市区、原有住宅区的交通条件 2.缓和道路拥挤 3.形成城市基干交通轴线 4.代替原有交通工具 5.发展地区经济	1.保证新市及周围地区交通 2.形成新市的象征
3.模式	——	1.连接市中心及原有市区 2.原有市区连在一起	1.独立型 2.内含型

(四)城市道路宽度的规划

城市道路宽度有路幅宽度与道路总宽度两种含义。城市路幅宽度控制线的范围,亦即道路红线的宽度,是道路横断面中各种用地宽度的总和,它包括车行道(机动车道和非机动车道)、人行道、分隔带和道路绿化带。道路总宽度也称道路红线宽度。

在对城市道路宽度进行规划时,应根据城市的性质、规模和道路系统规划的要求,并综合考虑交通量(机动车、非机动车和行人)、日照、通风、管线敷设以及建筑布置等因素确定道路的宽度。如表 8-4 就是机动车车道的道路宽度。此外,城市道路宽度的确定应远近结合,统筹安排,适当留有发展余地。

表 8-4　机动车车道宽度

车型及行驶状态	计算行车速度/(km/h)	车道宽度/m
大型汽车或大、小型汽车混行	≥40	3.75
	<40	3.50
小型汽车专用线	——	3.50
公共汽车停靠站	——	3.00

（五）城市道路网的规划

1.城市道路网规划的要求

作为城市的骨架，城市道路网在很大程度上决定着一个城市的发展方向及其发展规模，并对城市的活动和生活、工作环境影响很大，如果路网布局不合理，不仅会引发一连串的交通问题，还会对城市的电力、通信、燃气、上下水等基础设施和地铁、轻轨等的设置产生影响。因此，进行城市道路网规划是城市道路系统规划的重要内容。而在规划城市的道路网时，需要满足以下几方面的要求。

（1）城市的道路网应与城市的历史风貌、自然环境相协调

城市道路网规划作为城市规划的重要内容，一定要注意与历史遗迹和自然条件相协调，从而创造出和谐、自然的城市气氛，增强欣赏价值，保护城市特有的文化资源。

（2）城市的道路网应与城市总体布局和区域规划相配合

城市路网要服务于城市活动，这个关系不能倒置，因此，交通的最优并不是城市规划的最终目标。城市道路网规划，要在原有路网的基础上，根据现状和未来需求进行，特别要根据未来交通体系及城市结构，促进城市总体功能的发挥。

城市生产、生活中的许多活动是超出市界的，城市对外交通的畅通与否，直接影响着城市的经济发展。因此，路网规划中必须处理好城市对外交通与市内交通的衔接问题，达到包括市际交通干道、市内快速路、城市主干道在内的区域道路网的协调配合。

（3）城市的道路网应与城市的规模、性质相适应

原则上讲，城市的道路网应与城市的规模相适应。大城市要求有城市高速路网体系及主干道形成的道路网骨架；中等城市一般不需要高速路网体系，但要有主干路骨架，配以次干道和支路形成整个路网；小城市路网主要由次干道及支路组成。

除了城市规模之外，城市道路网也应与城市性质相适应。工业性城市要求道路网提供快速、便捷的交通服务；旅游性城市的道路网要求赏心悦目，环境优美；一般性城市要求安静、舒适；商业性城市最好规划一些步行街，以方便购物，商业网点之间的交通联系则要便捷、通畅。

（4）城市道路网与城市地形特点和土地开发利用相结合

从工程的角度看，城市道路网的建设应充分利用有利的地形条件。城市中的各个组成部分，无论是住宅区、商业区或者工业区，都要有较好的交通可达性，所以城市道路网规划一定要与城市用地布局紧密结合。

2.城市道路网规划的内容

（1）城市道路网的密度规划

城市道路网建设水平主要以道路网密度来衡量。道路网密度是指建成区内道路长度与建成区面积的比值（道路是指有铺装的宽度 3.5m 以上的路，不含人行道），单位为 km/km²。各城市一般道路网密度规划指标如表 8-5 和表 8-6 所示。

表 8-5　大中城市道路网规划指标

项　　目	城市规模与人口/万人		快速路	主干道	次干道	支路
道路网密度 /(km/km²)	特大城市	＞200	0.4～0.5	0.8～1.2	1.2～1.4	3～4
	大城市	≤200	0.3～0.4	0.8～1.2	1.2～1.4	4～6
	中等城市		—	1.0～1.2	1.2～1.4	6～8

表 8-6　小城市道路网规划指标

项　　目	城市人口/万人	干道	支路
道路网密度/(km/km²)	＞5	3～4	3～5
	1～5	4～5	4～6
	＜5	5～6	6～8

资料来源:《城市道路交通规划设计规范》(GB 50220—95)。

一般情况下,城市道路网的密度越大,其交通的通达性越强,但若道路网密度过大,则其交叉口间距过小,交叉口过多反而使车速和通行能力降低。确定城市道路网密度可借用以下公式:

$$道路网密度\ \delta = \frac{\sum l}{\sum F} = \frac{某类道路中心线总长度}{城市用地面积}\ (km/km^2)$$

此外,《城市道路交通规划设计规范》建议快速干道、主干道、次干道和支路网络大致的比例为 1∶2∶3∶6,即快速干道和主干道占用少量的城市用地,承担半数以上的机动车流量,成为道路容量的决定因素;次干道和支路覆盖面广,主要起集散车流的作用,承担少量的机动车流量。

对于新建和在建的城市、中心城区和商业区,规划应适当增加道路密度,道路间距以 300～400m 为宜。居住区除小区道路外,其主要道路间距以 400～500m 为宜。城市的工业区一般布置在城市外侧,其道路间距可达到 600m,有些地区可放宽到 700m 左右。

(2)确定城市干道网形式

交通的发展是应城市的形成和发展而生的,道路网络是联系城市和交通的脉络。城市道路网络布局是一个城市的骨架,是影响城市发展、城市交通的一个重要因素。我国现有路网的形成,都是在一定的社会历史条件下,结合当地的自然地理环境,适应当时的政治、经济、文化发展与交通运输需求逐步演变过来的。现在已形成的城市干道网有多种形式,一般将其归纳为四种典型的路网形式:方格网式、环形放射、自由式和混合式。

方格网式又称棋盘式,是最常见的一种道路网类型,它适用于地形平坦的城市。用方格网道路划分的街坊形状整齐,有利于建筑的布置,由于平行方向有多条道路,交通分散,灵活性大,但对角线方向的交通联系不便,非直线系数(道路距离与空间直线距离之比)大。采用典型方格网路网布局的城市,如西安(图 8-6)、北京旧城,还有其他一些历史悠久的古城,如洛阳、山西平遥、南京旧城等。

方格网式布局整齐,有利于建筑布置和方向识别;交叉口形式简单,便于交通组织和控制。但其道路非直线系数较大,交叉口过多,影响行驶速度。完全方格网的大城市,如果不配合交通管制,容易形成不必要的穿越中心区的交通。一些大城市的旧城区历史形成的路幅狭窄、间隔均匀、密度较大的方格网,已不能适应现代城市交通的要求,可以组织单向交通以解决交通拥挤问题。方格网式的道路也可以依地形条件弯曲变化,成为变形方格网。

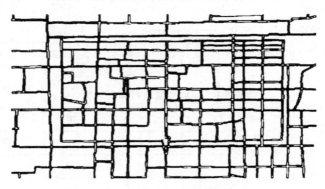

图 8-6　西安城墙内路网布局图

环形放射式路网多见于欧洲以广场组织城市中心的规划手法,最初是几何构图的产物,多用于大城市。这种道路系统的放射形干道有利于市中心同外围市区和郊区的联系,环形干道又有利于中心城区外的市区及郊区的相互联系,在功能上有一定的优点。但是,放射形干道容易把外围的交通迅速引入市中心地区,引起交通在市中心地区过分的集中,同时会出现许多不规则的街坊,交通灵活性不如方格网道路系统。目前,这种路网结构的原始形式已经越来越不适应城市的发展,随着城市及其发展速度的不同,路网的形式也在不断的发展中。但是环形放射式路网作为一种路网的基本形式,对我们进行城市规划、路网评价等的研究都具有重要的意义。具有环形放射式路网的典型城市在国内有天津、成都(图 8-7)等;国外的莫斯科、巴黎也是这种典型路网城市的代表。

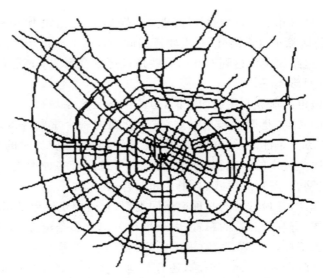

图 8-7　成都市中心城区综合路网规划图

应注意的是,环形放射式路网的环形干道容易引起城市沿环路发展,促使城市呈同心圆式不断向外扩张。为了充分利用环形放射式道路系统的优点,避免其缺点,国外一些大城市已将原有的环形放射式路网调整改建为快速干道系统,对缓解城市中心的交通压力、促使城市转向沿交通干线向外发展起了十分重要的作用。

自由式路网以结合地形为主,道路弯曲无一定的几何图形。我国许多山区城市地形起伏大,道路选线时为减少纵坡,常常沿山麓或河岸布置,形成自由式道路网。这种类型的路网没有一定的格式,变化很多,非直线系数较大。如果综合考虑城市用地的布局、建筑的布置、道路工程及创造城市景观等因素精心规划,不但能取得良好的经济效果和人车分流效果,而且可以形成活泼丰富的景观效果。国外很多新城的规划都采用自由式的道路系统。美国阿肯色州1970年规划的新城茅美尔,城市选在一片丘陵地,在交通干道的一侧布置了工业区,另一侧则结合地形、河湖水面和绿地安排城市用地,道路呈自由式布置,形成很好的居住环境;我国山区和丘陵地区的一些城市也常采用自由式的道路系统,道路沿山麓或河岸布置,如重庆就采用了典型的自由式路网(图8-8)。青岛、珠海、九江等城市均属于临海(江、河)城市,顺着岸线建城使得道路的选线受到很大的限制,同样也形成了自由式路网。自由式路网一般适于一些依山傍水的城市,由于地理条件受限而形成的。

图 8-8 重庆市路网布局图

由于历史的原因,城市的发展经历了不同的阶段,在这些不同的发展阶段中,有的发展区受地形条件约束,形成了不同的道路形式,有的则是在不同的规划建设思想(包括半殖民地时期外国的影响)下形成了不同的路网。在同一城市中存在几种类型的道路网,组合而成为混合式路网。混合式路网是上述三种路网形式的结合,它既发扬了各路网形式的优点,又避免了它们的缺点,是一种扬长避短较合理的形式。随着现代城市经济的发展,城市规模不断扩大,越来越多的城市已经朝着这个方向发展。如北京(图8-9)、成都、南京等城市就是在保留原有路网的方格网基础上,为减少城市中心的交通压力而设置了环路及放射路。而无锡、温州等城市也是结合地势综合运用了方格网、自由式和放射式等多种路网形式而形成"指状""团状"等综合的路网形式。混合式路网布局一般适于大城市或特大城市,混合式路网的合理规划和布局是解决大城市交通问题的有效途径,但是如果交通规划不合理、交通管理不科学都会引起新的交通问题。

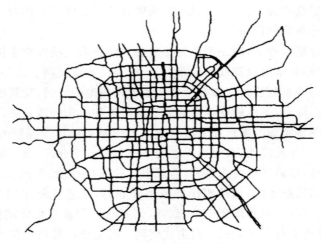

图 8-9　北京路网布局图

3.城市道路网规划的步骤

(1)现状调查,资料准备

需要进行调查的资料有以下几方面。

第一,城市用地现状和地形图,包括城市市域范围和中心城区范围两种图,比例尺分别为1/25 000(或 1/50 000)和 1/10 000(或 1/5 000)。

第二,城市发展资料。包括城市发展期限、性质、规模,经济和交通运输发展资料。

第三,城市交通现状调查资料,包括城市机动车、非机动车数量统计资料,城市道路及交叉口的机动车、非机动车、行人交通量分布资料。

第四,城市布局、城市土地使用规划方案。

(2)确定规划方案的方法

可参考已有的各种城市交通规划方法,再根据地区特点、时间、费用等条件来选择。

(3)资料的调查与分析

用以明确现状及存在的问题,为规划提供必要的依据。

(4)预测

根据调查的数据和资料,预测未来的交通现象或道路各种功能的发挥程度。主要的预测工作是交通量的生成和分布及对交通工具分阶段进行分配。

(5)确定规划建设水平

根据预测的需求,确定城市道路设施提供的数量和质量,主要控制指标为路网密度、道路负荷度、交通事故数量减少的比率、出行时间缩短率等。建设水平可根据地区性质、财政能力、居民要求等制订,同时,应注意建设水平随社会发展而变化。

(6)制定城市道路网规划初步方案设计

针对现状存在的交通问题,考虑城市发展和用地的调整,从"骨架"和"功能"的角度提出初步规划方案。

(7)修改道路系统规划方案

根据土地使用规划、相关交通规划的方案修改道路网规划,并对道路的红线、横断面、交叉口等细部进行研究,提出道路网规划设计及重要交通节点的设计方案,考虑其经济合理性。

（8）绘制道路网规划图

道路网规划图包括平面图及横断面图。平面图要标出城市主要用地的功能布局,干道网中心线线形控制点的位置、坐标及高程,交通节点及交叉口的平面形状规划方案,比例尺为1/20 000至1/5 000。横断面图要标出道路红线宽度、断面形式及标准断面尺寸,比例尺为1/500或1/200。

（9）编制道路网规划文字说明

根据上述规划研究的成果,编写道路网规划说明书。

（10）评价

根据预测和比较方案的对应关系,判断是否符合规定的建设水平。除考虑交通因素外,还应从环境、防灾、城市公用设施和财政等方面予以评价。评价过程需要反复,直到达到规定的建设水平。

（六）城市停车场的规划

停车设施是城市道路交通建设的一个重要内容,停车问题得不到解决,路边则会有过多的停车而造成交通拥挤甚至阻塞;由于找不到停车泊位造成生活不便和用地功能难以发挥。因此,每一个城市都应根据交通政策和规划、土地开发利用规划等制订出适合本市停车需求的停车场规划。

1. 停车场的类型

按照不同的分类标准可以将停车场分为不同的类型。

（1）按服务类型分

第一,社会停车场,也称公共停车场,是为从事各种活动者提供泊车服务的停车场所,大多分布在城市商业区、城市出入口干道过境车辆停车需求集中的区段,以及换乘点附近,如地铁出入口等。

第二,配建停车场,是指大型公用设施或建筑物配套建设的停车场所,主要为与该设施业务活动相关的出行者提供停车服务,一般占据城市停车泊位供应总量的70%以上,是城市机动车停车设施供应的主体。

第三,专用停车场,是指具有专门指向性特征的停车场所。

（2）按停车种类分

第一,机动车停车场,是指停放机动车的场所。

第二,自行车停车场,是指停放自行车的场所。

（3）按停车形式分

第一,路边停车场,是指在道路红线范围内,道路的一侧或两侧,按指定的区间内设置简单、方便的停车场所,但占用一定的道路空间,对行车有干扰,不恰当的设置可导致交通阻塞的停车场所。

第二,路外停车场,是指在道路红线范围以外的规模较大,有配套设施,如排水、防水设备、修理、安全、休息、服务等设施的停车场所,包括建筑物周围的停车场及地下车库、楼式停车场等。

2. 停车场规划的总体要求

停车场的规模同停车需求的最大集中量、场地供应的可能性、建设的经济性、使用效率、管理方便性、集中疏散的时间和交通组织是否满足等方面的因素有关。停车场的设置应结合城市规划布局和道路交通组织需要,力求均衡分布。停车场应尽量布置在所服务的主要公共建筑设施附近;为减少外地车辆对城市所增加的交通压力,应在城区边缘地带及在进出城区的几个主要方向的道路附近设置大型停车场;对大量人流、车辆集中聚散的公共活动广场、集散广场宜按分类原则适当分散安排停车场地。另外,为避免造成交通组织的混乱,停车场的出入口宜设在次干道上,设在主干道上的出入口应远离交叉口。

3.两种常见类型的停车场的规划

(1)机动车停车场的规划

机动车停车场的规模一定要符合实际,过大则浪费,过小则不解决问题。为确定机动车停车场的合理规模,必须要做一系列调查工作,确定停车的总量、停车时间长短,进而推算出车位利用率等。具体涉及以下几个方面。

第一,停车现状调查。包括现状的路边停车和路外停车的停车地点、停车数量、车种、到达时间和离去时间等。

第二,停车场使用者调查。包括停车目的、停车后步行时间、车种、到达和离去时间、使用频率等。

第三,停车场附近道路的交通现状调查。主要为干道的各方向交通量等。

第四,停车场周围的环境调查。主要为建筑种类、规模等。

在对停车场周围环境及道路状况、使用人群调查的基础上,需要运用一定的方法来计算停车车位需求量,以确定停车场的规模。具体如表8-7所示。

表8-7 停车位需求量计算方法分类

方法	需调查的内容	预测方法	备注
趋向法	路外、路上实际停车状况调查	依据发展趋向进行推算	适用于土地利用已定向的小规模区域
原单位法	各种用途的建筑物占地面积路外、路上实际停车状况调查(用预测方法1时)	1.按占地面积原单位法 2.按不同用途地区的原单位法(商业地区、居住地区)	适用于交通工具、道路网不变化的地区,土地利用规划必须已确定
汽车OD调查法	汽车OD调查路外、路上实际停车状况调查(用预测方法1时)	1.汽车OD调查适用于按OD量与停车量的相关式来预测交通量 2.把将来区内交通量和区外交通量之和当作停车需要量	适用于土地利用变化比较大的地区
客流量调查法	客流量调查路外、路上实际停车状况调查(用预测方法1时)	1.客流量调查适用于用OD量与停车量的相关式预测将来交通量 2.把将来区内交通量和区外交通量之和当作停车需要量	适用于交通工具分担、交通环境、土地利用变化大的地区

需要注意的是,停车车位需求量计算是停车场规划的主要内容,不同规模的商业区、大饭店、娱乐设施(体育场、剧院)等都应有与其相应的停车场。

在进行机动车停车场规划时,还应注意以下几方面。

第一,停车场与周围道路的连接要顺畅,并且不能超过其通行能力。

第二,保证停车场经营管理的可行性。

第三,与其他设施规划相协调。

第四,促进周围土地的合理开发。

第五,保障行人的安全。

（2）自行车停车场的规划

我国目前城市中普遍存在的一个共同问题是自行车的数量大,但停车场地奇缺,尤其在市中心区和商业区,由此造成自行车到处乱放、妨碍交通、威胁行人安全、影响市容的整洁。因此,进行自行车停车场的规划,已成为整治城市交通的一项重要工作。

在进行自行车停车场的规划时,需要遵循以下几方面的原则。

第一,自行车停车场的位置要尽量靠近所服务的公共设施,减少停车后的步行距离。大型的商店和文化设施,在其四周尽可能都设置停车场,减少不必要的绕行和穿越交通干道。

第二,在城市中应分散多处设置自行车停车场,方便停放,尽量利用人流稀少的街巷或空地。

第三,自行车停车场内交通组织合理,进出方便。

第四,自行车停车场有良好的安全防护设施,大型的、固定的停车场应有车棚,做到防盗、防雨、防晒、防火。

除了以上原则之外,自行车停车场的规划还与停车数量及周围用地性质、规模有关,大的商业区、大型文化娱乐设施和大型公交换乘枢纽等处都会有较大的自行车停放量。而停车车位的多少不仅与停车总量有关,也与车位利用率或平均停车时间和集中停车强度有关。一般情况下,上下班换乘公交的停车时间较长,购物则稍短。所以同样的停车总量,处在不同位置,自行车停车场的大小要求是不一样的。

（七）城市道路横断面的规划

在垂直道路中心线方向上所作的竖向剖面称为道路横断面。城市道路横断面由车行道、人行道和绿化带等部分组成。在满足交通、环境、公用设施敷设以及排水要求的前提下,经济合理地确定各组成部分的宽度及相互之间的位置与高差,是道路横断面规划与设计的主要任务。

总体上来说,城市道路的横断面形式,基本上可以概括为一块板、两块板、三块板和四块板四种。

1. 一块板

车行道上不设分车带,以路面划线标志组织交通,所有车辆都在同一条车行道上双向行驶的称为一块板（图8-10）。一块板适用于机动车交通量不大,非机动车交通量小的城市次干道、大城市支路以及用地不足、拆迁困难的旧城市道路。

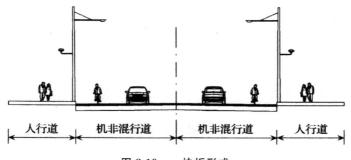

图 8-10 一块板形式

2.两块板

由中间一条分隔带将车行道分为单向行驶的两条车行道的称为两块板（图 8-11）。适用于单向两条机动车车道以上，非机动车较少的道路。城市快速干道和郊区风景区道路或横向高差大的路段多采用两块板形式。

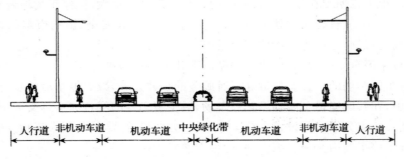

图 8-11　两块板形式

3.三块板

有两条分隔带，把车行道分成三个部分的称为三块板。中间为机动车道，两旁为非机动车道（图 8-12）。三块板适用于道路红线宽度较大（一般在 40m 以上）、机动车辆多（需要≥4 条机动车道）、行车速度快以及非机动车多的主干道。

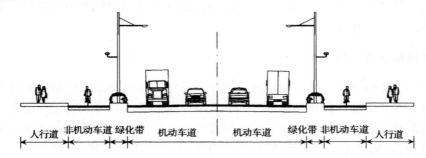

图 8-12　三块板形式

4.四块板

用三条分车带使机动车分流、机非分隔的道路称为四块板。适用于机动车车量大、速度高的快速干道，两侧为辅道（图 8-13）。四块板也可用于中、小城市的景观大道，以宽阔的分隔带和机非绿化带衬托。

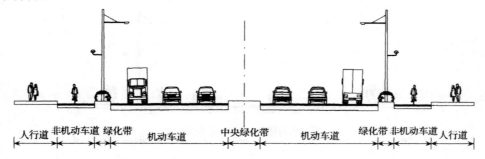

图 8-13　四块板形式

相比之下,三块板和四块板两种形式的道路横断面对交通流的渠化比一块板和两块板两种形式要好;行进中车辆之间干扰小,适于高速行驶。因此,城市主干道建议采用四块板形式或三块板形式加中间分隔物(栏、墩等)这样的高标准横断面。道路分幅多,道路红线一般较宽,在交通量不大的次干路,尤其是支路上,没有必要采取此种断面形式。考虑用地的经济和方便生活两个因素,支路的形式以一幅路为佳。

此外,在对城市道路横断面进行规划时,还应参考道路的性质。例如,交通性道路主要是满足交通要求,双向交通量比较均匀且车速较快。此类道路一般采用两块板的形式。而生活性道路主要是满足居民日常的生活出行,行人较多,需要宽裕的人行道空间,可采用一块板或两块板的布置形式。至于在用地困难、拆迁量较大的地段以及出入口、人流较多的商业性街道,单方向交通量集中、交通量大的道路可优先考虑一块板形式。

总之,城市道路的横断面规划要考虑近远期结合的要求,以便适应城市交通运输不断发展的需要。道路横断面的设计既要满足近期建设要求,又能为向远期发展提供过渡条件,近期不需要的路面不应铺筑。新建道路要为远期扩建留有余地,备用地在近期可加以绿化。对路基、路面的设计,应考虑远期仍能充分利用为原则。

(八)城市旧城道路系统的规划

旧城道路在建设时受当时条件和观念的限制,目前看来都显狭窄,道路曲折,视线不良,山城道路存在陡坡急弯,通行能力不能满足现状需求。同时,旧城道路两侧商业化严重,行人密度高,交通干扰大,缺乏停车设施,路边停车严重,使原本就狭窄的街道更显拥挤。此外,有些旧城道路过于狭窄,无法供机动车通行,因此公共汽车也无法服务这些区域,造成交通不便。

可见,进行城市旧城道路系统规划具有很强的紧迫性。从区位特点上来看,旧城区建筑密度高,道路改建工程会有很大的拆迁量,而且工程难度大,耗资也多。因此旧城道路系统的改善更应经过充分调查分析后,才能制订有针对性的实施规划。

在对城市旧城道路系统规划时可从以下几方面入手。

第一,做好交通调查。主要查清旧城区内机动车、非机动车和行人的流量及其分布规律,分析现存的问题和未来需求。

第二,明确改建目的,确定改建规模。保证交通的通畅和交通安全仍是道路改建的首要目的。旧城道路系统的改善,应结合城市路网的总体规划进行,充分利用原有道路设施,使改建后的道路能成为城市路网中的有效部分。

第三,妥善安排道路两侧土地开发利用,创造良好的交通环境。如果道路改建成城市主干道,则道路两侧就要尽量避免分布大型商场等设施;如果道路扩建规模很大,则道路的拓宽与土地重新利用规划往往要同时进行,只有道路周围土地使用与改建后的道路相协调时,整个规划才算是合理的;如果道路扩建规模不大,拆迁工程量尽可能安排在道路的一侧,既方便、经济,同时也保留了城市原有的建筑风貌。

第四,做好旧城道路系统中的交叉口的治理。旧城街坊细碎,交叉口多,这是导致旧城区内交通拥挤和阻塞的主要原因之一。对交叉口进行适当处理,包括采取交通组织和工程措施,如封闭一些次要路口,转移公交线路,拓宽路口,增设左、右转弯车道,修建行人过街天桥、地道等,可有效缓解以上情况。

第五,应特别注意旧城道路体系中机动车与自行车停车场的规划。不但要在新的土地开发规划中充分考虑停车场的用地,而且在旧城中凡新建大型商业、娱乐等服务设施和文化设施处,都应建上与之相应的机动车与自行车停车场。

在规划好城市旧城道路系统之后,也要加强对旧城路网的管理,只有这样才能使其发挥良好的效果。一般情况下,对改造完善后的城市旧城道路系统进行管理的方法有以下几种。

第一,控制街道两侧的商业化规模,使行人等对车辆的干扰限制在最小范围内。

第二,定时限制某些交通方式的运行,如市中心区,把货运交通安排在全日高峰时间之外,缓解交通拥挤的局面。

第三,对与主干道相交过多的交叉口,适当进行合并、封闭,确保干线交通的通畅。

第四,对难以拓宽安排对向机动车行驶的街坊道路,可以考虑建立单行线系统,以此充分利用现有道路,减少路口左转车辆对交通的干扰。

第五,健全道路交通信号和标志,做好交通渠化工作。

总之,旧城道路系统的改建是一个涉及面很广的问题,它必须与城市道路规划和用地规划相配合,同时工程手段和管理手段相结合,方可产生良好效果。

(九)城镇专用路的规划

1.城镇自行车交通的规划

一般情况下,城镇自行车交通规划的目的是引导和吸引自行车流驶离快速的机动车流,在确保安全的前提下,发挥其最佳车速。良好的自行车交通规划应具备以下几个方面。

(1)建立分流为主的自行车交通系统

首先,调查和分析该城镇的自行车情况,了解其出行流向、流量、行程、活动范围等基本资料。

其次,对所调查的资料进行汇集,并绘出本城镇自行车流向、流量分布图。

再次,以最短的路线规划出相应的自行车支路、自行车专用路、分流式自行车专用车道(三块板断面或设隔离墩)、自行车与公交车单行线混行专用路(画线分离)。

最后,标定街道横断面上的位置和停车场地,组成一个完整的自行车交通系统,确保自行车流的速度、效率和安全。

(2)确定本城镇合理的自行车拥有量

这就需要规划者根据城市现有的自行车数预测其发展速度趋近于饱和的年份,并预测部分自行车转化为其他交通方式(摩托车、微型汽车)的可能性。一般情况下,当骑自行车率下降到30%左右,公交车的客运量就占主导优势。这时,自行车也就成为区域性的交通工具。

(3)在交叉口上进行最佳的通行效应处理

规划者应在交叉口上利用自行车流成群行驶的特征可按压缩流处理,即在交叉口上扩大候驶区,增设左转候驶区,前移停车线;设立左、右转弯专用车道,在时间上分离自行车绿灯信号(约占机动车绿灯信号的1/2),在空间设置与机动车分离的立交式自行车专用道等,实现定向分流控制,以取得在交叉口上最佳的通行效应。

2.步行交通的规划

(1)人行天桥或地道规划

人行天桥(或地道)是步行交通系统重要的联结点,它保证步行交通系统的安全性与连续性。在城市中车速快、交通量大的快速路和主干道上,行人过街应不干扰机动车。在建立人行天桥或地道时,要充分结合地形、建筑物、地下人防工程、公交站点,并将它们组成一体。如佛山市在城门头建了与四周环境结合得很好的地下步行广场,很受市民欢迎。香港的中环和湾仔地区将简单的人行天桥与建筑物、公交车站和地形结合起来,发展成为一个有六条高架步行道组成的步行系统,也取得了较好效果。

(2)步行街规划

步行街是步行交通方式中的主要形式,其类型可有以下几种。

第一,公共交通步行街。公共交通步行街是对完全步行街所作的改进,允许公共交通(汽车、电车或出租车)进入,并保持全城公共汽车网络系统的完整。它除了布置改善环境的设施外,还增加设计美观的停车站。这类步行街仍有车行道、人行道的高差之分。通常将人行道拓宽,把车行道改窄,国外甚至有将车行道建成弯曲线型,以减低车速。

第二,完全步行街。完全步行街,又称封闭式步行街。封闭一条旧城内原有的交通道路或在新城中规划设计一段新的街道,禁止车辆通行,专供行人步行,设置新的路面铺筑,并布置各种设施,如树木、坐椅、雕塑小品等,以改善环境,使人乐意前往。如巴尔的摩的老城步行街,我国的合肥城隍庙、南京夫子庙和上海城隍庙等。

第三,地下步行街。地下步行街是20世纪20年代兴起的,即在街道狭窄、人口稠密、用地紧张的市中心地区,开辟地下步行街。日本大阪是修建地下街最多的城市之一,我国的地下街未成系统,但利用人防系统建成商业街,起到地下步行街的作用,如哈尔滨地下街、苏州人民路下的地下商业街及上海人民广场下的地下街等。

第四,局部步行街。局部步行街又称半封闭式步行街。将部分路面划出作为专用步行街,仍允许客运车辆运行,但对交通量、停车数量及停车时间加以限制,或每日定时封闭车辆交通,或节日暂时封闭车辆交通。如我国上海南京路、淮海路在非高峰上班时间内禁止自行车进出,限制货车及一般小汽车进入,允许公交车、出租车和部分客车通行,将原来的非机动车道供行人步行。

第五,高架步行街。高架步行街是沿商业大楼的二层人行道,与人行天桥联成一体,成为全天候的空中走廊形式,雨、雪、寒、暑均可通行,如明尼阿波利斯的人行天桥系统在世界上享有盛名,已成为该城市的象征。

(十)城市交通广场的规划

城市交通广场一般都起着交通换乘连接的作用,不同方向的交通线路、不同的交通方式都可能在交通广场进行连接。乘客在此要换乘火车、公共汽车、地铁或换骑自行车,因而有大量的停车需求。再就是广场周围有商业等服务设施,吸引着大量顾客。因此交通广场是交通功能十分突出的公共设施。此外,有些交通广场如火车站广场、长途汽车站广场等经常作为城市的大门,起着装饰城市景观的作用。图8-14为日本松本铁路站前广场平面图。

进行交通广场的规划,首先要做好交通广场的交通组织,一般应遵循以下原则。

第一,人流与车流线路分离及客流与货流线路分离,此项措施同时起着保障交通通畅与安全的作用。

第二,要配以必要的交通指示标志及问询处,提高服务质量。

第三,排除不必要的过境交通,尽量使不参与换乘的交通线路不经过交通广场。

第四,各种交通方式之间衔接应顺畅。不同交通方式之间换乘方便,不仅提高了交通设施的利用率,也方便了乘客,减少了交通广场的混乱程度。

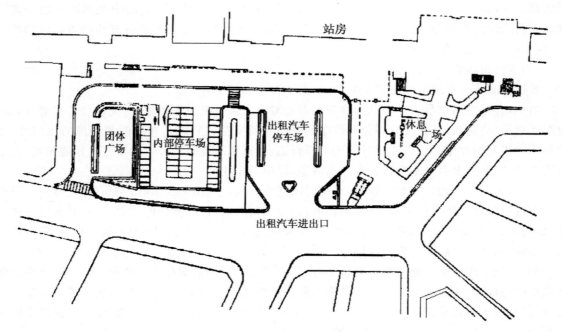

图 8-14　日本松本铁路站前广场平面图

第五,要明确行人流动路线,根据行人的目的地,规定恰当的路线,减少步行距离,排除由于行人到处乱走引起交通秩序混乱。

由于城市道路网的现状特点,可构成不同形式的交通广场,如多条道路相交形成的环形广场(图 8-15)。这类广场一般很少有停车场地,乘客的成分也简单,但由于用地有限,交通线路多,

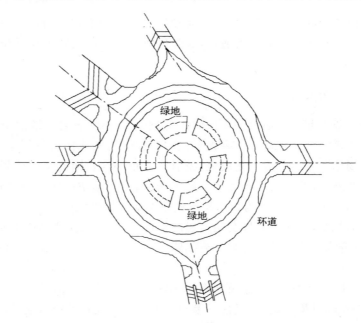

图 8-15　环形广场竖向规划

交通组织仍是一个难题。尤其在交通量日益加大时,这种环岛已不能提供足够的通行能力,经常发生阻塞。所以,从现代交通的观点出发,城市未来路网的规划中,要尽量避免这种形式,对已形成的类似交通广场,应以方便公共交通为原则,保证交通的通畅。

城市交通广场因占地较大,其竖向规划布置也是影响其功能的一个因素,同时更影响其景观。在规划时,广场一要保证排水通畅,二要与周围建筑物在建筑艺术上相协调。比如双坡面的矩形广场,其脊线走向最好正对广场主要建筑物的轴线(图 8-16);圆形广场的竖向设计,不要把整个广场放在一个坡面上,最好布置成凹形或凸形,产生好的整体效果,其中又以凹形为佳,从广场四周可以清晰地欣赏到广场全貌(图 8-15)。

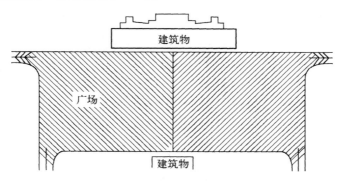

图 8-16 矩形广场脊线与建筑物轴线一致时的竖向规划

第五节 城市对外交通规划

城市对外交通系统,是城市与外界进行人流、物流交换的基础设施,是保障城市生产、生活正常发展的物质要素,也是促进城市形成与发展的重要条件之一。城市对外交通系统,由各类运输方式组成,主要有铁路、水运、航空和公路。

一、铁路规划

铁路运输运量大、速度快,具有良好的通过能力,且不受气候条件限制,是我国中长距离的主要交通运输方式。但由于铁路运输技术设备深入城市,给城市带来了巨大的影响。规划布局中应协调好铁路站场、设施、枢纽线路与城市的关系,既使其充分发挥运输效能,又能最大限度地降低其对城市的干扰。

(一)铁路站场规划

1.几种铁路站场的布置形式

铁路车站按其工作性质,可分为中间站、区段站、客运站、客车整备站、编组站等,但其中与城市关系较为密切的有中间站、客运站、货运站。

(1)中间站的布置形式

中间站除了办理列车交会、越行、调车等作业外,尚须办理客、货运等作业,布置旅客站台、货场、仓库设施,一般均布置成横列式(图 8-17)。其货场位置,首先应根据货源所处位置并尽量减少地方短途运距进行选择,如符合上述要求时,为了便于管理,客、货设备应布置在同侧,如货运量大,为了减少相互干扰,并预留发展,可以布置在对侧。

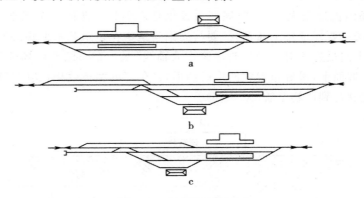

图 8-17 中间站布置形式
a.横列式;b.纵列式;c.半纵列式

(2)客运站的布置形式

客运站主要办理旅客乘降业务,行李、包裹的收发和邮件的装卸。它是由站台(包括基本站台和中间站台以及跨线的天桥或地道)到发线及终端式客站的机车走行线组成。客运站的布置形式有通过式、尽端式、混合式三种(图 8-18)。客运站场由用地的规模与车站的客列对数、同时到达的列车数、车站的布置形式等有关。站台长度,一般客列由 12~14 辆车厢组成,长约270~350m,如加挂车厢至 20 节,则在规划设计时预留至 500m。尽端式布置还需加上机车长度。

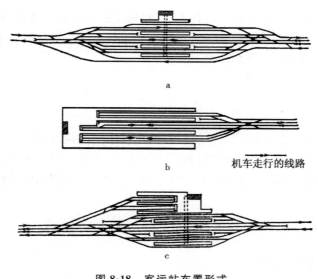

机车走行的线路

图 8-18 客运站布置形式
a.通过式;b.尽端式;c.混合式

(3)货运站的布置形式

货运站是专门办理接发货物列车、装卸货物以及编组货物列车等作业的车站。在大城市或较大的中等城市常设有专门的货运站,有的还设有专业性的货运站,如建筑材料、木材、煤、石油站等。货运站的组成主要有货场与车场两部分,其相互位置有横列和纵列两种基本形式(见图8-19),车场布置有到发线与调车线群,主要进行货物列车接发与解体、编组。货场布置有货物线、存车线、站台、仓库、场地、道路、停车场以及车站办公等房屋。按货运组织可分为:整车货场、零担货场与混合货场三类。布置形式基本上可分为尽端式、通过式、混合式三种。由于尽端式具有占地少、铺轨短、工程量小、场内道路与装卸线交叉少、零星车取送方便、货场扩建也比较方便、便于市内交通工具直接驶进站台装卸转运、与城市道路交叉较少等优点,因此一般都采用尽端式布置(图8-20)。

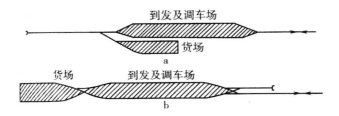

图 8-19　货运站货场与车场的相互位置

a.货场与车场横列位置;b.货场与车场纵列位置

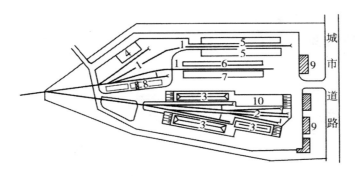

图 8-20　尽端式货场布置

1.货物线;2.存车线;3.仓库;4.牲畜圈;5.低货位;6.散堆装场地;
7.木材及笨重货物场地;8.集装箱场地;9.车站用房;10.站台

2.铁路站场在城市中的位置

(1)中间站在城市中的布置

中间站遍布全国铁路沿线中、小城镇和农村,为数众多,是一种客货合一的车站。其主要作业是办理列车的接发、通过和会让,一般服务于中小城镇,设在城市区的中间站又称客货运站。中间站在城市中的布置形式主要取决于货场的位置。根据客站、货站、城市三者的相对位置关系可将中间站归纳为客、货、城同侧;客、货对侧,客、城同侧;客、货对侧,货、城同侧三种情况。

客、货同侧布置具有铁路不切割城市,城市使用方便的优点;但也有客货有一定干扰,对运输量有一定的限制的缺点,因而这种布置方式只适用于一定规模的小城市及一定规模的工业区。

客、货对侧布置具有客货干扰小、发展余地大的优点,但这一布置形式必然造成城市交通跨越铁路的布局,因而在采用这种布置形式时,应使城市布置以一侧为主,货场与城市主要货源、货流来向同侧,尽量减少跨越铁路的交通量,以充分发挥铁路运输的效率。

（2）客运站在城市中的布置

客运站与城市居民关系密切，又是城市的大门，其主要功能，一为本城市居民旅客的到发，二为旅客的中转，从广义上讲，也包括铁路与公路、港口之间的旅客转乘。客运站与城市的相对位置，应以接近市区、方便乘客为主要原则。从多年实践经验看，中小城市的客站设在市区内或市区边缘，大城市客站设在距市中心 2~3km 的中心区边缘是适当的（图 8-21）。

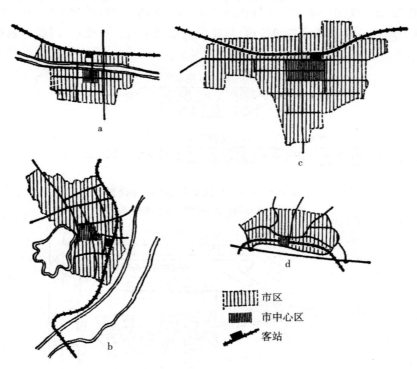

图 8-21　客运站在城市中的位置

a.小城市市区边缘　；b.中等城市市区边缘；c.大城市市中心区边缘；d.客站设于市中心地下

在客站位置的选择和布置上，除了要考虑其合理吸引半径和进站线路的顺畅外，在与城市关系上，既要避免客站范围内与城市干道的交叉，又应创造条件方便铁路两侧的联系；大型通过式客站，用自由通道方式解决铁路两侧步行交通联系已是常用的办法。

客运站的数量确定，对中、小城市来说，一般设一个客运站即可满足铁路运输要求（城市用地过于分散的除外，如秦皇岛市），这样管理与使用都较方便。但是大城市，特别是特大城市，由于用地范围大、旅客多，如果仅设一个客运站，势必导致旅客过于集中，加重市内交通的负担，因而应根据城市旅客的数量及流向情况分设两个甚至两个以上的客运站。

此外，客运站是城市的重要建筑，应在实用、经济的前提下注意美观。特别应注意车站站屋与周围建筑群以及自然环境的协调，形成具有地方风格的站前空间环境。客运站建筑规模分为四级，如表 8-8 所示。站前要布置有足够宽度的城市干道和公共交通枢纽，必须尽量压缩换乘距离，使旅客集散便捷，并安排好商业服务业用地。在中、小城市还要考虑与长途汽车站衔接配合。

表 8-8　铁路客运站建筑规模划分

分级	最高聚集人数（人）	分级	最高聚集人数（人）
特大型	≥10 000	中型	400～2 000
大型	200～10 000	小型	50～400

在大城市,特别是那些引入多条铁路干线的枢纽,或者是铁路引入方向虽不多,但呈带状发展的城市,就需布置两个或两个以客运站,并解决好其合理分工。在安排客运枢纽的同时,要注意同步解决好客运技术作业站的选址问题。

（3）货运站在城市中的位置

货运站是专门办理货物装卸作业、联运或换装的车站。货运站可分为综合性货运站和专业货运站。综合性货运站面对城市多头货主,办理多种不同品类货物的作业;专业货运站专门办理某一种品类货物的作业,如危险品、粮食等。规划货运站在城市中的位置时,既要考虑货物运输经济性要求,同时也要尽可能减少货运站对城市的干扰。

城市中布置货运站需要遵循下列几项原则。

第一,货运站应与编组站联系便捷。

第二,以发货为主的综合性货运站应伸入市区接近货源或消费区。

第三,以中转为主的货运站宜设在郊区,或接近编组站、水陆联运码头。

第四,危险品货运站应设在市郊,并避免运输穿越城市。

第五,以大宗货物为主的专业性货运站宜设于市区外部,接近其供应的工业区、仓库区。

第六,货运站的用地尺度应适当,并留有发展余地。

第七,不同类货运站设置应考虑城市自然条件的影响。

第八,货运站应与市内交通系统紧密配合。

货运站在大城市一般以地区综合性货场为主,按地区分布,并考虑与规划区货种特点和专业性货场结合。中等城市货站较少,一般设在城市边缘,在服务地区和性质上有所分工。图 8-22是货运站在城市中的位置图。

（二）铁路设施规划

根据与城市的关系,城市范围内的铁路设施分为两类:一类是与城市生产和生活有密切联系的客、货运设施,如客运站、货场等。此类设施应尽可能地分布在城市中心（如客运站）或与工业、仓储等功能区协调布置（如城市冷库的专用铁路）。另一类是与城市街道和生活没有直接的关系,如编组站、客车整备场、迂回线等设施,需在满足铁路技术要求及配合铁路枢纽总体布置的前提下,尽可能地在远离中心区的城市外围布置。

（三）铁路枢纽规划

铁路枢纽是位于几条铁路干线交会点,由多个专业车站和有关线路联系组成的,在统一指挥下协同作业的铁路运输技术设备的有机整体。

铁路枢纽一般位于全国或地区的政治、经济、文化中心,大工业基地及与其他运输方式相交会的地点。铁路枢纽不仅形成于几条铁路干线相互交叉或接轨的地点,而且在铁路干线终端地

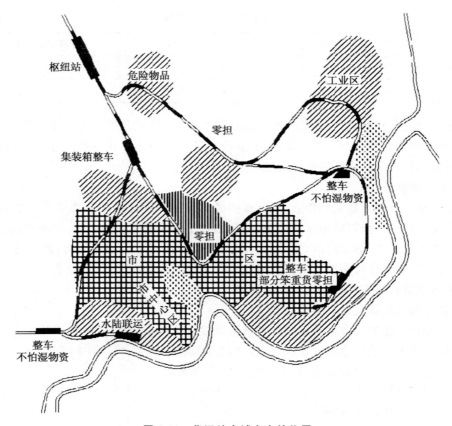

图 8-22　货运站在城市中的位置

区、特别是大城市、大港湾或大工业区，如果有两个以上相互联系的专业车站及其他铁路设备组成一个整体时，虽然仅有一条铁路干线引入，也属于铁路枢纽。

1. 几种常见的铁路枢纽

按所在地的政治与经济情况，常见的铁路枢纽有以下几种。

(1)港湾铁路枢纽，主要为港口水陆联运服务。

(2)工业铁路枢纽，主要为大型联合企业和大工业区服务。

(3)综合性铁路枢纽，同时为大城市、大联合企业和河海港湾服务。

(4)一般性铁路枢纽，无显著经济特征，不属于上述三种的都可归于此类。

无论哪一类铁路枢纽，其布置形式与城市的配合应达到下列要求：符合城市规划布局的总体要求；使铁路方便地为城市生产和生活服务；尽量减少铁路对城市发展和城市交通的干扰。

2. 铁路枢纽的设置

枢纽的设置必须从全局出发，综合分析枢纽在路网中的作用、各引入线路的技术特征、客货运量的性质和流向、既有设备状况和当地地形、地质条件，并应配合城镇规划和其他交通运输系统等全面地进行方案比较。

此外，枢纽建设应根据枢纽总布置图分期实施，根据远景发展需要预留用地。一般情况下，当引入线路少、客货运量不大和城市规模较小时，可设置为客货共用的一站枢纽；当引入线路汇合于三处时,可根据各方向间的客、货运交流量,在汇合处分别设置客货共用车站和其他车站或线路,形成三角形枢纽;当有大量通过车流的新线与既有线交叉时,可在新线上修建必要的车站和连接既有线的疏解新线,使新线直接跨越既有线,形成十字形枢纽。

衔接线路方向多的大城市枢纽,可结合为城市和工业区服务的线路、联络线和车站的分布,布置环形或半环形枢纽(图 8-23)。

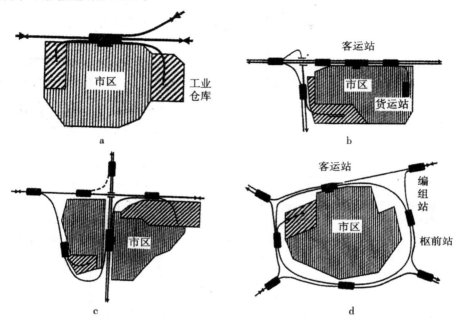

图 8-23　枢纽布置示意图

a.一站枢纽布置示意图;b.三角形枢纽布置示意图;c.十字形枢纽布置示意图;d.环形枢纽布置示意图

铁路枢纽车站和线路种类较多,布置复杂,与城市交通的组织矛盾比较大。因此,规划中应注意结合城市的功能分区,布置各类车站和线路,避免对城市功能分区的切割;妥善处理铁路线路与城市道路的矛盾,尽量减少铁路线路与城市道路的交叉,城市市区范围内不宜设置平交道口。

3.铁路枢纽布置与城市规划布局的关系

铁路枢纽设备在枢纽内的布置应符合铁路枢纽总体规划和铁路远景运量发展的要求,并为满足铁路通过能力、作业安全便利、节省工程和运营成本提供有利条件。同时,铁路枢纽在城市中的布置应符合城市总体发展规划、工业布局的要求。

(四)铁路线路规划

城市市区或郊区的铁路线路的选定,除必须达到其技术标准外,还要综合考虑运输经济、城市布局、工程造价等多种因素。以直通运量为主的线路应力求顺直,而以地方运量为主的则应将线路尽量靠近客、货源地点。客车进站线路的衔接,要注意主要线路上客车运行的方向,更要避免客车迂回折角运距过长。铁路专用线最理想的做法是结合工业区布局,统筹安排,分步实施。为了不影响正线上的通过能力和保证行车安全,铁路专用线应由车站上接轨,并要认真选择其连接方式,在通过式车站的四个象限都引出专用线,是很不经济合理的。

为了减少铁路对城市的干扰,通常的做法是以铁路线为界,划分功能分区,使铁路两侧都配置独立完善的生活福利和文化设施;线路两侧进行绿化,最大限度地减少铁路与城市道路的平面交叉,尽可能利用地形或用工程措施提高或降低线路高程,将平面交叉道口做成半填半挖式立交,效果最好。

1.立体交叉的形式

立体交叉的形式基本上有四种,在道路与地面标高比较接近的情况下,铁路布置在路堤上或路堑内;在铁路标高与地面标高相近的情况下,道路采用地道或跨线桥的形式与铁路交叉。

(1)铁路布置在路堤上

这种形式(图8-24)对铁路管理有利,但是在市区如此布置,路堤犹如城墙,阻隔城市空间,影响城市景观。因此,除非有天然地形可以利用,或结合城市某些工程(如防洪)采用比较适合,但也只宜布置在城市边缘或郊区。

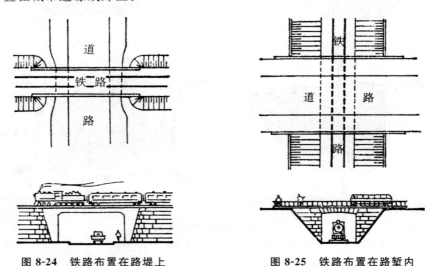

图 8-24　铁路布置在路堤上　　　　　图 8-25　铁路布置在路堑内

(2)铁路布置在路堑内

这种布置形式(图8-25)能大大减轻铁路对城市的噪声干扰,也便于立交的修建,但这种布置对运输管理不利,如无地形可利用以及在适宜的水文地质条件下,一般不宜采用,特别在市区较少采用这种形式。

(3)建造地道使城市道路从铁路下面通过

这种形式(图8-26)由于汽车的净空要求比火车低,所以引坡可以缩短,还可以采用不同的纵坡、变化的横断面来解决机动车与非机动车的净高要求,有利于铁路行车及城市观瞻,在地下水位不高、土质较好的城市(地区),能节省工程费用,此种形式应重视雨水的排泄。近几年来,不少城市修建了这种立交通道,使用效果较好。

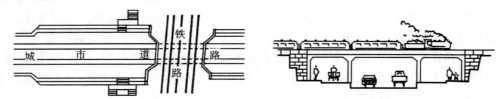

图 8-26　城市道路跨线地道

（4）建造城市道路立交跨线桥

这种形式（图 8-27）由于净空高度的要求和引桥坡度的限制，常使引桥延长，如采用 4% 的纵坡时，其每侧引桥即长达 200m 以上，不仅造价增加，而且非机动车通过跨线桥非常困难。

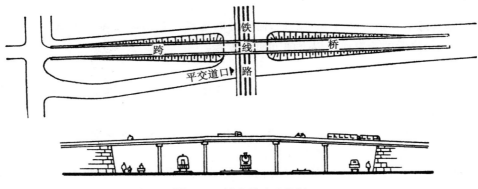

图 8-27　城市道路跨线桥

2. 立体交叉的最小净空高度要求

一般情况下，当道路在铁路之上时，立体交叉的最小净空高度要求为：用蒸汽机车或内燃机车牵引时为 5.5m；用电力机车牵引时为 6.55m；困难条件下可为 6.2m。

当道路在铁路之下时，立体交叉的最小净空高度要求为：行驶汽车时为 4.5m；行驶电车或其他特殊车辆时为 5.5m；供行人、非机动车及牲畜通行时为 2.5m。

3. 改造市区原有的铁路线路

有的铁路对城市造成严重干扰而其利用价值又不高，必须根据具体情况进行适当的改造。如将对市区严重干扰的线路拆除、外迁或将通过线路改造为尽端线路伸入市区等（图 8-28）。

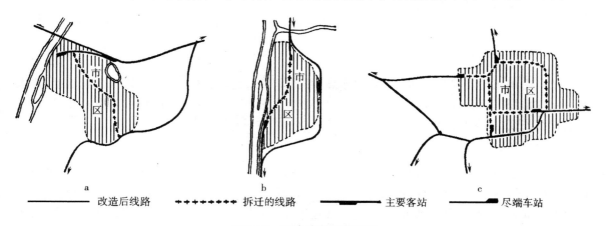

a　改造后线路　　　　　拆迁的线路　　　　　主要客站　　　　尽端车站

图 8-28　改造城市原有线路
a. 拆除；b. 外迁；c. 环线改造

二、港口规划

港口是水上运输的枢纽，也是展示城市风貌的窗口区域，在扩大对外开放，促进对外贸易，发展国民经济、改善人民生活中有至关重要的作用,同时也是所在城市的重要经济资源。因此,在城市规划中应合理规划港口及其各种辅助设施,妥善解决港口规划的各种问题。

(一)港址规划

港址规划实际上就是选择合适的港址,而港址的选择是在河流流域规划或沿海航运区规划的基础上进行的,位置的选择应从以下两方面来考虑。

1. 港口与城市配置的要求

(1)港址应不影响城市的安全和卫生,多尘、有气味的货物作业区应远离居住区,布置在城市下风向;石油作业区应建在城市下游;危险品作业区应远离市区。

(2)中转、水陆联运换装作业的港口位置应放在城市中心区范围以外,与城市对外交通有良好的联系,以最大限度地减少对城市的干扰。

(3)港址必须符合城市总体规划的利益,如不影响城市的交通、尽量留出岸线以供城市居民需要的海(河)滨公园、海(河)滨浴场之用等,做到充分发挥港口对外交通的作用,尽量减少港口对城市生活的干扰。

2. 港口自身要求

(1)港址应选在地质条件好,有足够水深(或经过适当疏浚后就能达到所需水深)和水域、有良好的掩护条件的地方,以及能防淤、防浪,水流平稳,流水影响小,可供船舶安全顺利运转和锚泊的地方。

(2)港址应有远景发展需要的水域和陆域面积。

(3)建港工程量最小,工程造价最低和日常疏浚维修费用最小。

(4)港址应有足够的岸线长度和足够的陆域面积或有回填陆域的可能性,以便港口作业区和陆域上各种建筑物合理布置。

(5)港址应选在能方便布置陆上各种运输线路,与工业区和居住区交通方便的地方。

(二)港口与岸线规划

港口由水域与陆域两个部分组成。水域供船舶航行、运转、停泊水上装卸等作业活动,要求有一定的水深、面积和避风浪的条件。陆域供旅客上下,货物装卸、存放、转载等作业活动,有一定的岸线长度、纵深和高程。

1. 岸线分配规划

岸线是港口城市的重要物质基础,地处整个城市的前沿,岸线的合理分配规划是港口城市总体规划的首要内容。岸线分配规划总原则是"深水深用,浅水浅用,避免干扰,统一规划"。港口城市的岸线分配,不仅要为城市工业、客运运输服务,而且应留一定比例用作城市居民观赏、娱乐之用。此外,在岸线分配规划中还要注意以下几方面。

(1)根据城市功能要求,选择自然条件最适宜的岸线段,符合城市总体布局,以获得最佳的经济与社会效益。

(2)注意岸线各区段之间合理的功能关系和城市安全卫生,有污染、易燃易爆工厂、仓库、码头的布置,必须与航道、城市水源、游览区、海滨浴场等地保持一定的安全距离。

(3)要对防汛、航运、水利、水产、农业排灌、河海动力平衡、泥沙运动、生态平衡等问题进行综合研究。

(4)节约使用岸线,近远期规划相结合,为城市、港口的进一步发展留有余地。

(5)港口各作业区的岸线分配,要以满足生产服务为前提,注意各作业区本身的要求,并避免相互干扰。

2.岸线布局规划

从城市布局角度分析,应将为城市居民服务的客运作业区和快货作业区布置在城市中心区附近,中转联运作业区布置在市区范围以外,危险品作业区应远离市区。同时对污染、易爆、易燃的作业区的布置要不危及航道、锚地、城市水源、游览区、海滨浴场等水、陆域的安全和卫生要求。

(三)港口用地布局规划

我国有许多城市坐落在大江、大河或海滨,如天津、烟台、宁波等。港口城市用地的组成除与一般城市相同之外,还有临水生产用地(包括水运工业及其他与水域有关的生产用地)、港区、滨水公共生活用地、涉外区等。

在港口用地布局规划中,要妥善处理港口布置与城市布局之间的关系。

首先,港口的用地应与区域交通相联系。港口规模的大小与其用地服务范围关系密切。区域交通的发展可有效地带动区域经济的发展,从而提供充足的货源。货运港的疏港公路应尽可能连接干线公路,并与城市交通干道相连。客运港要与城市客运交通干道衔接,并与铁路车站、汽车客运站有方便联系,有利于水陆联运。

其次,港口的用地要与区域的工业布置相配合。深水港的建造推动了港口工业的发展,推动深水港的建设是当前世界港口建设发展的趋势。此外,内河不仅能为工业提供最大价廉的运输能力,并且为工业和居民提供水源,因此城市工业的布局应充分利用这些有利条件,把那些货运量大而污染易于治理的大厂,尽可能地沿通航河道布置。

再次,港口的用地要考虑其水陆联运的发展性。港口是水陆联运的枢纽,是城市对外交通连接市内交通的重要环节。在规划中需要妥善安排水陆联运和水水联运,提高港口的疏运能力。在改造老港和建设新港时,要考虑与铁路、公路、管道和内河水运的密切配合,特别重视对运量大、成本低的内河运输的充分利用。因此,做好内河航道水系规划,加强铁路、公路的连接,提高港口的通过能力和增加货物储存能力,是港口城市规划中不可忽视的问题。

三、航空港规划

随着城市经济水平的提升,航空运输已成为现代城市的重要组成部分,现代航空业的发展给人们带来了便利,赢得了时间,缩短了距离,扩大了交往空间,同时也给城市生活带来了较大的影响。因此,合理规划航空港也是城市对外交通规划的重要内容之一。

(一)港址规划

航空港的港址规划实际上也就是选择合适的港址。航空港的选址关系到其本身功能的发展,并影响到整个城市的社会、经济和环境效益。航空港的建设和完善需要几十年的时间,使用期限更长,由于耗资巨大,不会轻易废弃和移址。因此,在选址时要全面考虑各种因素,留有发展的余地,使航空港的场址具有长远的适应性。

航空港港址选择包括两层含义:一是从城市布局出发,使机场方便地服务于城市,同时,又要使航空港对城市的干扰降到最低程度;二是从航空港本身技术要求出发,使航空港能为飞机安全起降和航空港运营管理提供最安全、经济、方便的服务。因而航空港港址的选择必须考虑到地形、地貌、工程地质和水文地质、气象条件、噪声干扰、净空限制及城市布局等各方面因素的影响,以使航空港的位置有较长远的适应性,最大限度地发挥航空港的效益。

从城市布局方面考虑,航空港港址选择应考虑以下因素。

1. 航空港的用地

航空港用地应尽量平坦,且易于排水;要有良好的工程地质和水文地质条件;航空港必须要考虑到将来的发展,既给本身的发展留有余地,又不致成为城市建设发展的障碍。

2. 航空港与城市的距离

从航空港为城市服务,更大地发挥航空运输的高速优越性来说,要求航空港接近城市;但从航空港本身的使用和建设,以及对城市的干扰、安全、净空等方面考虑,航空港远离城市较好,因而要妥善处理好这一矛盾。选择航空港港址时应努力争取在满足合理选址的各项条件下,尽量靠近城市。根据国内外航空港与城市距离的实例,以及它们之间的运营情况分析,建议航空港与城市边缘的距离在 10~30km 为宜。

3. 航空港的噪声干扰

飞机起降的噪声对航空港周围产生很大影响,为避免航空港飞机起降越过市区上空时产生干扰,航空港的位置应设在城市沿主导风向的两侧为宜,即机场跑道轴线方向与城市市区平行且跑道中心线与城市边缘距离在 5km 以上(图 8-29a 与图 8-29b)。如果受自然条件影响,无法满足上述要求,则应使航空港端净空距离城市市区 10km 以上(图 8-29c)。

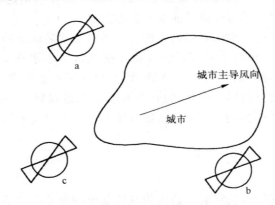

图 8-29　航空港在城市中的位置

4. 航空港的净空限制

航空港港址选择要有足够的用地面积,同时应保证在净空区内没有障碍物。航空港的净空障碍物限制面尺寸要求可查询民航规范。

5. 航空港与生态

航空港选址应避开大量鸟类群生栖息的生态环境,有大量容易吸引鸟类的植被、食物或掩蔽物的地区不宜选作航空港。

6.航空港对气象的要求

影响航空港港址选择的气象条件除了风向、风速、气温、气压等因素外,还有烟、气、雾、阴霾、雷雨等影响。烟、气、雾等主要是降低飞行的能见度,雷雨则能影响飞行安全。因而雾、层云、暴雨、暴风、雷电等恶劣气象经常出现的地方不宜选作航空港。

7.航空港的通信导航

为避免航空港周围环境对航空港的干扰,满足航空港通讯导航方面的要求,航空港港址应与广播电台、高压线、电厂、电气化铁路等干扰源保持一定距离。

8.航空港与地区位置的关系

当一个城市周围设置几座航空港时,邻近的航空港之间应保持一定的距离,以避免相互干扰。在城市分布较密集的地区,有些航空港的设置是多城共用,在这种情况下,应将航空港布置在各城使用均方便的位置。

(二)航空站规划

航空港还可在市区设置航空站,用以集散往来于港—城的旅客及有关客流,不仅可以减少港城之间的车流量、客流量,提高运输效益,还可以在航空站办理售票、托运、联检等有关手续,节省旅客集中等候时间,提高服务质量。航空港最好设在城市的边缘,处于通向航空港方向的位置上,与城市干道系统联系紧密,有利于港—城交通的便捷。

(三)航空港与城市交通联系规划

航空港不是航空运输的终点,而是地、空联运的一个枢纽点,航空运输的全过程必须有地面交通的配合才能完成,因而做好航空港与城市的交通联系尤为重要。

一般情况下,为使航空港与城市联系便捷,航空港不宜远离城市,在满足合理选址的各项条件下,适当靠近城市。建议航空港与城市边缘的距离应大于10km,一般以30km为宜,可将地面交通时间控制在30min左右。

此外,还应在航空港周围建设能够满足航空港与地面交通相联系的需求的交通体系,其中最常见的为快速地面汽车交通和大容量轨道交通。

快速地面汽车交通具有方便、灵活、可达性好、速度较高等优点,所以各国城市航空港与城市联系的交通一般都有高速的汽车运输方式。

大容量轨道交通不仅具有快速地面汽车交通方便、灵活、可达性好、速度较高等优点,而且能解决地面交通易堵塞的问题,因而能满足航空运输迅速发展的需要。

四、公路规划

城市是公路网的结点,合理布置城市范围内的公路和设施,是提高公路运输效益和行车环境的关键。我国一些城市往往沿着公路两侧逐步蔓延发展,公路和城市道路不分,城镇的对外公路往往也是商业服务大街,造成公路和城市两者互相干扰,城区不安宁,行车速度下降,交通事故增加。因此,合理组织城市的过境公路,消除与减少公路与城市交通的冲突点,选择适合的客货运站点,是城市对外交通规划的重要内容。

（一）公路场站规划

公路场站是公路运输办理客、货运输业务及保管、保养、修理车辆的场所，是构成城市公路运输网的重要组成部分。公路场站包括客运站、货运站、技术站（停车场、保养场、汽修场、汽车加油站等）。城市公路场站规划要符合城市总体规划要求，获得城市的最佳经济效益。

1. 客运站规划

公路客运站一般称长途汽车站，必须合理布置，使之既能方便使用，又不影响城市的生产和生活。具体来说，在规划过程中，应注意以下几方面。

（1）客运站的终点站宜适当深入城市中心区，大城市可设在中心区的边缘，以方便大多数旅客。

（2）客运站要与铁路车站、港区码头等其他客运设施有较好的联系，便于组织联运，形成客运交通的枢纽。

（3）在中小城市宜集中设置客运站，甚至火车站与长途汽车站联合布置（图 8-30a）；在大城市，客运量大，线路方向多，车辆也多，可采用分路线方向在城市设多个客运站（图 8-30b）。

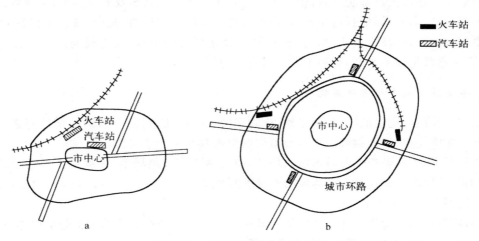

图 8-30 客运站在城市中的布置

2. 货运站规划

货运站的位置选择与货主的位置和货物的性质有关。供应居民日常生活用品的货运站应布置在市中心区边缘，与市区仓库有直接的联系；以中转货物为主或货物的性质对居住区有影响的货运站不宜布置在市中心区或居住区内，而应布置在仓库区或工业区货物较为集中的地区，也可设在铁路货运站、货运码头附近，并与城市交通干线有较好的联系。

3. 技术站规划

技术站一般用地要求较大，且对居住区有一定干扰，一般设在市区外围靠近公路线的附近，与客、货站联系方便，与居住区有一定距离。

在中、小城市，可将客运站、货运站合并，并可将技术站组织在一起。

（二）公路线路规划

城市是国家公路网的结点和枢纽,合理布置城市范围内的公路路线对提高公路运行效益、改善城市内部交通具有十分重要的作用。

1.我国公路线路现状

我国是发展中国家,农村人口较多,随着商品经济的发展,近郊公路街道化较为普遍。一些城市是沿着公路两侧发展起来的(图 8-31)。这些城市内的主干道就是城市公路,这类公路具有公路与城市道路的两种功能,这一公路线路的布置形式,由于过境交通大,行人多,且分割城市,不利于交通安全,不能适应城市现代化的要求。

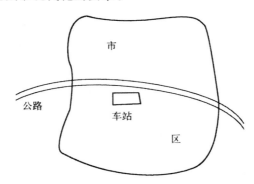

图 8-31　公路街道化后的城市公路

2.公路在城市中的布置形式

公路线路在城市中的布置有五种形式,穿越式、绕行式、混合式、城市环式、组团式。对各城市来说,采用哪种布置方式,要根据城市规模和性质、公路的等级和车流量组成决定。其典型布置形式如图 8-32 所示。

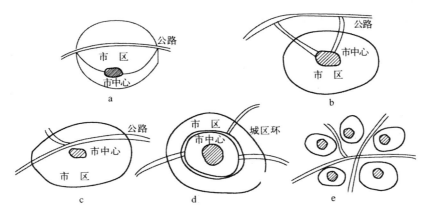

图 8-32　公路在城市中的布置形式

a.穿越式;b.绕行式;c.混合式;d.城市环式;e.组团式

（1）穿越式的布置形式

穿越式的布置形式适用于公路等级较低、通过城市的车流入境比例较大的情况,这种布置由于分割城市,故只适用于小城市。

(2)绕行式布置形式

绕行式布置形式适用于城市规模较大或公路等级较高及入城交通量少的情况,这种布置可离开城市布置公路,用入城道路联系城市道路。

(3)混合式布置形式

混合式布置形式适用于城市规模较大、公路入境交通较多的情况,这种布置宜采用城市部分干道与公路对外交通连接的方式,但应避免对城市交通密集地区的干扰,宜与城市交通密集地区相切而过。

(4)城市环式布置形式

城市环式布置形式适用于城市规模更大的情况,这种布置下城市设有环路,过境的交通可以利用环路通过城市,而不必穿越市区。

(5)组团式布置形式

组团式布置形式适用于大城市扩张或新城市发展的情况,这种布置中过境公路可从组团间通过,与城市道路各成系统,互不干扰。

(三)公路网规划

公路网规划应遵循以下几方面的原则。

(1)公路网布局规划应分层次,并由上到下进行,局部服从整体。省道网应以国道网为基础,地方道路网应服从国道网、省道网的需要,三者协调,逐步完善。

(2)应与铁路网、航运网、水运网等各种运输系统合理分工、相互协调、相互配合,发挥各种运输方式的长处。

(3)公路网的布局规划应根据市域交通源的分布、交通流量流向并结合地形、地质、河流以及周围地区的公路网进行布置,做到因地制宜。

(4)应该充分利用现有公路网,以节约工程投资。

(5)公路网功能层次分明、布局结构合理、技术等级明确,干线公路和县乡公路协调发展。主要线路走向、公路等级应尽量和交通流量、流向一致,以发挥最佳的运输效益。

第九章　城市基础设施规划

城市基础设施是城市生存和发展所必须具备的工程性基础设施和社会性基础设施的总称，是服务于城市中各种经济活动以及其他社会活动的。城市的发展离不开合理、科学的城市基础设施的规划。本章就对城市基础设施规划的相关内容作一些阐述。

第一节　城市水源与供水规划

一、城市水源规划

城市水源是指可供城市发展、人民生活和进行城市基础设施利用的地表水和地下水，即城市可以利用的河流、湖泊的地表水，逐年可以恢复的地下水，以及海水和可回用的污水等。目前，我国城市缺水十分严重，有一多半城市缺水，集中在华北、西北、辽宁中南部及沿海地区。除了水资源先天不足外，由于污染造成的水质下降，也使得沿江河的城市普遍缺水。

（一）城市水源的选择

1.城市水源的种类

（1）地表水

主要指江河、湖泊等水体。地表水源一般水量较大，且由于受地面各种因素的影响，具有浑浊度较高、水温变幅大、季节性化明显、易受工农业污染等特点。采用地表水源时，在地形、地质、水文、卫生防护等方面较复杂，并且要求水处理工艺完备，所以投资和运行费用较大。

（2）地下水

指埋藏在地下孔隙、裂隙、溶洞等含水层介质中储存运移的水体。地下水按埋藏条件可分为潜水（无压地下水）、自流水（承压地下水）等。地下水具有水质清洁、水温稳定、分布面广等特点。但地下水的矿化度和硬度较高，一些地区可能出现矿化度很高或其他物质（如铁、锰、硫酸盐等）含量较高的情况。地下水是城市的主要水源，在开发时，必须认真地进行水文地质勘察，控制开采量，防止过量开采发生地面沉降的现象。

（3）再生水

是指经过处理后回用的工业废水和生活污水。城市污水具有量大、水量受季节影响小、处理成本比远距离输水低等优点。城市污水经过处理后，可以用在城市生活杂用、农业灌溉、地下回灌、工业生产、消防等方面。再生水的利用应充分考虑对人体健康和环境质量的影响，按照一定的水质标准处理和使用。

（4）海水

由于水资源缺乏，世界上许多沿海国家开始开发利用海水。海水作为水源一般用在工业用水和生活杂用水方面，如工业冷却、除尘、洗涤、消防等。也有对海水进行淡化处理，作为生产工艺用水和饮用水的。

（5）微咸水

主要埋藏在较深层的含水层中，多分布在沿海地区。微咸水的含氯量只有海水的1/10。微咸水可作为农用灌溉、渔业、工业用水等。

2. 城市水源的选择

城市水源的选择对城市总体布局和供水、排水系统有很大的影响，规划师要认真进行深入的勘探、调查，并结合相关自然条件和城市发展规模等合理选择城市供水水源。具体而言，城市水源的选择应符合以下几个原则。

（1）水源要有良好的水质。水质良好的水源有利于简化水处理工艺，减少基建投资和降低制水成本。当城市有多种天然水源时，应首先考虑水质较好的容易净化的水源作供水水源。符合卫生要求的地下水，应优先作为生活饮用水源。另外，选择地下水源时，通常按泉水、承压水、潜水的顺序进行。

（2）水源水量充沛，能满足城市近、远期的发展需要。天然河流的取水量应不大于河流枯水期的可取水量；地下水源的取水量应不大于开采贮量。采用地表水源时，必须先考虑从天然河道和湖泊中取水的可能性，其次可采用蓄水库水，而后考虑需调节径流的河流。地下水贮量有限，一般不适用于用水量很大的情况。

（3）水源选择要密切结合城市近、远期规划和发展布局，水源的选择对城市供水系统的布置形式有重要的影响，应在进行综合评定后认真选择水源。

（4）坚持开源节流的方针，协调与农业、水力发电、航运、水产、旅游的相关经济部门的关系，对水源规划要全面考虑、统筹安排，做到合理化综合利用。

（5）选择水源时还应考虑取水工程本身与其他各种条件，如当地的水文、水文地质、地形、人防、卫生等条件。

（二）城市水源的保护

城市水源的好坏，对城市用水有很大的影响。因此，在规划城市水源时，要特别注意保护城市水源。为了更好地保护水源，应根据不同水质的使用功能，划分水体功能区。在城市水源规划中，必须结合水体功能分区进行城市布局。根据《地面水环境质量标准》（GB 3838—2002）将水体划分为五类（表9-1）。

表9-1　地表水域功能分类与水污染防治控制区及污水综合排放标准分级之关系

地表水环境质量标准中水域功能分类		水污染防治控制区	污水综合排放标准的分级
Ⅰ类	源头水，国家自然保护区	特殊控制区	禁止排放污水区
Ⅱ类	集中式生活饮用水水源地一级保护区、珍贵鱼类保护区、鱼虾产卵场	特殊控制区	禁止排放污水区
Ⅲ类	集中式生活饮用水水源地二级保护区、一级鱼类保护区、游泳区	重点控制区	禁止排放污水区
Ⅳ类	工业用水区、人体非直接接触的娱乐用水区	一般控制区	执行二级或三级标准（排入城镇生物污水处理厂）
Ⅴ类	农业用水区、一般景观要求水域	一般控制区	

我国有关法律法规对城市水源的保护提出了具体要求,主要表现在以下几个方面。

1. 地表水源的保护

(1)取水点周围半径100m的水域内,严禁捕捞、停靠船口和从事可能污染水源的任何活动,并应设置明显的范围标志。

(2)取水点上游1 000m至下游100m的水域,不得排入生活污水和工业废水,其沿岸防护范围不得堆放废渣,不得设立有害化学物仓库、装卸垃圾、有毒物品的码头;沿岸农田不得使用生活污水或工业废水灌溉及施用持久性或剧毒的农药,不得从事放牧等有可能污染该段水域水质的活动。

(3)水厂生产区的范围应明确划定,并设立明显标志,在生产区外围不小于10m范围内不得设置生活居住区和修建禽畜饲养场、渗水厕所、渗水坑,不得堆放垃圾、粪便、废渣,应保持良好的卫生状况和绿化。

(4)以河流为供水水源的集中式给水,应把取水点上游1 000m以外的一定范围河段划为水源保护区。严格控制上游污染物排放量。

2. 地下水源的防护

(1)取水构筑物的防护范围,应根据水文地质条件、取水构筑物的形式和附近地区的卫生状况进行确定,其防护措施与地面水的水厂生产区要求相同。

(2)在单井或井群影响半径范围内,不得使用工业废水或生活污水灌溉和施用有持久性毒性或剧毒的农药,不得修建渗水厕所、渗水坑、堆放废渣或铺设污水渠道,并不得从事破坏深层土层的活动。

二、城市供水规划

(一)城市供水系统的组成与功能

城市供水系统由取水工程、输配水工程和水处理(净水)工程等一系列相关构建物所组成,其功能体现在以下几个方面。

1. 取水工程

用以从选定的水源取水,并输往水厂。工程设施包括水源和取水点、取水构筑物及将水从取水口提升至水厂的一级泵站等。

2. 输配水工程

输水工程是指从水源泵房或水源集水井至水厂的管道(或渠道),或仅起输水作用的从水厂至城市管网和直接送水到用户的管道,包括其各项附属构筑物、中途加压泵站等。配水工程又分为配水厂和配水管网两部分,配水厂是起调节加压作用的设施,包括泵房、清水池、消毒设备和附属建筑物;配水管网包括各种口径的管道及附属构筑物、高地水池和水塔。

3. 水处理(净水)工程

将天然水源的水加以处理,符合用户对水质的要求,工程设施包括水厂内各种水处理构筑物或设备、将处理后的水送至用于输送的二级泵站等。

（二）城市供水系统的布局要求

1. 城市供水规划的一般原则

（1）在保证水量的条件下，优先选择水质较好、距离较近、取水条件较好的水源。

（2）根据城市规划的要求、地形条件、水资源情况及用户对水质、水量和水压的要求等来确定布置形式、取水构筑物、水厂和管线的位置。

（3）在经济投资方面，尽量以最少的投资满足用户对水量、水质、水压和供水可靠性的要求。考虑近远期结合、分期实施。

（4）输配水系统在满足供水要求的前提下，考虑对管道采用新材料、新技术，减少金属管道和高压材料的使用。

（5）供水系统扩建时，应充分发挥现有供水系统的潜力，改造设备，改进净水工艺，调整管网，加强管理，以便尽可能提高现有供水系统的供水能力。

（6）充分考虑用水量较大的工业企业重复用水的可能性，努力发展清洁工艺，以利于节省水资源，减少污染，减少费用。

2. 取水工程设施的布局要求

取水工程通常包括供水水源的选择和取水构筑物的规划设计等，其中，取水构筑物的作用是从水源经过的取水口获得所需要的水量，对于取水构筑物的布局要求主要表现在以下几个方面。

（1）地表水取水构筑物的布局要求

第一，设在水量充沛、水质较好的地点。潮汐河道取水口应避免海水倒灌的影响；湖泊取水口应选在近湖泊出口处，离开支流汇入口，且须避开藻类生长区；海水取水口应设在海湾内风浪较小的地区，注意防止风浪和泥沙淤积。

第二，具有稳定的河床和河岸，靠近主流，有足够的水源，水深一般不小于 2.5～3.0m。在顺直的河段上，宜设在河床稳定、水深流急、主流靠岸的窄河段处；在弯曲的河段上，宜设在河流的凹岸，但应避开凹岸主流的顶冲点。

第三，取水设施应建造在具有良好地质条件、承载力大的地基上。应避开断层、滑坡、冲积层、风化严重、流沙和岩溶发育地段。

第四，尽可能减少泥沙、漂浮物、冰絮、水草、支流和咸潮的影响。

第五，应考虑天然障碍物和桥梁、码头、拦河坝等人工障碍物对河流条件引起变化的影响。

第六，取水设施的位置应与城市规划和工业布局相适应，全面考虑整个供水排水系统的合理布置。输水管的铺设应尽量减少穿过天然（河流、谷地等）或人工（铁路、公路等）障碍物。

第七，应与河流的综合利用相适应。取水设施不应妨碍航运和排洪，并且符合灌溉、水力发电、航运、排洪、河湖整治等部门的要求。

（2）地下水取水构筑物的布局要求

第一，取水点的布置与供水系统的总体布局相统一，力求降低取、输水电耗和取水井及输水管的造价。

第二，取水点要求水量充沛、水质良好，应该设置于渗透性强、卫生环境良好的地段。

第三，取水点应设在城镇和工矿企业的地下径流上游，取水井尽可能垂直于地下水流向布置。

第四，取水点有良好的水文、工程地质、卫生防护条件，以便于施工和管理。

3.输配水工程的布局要求

城市输配水系统包括输水管渠、配水管网、泵站等,其布局要求具体表现在以下几个方面。

(1)输水管渠的布局要求

输水管渠指从水源到城镇水厂或者从城镇水厂到供水工程管网的管线或供水渠道,在设置时应考虑以下几个方面。

第一,结合城市总体规划和当地的地形条件,通过多方案技术经济的比较,确定输水管位置。

第二,选择最佳的地形和地质条件,努力避开滑坡、坍方、沼泽、侵蚀性土壤和洪水泛滥区,以降低造价和便于管理。

第三,定线时尽量沿现有或规划道路定线,少占农田,减少拆迁,减少与河流、铁路、公路的交叉,便于施工和维护。

第四,输水管的条数要根据输水量、输水管长度、当地有无其他水源和用水量增长情况而定。供水不能间断时,输水管一般不宜少于两条;当输水管长,或有其他水源可以利用时,或用水可以暂时中断时,可考虑单管输水另加水池。

(2)配水管网的布局要求

配水管网的作用就是将输水管线送来的水,配送给城市用户。根据管网中管线的作用和管径的大小,将管线分为干管、分配管(配水管)、接户管。配水管网的布置形式主要有树状网和环状网两种。具体来说,配水管网的布局要求表现在以下几个方面。

第一,按照城市规划的布局布置管网,应考虑供水系统分期建设的可能,并需有充分发展的余地。

第二,管网布置必须保证供水安全可靠,宜布置成环状,即按主要流向布置几条平行干管,其间用连通管连接。

第三,干管布置的主要方向应按供水主要流向延伸,而供水的流向取决于最大用户或水塔调节构筑物的位置。

第四,干管应尽可能布置在高地,这样可保证用户附近配水管中有足够的压力和减低管内压力,以增加管道的安全。若城市地形高差较大时,可考虑分压供水或局部加压,不仅能节约能量,还可以避免地形较低处的管网承受较高压力。

第五,干管一般按规划道路布置,尽量避免在高级路面或重要道路下敷设。管线在道路下的平面位置和高程应符合城市地下管线综合设计要求。

第六,管线应遍布在整个供水区内,保证用户有足够的水量和水压。

第七,供水管网按最高日最高时流量设计,如果昼夜用水量相差较大,高峰用水时间较短,可考虑在适当位置设调节水池和泵房,利用夜间用水量减少进行蓄水,日间供水,增加高峰用水时的供水量,从而缩小高峰用水时水厂供水范围,降低出厂干管的高峰供水量。

第八,力求以最短距离敷设管线,以降低管网造价和供水能耗费用。

第九,为保证消火栓处有足够的水压和水量,应将消火栓与干管相连接。消火栓的布置,首先应考虑仓库、学校、公共建筑等集中用水的用户。

(3)泵站的布局要求

泵站按照泵站在给水系统中所起的作用,可分为一级泵站、二级泵站、加压泵站和调节泵房等。其中,一级泵站是直接从水源取水,并将水输送到净水构筑物,或直接输送到配水管网、水塔、水池等构筑物中,又称水泵房、水源泵房;二级泵站通常设在净水厂或配水厂内。自清水池中取净化了的水,加压后通过管网向用户供水。

一、二级泵站的用地布局一般都算在取水工程和水厂指标中,具体可参见表9-2。

表 9-2　泵站用地控制指标

建设规模(万 m³/d)	用地指标(m² · d/m³)
5～10	0.20～0.25
10～30	0.10～0.20
30～50	0.03～0.15

4.供水处理设施的布局要求

(1)供水处理的方法

供水处理的目的是通过必要的处理方法去除水中杂质,使之符合生活饮用或工业使用所要求的水质标准。供水处理方法应根据原水水质和用水对象对水质的要求确定,主要有以下几种方法。

第一,澄清过滤和消毒。

第二,除铁、除锰和除氟。

第三,除臭、除味。

第四,软化。

第五,水的冷却。

第六,淡化和除盐。

第七,预处理和深度处理等。

(2)供水处理厂的规划

供水处理厂厂址的选择必须考虑以下几个因素。

第一,厂址应选择在工程地质条件较好的地方。一般选在地下水位低、承载力较大、湿陷性等级不高、岩石较少的地层,以降低工程造价和便于施工。

第二,水厂周围应具有较好的环境卫生条件和安全防护条件。

第三,水厂应尽可能选择在不受洪水威胁的地方,否则应考虑防洪措施。

第四,厂址选择要考虑近、远期发展的需要,为新增附加工艺和未来规模扩大发展留有余地。

第五,水厂应尽量设置在交通方便、靠近电源的地方,以利于施工管理和降低输电线路的造价。

第二节　城市燃气与供热规划

一、城市燃气规划

(一)城市燃气概述

1.城市燃气的种类

城市燃气一般是由若干种气体组成的混合气体,其中主要组分是如甲烷等烃类、氢和一氧化碳等的可燃气体,另外也含有一些不可燃气体组分,如二氧化碳、氮和氧等。

（1）按来源分类

按燃气的来源大体上可分为天然气和人工燃气两大类。其中,由于人工燃气中人工煤气和液化石油气、生物气,在生产和输配方式上有较大不同,因此习惯上将燃气分为天然气、人工煤气、液化石油气和生物气。

（2）按热值分类

$1Nm^3$ 燃气完全燃烧所放出的热量称为燃气的热值,单位为 kJ/Nm^3,对于液化石油气,热值单位也可为 kJ/kg。热值可分为高热值与低热值,高热值是指 $1Nm^3$ 燃气完全燃烧后其烟气被冷却至原始温度,而其中的水蒸气以凝结水状态排出时所放出的热量。低热值是指 $1Nm^3$ 燃气完全燃烧后其烟气被冷却至原始温度,但烟气中水蒸气仍为蒸汽状态时所放出的热量。高低热值之差为水蒸气的气化潜热。

燃气可根据热值分为三个等级:高热值燃气（HCV gas）、中等热值燃气（MCV gas）和低热值燃气（LCV gas）。其中,高热值燃气的热值在 $30MJ/Nm^3$ 以上,天然气、部分油制气和液化石油气都是高热值燃气。

2.城市燃气的供应对象

燃气是一种优质燃料,而我国气源尚不丰富,在供应上应力求经济合理地充分发挥其使用效能。

（1）城市民用燃气供应的原则

第一,应该优先满足城镇居民生活热水和炊事的用气。

第二,应尽量满足学校、医院、旅馆、食堂等公共建筑的用气。

第三,人工煤气一般不供应锅炉用气。如果天然气气量充足,可发展燃气采暖,但要拥有调节季节不均匀用气的手段。

（2）城市工业燃气供应的原则

第一,优先满足工艺上必须使用煤气,但用气量不大,自建煤气发生站又不经济的工业企业用气。

第二,可供应使用燃气后能显著减轻大气污染的工业企业。

第三,对临近管网,用气量不大的其他工业企业,如使用燃气后可提高产品质量,改善劳动条件和生产条件的,可考虑供应燃气。

第四,可供应作为缓冲用户的工业企业。

3.城市燃气气种的选择

城市燃气气种的选择是考虑各种复杂因素后才能作出的重要决策。在这些因素中,最基本的条件是各地的燃料资源状况,城市环境也是选择城市主要气种的主要依据,而城市的规模、交通条件、经济实力、人民生活水平、气候条件等因素都或多或少地会影响城市燃气气种的选择。

目前,在我国的燃料结构中,煤始终占主导地位,而我国煤制气事业也有百余年历史。随着石油工业的发展,天然气开采规模的逐步扩大,使得油制气、液化石油气和天然气纷纷进入城市气种选择的范围,但近期内都不可能完全取代煤制气的地位。

需要注意的是,针对我国幅员辽阔、能源资源分布不均,各地能源结构、品种、数量不一的特点,发展城市燃气事业要贯彻多种气源、多种途径、因地制宜、合理利用能源的方针。

4.城市燃气的负荷预测与计算

(1)城市燃气负荷的分类与用气指标

城市燃气负荷根据用户性质不同可分为民用燃气负荷和工业燃气负荷两大类。在计算用气负荷时,必须考虑未预见用气量。未预见用气量主要包括两部分:一部分是管网的漏损量,另一部分是因发展过程中出现没有预见到的新情况而超出了原计算的设计供气量。

国家相关规定提供了供设计用的居民生活用气量指标(表9-3)。

表9-3　城镇居民生活用气指标 MJ/(人·年)[1.0×10⁴kcal/(人·年)]

城镇地区	有集中采暖的用户	无集中采暖的用户
华北地区	2 303～2 721(55～65)	1 884～2 303(45～55)
华东、中南地区	—	2 093～2 303(50～55)
北京	2 721～3 140(65～75)	2 512～2 931(60～70)
成都		2 512～2 931(60～70)

(2)燃气的需用工况

燃气的需用工况,是指用气的变化规律。各类用户对燃气的用量随时间的变化而变化,这种用气的不均匀性与确定气源生产规模、调峰手段和输配管网管径有很密切的关系。因此,在燃气用量的预测与计算中,必须对燃气的需用工况作合理分析。

(3)燃气用量的预测与计算

城市燃气总用量可由以下两种方法得出。

第一种,分项相加法,这种方法适用于各类负荷均可用计算方法得出较准确数据的情况:

$$Q=Q_1+Q_2+Q_3+Q_4+\cdots+Q_n$$

在这个公式中,Q 为燃气总用量;$Q_1\sim Q_n$ 为各类燃气负荷。

第二种,比例估算法,这种方法适用于当其他各类负荷量不确定时,可以通过预测居民生活与公建用气量在总用气量中的比例来得出总用气量,其公式为:

$$Q=Q_s/p$$

在这个公式中,Q 为总用气量,Q_s 为居民生活与公建用气量,p 为居民生活与公建用气量占总用气量的比例。

(二)城市燃气气源工程规划

气源设施,是指向城市燃气输配系统提供燃气的设施。在城市中,主要指煤气制气厂、天然气门站、液化石油气供应基地及煤气发生站、液化石油气气化站等设施。

1.城市燃气气源设施的种类

(1)天然气气源设施

天然气的生产和储存设施大都远离城市,一般是通过长输管线来向城市供应的。天然气长输管线的终点配气站称为城市接收门站,是城市天然气输配管网的气源站,其任务是接收长输管线输送的天然气,在站内进行净化、调压、计量后,进入城市燃气输配管网。

（2）人工煤气气源设施

根据煤气厂技术工艺设备不同，可分为炼焦制气厂、直立炉煤气厂和油制气厂等。其中，炼焦制气厂和直立炉煤气厂供气量较大，产出的煤气一般可作为城市的主气源。

（3）液化石油气气源设施

液化石油气气源包括液化石油气储存站、储配站、灌瓶站、气化站和混气站等。其中液化石油气储配站和灌瓶站又可统称为液化石油气供应基地，液化石油气储存站是液化石油气储存基地，其主要功能是储存液化石油气，并将其输给灌瓶站、气化站和混气站。

2.城市燃气气源的规划

（1）气源种类的选择原则

第一，应遵照国家能源政策和燃气发展方针，因地制宜，根据本地区燃料资源的情况，选择技术上可靠、经济上合理的气源。

第二，应合理利用现有气源，做到物尽其用，发挥原有气源的最大作用，并争取利用各工矿企业的余气。

第三，应根据城市的规模和负荷的分布情况，合理确定气源的数量和主次分布，保证供气的可靠性。

第四，应根据城市的地质、水文、气象等自然条件和水、电、热的供给情况，选择合适的气源。

第五，在城市选择多种气源联合供气时，应考虑各种燃气间的互换性，或确定合理的混配燃气方案。

（2）气源规模的确定

在国内大多数城市中，煤气制气厂是城市的主气源。由于燃气的需用量是不均匀的而煤气制气厂的生产又要有一定的稳定性和连续性，因此必须确定一个合理的生产规模保证煤气生产和使用的基本平衡。炼焦制气厂、直立炉制气厂等规模较大的煤气厂，生产调节能力较差，规模宜按一般月平均日的燃气负荷确定。

除了煤气气源，液化石油气气源也是城市气源的重要组成部分，它的规模主要指站内液化石油气储存容量。液化石油气气源当其直接由液化石油气生产厂供气时，其贮罐设计容量应根据供气规模、运输方式和运输距离等因素确定。

（3）气源设施的布局要求

第一，煤气制气厂的布局要求主要表现在以下几点。

一是厂址选择应合乎城市总体发展的需要，不影响城市近远期的建设。

二是厂址应具有方便、经济的交通运输条件。

三是厂址应具有满足生产、生活和发展所必需的水源和电源。

四是厂址宜靠近与之生产关系密切的工厂，并为运输、公用设施、三废处理等方面的协作创造有利条件。

五是厂址应有良好的工程地质条件和较低的地下水位。地基承载力一般不宜低于 $10t/m^2$，地下水位宜在建筑物基础底面以下。

六是厂址不应设在受洪水、内涝威胁的地带。气源厂的防洪标准应视其规模等条件综合分析确定。位于平原地区的气源厂，当场地标高不能满足防洪，须修筑防洪堤坝时，应进行充分的技术经济论证。

七是厂址必须具有避开高压输电线路的安全空隙间隔地带，并应取得当地消防及电业部门的同意。

八是在机场、电台、通信设施、名胜古迹和风景区等附近选厂时,应考虑机场净空区、电台和通信设施防护区、名胜古迹等无污染间隔区的特殊要求,并取得有关部门的同意。

九是气源厂应根据城市发展规划预留发展用地。

另外,有一些地段不适宜选为厂址,如有滑坡、溶洞、泥石流等直接危害地段,较厚的Ⅲ级自重湿陷性黄土、新近堆积黄土、Ⅰ级膨胀土等工程地质恶劣地区;发震断层和基本烈度高于9度的地震区;纵、横坡度均较大,且宽度小于100m的低洼沟谷内;具有开采价值的矿区及其影响范围内;不能确保安全的水库下游及山洪、内涝威胁严重的地段;具有爆炸危险的范围内等。

第二,液化石油气供应基地的布局要求主要表现在以下几点。

一是液化石油气储配站属于甲类火灾危险性企业。站址应选在城市边缘,与服务站之间的平均距离不宜超过10km。

二是站址应是地势平坦、开阔、不易积存液化石油气的地段,并避开地震带、地基沉陷和雷击等地区。

三是站址应选择在所在地区全年最小频率风向的上风侧。

四是远离名胜古迹、游览地区和油库、桥梁、铁路枢纽站、飞机场、导航站等重要设施。

五是具有良好的市政设施条件,运输方便。

六是与相邻建筑物应遵守有关规范所规定的安全防火距离。

七是在罐区一侧应尽量留有扩建的余地。

第三,液化石油气气化站与混气站的布局要求主要体现在以下几点。

一是液化石油气气化站与混气站的站址应靠近负荷区。作为机动气源的混气站可与气源厂、城市煤气储配站合设。

二是站址应与站外建筑物保持规范所规定的防火间距。

三是站址应处在地势平坦、开阔、不易积存液化石油气的地段。同时应避开地震带、地基沉陷、废弃矿井和雷区等地区。

(三)城市燃气输配气系统规划

1.城市燃气输配气设施的布局要求

城市燃气输配系统是从气源到用户间一系列输送、分配、储存设施和管网的总称。在这个系统中,输配设施主要有储配站、调压站和液化石油气瓶装供应站等。

(1)燃气储配站的布局要求

燃气储配站主要有三个功能,一是储存必要的燃气量,用来调峰;二是可使多种燃气进行混合,达到适合的热值等燃气质量指标;三是将燃气加压,以保证输配管网内适当的压力。

城市储气量的确定与城市民用气量与工业用气量的比例有密切关系。储气量占计算月平均日供气量的比例称为储气系数。

对于供气规模较小的城市,一般设一座燃气储配站即可,并可与气源厂合设,对于供气规模较大,供气范围较广的城市,应根据需要设两座或两座以上的储配站。厂外储配站的位置一般设在城市与气源厂相对的一侧,即常称的对置储配站。在用气高峰时,实现多气源向城市供气方面保持管网压力的均衡,缩小气源点的供气半径,减小管网管径,另一方面也保证了供气的可靠性。

除上述储配站布置要点外,储配站站址选择还应符合防火规范的要求,并有较好的交通、供电、供水和供热条件。

（2）调压站的布局要求

调压站的作用是将输气管网的压力调节到下一级管网或用户所需的压力；保持调节后的管网压力的稳定；调压站还装有计量装置，兼有计量作用。燃气调压站占地面积较小，满足调压器放置的要求即可，有时，调压器也可以直接布置在室外或设于建筑物墙壁上。具体来说，调压站的布局要求表现在以下几个方面。

第一，调压站供气半径以 0.5km 为宜，当用户分布较散或供气区域狭长时，可考虑适当加大供气半径。

第二，调压站应避开人流量大的地区，并尽量减少对景观环境的影响。

第三，调压站应尽量布置在负荷中心。

第四，调压站布局时应保证必要的防护距离，具体数据见国家和部门相关规范。

（3）液化石油气瓶装供应站的布局要求

瓶装供应站主要为居民用户和小型公建服务，供气规模以 5 000～7 000 户为宜，一般不超过 10 000 户。当供应站较多时，几个供应站中可设一管理所。瓶装供应站的布局主要考虑以下几个因素。

第一，有便于运瓶汽车出入的道路。

第二，瓶装供应站的站址应选择在供应区域的中心，以便于居民换气。供应半径一般不宜超过 0.5～1.0km。

第三，瓶装供应站的瓶库与站外建、构筑物的防火间距不应小于专业部门的规定。

液化石油气瓶装供应站的用地面积一般在 500～600m²，而管理所面积略大，约为 600～700m²。

2.城市燃气管网规划

（1）城市燃气输配管网的形制

城市燃气输配管网按布局方式分，有环状管网系统和枝状管网系统。环状管网系统中输气干管布局为环状，保证对各区域实行双向供气，系统可靠性较高；枝状管网系统输气干管为枝状，可靠性较低。通往用户的配气管一般为枝状管网。

城市燃气输配管网可以根据整个系统中管网不同压力级制的数量来进行分类，可分为一级管网系统、二级管网系统、三级管网系统和混合管网系统等四类，每一类管网形制都有其优点和缺点，适用于不同类型的城市或地区。

采用一个压力等级进行输送配气的燃气管网系统称为一级系统，分为低压一级系统和中压一级系统，适用于用气量小的新城；采用两个压力等级进行输气配气的燃气管网系统称为二级系统，分为中压 A、低压二级系统和中压 B、低压二级系统，大中城市均可采用；采用三个压力等级进行输气配气的称为三级系统，适用于特大城市；同时存在上述系统两种以上的称为混合系统，可广泛适用。

（2）城市燃气输配管网形制的选择

在选择输配管网的形制时，主要考虑以下几个方面。

第一，供气的安全性。管网的压力高低影响到管网的安全性，尤其是庭院管网的压力不宜过高。

第二，供气的可靠性。取决于管网系统的干线布局，环状管网的可靠性大于枝状管网。

第三,供气的经济性。取决于管网长度、管径大小、管材费用、寿命以及管网的维护管理费用。

第四,供气的适用性。主要由用户至调压器之间管道的长度决定,用户至调压设备远近不同会导致用户压力的不同,中压一级管网的供气能够保证大多数用户压力相同,有较好的供气适用性。

除考虑管网自身条件外,还应考虑城市的综合条件,主要表现在以下几个方面。

第一,城市的规模。对于大城市应采用较高的输气压力,当采用一、二级混合管网系统时,输气压力一般不应低于0.1MPa,对于中小城市可采用一、二级混合系统,其输气压力可以低些。

第二,气源的类型。对天然气气源和加压气化气源,可以采用中压A或中压B一级管网系统,以节省投资。对人工常压制气气源,尽可能采用中压B一级或中、低压二级管网系统。

第三,城市自然条件。对于南方河流水域很多的城市,一级系统的穿跨越工程量将比二级系统多,如何选用,应进行技术经济比较后确定。

第四,市政道路条件。街道宽阔、新居住区较多的地区,可选用一级管网系统。

第五,城市近远期发展的要求。当城市发展规模较大时,对于新发展地区应选用一级管网系统,采用较高的设计压力。近期工程的管网系统,可以降低压力运行,远期负荷提高时,可将运行压力提高,即可满足需要。

(3)城市燃气输配管网的布置

城市燃气输配管网的布置要遵循以下几条原则。

第一,管网规划布线应按城市规划布局进行,贯彻远、近结合,以近期为主的方针。规划布线时,应提出分期建设的安排,以便于设计阶段开展工作。

第二,应结合城市总体规划和有关专业规划进行。在调查了解城市各种地下设施的现状和规划基础上,才能布置燃气管网。

第三,应减少穿、跨越河流、水域、铁路等工程,以减少投资。

第四,应尽量靠近用户,以保证用最短的线路长度,达到同样的供气效果。

第五,一般各级管网应沿路布置。

第六,燃气管网应避免与高压电缆相邻平行敷设,否则会导致感应电场对管道造成严重腐蚀。

第七,对各级管网进行布线时要考虑以下几个方面。

首先,高压、中压A管网的功能在于输气,由于其工作压力高,危险性大,布线时应确保长期安全运行,为保证应有的安全距离,高压、中压A管网宜布置在城市的边缘或规划道路上,高压管网应避开居民点。对高压、中压A管道直接供气的大用户,应尽量缩短用户支管的长度。连接气源厂(或配气站)与城市环网的枝状支管,一般应考虑双线,可近期敷设一条,远期再敷设一条。

其次,中压管网是城区内的输气干线,网路较密。为避免施工安装和检修过程中影响交通,一般宜将中压管道敷设在市内非繁华的干道上。应尽量靠近调压站,以减少调压站支管长度,提高供气可靠性。连接气源厂(或配气站)与城市环网的支管宜采用双线布置。中压环线的边长一般为2~3km。

最后,低压管网是城市的配气管网,基本上遍布城市的大街小巷。布置低压管网时,主要考虑网路的密度。低压燃气干管的网格边长以300m左右为宜。

二、城市供热规划

(一)城市供热概述

1.城市热负荷的类型与供热对象的选择

(1)城市热负荷的类型

第一,根据热能的用途进行分类,热负荷可以分为室温调节(采暖、通风和供冷)、生产用热、生活热水等三大类。

第二,按其用热时间和用热规律可分为季节性热负荷与全年性热负荷。采暖、供冷、通风的热负荷是季节性热负荷。生活热水负荷和生产热负荷属于全年性热负荷,其中,生活热水负荷主要由使用人数和用热状况决定,与室外气象条件关系不大。

第三,根据热负荷的性质可分为民用热负荷和工业热负荷两大类。民用热负荷主要指居住和公共建筑的室温调节和生活热水负荷;工业热负荷主要包括生产负荷和厂区建筑的室温调节负荷,同时也要包括职工上班的生活热水负荷。

(2)城市供热对象的选择

城市供热对象首先应该选择那些分散用热的规模较小的用户,如居民家庭、中小型公共建筑和小型企业。大型公共建筑或大中型企业的燃烧设备一般比较先进,余热资源较丰富,因此,在供热规模有限的情况下,对于供热对象的规模应以"先小后大"为供应原则,才能发挥城市集中供热系统的最大效益。

另外,由于供热系统的服务半径较小,若热用户空间分布上较集中,就有利于热网布置,减少投资和运营成本。因此,应以"先集中后分散"为供应原则,以达到系统在经济方面的合理性。

2.城市热负荷的预测与计算

在预测与计算城市热负荷时,根据热负荷种类的不同和基础资料的条件,一般有两种方法,即概算指标法与计算法。

(1)概算指标法。在估算城市总热负荷和预测地区没有详细准确资料时,可采用概算指标法来估算供热系统热负荷。

(2)计算法。当建筑物的结构形式、尺寸和位置等资料为已知时,热负荷可以根据采暖、通风设计数据来确定,这种方法比较精确,可用于计算或预测较小范围内有确定资料地区的热负荷。

热负荷计算的步骤有以下几点。

首先,收集热负荷现状资料。热负荷现状资料既是计算的依据,又可作为预测取值的参考。

其次,分析热负荷的种类与特点。对采暖、通风、生活热水、生产工艺等各类用热来说,需采用不同方法、不同指标进行预测和计算。

再次,进行各类热负荷预测与计算。在对热负荷现状进行参考,分析掌握热负荷的种类与特点后,采用各种公式,对各类热负荷进行预测与计算。

最后,预测与计算供热总负荷。地区的供热总负荷是布局供热设施和进行管网计算的依据。在各类热负荷计算与预测结果得出后,经校核后相加,同时考虑一些其他变数,最后计算出供热总负荷。

（二）城市供热热源规划

1.城市集中供热热源的种类与布局要求

（1）城市集中供热热源的种类

目前，城市采用的集中供热系统热源主要有热电厂、锅炉房、热泵、低温核能供热堆、工业余热、地热和垃圾焚化厂等。其中，热电厂和锅炉房是使用最为广泛的热源。在一些发达国家，多采用低温核能供热堆和垃圾焚化厂作为热源，有利于保护环境。

在采用多种热源联合供热的系统中，可将热源分为基本热源、峰荷热源和备用热源几类。基本热源是指在整个供热期间满功率运行时间最长的热源；峰荷热源是指基本热源的产热能力不能满足实际热负荷的要求时，投入运行以弥补差额的热源；备用热源是在检修或事故工况下投入运行的热源，同样一般采用锅炉房和热泵作为备用热源。

（2）城市集中供热热源的布局要求

在这里主要介绍热电厂和锅炉房的布局要求。

热电厂的布局要求主要有以下几个方面。

第一，热电厂的厂址要符合城市总体规划的要求，并应征得规划部门和电力、环保、水利和消防部门的同意。

第二，热电厂要有妥善解决排灰的条件。

第三，热电厂应尽量靠近用热规模大的热用户。

第四，热电厂要有良好的供水条件。对于抽气式热电厂来说，供水条件对厂址选择往往有决定性影响。

第五，热电厂要有方便的水陆交通条件。大中型燃煤热电厂每年要消耗几十万吨或更多煤炭，为了保证燃料供应，铁路专用线是必不可少的，但应尽量缩短铁路专用线的长度。

第六，热电厂要有方便的出线条件。大型热电厂一般都有十几回输电线路和多条大口径的供热干管引出，需留出足够的出线走廊宽度。

第七，热电厂的厂址应避开滑坡、溶洞、坍方、断裂带淤泥等不良地质的地段。

第八，热电厂要有一定的防护距离。热电厂在运行时，会排出二氧化硫、过氧化氢等有害物质。为了减轻热电厂对城市人口稠密区环境的影响，厂址距人口稠密区的距离应符合环保部门的有关规定和要求。

锅炉房的布局要求主要有供暖平均负荷、热化系数、热电厂供热能力这几个方面。

第一，靠近热负荷比较集中的地区。

第二，位于地质条件较好的地区。

第三，便于引出管道，并使室外管道的布置在技术、经济上合理。

第四，有利于自然通风与采光。

第五，便于燃料贮运和灰渣排除，并使人流和煤、灰车流分开。

第六，有利于凝结水的回收。

第七，有利于减少烟尘和有害气体对居住区和主要环境保护区的影响。全年运行的锅炉房宜位于居住区和主要环境保护区的全年最小频率风向的上风侧；季节性运行的锅炉房宜位于该季节盛行风向的下风侧。

2.城市热源的选择与规模确定

(1)城市热源的选择

城市集中供热方式多种多样,应根据城市具体情况,选择适合的热源。

第一,热电厂可向大面积区域和用热大户进行供热,能源利用率较高,产热规模大。在有一定的常年工业热负荷而电力供应又紧张的地区,应建设热电厂。在气候冷、采暖期长的地区,热电联产运行的时间长,节能效果明显。相反,在采暖期短的地区,热电厂的节能效果就不明显。

第二,区域锅炉房是作为某一区域供热热源的锅炉房。与一般工业与民用锅炉房相比,它的供热面积大,供热对象多,锅炉火力大,热效率较高,机械化程度也较高。区域锅炉房建设费用少,建设周期短,能较快收到节能和减轻污染的效果。另外,区域锅炉房所具有的建设与运行上的灵活性,除了可作为中、小城市的供热生热源外,还可在大中城市内作为区域主热源或过渡性主热源。

(2)城市热源规模的确定

城市热源规模的确定需要考虑以下几个因素。

第一,按供暖室外设计温度计算出来的热指标称为最大小时热指标。用最大小时热指标乘以平均负荷系数,得到了平均热指标。以平均热指标计算出来的热负荷,即为供暖平均负荷,主热源的规模应能基本满足供暖平均负荷的需要。超出这一负荷的热负荷,则为高峰负荷,需要以辅助热源来满足。

第二,热化系数是指热电联产的最大供热能力占供热区域最大热负荷的份额。在选择热电厂供热能力时,应根据热化系数来确定。针对不同的主要供热对象,热电厂应选定不同的热化系数。一般说来,以工业热负荷为主的系统,热化系数宜取 0.8~0.85;以采暖热负荷为主的系统,热化系数宜取 0.52~0.6;工业和采暖负荷大致相当的系统,热化系数取 0.65~0.75。也就是说,稳定的常年负荷越大,热化系数越高,反之,则热化系数越低。

第三,热电厂供热能力的确定应遵循"热电联产,以热定电"的基本原则,结合本地区供电状况和热负荷的需要,选定不同的热化系数,从而确定热电厂的供热能力。区域锅炉房的供热能力,可按其所供区域的供暖平均负荷、生产热负荷及生活热水热负荷等负荷之和确定。

(三)城市供热管网的布局要求

供热管网主要由热源至热力站和热力站至用户之间的管道、管道附件和管道支座组成。管网系统要保证可靠地供给各类用户具有正常压力、温度和足够数量的供热和供物介质(蒸汽、热水或冷水),满足用户的需要。

1.城市供热管网的形制

(1)供热管网的分类

第一,根据热源与管网之间的关系,热网可分为区域式和统一式两类。区域式网络仅与一个热源相连,并只服务于此热源所及的区域;统一式网络与所有热源相连,可从任一热源得到供应,网络也允许所有热源共同工作。统一式热网的可靠性较高,但系统较复杂。

第二,根据一条管路上敷设的管道数,可分为单管制、双管制和多管制。单管制的热网一条管路上只有一根输送热介质的管道,没有供介质回流的管道,只能输送一种工况的热介质,用于用户对介质用量稳定的开式热网中。双管制热网在一条管路上有一根介质输送管和一根回流管，较多用于闭式热网。对于用户种类多以及介质施用工况要求复杂的热网，一般采用多管制，即在一条管路上有多根输送介质的管道和回流管，以输送不同性质、不同工况的热介质。

第三，根据输送介质的不同，热网可分为蒸汽管网、热水管网和混合式管网三种。蒸汽管网中的热介质为蒸汽，热水管网中的热介质为热水，混合式管网中输送的介质既有蒸汽也有热水。同样管径的情况下，蒸汽管道所输送的热量大，热水管道小，但蒸汽管道比热水管道更易损坏。一般情况下，从热源到热力站的管网更多采用蒸汽管网，而在热力站向民用建筑供暖的管网中，更多采用的是热水管网。因为热水供暖的卫生条件好，且安全，而蒸汽管网温度高，不宜直接用于室内采暖。在室内供冷时，管网热介质一般采用的是冷水。

第四，根据用户对介质的使用情况，供热管网可分为开式和闭式两种。开式管网中，热用户可以使用供热介质，如蒸汽和热水，系统必须不断补充热介质；在闭式管网中热介质只在系统内循环运行，不供给用户，系统只需补充运行过程中泄漏损耗的少量介质。

第五，按平面布置类型分，供热管网可分为枝状管网和环状管网两种。枝状管网结构简单，运行管理较方便。干管管径随距离增加而减少，造价也较低。但其可靠性较环状管网为低，一旦发生事故，会造成一定范围内供热中断。环状管网的可靠性较高，但系统复杂，造价高，不易管理。因此，在合理设计、妥善安装和正确操作维修的前提下，热网一般采用枝状布置方式，较少采用环状布置方式。

（2）供热管网的形制选择

从热源到热力点间的管网，称之为一级管网，而从热力点至用户间的管网，称为二级管网。一般说来，对于一级管网，往往采用闭式、双管或多管制的蒸汽管网，而对于二级管网，则要根据用户的要求确定。具体来说，对供热管网的形制选择要考虑以下几点。

第一，蒸汽热力网的蒸汽管道，宜采用单管制。当各用户所需蒸汽多数相差较大，或季节性热负荷占总热负荷比例较大，或用户按规划分期建设时，可采用双管制或多管制。

第二，热水热力网宜采用闭式双管制。

第三，热水热力网具有水处理费用较低的补给水源和与生活热水热负荷相适应的廉价低位能热源时，可采用开式热力网。

第四，以热电厂为热源的热水热力网，同时有生产采暖、工艺、空调、通风、生活热水多种热负荷，在生产工艺热负荷与采暖热负荷所需供热介质参数相差较大，或季节性热负荷占总热负荷比例较大，且技术经济合理时，可采用闭式多管制。

2.城市供热管网的布置

（1）供热管网的平面布置

第一，主干管应该靠近大型用户和热负荷集中的地区，避免长距离穿越没有热负荷的地段。

第二，供热管道通常敷设在道路的一边，或者是敷设在人行道下面，尽量少敷设横穿街道的引入管，应尽可能使相邻的建筑物的供热管道相互连接。

第三，供热管道要尽量避开主要交通干道和繁华的街道，以免给施工和运行管理带来困难。

第四，供热管道穿越河流或大型渠道时，可随桥架设或单独设置管桥，也可采用虹吸管由河底通过。

第五，和其他管线并行敷设或交叉时，为了保证各种管道均能方便地敷设、运行和维修，热网和其他管线之间应有必要的距离。

（2）供热管网的竖向布置

供热管网的竖向布置应考虑以下几个方面。

第一，一般地沟管线敷设深度最好浅一些，可以减少土方工程量。为了避免地沟盖受汽车等动荷重的直接压力，地沟的埋深自地面到沟盖顶面不少于 0.5m，在特殊情况下，如地下水位高或其他地下管线相交情况极其复杂时，允许采用较小的埋设深度，但不少于 0.3m。

第二，热力管道与其他地下设备相交叉时，应在不同的水平面上互相通过。

第三，热力管道埋设在绿化地带时，埋深应大于 0.3m。热力管道土建结构顶面至铁路路轨底间最小净距应大于 1.0m；与公路路面基础为 0.7m；与电车路基底为 0.75m。跨越有永久路面的公路时，热力管道应敷设在通行或半运行的地沟中。

第四，热力管道和电缆之间的最小净距 0.5m，如电缆地带的土壤受热的附加温度在任何季节都不大于 10％，而且热力管道有专门的保温层，那么可减小此净距。

第五，地下敷设时必须注意地下水，沟底的标高应高于近 30 年来最高地下水位 0.2m。

第六，在地上热力管道与街道或铁路交叉时，管道与地面之间应保留足够的距离，此距离根据不同运输类型所带高度尺寸来确定。

第七，横过河流时，目前广泛采用悬吊式人行桥梁和河底管沟方式。

3.城市供热管网的敷设方式

供热管网的敷设方式有架空敷设和地下敷设两类。

第一，架空敷设是将供热管道设在地面上的独立支架或带纵梁的桥架以及建筑物的墙壁上。架空敷设不受地下水位的影响，运行时维修检查方便。同时，因为施工土方量小，架空敷设是一种较经济的敷设方式。架空敷设的缺点是占地面积较大，管道热损失大，在某些场合不够美观。

架空敷设方式一般适用于地下水位较高，年降雨量较大，地质为湿陷性黄土或腐蚀性土壤，或地下敷设时需进行大量土石方工程的地区。在市区范围内，架空敷设多用于工厂区内部或对市容要求不高的地段。在地震活动区，应采用较可靠的独立支架或地沟敷设方式。

第二，在城市中敷设供热管网时，由于考虑市容等原因不能采用架空敷设，就需要采用地下敷设。

地下敷设分为有沟和无沟两种敷设方式。其中，有沟敷设又可分为通行地沟、半通行地沟和不通行地沟三种。地沟的主要作用是保护管道不受外力和水的侵袭，保护管道的保温结构，并使管道能自由地热胀冷缩。

为了防止地面水、地下水侵入地沟后破坏管道的保温结构和腐蚀管道，地沟的结构均应尽量严密，不漏水。一般情况下，地沟的沟底将设于当地近 30 年来最高地下水位以上。如果地下水位高于沟底，则必须采取排水、防水，或局部降低水位的措施。较为常用的防水措施是在地沟外壁敷以防水层。同时，沟底应有不小于 0.002 的坡度，以便将地沟中的水集中在检查井的集水坑内，用泵或自流排入附近的下水道。局部降低地下水位的方法是在地沟底部铺上一层粗糙的砂砾，在沟底下 200～250cm 处敷设一根或两根直径为 100～150mm 的排水管，管上应有许多小孔。为了清洗和检查排水管，每 50～70m 应该设置一个检查井。

第三节　城市电力与通信规划

一、城市电力规划

（一）城市电力概述

1.城市用电分类

我国城市用电可分为以下 8 类。

第一，商业、公共饮食、物资供销和金融业用电。

第二，农、林、牧、副、渔、水利业用电。

第三，交通运输、邮电通信业用电。

第四，工业用电。

第五，地质普查和勘探业用电。

第六，城乡居民生活用电。

第七，建筑业用电。

第八，其他事业用电。

城市用电负荷可分为以下 4 类。

第一，第一产业用电。

第二，第二产业用电。

第三，第三产业用电。

第四，城乡居民生活用电。

2.城市电力负荷的预测方法

城市电力负荷预测有以下两种方法。

（1）负荷密度法

负荷密度法适用于市区内大量分散的电负荷预测，按市区分区面积，以平均 kW/km^2 表示。采用负荷密度法，应首先调查市区内各分区的现有负荷，分别计算现有负荷密度值。另外，可将各分区再分为若干小区进行计算后加以合成。然后根据城市功能区和大用户的用电规划，并参考国内外城市用电规划资料，估计规划期内各分区可能达到的负荷密度预测值。需要注意的是，从各分区的负荷密度汇总计算市区内总负荷预测值时，应同时考虑分区间负荷的不同时率和单独计算的大用户用电预测值。

（2）电量预测方法

通常采用的电量预测方法有以下几种。

第一，产值单耗法。

第二，产量单耗法。

第三，按部门分项分析叠加法。

第四，用电水平法。

第五,大用户调查法。

第六,回归分析法。

第七,年平均增长率法。

第八,时间序列建模法。

第九,电力弹性系数法。

第十,经济指标相关分析法。

城网最大预测值可以用年供电量的预测值除以年综合最大负荷利用小时数而得,然后分配落实到各分区得出全市负荷的分布情况。年供电量的预测值等于年用电量与地区线路损失电量预测值之和。年综合最大负荷利用小时数,可由平均日负荷率、月不平衡负荷率和季不平衡负荷率三者的连乘积再乘以 8 760 而求得。

3.城市电力负荷的预测与计算

城市电力负荷预测主要采用城市人均居民生活用电量指标、单项建设用电负荷密度指标和城市建筑单位建筑面积负荷密度指标进行计算。其中,城市人均居民生活用电指标、单项建设用电负荷密度指标主要用于编制城市总体规划和分区规划,而城市建筑单位建筑面积负荷密度指标主要用于编制城市详细规划。

(1)编制城市总体规划中电力工程系统规划时,规划人均城市居民生活用电量指标应根据城市性质、经济基础、人口规模、地理位置、民用能源消费结构、居民生活消费水平及电力供应条件的不同,在调查研究的基础上,根据实际情况进行规划。例如,在我国中、西部地区经济较不发达,电力能源供应紧缺的城市,其规划人均生活用电指标可适当降低,具体如表 9-4 所示。

表 9-4　我国中、西部地区经济不发达城市的人均生活用电指标

指标分级	生活用电水平	人均生活用电量[kW·h/(人·年)]	指标分级	生活用电水平	人均生活用电量[kW·h/(人·年)]
Ⅰ	较高生活水平	1 501～2 500	Ⅲ	中等生活水平	401～800
Ⅱ	中上生活水平	801～1 500	Ⅳ	较低生活水平	250～400

(2)在进行新兴城市总体规划或新建区分区规划中的电力工程规划时,可选用分类综合用电指标。在其规划范围内的居住、工业、公共设施三大类主要用地用电可选用规划单项建设用地供电负荷密度指标(表 9-5)。

表 9-5　规划单项建设用地供电负荷密度指标

用地性质	单项建设用地用电负荷密度(kW·h/hm²)
居住用地	100～400
工业用地	200～800
公共设施用地	300～1 200

(3)在进行城市详细规划时,对于居住建筑、工业建筑、公共建筑等三大类建筑的供电规划负荷预测可采用规划单位建筑面积负荷密度指标(表 9-6)。

表 9-6　规划单位建筑面积负荷密度指标

建筑类别	单位建筑面积负荷密度（W/m²）
居住建筑	20～26
工业建筑	20～80
公共建筑	30～120

住宅建筑规划单位建筑面积负荷指标是指在一定的规划范围内,同类型住宅建筑最大用电负荷之和除以其住宅建筑总面积,并乘以归算至住宅 10kV 配电室处的同时系数,具体计算时可根据地方实际情况适当调整指标。

工业建筑规划单位建筑面积负荷指标为归算至工业厂房的 10kV 变(配)电所处的单位建筑面积最大负荷。

公共建筑规划单位建筑面积负荷指标为某公共建筑物的最大负荷除以其总建筑面积,并归算至 10kV 变(配)电所处的单位建筑面积最大负荷。

(二)城市供电电源规划

1.城市电源的类型

城市电源可分为城市发电厂和变电所两种基本类型。城市电源由城市发电厂直接提供,或由外地发电厂经高压长途输送至变电所,再接入城市电网。而变电所除变换电压外,还起到集中电力和分配电力的作用,并控制电力流向和调整电压。

城市发电厂有水力发电厂、火力发电厂、太阳能发电厂、风力发电厂、地热发电厂和原子能发电厂等。目前,我国城市发电厂以水力发电厂和火力发电厂为主。

变电所可根据以下几种方式进行分类。

第一,按照构造形式分类,变电所可分为屋内式、屋外式、移动式和地下式。

第二,按照职能分类,变电所可分为城市变电所和区域变电所。其中,城市变电所是指为城市供(配)电服务的变电所;区域变电所是为区域性长距离输送电服务的变电所。

第三,按照功能分类,将较高电压变为较低电压的变电所,称降压变电所;将较低电压变为较高电压的变电所,称为升压变电所。通常城区的变电所一般都是降压变电所,而发电厂的变电所大多为升压变电所。

另外,变电所也常按照电压来分级,变电所的等级有 500kV、330kV、220kV、110kV、66kV、35kV、10kV 等。

2.城市供电电源的布局要求

在这里介绍一下水力发电电厂、火力发电厂、核电厂和变电所的布局要求。

(1)水力发电厂的布局要求

第一,水力发电厂建厂地段必须选择工程地质条件良好,地耐力高,非地质断裂地带。

第二,水力发电厂一般要选择在便于拦河筑坝的河流狭窄处,或水库水流下游处。

第三,厂址要有较好的交通运输条件。

第四,选址时应充分考虑对周边生态环境和景观的影响。

（2）火力发电厂的布局要求

第一，燃煤电厂的燃料消耗量很大，大型电厂每天约耗煤在万吨以上，因此，作为区域性电源的大型电厂，厂址应尽可能接近燃料产地，靠近煤源，以便减少燃料运输费，减少国家铁路运输负担。同时，由于减少电厂贮煤量，相应地也减少了厂区用地面积。在劣质煤源丰富的矿区建立坑口电站是最经济的，它可以减少铁路运输，进而降低造价，节约用地。

第二，在保证城市环境质量不受大的影响的前提下，城市火力发电厂应尽量靠近负荷中心，特别是靠近用电大户较多的工业区，以缩短电力线供电距离，减少高压走廊用地。

第三，火力发电厂用水量大，包括汽轮机凝汽用水、发电机的冷却用水、除灰用水等。因此，大型电厂首先应考虑靠近水源，直流供水。

第四，火力发电厂铁路专用线选线要尽量减少对国家干线通过能力的影响，接轨方向最好是重车方向为顺向，以减少机车摘钩作业，并应避免切割国家正线。专用线设计应尽量减少厂内股道，缩短线路长度，简化厂内作业系统。

第五，火力发电厂厂址选择应充分考虑出线条件，留有适当宽度的出线走廊。高压线路下不能有任何建筑物。

第六，燃煤发电厂应有足够的贮灰场，贮灰场的容量要能容纳电厂 10 年的贮灰量。分期建设的灰场的首期容量一般要能容纳 3 年的贮灰量。

（3）核电厂的布局要求

第一，厂址要求在人口密度较低的地方。以电站为中心，周边 100m 内为隔离区，在隔离区外围，人口密度也要适当。在外围种植作物也要有所选择，不能在其周围建设化工厂、自来水厂、学校和医院等。

第二，核电厂作为区域性电厂，在选址时首先应该考虑电站靠近区域负荷中心，以减少输电费，提高电力系统的可靠性和稳定性。

第三，由于核电厂不像烧矿物燃料电站那样可以从烟囱释放部分热量，所以核电厂比同等容量的矿物燃料电厂需要更多的冷却水。

第四，电站的类型、容量及所需的隔离区决定电厂的用地面积。一个 60 万 kW 机组组成的电厂占地面积大约为 $40hm^2$，由四个 60 万 kW 机组组成的电站占地面积大约为 $100\sim120hm^2$。

第五，核电厂场址不能选在断口、断层、解离、折叠地带，以免发生地震时造成地基不稳定。

第六，核电厂厂址选择还应考虑防洪、防御、环境保护等条件。

第七，要求有良好的公路、铁路或水上交通条件，以便运输核电厂设备和建筑材料。

（4）变电所的布局要求

第一，变电所应接近负荷中心或网络电源。

第二，变电所所址不宜设于低洼地段，以免洪水淹没或涝渍影响，山区变电所的防洪设施应满足泄洪要求。110～500kV 变电所的所址标高宜在百年一遇的高水位之上，35kV 变电所的所址标高宜在 50 年一遇的高水位之上。

第三，变电所建设地点应选地耐力较高，地质构造稳定的地带。避开断层、滑坡、塌陷区、溶洞等地带。另外，如所址选在有矿藏的地区，应征得有关部门同意。

第四，建设地点要有生产和生活用水的可靠水源。

第五，交通运输便利。

第六，不占或少占农用。

第七,应考虑对邻近设施的影响,尤其注意对广播、电视、公用通信设施的电磁干扰。

第八,所址尽量不设在空气污秽地区,否则应采取防污措施或设在污染的上风侧。

(三)城市供电设施规划

1.城市供电网络规划

(1)城市电力网络等级与结线方式

城市电力线路电压等级可分为 500kV、330kV、220kV、110kV、66kV、35kV、10kV、380V、220V 等。通常城市一次送电电压为 500kV、330kV、220kV,二次送电电压为 110kV、66kV、35kV,高压配电电压为 10kV,低压配电电压为 380V、220V。现有非标准电压,应限制发展,合理利用,根据设备使用寿命与发展需要分期分批进行改造。另外,各地域网电压等级及最高一级电压的选择应根据现有供电情况及远景发展慎重确定。城网应尽量简化变压层次;一般不宜超过四个变压层次。

城市电力网结线方式有四种:一是放射式(图 9-1):可靠性低,适用于较小的负荷。单个终端负荷、两个或多个负荷均匀分布。二是多回线式(图 9-2):可靠性高,适用于较大负荷。多回线式可与放射式组合成多回平行线放射供电式,也可与环式合成双环式或多环式。三是格网式(图 9-3):可靠性最高,适用于负荷密度很大且均匀分布的低压配电地区。这种形式的造价很高,干线结成网格式,在交叉处固定连接。四是环式(图 9-4):可靠性高,适用于一个地区的几个负荷中心。环路一般有可断开的位置。

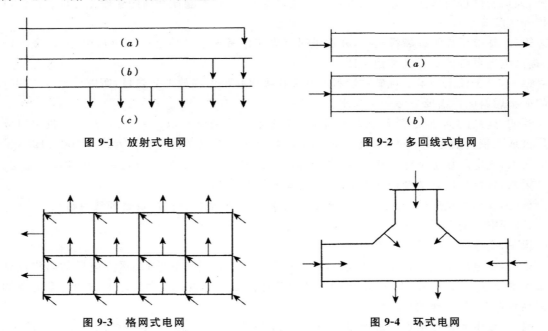

图 9-1　放射式电网　　　　　　　　　图 9-2　多回线式电网

图 9-3　格网式电网　　　　　　　　　图 9-4　环式电网

(2)城市送电网规划

城市送电网可分为一次送电网和二次送电网。

一次送电网是系统电力网的组成部分,又是城网的电源,应有充足的吞吐容量。城网电源点应尽量接近负荷中心,一般设在市区边缘。在大城网或特大城网中,可采用高压深入供电方式。

深入市区变电所的一次电压,一般采用 220kV 或 110kV,二次电压直接降为 10kV。

二次送电网应能接受电源点的全部容量,并能满足供应二次变电所的全部负荷。当市区负荷密度不断增长时,新建变电所会使各变电所的供电面积缩小。降压变电所之间的距离,可按低压出线电压及负荷密度决定。二次送电网结构规划,应与当地城建部门协商,布置新变电所的地理位置和进出线路走廊,并纳入城市总体规划中,预留相应的位置,以保证城市建设发展的需要。

(3)城市配电网规划

第一,配电网应不断加强网络结构,尽量提高供电的可靠性,以适应扩大用户连续用电的需要,逐步减少重要用户建设双电源和专线供电线路。必须由双电源供电的用户,进线开关之间应有可靠的连锁装置。

第二,高压配电网架应与二次送电网密切配合,可以互通容量。配电网架的规划设计与二次送电网相似,但应有更大的适应性。高压配电网架应按远期规划一次建成,一般应在 20 年内保持不变。当负荷密度增加到一定程度时,可插入新的变电所,使网架结构基本不变。

第三,高压配电网中每一主干线路和配电变压器,都应有比较明显的供电范围,不宜交错重复。高压配电网架的结线方式,可采用放射式。大城网和特大城网,应采用多回线式或环式,必要时可增设开闭所。低压配电网一般采用放射式,负荷密集地区及电缆线路可采用环式,市中心个别地区有条件时可采用格网式。

2.城市电力线路规划

(1)城市送配电线路敷设

送电线路敷设有以下几个要求。

第一,市区架空送电线路杆塔应适当增加高度,缩小档距,以提高导线对地距离。杆塔结构的造型、色调应尽量与环境协调配合。

第二,市区架空送电线路可采用双回线或与高压配电线同杆架设。35kV 线路一般采用钢筋混凝土杆,66kV、110kV 线路可采用钢管型杆塔或窄基铁塔以减少走廊占地面积。

第三,城网的架空送电线路导线截面除按电气、机械条件校核外,一个城网应力求统一,每个电压等级可选用两种规格。

第四,对路边植树的街道,杆塔设计应与园林部门协商,提高导线对地高度,与修剪树枝协调考虑,保证导线与树木能有足够的安全距离。

配电线路敷设有以下两个要求。

第一,市区高、低压配电线路应同杆架设,并尽可能做到是同一电源。

第二,同一地区的中、低压配电线路的导线相位排列应统一规定。市区中、低压配电线路主干线的导线截面不宜超过两种。另外,市区架空中、低压配电线路可逐步选用容量大、体积小的新设备。

(2)高压电力线路敷设

高压电力线路的敷设应遵循以下几条原则。

第一,保证线路与居民、建筑物、各种工程构筑物之间的安全距离,按照国家规定的规范,留出合理的高压走廊地带。尤其接近电台、飞机场的线路,更应严格按照规定,以免发生通信干扰等事故。

第二,城市内的高压线路应尽可能与城市道路或河道平行设置,以利用道路和河道组织高压走廊,减少高压走廊占地面积。

第三,高压线路不宜穿过城市的中心地区和人口密集的地区。

第四,高压线路穿过城市时,须考虑对其他管线工程的影响,尤其是对通信线路的干扰,并应尽量减少与河流、铁路、公路以及其他管线工程的交叉。

第五,高压线路必须经过有建筑物的地区时,应尽可能选择不拆迁或少拆迁房屋的路线,并尽量少拆迁建筑质量较好的房屋,减少拆迁费用。

第六,高压线路应尽量避免在有高大乔木成群的树林地带通过,保证线路安全,减少砍伐树木,保护绿化植被和生态环境。

第七,高压线路尽量远离空气污浊的地方,以免影响线路的绝缘,发生短路事故,更应避免接近有爆炸危险的建筑物、仓库区。

第八,高压走廊不应设在易被洪水淹没的地方,或地质构造不稳定的地方。

第九,线路的长度短捷,减少线路电荷损失,降低工程造价;尽量减少高压线路转弯次数,使线路比较经济。

(3)电缆敷设

电缆敷设方式应根据电压等级、最终数量、施工条件及初期投资等因素确定,具体有以下几种敷设方式。

第一,沟槽敷设。适用于电缆较多,不能直接埋入地下且无机动负载的通道,如人行道、变电所内、工厂企业厂区内等。

第二,直埋敷设。适用于市区人行道、公园绿地及公共建筑间的边缘地带,是最简便的敷设方式。

第三,隧道敷设。适用于变电所出线端及重要市区街道电缆条数多或多种电压等级电缆平行的地段。隧道应在变电所选址及建设时统一考虑,并争取与市内其他公用事业部门共同建设使用。

第四,架空及桥梁构架安装。尽量利用已建的架空线杆塔、桥梁结构、公路桥支架式特制的结构体等架设电缆。

第五,排管敷设。适用于不能直接埋入地下且有机动负荷的通道,如市区道路及穿越小型建筑等。

第六,水下敷设安装。

3.城市电力线路安全保护

(1)电力电缆线路安全保护。地下电缆安全保护区为电缆线路两侧各0.75m所形成的两平行线内的区域。海底电缆保护区一般为线路两侧各2n mile(海里)所形成的两平行线内的区域。若在港区内,则为线路两侧各100m所形成的两平行线内的区域。江河电缆保护区一般不小于线路两侧各100m所形成的两平行线内的水域;中、小河流一般不小于线路两侧各50m所形成的两平行线内的水域。

(2)架空电力线路安全保护。架空电力线路保护区为电力导线边线向外侧延伸所形成的两平行线内的区域,也称之为电力线走廊。高压线路部分通常称为高压走廊,其宽度具体如表9-7所示。

表9-7　架空电力线路高压走廊宽度

线路电压等级(kV)	高压走廊宽度(m)
500	60～75

续表

线路电压等级（kV）	高压走廊宽度（m）
330	35～45
220	30～40
110、66	15～25
35	12～20

二、城市通信规划

（一）城市通信的构成与功能

城市通信由电信、邮政、广播电视等系统组成。

1. 城市电信系统

城市电信系统由电话局（所、站）和电话网组成。其中，电话局有长途电话局和市话局、移动电话基站、无线寻呼台以及无线电收发讯台等设施，具有收发、交换、中继等功能；电信网包括电信光缆、光接点、电信电缆、电话接线箱等设施，具有传送语音、数据等各种信息流的功能。

2. 城市邮政系统

城市邮政系统有邮政通信枢纽、邮政局所、报刊门市部、邮亭等设施。其中，邮政通信枢纽具有收发、分拣邮件的作用；邮政局所的功能主要是传递邮件、发行报刊以及邮政储蓄等业务。邮政系统具有快速、安全传递城市各类邮件、报刊及电报等功能。

3. 城市广播电视系统

城市广播电视系统包括有线广播电视和无线广播电视两种发播方式，有无线广播电视台，有线广播电视台，有线电视前端、分前端以及广播电视节目制作中心等设施。城市广播电视系统具有播放电视节目、传递信息和传输数据等功能。

（二）城市通信规划的任务和内容

1. 城市通信规划的任务

城市通信工程系统规划的任务是结合城市通信实况和发展趋势，确定规划期内城市通信的发展目标，预测通信需求；合理确定电信、邮政、广播电视等各种通信设施的容量、规模；科学布局各类通信设施和通信线路，制定通信设施利用的对策和措施，以及通信设施的保护措施。

2. 城市通信工程系统规划的内容

城市通信工程系统规划分为总体规划和详细规划，其主要内容表现在以下几方面。

（1）城市通信工程系统总体规划的主要内容

第一，预测近、远期通信需求量，预测与确定近、远期电话普及率和装机容量，确定邮政、电信、广播电视等发展的目标和规模。

第二,确定邮政、电话局所、广播和电视台站等通信设施的规模、布局。

第三,提出城市通信规划的原则及其主要技术措施。

第四,划分城市微波通道和无线电收发信区,制定相应主要保护措施。

第五,进行电信网与有线广播电视网的规划。

(2)城市通信工程系统详细规划的主要内容

第一,确定邮政、电信局所等设施的具体位置、规模和用地范围。

第二,计算详细规划范围内的通信需求量。

第三,划定规划范围内电台、微波站、卫星通信设施控制保护界线。

第四,确定通信线路的位置、敷设方式、管孔数、管道埋深等。

(三)城市主要通信设施的布局要求

1.城市主要电信设施的布局要求

(1)电信局所的布局要求

在规划电信局所时,一般要综合考虑用地、经济、地质、环境等影响因素来确定选址。电信局址选择,必须符合业务方便、环境安全、技术合理和经济实用的原则。具体来说,电信局所的布局要求有以下几点。

第一,局址的环境条件应尽量安静、清洁和无干扰影响,应尽量避免在高压电力设施、有较大的振动或强噪声的地点、空气污染区以及存储有易爆、易燃物的地点附近选址,不要将局所设在有腐蚀性气体或产生较多粉尘、烟雾的工厂的常年下风向。

第二,电信局所的位置应尽量接近线路网中心,便于电缆管道的敷设。

第三,要尽量考虑近、远期的结合。以近期为主并适当照顾远期需求,对于局所建设的规模、局所占地范围、房屋建筑面积等,都要留有一定的发展余地。

第四,要考虑电信技术设备维护管理便利性的需求,同时考虑不同营业部门共用营业场所以便于为市民服务。

第五,电信局址应选择地质条件良好,地形较平坦的地带。

(2)微波站的布局要求

第一,微波站应设在电视发射台(转播台)内,以保障主要发射台的信号源。

第二,微波站应当根据城市经济、政治、文化设施的分布,重要电视发射台和人口密集区域位置而确定,以达到最大的有效人口覆盖率。

第三,选择地质条件较好、地势较高的稳固地区作为站址。

第四,站址选择能避免本系统干扰(如同波道、越站和汇接分支干扰)和外系统干扰(如雷达、地球站、有关广播电视频道和无线通信干扰)的地带。

第五,站址通信方向近处应较开阔、无阻挡以及无反射电波的显著物体。

2.城市主要邮政设施的布局要求

城市的主要邮政设施包括邮政局所和邮政通信枢纽。邮政局所的设置主要根据人口的密集程度和地理条件所确定的不同的服务人口数、服务半径、业务收入等要素来确定其布局数量与位置;邮政通信枢纽一般设置在规模较大、交通便利的城市飞机场、火车站、长途汽车站等附近,负责邮件的分拣转运。

(1)邮政局所的布局要求

第一,邮政局所应设在闹市区、文化游览区、居民集聚区、大型工矿企业、公共活动场所以及大专院校所在地。同时,在车站、机场、港口等地也应设邮电业务设施。

第二,邮政局所应设在地形平坦,地质条件良好地带。

第三,应交通便利,运输邮件车辆易于出入。

(2)邮政通信枢纽的布局要求

第一,有方便接发火车邮件的邮运通道。

第二,枢纽应在火车站一侧,靠近火车站台。

第三,有方便出入枢纽的汽车通道。

第四,地址不宜面临广场,也不宜同时有两侧以上临主要街道。

第五,周围环境符合邮政通信安全。

3.城市通信网的布局要求

第一,管道路由应尽可能短捷。

第二,管道应远离电蚀和化学腐蚀地带。

第三,管道宜建于光缆、电缆集中的路由上,电信、广电光电缆宜同沟敷设,可以节省地下空间。

第四节　城市防洪与排水规划

一、城市防洪规划

(一)城市防洪标准的确定

防洪标准,是指防洪对象应具备的防洪(或防潮)能力,一般用与可防御洪水(或潮位)相应的重现期或出现频率表示。根据防洪对象的不同,分为设计标准和校核标准。

1.设计标准

防洪工程设计是以洪峰流量和水位为依据的,而洪水的大小通常是以某一频率的洪水量来表示的。设计标准就是防洪工程选定某一频率作为计算洪峰流量的标准。通常洪水的频率用重现期的倒数代替表示,重现期越大,设计标准就越高。

2.校核标准

对于重要工程的规划设计,除了考虑设计标准外,还应考虑校核标准,具体校核标准如表9-8所示。

表 9-8　防洪校核标准

设计标准频率	校核标准频率
1%(百年一遇)	0.2%~0.33%(300~500 年一遇)

设计标准频率	校核标准频率
2%(50年一遇)	1%(百年一遇)
5%～10%(10～20年一遇)	2%～4%(25～50年一遇)

当防护对象为城镇时,应按《防洪标准》(GB 50201—1994)以及《城市防洪工程设计规范》(GB/T 50805—2012)中的有关规定确定其防洪标准。城镇根据其社会经济地位的重要性和人口数量划分四等(表9-9)。

表9-9 城市等级分类

城市等别	分等标准	
	重要程度	城市人口(万人)
一	特别重要城镇	≥150
二	重要城镇	50～150
三	中等城镇	20～50
四	一般城镇	≤20

注:①城镇是指国家按行政建制设立的直辖市、市镇;②城镇人口是指市区和近郊非农业人口。

对于情况特殊的城镇,经上级主管部门批准,防洪标准可以适当提高或降低;当城镇分区设防时,可根据各防护区的重要性选用不同的防洪标准;沿国际河流的城镇,应当专门研究确定防洪标准;临时性建设物的防洪标准可适当降低,以重现期在5～20年范围内分析确定(表9-10)。

表9-10 城市防洪标准

城市等别	防洪标准(重现期:年)		
	河(江)洪、海潮	山洪	泥石流
一	≥120	50～100	>100
二	100～200	20～50	50～100
三	50～100	10～20	20～50
四	20～50	5～10	20

注:标准上下限的选用应考虑受灾后造成的影响、经济损失、抢险难易以及投资的可能性等因素。

防洪建筑物级别,根据城市等别及其在工程中的作用和重要性分为四级(表9-11)。

表9-11 防洪建筑物级别表

城市等别	永久性建筑物级别		临时性建筑物级别
	主要建筑物	次要建筑物	
一	1	3	4
二	2	3	4

续表

城市等别	永久性建筑物级别		临时性建筑物级别
	主要建筑物	次要建筑物	
三	3	4	4
四	4	4	—

注:主要建筑物是指失事后使城镇遭受严重灾害并造成重大经济损失的建筑物,如提防等;次要建筑物是指失事后不致造成城镇灾害或者经济损失不严重的建筑物,如护坡、丁坝;临时建筑物是指防洪工程施工期间使用的建筑物,如施工围堰等。

(二)城市防洪设施的布局要求

1.防洪闸的类型和布局要求

(1)防洪闸的类型

在城市防洪中常会用到以下三种防洪闸。

第一,防潮闸。在感潮河段,为防止由于潮水顶托,使河道泄洪能力受阻,而危及城市安全,所以在河口附近或支流上就要修建防潮闸,以提高河流的泄洪能力。

第二,分洪闸。当洪水超过河道安全泄量时,为确保下游城市安全,在分洪道域滞洪区的进口需要修建分洪闸。

第三,泄洪闸。在河流支流或滞洪区下游穿越防洪堤,为了挡住外部洪水,防止淹没,并及时排泄内涝,须在防洪堤上修建泄洪闸。

(2)防洪闸的布局要求

防洪闸的布局要求主要有以下几点。

第一,应选择在水流流态平顺,河床、岸坡稳定的河段。防潮闸宜选在海岸稳定地区,以接近海口为宜,并应减少强风、强潮影响,上游宜有冲淤水源;分洪闸应选在被保护城市上游,河岸基本稳定的弯道凹岸顶点稍偏下游处或直段,闸孔轴线与河道水流方向的引水角不宜太大;泄洪闸宜选在河段顺直或截弯取直的地点。

第二,根据其功能和运用要求,综合考虑地形、地质、泥沙、水流、交通、潮汐、施工和管理等因素。

第三,应符合整个防洪规划的要求。

第四,应尽可能选择在地基土质密实、均匀、压缩性小、承载力较大和抗渗稳定性好的天然地基,避免采用人工处理地基。

第五,防潮闸应结合有无航运要求,距海口引河长短选择适当闸址,并应尽量避免强风、强潮影响。

第六,交通方便,有足够开阔的场地。

第七,要有良好的进水(或出水)条件,以减少分洪闸(或泄洪闸)对江河的淤积或冲刷影响。因此,闸址应选在河流的凹岸、弯道顶点以下为好。

第八,水流态复杂的大型防洪闸闸址选择,应有水工模型试验验证。

第九,泄洪闸的闸址选择,要注意泄洪时对附近现有水工构筑物安全和运用的影响。

2.防洪(潮)堤的布局要求

(1)防洪(潮)堤堤型的选择应根据当地土、石料的质量、分布范围、运输条件、场地等因素综合考虑,经技术经济比较后确定。当有足够筑堤土料时,应优先采用均质土堤。土堤填土应注意压实,使填土具有足够的抗剪强度和较小的压缩性,不产生大量不均匀变形,满足渗流控制要求,黏性土压实度应不低于0.93~0.96,无黏性土压实后的相对密度应不低于0.70~0.75。土料不足时,也可采用土石混合堤。另外,土堤和土石混合堤,堤顶宽度应满足堤身稳定和防洪抢险的要求,但不宜小于4m,堤顶兼作城市道路,其宽度应按城市公路标准确定。

(2)堤线的布局需要考虑几个方面:第一,应与防洪工程总体布置密切结合,并与城市规划协调一致,同时还应考虑与涵闸、道路、码头、交叉构筑物、沿河道路、滨河公园、环境美化以及排涝泵站等构筑物配合修建。第二,要因势利导,使水畅通,不宜硬性改变自然情况下的水流流向,堤线走向要求与汛期洪水流向大致相同,同时又要兼顾中水位的流向。第三,河道弯曲段,要采取较大弯曲径,避免急转弯和折线。第四,要注意堤线通过岸坡的稳定性。防止水流对岸边的淘刷,危及堤身的稳定。堤线与岸边要有一定距离,如果岸边冲刷严重,则要采取护岸措施;如果由于堤身重量引起岸坡不够稳定,堤线应向后移,加大岸边与堤身距离。应尽可能走高埠老地,使堤身较低,堤基稳定,以利堤防安全。第五,尽量利用原有的防洪设施。

3.排涝泵站的布局要求

排涝泵站是以提水为取水方式的水利工程。排涝泵站的规划,必须根据经济建设的方针、政策,结合本地区的自然条件和社会经济情况,制定出合理的规划方案。

(1)排水站的规划

排水站的任务包括排涝、排渍和排碱等方面。对于平原和圩垸低洼地区,暴雨季节,外洪内涝,排水困难,就必须依靠排水站排涝。对于地下水位较高,需要防渍或治碱的地区,也需要抽排地下水,控制地下水位,保障农业生产发展。

(2)排水区的划分和排水站布局

排水区需要根据排水地区的面积和地形等自然条件,贯彻高低水分流、自排与抽排结合、主客水分流、排蓄与排灌兼顾的原则,然后进行合理的划分,下面介绍两种排水区划分和布局的方式。

第一,一级排水。

地形高差不大的地区,在排水出路集中时,可采用一级排水,即在区内低洼处建站,控制全区涝水,集中外排。如果排水区面积较大,应结合地形和排水出路等条件,适当分区,进行分区一级排水。如果地形高差较大,高处排水下泄时,容易加剧内涝灾害,这时可在适当高度处,沿等高线挖沟截流,涝水经沟端高排闸,排入承泄区,实现高水高排的原则。

第二,分级排水。

对于面积、地形高差较大,且区内有湖泊等蓄涝容积、地形较复杂的排水区,可采用分级排水的方式。根据自然地形条件,将全区分成若干分区,分区内地形高差较小。然后各分区根据具体条件建闸或站进行自排或抽排。沿承泄区的各分区,其中高排区为自排区,设排水闸自排,低排区为抽排区,需建外排站进行抽排。同时利用湖泊滞涝,在滨湖各低洼地区分区后建内排站,将涝水抽排入湖暂蓄,等外排站抢排各低排区的涝水后,再将湖内涝水经排水沟送至外排站排出,腾空内湖蓄水容积,以供下次滞涝用。这种方式可以削减排水站的设计流量,减少总装机容量,节省投资。

（3）排水站的站址选择

排水站的选址应考虑以下几个方面。

第一，站址应选在外河水位低地段，并且要求该处外河河床稳定，以便降低排水扬程，节约能源。

第二，站址应选在排水区内接近承泄区的地势较低处，与自然汇流相适应，以利于汇集涝水，迅速排除，并可减少挖渠土方工程，少占耕地。

第三，站址应选在外河河道顺宜、地质条件较好的地区，避开废河、深沟等淤积地层段。

第四，站址位置应充分考虑自排与抽排相结合的可能性。

第五，电力排水站的站址要接近电源。

第六，交通便利。

4.排洪渠道和截洪沟的布局要求

（1）排洪渠道的布局要求

排洪渠道包括排洪明渠和排洪暗渠。

排洪明渠的布局要考虑渠线走向和进出口设置两个方面的问题。

首先，在渠线走向上应考虑以下几个方面。

第一，从排洪安全角度，应选择分散排放渠线。

第二，渠线走向应选在地形较平缓，地质稳定地带，并要求渠线短；最好将水导致城市下游，以减少河水顶托；尽量避免穿越铁路和公路，以减少交叉构筑物；尽量减少弯道，要注意应少占耕地或不占耕地，少拆或不拆房屋。

第三，尽可能利用天然沟道，如天然沟不顺直，或因城市规划要求必须将天然沟道部分或全部改道时，则应保证水流顺畅。

其次，在进出口布置上应考虑以下几个方面。

第一，出口布置要使水流均匀平缓扩散，防止冲刷。

第二，进口布置要创造良好的导流条件，一般布置成喇叭口形。

第三，排洪明渠穿越防洪堤时，应在出口设置涵闸。

第四，出口高差大于1m时，应设置跌水。

第五，当排洪明渠不穿越防洪堤，直接排入河道时，出口宜逐渐加宽成喇叭口形状，喇叭口可做成弧形、八字形。

排洪暗渠多用于城市地处半山区和丘陵区等地带，应注意以下几点事项。

第一，要特别注意与城市道路规划相结合。

第二，对地形高差较大的城市，可根据山洪排入水体的情况，分高低区排泄，高区可采用压力暗渠。

第三，暗渠内流速以不小于0.7m/s为宜。

第四，在水土流失严重地区，在进口前可设置沉砂池，以减少渠内淤积。

（2）截洪沟的布局要求

截洪沟是拦截山坡上的径流，使之倒排入山洪沟或排洪渠内，以防止山坡径流到处漫流，冲蚀山坡，造成危害（图9-5）。

截洪沟在布置时需要考虑以下几个因素。

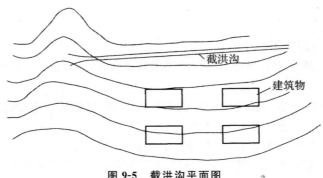

图 9-5　截洪沟平面图

第一，建筑物后面山坡长度小于 100m 时，可方便市区或厂区雨水排出。建筑物在切坡下时，切坡顶部应设置截洪沟，以防止雨水长期冲蚀而发生坍塌或滑坡(图 9-6)。

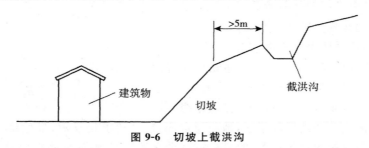

图 9-6　切坡上截洪沟

第二，必须密切结合城市规划或厂区规划。应根据山坡径流、坡度、土质及排出口位置等因素综合考虑。同时，截洪沟走向宜沿等高线布置，选择出坡缓、土质较好的坡段。

第三，截洪沟起点沟深应满足构造要求，不宜小于 0.3m，沟底宽应满足要求，不宜小于 0.4m。为保证截洪沟排水安全，应在设计水位以上加安全超高，一般不小于 0.2m。截洪沟弯曲段，当有护砌时，中心线半径一般不小于沟内水面宽度的 2.5 倍；当无护砌时，用 5 倍。另外，当截洪沟内水流流速超过土质容许流速时，应采取护砌措施。

二、城市排水规划

(一)城市排水体制的确定

1.城市排水的分类

城市排水按照来源和性质可分为生活污水、工业废水和降水三类。一般意义上的城市污水是指排入城市排水管道的生活污水和工业废水的总和。

生活污水，是指人们在日常生活中所使用过的水，主要包括从住宅、机关、学校及其他公共建筑和工厂的生活间，如厕所、浴室、厨房、洗衣房等排出的水。生活污水中含有较多有机物和病原微生物等，需经过处理后才能再利用。

工业废水，是指工业生产过程中所产生或使用过的水。其水质随着工业性质、工业过程以及生产的管理水理的不同而有很大差异。根据污染程度的不同，又分为生产废水和生产污水。其中，生产废水是在使用过程中受到轻度污染或仅水温增高的水，含有淋洗大气及冲洗建筑物、地面、废渣、垃圾等所挟带的各种污染物。

降水比较洁净,但初期雨水含有较多污染物。雨水时间集中,径流量大,通常雨水不需处理,可直接排入水体。

2.城市排水体制的分类

城市排水体制可分为合流制排水系统和分流制排水系统。

(1)合流制排水系统

合流制排水系统是将生活污水、工业废水和雨水混合在一个渠内排除的系统,它又分为截流式合流制和直排式合流制。

截流式合流制,是指在早期直排式合流制排水系统的基础上,临河岸边建造一条截流干管,同时,在截流干管处设溢流井,并设污水处理厂。晴天或初雨时,所有污水都排送至污水处理厂,经处理后排入水体(图9-7)。当雨量增加,混合污水的流量超过截流干管的输水能力后,将有部分混合污水经溢流井溢出直接排入水体。这种排水系统比直排式有了较大改进。但在雨天,仍有部分混合污水不经处理直接排入水体,对水体污染较严重。

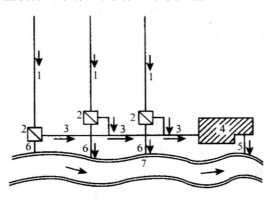

图 9-7　截流式合流制排水系统
1.合流干管;2.流溢井;3.截流主干管;4.污水处理厂;5.出水口;6.溢流干管;7.合流

直排式合流制,是指管渠系统的布置就近坡向水体,分若干个排水口,混合的污水不经处理和利用直接就近排入水体(图9-8)。这种排水系统对水体污染严重,但管渠造价低,又不进污水

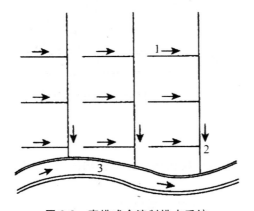

图 9-8　直排式合流制排水系统
1.河流支管;2.河流干管;3.河流资料来源

处理厂,所以投资省。这种体制在城市建设早期多使用,不少老城区都采用这种方式。因其所造成污染危害很大,目前一般不宜采用。

(2)分流制排水系统

分流制排水系统是将生活污水、工业废水和雨水分别在两个以上各自独立的管渠内排除的系统,它又分为完全分流制和不完全分流制。

完全分流制分设污水和雨水两个管渠系统,前者汇集生活污水、工业废水,送至处理厂,经处理后排放和利用;后者汇集雨水和部分工业废水,就近排入水体(图 9-9)。该体制卫生条件较好,但仍有初期雨水污染问题,其投资较大。新建的城市和重要工矿企业,一般采用这种形式。

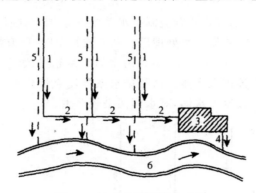

图 9-9 完全分流制排水系统

1.污水干管;2.污水主干管;3.污水处理厂;4.出水口;5.雨水干管;6.河流

不完全分流制只有污水管道系统而没有完整的雨水管渠排水系统,污水经由污水管道系统流至污水处理厂,经过处理利用后,排入水体;雨水通过地面漫流进入不成系统的明沟或小河,然后进入较大的水体(图 9-10)。这种体制投资省,主要用于有合适的地形,有比较健全的明渠水系的地方,以便顺利排泄雨水。

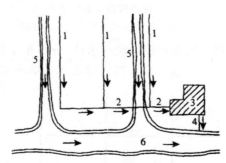

图 9-10 不完全分流制排水系统

1.污水干管;2.污水主干管;3.污水处理厂;4.出水口;5.明渠或小河;6.河流

3.城市排水体制的选择

城市排水体制的确定,对城市布局和环境保护影响深远,要从多方面考虑。

(1)工程投资

合流制泵站和污水处理厂的造价比分流制高,但管渠总长度短,所以,合流制的总造价要较分流制低。从初期投资看,不完全分流制初期只建污水排除系统而缓建雨水排除系统,便于分期建设,能节省初期投资费用,缩短施工期限,较快发挥效益,以后随城市的发展,再建雨水管渠。

(2)环境保护

截流式合流制同时汇集了部分雨水输送到污水处理厂,有利于减少初期雨水的污染,但这时截流主干管尺寸较大,污水处理厂容量也增加很多,投资费用增多。同时截流式合流制在暴雨时,把一部分混合污水通过溢流井泄入水体,易造成污染。分流制把城市污水全部送至污水处理厂进行处理,但初期雨水径流未加处理直接排入水体,对水体有一定程度的污染。由于分流制比较灵活,能够适应发展,又比较符合城市卫生要求,因此是城市排水系统体制发展的方向。

(3)施工管理

合流制管线单一,减少了与其他地下管线、构筑物的交叉,管渠施工较简单。另外,合流制管渠中流量变化较大,对水质也有一定影响,不利于泵站和污水处理厂的稳定运行,造成管理维护复杂,运行费用增加。而分流制水量水质变化较小,有利于污水处理和运行管理。

(4)近远期关系

排水体制的选择要处理好近远期建设的关系,在规划设计时应作好分期工程的协调与衔接,使前期工程在后期工程中得到全面应用,特别对于含有新旧城区的城市规划而言,更需注意。在城市发展的新区,可以分期建设,先建污水管,收纳污染严重的污水,后建雨水管或用明渠过渡;在城市发展进度很快,地形平坦,综合开发的新区,雨水系统宜于一次建成。而在地形平坦,下游有充沛的水流,污水浓度较大的地区,可采用合流制。由于旧城区多用合流制,则只需在合流管出口处埋设截流管,即可初步改善环境质量,与分流制相比,工程量少,易于施工且耗费时间相对较短。旧城区的合流制过渡到分流制涉及许多问题,需因地制宜,综合考虑,进行技术经济比较。

总之,排水体制的选择应根据实际情况来进行。一般新建的排水系统宜采用分流制。但在街道较窄,地下设施较多,修建污水和雨水两条管线有困难的地区,或者在有水量充沛的河流或近海,发展又受到限制的小城镇地区,或在雨水稀少,废水全部集中处理的地区,适合采用合流制。

(二)城市污水工程系统的布局要求

1.城市污水量

(1)城市污水量的预测和计算

城市污水量包括城市生活污水量和部分工业废水量。其中,生活污水量的大小直接取决于生活用水量。通常生活污水量约占生活用水量的 70%～90%。

污水量与用水量密切相关,通常根据用水量乘以污水排除率即可得污水量。根据规划所预测的用水量,通常可选用城市污水排除率、城市生活污水排除率和城市工业废水排除率来计算城市污水量。另外,在地下水位较高的地方,应适当考虑地下水的渗入量。

(2)变化系数

在进行污水系统的工程设计时,常用到变化系数的概念,从而考虑污水处理厂的污水泵站的设计规模和管径。污水量的变化情况常用变化系数表示。变化系数有日变化系数、时变化系数和总变化系数。污水量变化系数随污水流量的大小而不同。污水流量愈大,其变化幅度愈小,变化系数较小;反之则变化系数较大。当污水平均日流量为表 9-12 中所列污水平均日流量中间数值时,其总变化系数可用内插法求得。

表 9-12　生活污水量总变化系数

污水平均日流量(L/s)	5	15	40	70	100	200	500	1 000	≥1 500
K_z	2.3	2.0	1.8	1.7	1.6	1.5	1.4	1.3	1.2

2.城市污水管网的布局要求

城市污水管网的布局要求主要表现在以下几个方面。

(1)地形是影响管道污水管网布局的主要因素。管网定线时应充分利用地形,在整个排水区域较低的地方,如集水线或河岸低处敷设主干管及干管,便于支管的污水自流接入。地形较复杂时,宜布置成几个独立的排水系统,如由于地表中间隆起而布置成两个排水系统。若地势起伏较大,宜布置成高低区排水系统,高区不宜随便跌水,利用重力排入污水处理厂,并减少管道埋深。

(2)尽可能在管线较短及埋深较小的情况下,让最大区域上的污水自流排出。

(3)污水管道尽量采用重力流形式,避免提升。由于污水在管道中靠重力流动,因此管道必须有坡度。在地形平坦地区,管线虽不长,埋深亦会增加很快,当埋深超过最大埋深深度时,需设中途泵站抽升污水。这样会增加基建投资和常年运行管理费用,但不建泵站,使管道埋深过深,导致施工困难大且造价增高。所以需作方案比较,选择最适当的定线位置,尽量节省埋深,又可少建泵站。

(4)污水主干管的走向与数目取决于污水处理厂和出水口的位置与数目。例如,在大城市可能要建几个污水处理厂分别处理与利用污水,就需设几个主干管。小城市通常只设一个污水处理厂,则只需敷设一条主干管。若区域几个城镇合建污水处理厂,则需建造相应的区域污水管道系统。

(5)污水干管不宜设在交通繁忙的快车道下和狭窄的街道下,也不宜设在无道路的空地上,而通常设在污水量较大或地下管线较少一侧的人行道、绿化带或慢车道下。道路宽度超过50m时,可考虑在道路两侧各设一条污水管,以减少连接支管的数目及与其管道的交叉,并便于施工、检修和维护管理。污水干管最好以排放大量工业废水的工厂为起端,除了能较快发挥效用外,还能保证良好的水力条件。

(6)管道定线尽量减少与河谷、山谷、铁路及各种地下构筑物交叉,并充分考虑地质条件的影响。污水管特别是主干管,应尽量布置在坚硬密实的土壤中,如通过劣质土壤(松软土、回填土、土质不均匀等)或地下水位高的地段时,污水管道可考虑绕道或采用建泵站及其他施工措施的办法加以解决。

(7)管线布置考虑城市的远、近期规划及分期建设的安排,与规划年限相一致,应使管线的布置与敷设满足近期建设的要求,同时考虑远期有扩建的可能。规划时,对不同重要性的管道,其设计年限应有差异。城市主干管,年限要长,基本应考虑一次建后相当长时间不再扩建,而次干管、支管、接户管等年限可依次降低,并考虑扩建的可能。

(8)管线布置应简捷顺直,不要绕弯,注意节约大管道的长度。避免在平坦地段布置流量小而长度大的管道,因流量小,保证自净流速所需的坡度较大,而使埋深增加。

3.城市污水处理厂的布局要求

城市污水处理厂(图 9-11)是城市排水工程的重要组成部分,污水处理厂的布局是否恰当对城市规划的总体布局、城市环境保护、污水的利用和出路、污水处理厂的投资和运行管理等都有非常重要的影响。

图 9-11　污水处理厂

（1）污水处理厂厂址的选择

第一，污水处理厂应设在地势较低处，便于城市污水自流入厂内。厂址选择应与排水管道系统布置统一考虑，充分考虑城市地形的影响。

第二，厂址必须位于集中给水水源的下游，并应设在城镇、工厂厂区及居住的下游和夏季主导风向的下方。厂址与城镇、工厂和生活区应有 300m 以上距离，并设卫生防护带。

第三，污水处理厂宜设在水体附近，便于处理后的污水就近排入水体，尽量无提升，合理布置出水口。排入的水体应有足够环境容量，减少处理水对水域的影响。

第四，结合污水的出路，考虑污水回用于工业、城市和农业的可能，厂址应尽可能与用处理后污水的主要用户靠近。

第五，厂址尽可能少占或不占农田，但宜在地质条件较好的地段，以便于施工，降低造价。充分利用地形，选择有适当坡度的地段，以满足污水在处理流程上的自流要求。

第六，污水处理厂选址应考虑污泥的运输和处置，宜近公路河流。厂址处要有良好的水电供应，最好是双电源。

第七，厂址不宜设在雨季易受水淹的低洼处。靠近水体的污水处理厂要考虑不受洪水的威胁。

（2）城市污水处理厂的用地

不同规模污水处理厂的用地指标如表 9-13 所示。

表 9-13　污水处理厂的用地指标 $[m^2/(m^3 \cdot d)]$

处理级别 建设规模	Ⅰ 类	Ⅱ 类	Ⅲ 类	Ⅳ 类	Ⅴ 类
一级	0.3～0.4	0.4～0.6	0.6～0.8	0.8～1.0	1.0～1.4
二级	0.5～0.6	0.6～0.8	0.8～1.2	1.2～1.5	1.5～2.0

注：Ⅰ类的建设规模为 20 万～50 万 m^3/d；Ⅱ类的建设规模为 10 万～20 万 m^3/d；Ⅲ类的建设规模为 5 万～10 万 m^3/d；Ⅳ类的建设规模为 2 万～5 万 m^3/d；Ⅴ类的建设规模为 0.5 万～2 万 m^3/d。

(三)城市雨水工程设施的布局要求

1.雨水量的确定

雨量分析的目的是通过对降雨过程的多年资料的统计和分析,找出表示暴雨特征的降雨历时、降雨强度与降雨重现期之间的相互关系,作为雨水管渠设计的依据。

降雨量是降雨的绝对量,用深度 $h(\text{mm})$ 表示。降雨强度指某一连续降雨时段内的平均降雨量,用 i 表示,公式表示为:

$$i = \frac{h}{t}$$

在这个公式中,i 是降雨强度(mm/min);t 是降雨历时,即连续降雨的时段(min);h 是相应于降雨历时的降雨量(mm)。

降雨强度也可用单位时间内单位面积上的降雨体积 $q_0[\text{L}/(\text{s} \cdot 10^{-4}\text{m}^2)]$ 表示。q_0 和 i 的关系如下:

$$q_0 = \frac{1 \times 1\,000 \times 10\,000}{1\,000 \times 60} i = 166.7i \approx 167i$$

在设计雨水管渠时,假定降雨在汇水面积上均匀分布,并选择降雨强度最大的雨作为设计根据,根据当地多年的雨量记录,可以推算出暴雨强度的公式:

$$q = 167A_1(1 + c\lg p)/(t + b)^n$$

在这个公式中,q 为暴雨强度 $[\text{L}/(\text{s} \cdot 10^{-4}\text{m}^2)]$;$p$ 为重现期(年);t 为降雨历时(min);A_1、c、b、n 是地方参数,由设计方法确定。

2.城市雨水管渠的布局要求

城市雨水管渠的布局要求要考虑以下几个方面。

(1)充分利用地形

在规划雨水管线时,应首先考虑到地形因素,根据地形合理划分排水区域后,再布置管线。而根据地面标高和河道水位,可以划分自排区和强排区。其中,自排区是利用重力流自行将雨水排入河道的,而强排区需通过雨水泵站将雨水排入河道。需要注意的是,只有当水体位置较远且地形较平坦的情况下,才需设置雨水泵站。一般情况下,当地形坡度较大时,雨水干管宜布置在地形低处或溪谷线上;当地形平坦时,雨水干管宜布置在排水流域的中间,以便尽可能扩大重力流排除雨水的范围。

(2)结合道路进行布置

道路是街区内地面径流的集中地,因此,道路边沟最好低于相邻街区地面标高,尽量利用道路两侧边沟排除地面径流。雨水管渠应平行道路敷设,布置在人行道或草地带下。另外,雨水管渠不宜设在交通量大的干道下,从排除地面径流而言,道路纵坡最好为 0.3%~0.6%。

(3)尽量避免设置雨水泵站

由于雨水泵站的投资也很大,且雨水泵站在一年中运转时间短,利用率低,所以应尽可能靠重力流排水。但在一些地形平坦、地势较低、区域较大或受潮汐影响的城市,需要把经过泵站排泄的雨水径流量减少到最小限度。

（4）结合城市竖向规划

进行城市竖向规划时,应充分考虑排水的要求,以便能合理利用自然地形就近排出雨水,还要满足管道埋设最不利点和最小覆土要求。另外,对竖向规划中确定的填方或挖方地区,雨水管渠布置必须考虑今后地形变化,进行相应处理。

（5）雨水出口的设置

雨水出口的布置有分散和集中两种形式。当出口的水体离流域很近,水体的水位变化不大,洪水位低于流域地面标高,出水口的建筑费用不大时,宜采用分散出口,以便雨水就近排放。反之,则可采用集中出口。

（6）雨水管渠采用明渠或暗管应结合具体条件确定

一般在城市市区,建筑密度较大,交通频繁的地区,均采用暗管排雨水,卫生情况较好,养护方便;在城市郊区或建筑密度低、交通量小的地方,可采用明渠,以节省工程费用,降低造价。

（7）排洪沟的设置

城市中靠近山麓的中心区、居住区、工业区,除了应设雨水管道外,尚应考虑在规划地区周围或超过规划区设置排洪沟,以拦截从分山岭以内排泄下来的洪水,使之排入水体,保证避免洪水的损害。

（8）调蓄水体的布置

调蓄水体的布置应与城市总体规划相协调,把调蓄水体与消防规划、景观规划结合起来,起到休闲、娱乐、消防贮备用水的作用。调蓄水体宜布置在低洼处或滩涂上,使设计水位低于道路标高,减少竖向工程量。若调蓄水体的汇水面积较大或呈狭长时,应尽量纵向延伸,与城市内河结合,接纳城市雨水。如果没有调蓄水体时,城市雨水应尽量高水高排,以减少雨洪量的蓄积。同时,也可以在公园、运动场、广场、停车场等处修建雨水人工贮留系统,使所降雨水尽量多地分散贮留。

（9）雨水口的布置

雨水口一般设在街道交叉路口的汇水点、低洼处,不宜设在对行人不便的地方。而街道两旁雨水口的间距,主要取决于街道纵坡、路面积水情况及雨水口的进水量,一般为 $25\sim60m$。

第五节　城市综合防灾规划

一、城市灾害概述

（一）灾害的分类和影响

1. 灾害的分类

（1）根据灾害发生的原因进行的分类

第一,自然性灾害。因自然界物质的内部运动而造成的灾害,通常被称为自然性灾害。自然性灾害还可以分为以下几种。

一是由水体的剧烈运动产生的灾害,如海啸、暴雨、洪水等。

二是由地壳的剧烈运动产生的灾害,如地震、滑坡、火山爆发等。

三是由于地壳、水体和空气的综合运动产生的灾害,如泥石流。

四是由空气的剧烈运动产生的灾害,如台风、龙卷风等。

第二,行为性灾害。凡是由人为造成的灾害,统称为行为性灾害。因人为造成的灾害,国家有关部门将根据灾害损失的严重程度,追究有关责任人的法律责任。

第三,条件性灾害。物质必须具备某种条件才能发生质的变化,并且由这种变化而造成的灾害称为条件性灾害。例如,某些可燃气体在正常条件下不会燃烧,只有遇到高压高温或明火时,才有可能发生爆炸或燃烧。

(2)根据人对自然灾害影响和控制的程度进行的分类

第一,受人为影响诱发或加剧的自然灾害,如因修建大坝、水库以及地下注水等因改变了地下压力荷载的分布而诱发地震等。

第二,部分可由人力控制的自然灾害,如江河泛滥、城乡火灾等。通过修建一定的工程设施,可以预防其灾害的发生,或减少灾害的损失程度。

第三,尚无法通过人力减弱灾害发生程度的自然灾害,如自然地震、风暴等。

2. 灾害的影响

灾害会对人类产生重大的影响。

(1)危及人们的生命和健康,造成避难和移民。

(2)将给人们的衣、食、住、行、基础设施、社会服务、急救等方面造成很大困难,对文化教育和社会交往也会造成很大的损害。

(3)破坏生产力,造成地方与国家的就业问题,降低国民收入,影响物价,在一些国家甚至会影响政局的稳定。

(4)破坏自然生态系统及其组成部分,降低环境质量,甚至因环境恶化引起瘟疫流行。

(二)城市防灾体系的分类

1. 按防灾工程的组成分类

(1)根据工程种类分为城市消防工程、城市防洪工程、城市抗震工程、城市人防工程和城市生命线系统。

(2)根据工程防灾的范围分为区域性防灾工程、城市防灾工程和单体设施防灾工程。

(3)根据工程时效分为永久性防灾工程和临时性防灾工程。

(4)根据工程的用途分为专门防灾工程和多用途防灾工程。

2. 按工作时序分类

一般来说,城市防灾从时间顺序来看,可以分为四个部分。

(1)灾前的防灾减灾工作

这部分工作包括了灾害区划、灾情预测、防灾教育、预案制定与防灾工程设施建设等内容。

(2)应急性防灾工作

在预知灾情即将发生或灾害即将影响城市时,城市必须采用必要的应急性防灾措施。应急性防灾工作的顺利与否,取决于前期防灾工作准备的情况;同时,应急性防灾工作也影响着下一步抗灾救灾工作。

(3)灾时的抗救工作

灾时的抗救工作,主要是抗御灾害和进行灾时救援,如防洪时的堵口排险,抗震时的废墟挖掘与人员救护等。

(4)灾后工作

在主要灾害发生后,防灾工作并未完结,还应防止次生灾害的产生与发展,继续进行灾后救援工作,进行灾害损失评估与补偿,重建防灾设施和损毁的城市。

二、城市抗震规划

(一)城市抗震规划的内容

城市抗震规划的内容应包括以下几个方面。

(1)总体抗震要求。具体包括城市总体布局中的减灾策略和对策;抗震标准和防御目标;城市抗震设施建设、基础设施配套等抗震防灾规划要求。

(2)重要建筑、超限建筑、新建工程建设、基础设施规划布局、建设与改造,建筑密集或高易损性城区改造,火灾、爆炸等次生灾害源,避震疏散场所及疏散通道的建设与改造等抗震防灾要求和措施。

(3)城市用地抗震适宜性划分,城市规划建设用地选择与相应的城市建设抗震防灾要求和对策。

(二)城市抗震标准的确定

城市抗震标准是通过国家颁布的法规、规定,结合当地的实际情况权衡确定的设防标准,也是房屋、铁路、公路、水工、管道等工程的抗震设计标准及鉴定加固标准。

1.基础标准

《中国地震动参数区划图》(GB 18306—2001),是工程抗震设计的基本依据。使用时,应严格按说明书,并遵照使用规定执行。

2.通用标准

(1)生命线工程抗震标准

生命线工程抗震标准主要有以下几个方面的规范和标准。

第一,《公路桥梁抗震设计细则》(JTG/T B02—01—2008)。

第二,《水运工程水工建筑物抗震设计规范》(JTJ 201—87)。

第三,《铁路工程抗震设计规范》(GB 50111—2006)。

第四,《室外给水排水和煤气热力工程抗震设计规范》(TJ 32—78)。

第五,《水工建筑物抗震设计规范》(DL 5073—2000)。

第六,《室外煤气热力工程设施抗震鉴定标准》(GBJ 44—1982)。

第七,《室外给水排水工程设施抗震鉴定标准》(GBJ 43—1982)。

(2)建筑抗震标准

《建筑抗震设计规范》(GB 50011—2001)经1993年局部修订,适用于抗震设防烈度为6～9度地区的建筑抗震设计。抗震设防基本原则是"小震不坏、中震可修、大震不倒"。即当建筑物遇到小于所在地区基本烈度的常遇地震时,建筑一般不需修理;当遇到所在地区基本烈度的地震时,结构有破坏,但可修复使用;当遇到大于所在地区基本烈度的罕见地震时,结构不至于倒塌。

3.专用标准

工程抗震的专用标准是根据工程特点,在通用标准的基础上所作的具体化或补充规定,包括对某些结构的抗震要求和措施所作的专门规定。例如,《电力设施抗震设计标准》《铁路工程抗震设计规范》以及一些地方性抗震标准等。

(三)城市抗震的基本体系

一般的城市抗震体系包括以下几个方面。

1.防震

防震包括两个方面的内容,一是在城市规划用地布局阶段和建设工程选址阶段,通过合理的城市布局来减小地震对城市的不利影响;二是努力做好地震预报工作,通过预报提前进行准备,降低地震来临带来的伤害。

2.抗震

主要是通过对老旧建筑的抗震加固和新建构筑物的抗震设防,使城市各类建构筑物达到合理的抗震能力,能够抵御设定烈度地震产生的破坏作用。

3.避震

通过建设容量足够且安全可靠的避难场所以及可以及时、安全到达相应避难场所的通道,减少地震可能造成的直接或间接人员伤亡。

4.救灾

通过建立安全的救援通道,医疗设施、消防设施、供水供电设施和足够的物资储备,使震后救援能够及时开展和有效运行,减少次生灾害的发生。

5.综合管理

集成基础信息管理、抗震常规事务管理、应急、决策与指挥系统,提高基础信息的使用效率,提高居民整体抗震抗灾素质,提高应急决策和指挥能力,从而提高城市整体抗震防灾能力。

(四)城市基础设施抗震的设防类别

1.广播、电视建筑的抗震设防类别

广播、电视应根据其在整个信息网络中的地位和保证信息网络通畅的作用划分抗震设防类别,其配套的供电、供水的建筑抗震设防等级,应与主体建筑的抗震设防类别相同。广播、电视建筑的抗震设防类别具体见表9-14。

表 9-14 广播、电视建筑的抗震设防类别

类别	建筑名称
甲类	中央级、省级的电视调频广播发射塔建筑
乙类	中央级广播发射台、节目传送台、广播中心、电视中心省级广播中心、电视中心、电视发射台及 200kW 以上广播发射台

2.邮政通信建筑的抗震设防类别

邮政通信建筑的抗震设防类别,见表9-15。

表9-15　邮政通信建筑的抗震设防类别

类别	建筑名称
甲类	国际电信楼、国际海缆登陆站、国际卫星地球站、中央级的电信枢纽
乙类	大区中心和省中心长途电信枢纽、邮政枢纽、卫星地球站、重要市话局、地区中心长途电信枢纽楼的主机房和天线支承物等

3.交通运输建筑的抗震设防类别

交通运输系统生产建筑应根据交通运输线路中的地位,和对抢险救灾、恢复生产所起的作用划分抗震设防类别。

公路系统的建筑抗震设防类别属乙类,包括高速公路、一级公路、一级汽车客运站等的监控室。

铁路系统的建筑抗震设防类别属乙类,包括Ⅰ、Ⅱ级干线枢纽及相应的工矿企业铁路枢纽的行车调度、运转、通信、信号、供电、供水建筑,大型站候车室。

空运建筑抗震设防类别属乙类,国际或国内主要干线机场中的航空站楼、航管楼、大型机库、通信及供电、供水、供热、供气的建筑。

水运建筑抗震设防类别属乙类,包括50万人口以上城市的水运通信、导航等重要设施的建筑和国家重要客运站,海难救助打捞等部门的重要建筑。

4.供水、排水和燃气、热力工程系统的建、构筑物的抗震设防类别

对室外供水、排水和燃气、热力工程系统中的下列建、构筑物,宜按本地区抗震设防烈度提高1度采取抗震措施(不作提高度抗震计算),当抗震设防烈度为9度时,可适当加强抗震措施。

5.医疗、城市动力系统、消防建筑的抗震设防类别

医疗、城市动力系统、消防建筑的抗震设防类别,具体见表9-16。

表9-16　医疗、城市动力系统、消防建筑的抗震设防类别

类别	建筑名称
甲类	三级特等医院的住院部、门诊部、医技楼
乙类	大中城市的三级医院的住院部、门诊部、医技楼;县及县级市的二级医院的住院部、门诊部、医技楼;县级以上急救中心的指挥、通信、运输系统的重要建筑;县级以上的独立采、供血机构的建筑;50万人口以上城市的动力系统建筑;消防车库等

三、城市消防规划

(一)城市消防的安全布局

城市消防安全布局指符合城市公共消防安全需要的城市各类易燃、易爆、危险化学品场所和

设施、消防隔离与避难疏散场地及通道、地下空间综合利用等的布局和消防保障措施,其主要内容主要表现在以下几个方面。

(1)建筑耐火等级低的危旧建筑密集区及消防安全环境差的其他地区(旧城棚户区、城中村等)应采取的消防安全措施和城市有关地区的建筑耐火等级要求。

(2)易燃、易爆、危险化学品场所和设施布局的一般要求。

(3)结合城市道路、广场、绿地等各类公共开敞空间的规划建设,考虑到城市综合防灾减灾及消防安全的需要,规定城市防灾避难疏散场地的设置要求。

(4)城市地下空间及人防工程建设和综合利用的消防安全要求。

(5)历史城区、历史地段、历史文化街区等应采取的消防安全措施。

(二)城市消防站的位置和布局

1.城市消防站的位置

(1)为了便于消防队接到报警后迅速出动,防止因道路狭窄、拐弯较多,而影响出车速度,甚至造成事故,消防站必须设置在交通方便,利于消防车迅速出发的地点,可考虑设置在主要街道的十字路口附近或主要街道的旁边。

(2)消防站应选择在本责任区的中心或靠近中心的地点。当消防站责任区的最远点发生火灾时,消防车可在接警 5 分钟后达责任区边缘。

(3)在生产、储存化学易燃易爆物品的建筑、装置、油罐区、可燃气体大型储罐区以及储量大的易燃材料堆场等处,消防站与上述建筑物、堆场、储罐区等应保持不小于 200m 以上的安全防火距离,且应设置在这些建筑物、储罐、堆场常年主导风向的上风向或侧风向。

(4)城市居住小区要按照公安部和前建设部颁布的《城镇消防站布局与技术装备标准》的规定,结合居住小区的人口密度、商业情况、建筑现状以及道路、水源、地形等情况,合理地设置消防站。

(5)为了使消防车在接警出动和训练时不致影响医院、学校、托儿所、幼儿园等单位的治疗、休息、上课等正常活动,同时为了防止人流集中时影响消防车迅速、安全地出动,消防站的位置距上述单位建筑应保持足够的距离,一般应在 50m 以外。

(6)沿海、沿内河港口的城市,应考虑建设水上消防站。

2.城市消防站的布局

(1)在市区内如受地形限制,被河流或铁路干线分隔时,消防站责任区面积应当小一些,有的城市被河流分成几块,虽有桥梁连通,但因桥面窄,常常堵车,将会影响行车速度;再有,被山峦或其他障碍物堵隔,会增大行车距离。因此,消防站的责任区面积应适当缩小。

(2)石油化工区、重点文物建筑集中区、商业中心区、高层建筑集中区、首脑机关地区、易燃建筑集中区以及人口密集、街道狭窄地区等,每个消防站的责任区面积一般不宜超过 4～5km²。

(3)一、二级耐火等级建筑的居住区,丁、戊类生产火灾危险性的工业企业区,以及砖木结构建筑分散地区等,每个消防站的责任区面积不超过 6～7km²。

(4)丙类生产火灾危险性的工业企业区,科学研究单位集中区,大专院校集中区,高层建筑比较集中的地区等,每个消防站的责任区面积一般不宜超过 5～6km²。

（5）物资集中、货运量大、火灾危险性大的沿海及内河城市，应规划建设水上消防站。水上消防队配备的消防艇吨位，应视需要而定，海港应大些，内河可小些。水上消防队（站）责任区面积可根据本地实际情况而定，一般以从接到报警起 10～15min 内到达责任区最远点并开始扑救。

（6）风力、相对湿度对火灾发生率有较大影响。据测定，当风速在 5m/s 以上或相对湿度在 50% 左右，火灾发生的次数较多，火势蔓延较快，在经常刮风、干燥地区其责任区面积应适当缩小。

（三）城市消防基础设施

城市消防基础设施包括消防给水、消防车通道、消防通信等。

1. 消防给水

（1）城市消防给水管网的设计

第一，室外消防给水管网应布置成环状，但在建设初期或室外消防用水量不超过 1.5L/s 时，可布置成枝状。

第二，室外消防给水管道的最小直径不应小于 100mm。最不利点消火栓压力不小于 0.11MPa。流量不小于 10～15L/s。

第三，环状管网的输水干管及向环状管网输水的输水管均不应少于两条，当其中一条发生故障时，其余的干管应仍能通过消防用水总量。

（2）消防水源

第一，大面积棚户区或建筑耐火等级低的建筑密集区，如果无市政消火栓，无消防通道，可考虑修建 100～200m² 的消防水池。

第二，当城市给水管网不能满足消防水压水量要求时，可根据城市具体情况建设合用或单独的消防给水管道、消防水池、水井等。

第三，利用江河、湖泊等作为天然消防水源时，应修建消防车辆通道和必须的护坡、吸水坑、拦污设施。

（3）室外消火栓的布局

第一，室外消火栓应沿道路设置，道路宽度超过 60m 时，宜在道路两边设置消火栓，并靠近十字路口。消火栓距路边不应超过 2m，距房屋外墙不宜小于 5m。

第二，室外消火栓的间距不应超过 120m。

第三，甲、乙、丙类液体储罐区和液化石油气储罐区的消火栓，应设在防火堤外。

第四，室外消火栓的数量应按室外消火用水量计算决定，每个室外消火栓的用水量应按照 10～15L/s 时计算。

第五，室外消火栓的保护半径不应超过 150m；在市政消火栓保护半径 150m 以内，如消火用水量不超过 15L/s 时，可不设室外消火栓。

第六，室外地下式消火栓应有直径为 100mm 或 65mm 的栓口各一个。

第七，室外地上式消火栓应有一个直径为 150mm 或 100mm 和两个直径为 65mm 的栓口。

2. 消防车通道

（1）根据消火栓保护半径 150m 的作用范围，消防道路平行间距应控制在 160m 以内。当建筑物沿街部分长度超过 150m,或总长度超过 200m 时,应在建筑物适中位置设置穿越建筑物的消防通道。

(2)为保证消防车辆顺利通行,城市道路应考虑消防要求,其宽度不小于 4m。

(3)考虑到消防车的高度,消防通道上部应有 4m 以上的净高。

(4)消防通道转弯半径不小于 9m,回车场面积通常取 18m×18m。

3.消防通信

(1)接警

当发生火灾时,通过有线或无线电话报警,消防指挥中心受理火警后,迅速调度实现接警、调度、通信、信息传送、消防出车、人员调动等程序自动化。

(2)119 报警

各城市电话局、电话分局、建制镇、独立的厂区矿区至消防指挥中心、火警接警中队的 119 火灾报警电话专线不少于 2 对,满足同时发生两处火灾可能的需要。

(3)专线电话

消防指挥中心、火警接警中队与城市供水、供电、供气、急救、交通、新闻等部门以及消防重点单位,应安装专门通信设备或专线电话,确保救援工作顺利进行。

四、城市人防工程与地下空间规划

(一)城市人防工程的内容和布局要求

1.城市人防工程的内容

(1)各类城市人防标准

根据城市的战略与经济地位等因素,我国的城市一般分为战时坚守城市、一类设防城市与二类设防城市等。各类城市防空标准的差异在于战时敌方可能的投弹量的不同。其中,战时坚守城市是指城市具有非常重要的战略与政治经济地位,在战时为敌方攻击的首选目标,并且可能的投弹量最大,其防空标准最高,相应的防护等级也最高;一类设防城市多为省会城市和大城市,其战略、政治、经济地位相对重要,在战时同样为敌方攻击的首选目标,但可能的投弹量次于战时坚守城市;二类设防城市的可能投弹量较少,相应的防护标准也最低。

(2)城市防空设施的构成

城市防空设施是城市基础设施中城市防灾系统的重要组成部分,其主要功能在于战时保存力量,维持城市战时功能的运转;战后迅速恢复城市功能,并将战争的损失减小到最低程度。目前,根据现代战争的特点以及城市的防护目标,城市中的防空设施主要由以下几类构成。

第一,城市防空指挥系统。

城市防空指挥系统是城市防空系统的核心机构,在城市防空系统中防护等级最高,一般由防空警报系统和指挥所构成。城市中的防空警报系统由指挥机构统一布置,并以同时开启时音响效果能够覆盖整个城市的防护区域为原则。

指挥所按等级分为市级指挥所、区级指挥所及街道指挥所,可按行政区划规划布置。其中规模与防护等级以市级指挥所最高,区级指挥所次之,街道指挥所最低。一般市级指挥所的面积按

8m²/人规划建设,指挥人员为 250 人左右;区级指挥所按 9m²/人规划建设,指挥人员为 100 左右,各行政区设置一个;街道级指挥所按 10m²/人规划建设,指挥人员为 50 人左右,各街道及重要城镇规划配置。

各类指挥所除配备有与其服务范围相适应的通信系统外,还应按规模配备一定数量的机动车辆,为了便于战时核污染情况下的隔绝指挥,各级指挥所均应按规模配备储存相应的生活必需品。

第二,专业队工程。

专业队主要负责城市战时的救援与抢险,包括工程抢险专业队、社会治安维持专业队、化学救援与抢险专业队、交通运输专业队、医疗救护专业队等。按级别分为市级指挥所直属各专业队、城市防护区域中的各行政区区级指挥所直属各专业队。专业队工程的规模,除能满足专业人员的掩蔽需求外,还应有足够的面积存储各种专业器材。专业队工程的规模,按战时扩编和承担的任务,以及服务的有效范围配置,对于医疗救护工程应分为救护站、急救医院、中心医院三级,并结合城市医疗体系的建设统一建设规模,具体可参见表 9-17。

表 9-17　城市救护设施设置

项目	救护站	急救医院	中心医院
建筑面积(m²)	200～400	800～1 000	1 500～2 000
每昼夜通过伤员数量(人次)	200～400	600～1 000	400～600
病床数(张)	5～10	50～100	100～200
手术台数(人)	1～2	3～4	4～6
救护人员(人)	20～30	30～50	80～100
伤员周转周期(d)	1	7	14

第三,生活保障系统。

生活保障包括食品库、粮油库、水库以及危险品仓库等,一般统一规划、统一建设。其规模可按战时人均消耗粮食 0.5kg(d·人),以及留城人口的总数和预计坚守天数进行计算和配置。

第四,人员掩蔽所。

人员掩蔽所在城市的防空体系中总体规模最大,是各国城市防空体系建设和完善的重点。我国一般按人均掩蔽面积 1.56m²/人进行人员掩蔽所的规划建设,同时由服务人口和人均单位掩蔽面积,即可计算出城市防空体系中的人员掩蔽所的总规模。另外,防空规划中人员掩蔽所的服务人口,为战时城市的留城人口减去各专业队人数、仓储设施管理人员以及指挥所内的指挥员等的人数。

2.城市人防工程的布局要求

(1)防空指挥设施的布局要求

在城市的防护区域内,防空指挥设施按行政级别分为市级、区级及街道指挥所,在功能上防空指挥所应与城市的防灾救灾指挥中心相结合,在形态布局上,各级指挥所首先应规划建设在其所属的防护区域内。同时,如果防护区域内有山体,则可以布置在山体内,以利用岩石的自然防护层提高工程的防护等级和隐蔽性,并降低工程造价。

(2)生活保障的布局要求

生活保障包括食品库、水库、粮油库、能源库以及危险品仓库等,各种设施的规模应能满足战时留城人口预计坚守天数的消耗需求。在规划布局上,为提高城市平时的安全度,危险品仓库的建设应与城市的城区保持一定的安全距离。

(3)人员掩蔽设施的布局要求

人员掩蔽设施在城市的防空体系中,总体规模最大,通常有以下四种配置模型。

第一,与留城人口密度成正比配置模型。

第二,与城市平时人口密度成正比配置模型。

第三,相对分散—集中配置模型。

第四,均匀配置模型。

(4)救护设施的布局要求

战时城市的防空救护设施可以分为救护站、地下医院、地下中心医院、医疗抢险专业队等,分别负责救护不同伤情伤员的抢救与运输。由于医疗器械使用与维护的特殊性,通常防空救护设施大多结合各级地面医院来规划布局、建设(如利用医院医疗大楼的地下室等),使之既能作为医院的组成部分在平时得到利用,又可以在战时及时顺利地投入使用。

(5)生命线系统设施的布局要求

为维护城市战时功能的运转,城市的生命线系统设施应有必要的防护能力。因此,城市的生命线系统设施一般除了保证各种供给管线(如给水、供电、燃气等)有必要的防护能力外,对于各种供给源(如发电站、通信枢纽等)也要有在战时能正常运转的独立的供应系统,这些设施的规模应以城市的防空需求为基础,其布局要求通常要与城市建设与城市发展的需要相互统一。

(二)城市地下空间的开发利用

1.城市地下设施的种类

根据功能,城市中的地下设施可分为以下几类。

(1)地下市政设施

城市中的地下市政设施包括各种供给与排放管线、信息管线、地下电力、地下污水处理设施、地下变电站、雨水泵站、地下油库、地下水库、抽水蓄能电站等,这些设施既是城市基础设施的重要组成部分,又是城市地下空间开发利用的主要内容。在建设可持续发展城市的过程中,各种市政设施地下化的比例越来越高,并且越来越多地采用共同沟这种现代化、集约化的方式来统一建设各种市政管线。

(2)城市地下交通设施

国内外城市建设的实践证明,伴随城市化水平的不断提高和城市规模的日益扩大,开发利用地下空间,建设城市地下交通设施是解决城市交通问题最为有效的途径之一。城市地下交通设施主要包括城市地下快速轨道交通系统、人行地下过街道、地下停车设施、车行地下立交、机动车隧道等。

(3)城市防空设施

除指挥所等战时功能比较特殊的防空设施外,城市中的其他防空设施必须按平战功能相结合的原则规划建设,其平时功能既可以是城市地下交通设施、地下商业设施、地下市政设施、地下医院,也可以是建筑物地下室等。

（4）地下公共服务设施

地下公共服务设施是为城市居民提供公共服务,满足基本需求的设施,包括地下商业、娱乐、休闲等。其中,地下商业设施是对城市商业设施的完善和补充。一般地下商业设施的规划和建设应该结合地铁车站、人行地下过街道等易吸引人流的设施建设,较易取得良好的经济效益。

（5）其他设施

城市发展的需求和科学技术水平的提高,使地下展览馆、地下图书馆等地下空间开发利用的新功能类型不断出现,但这些设施的规划与建设必须以一定的经济发展水平和科学技术发展水平为基础。

2.城市地下空间与人防的"平战结合"

地下空间是一种宝贵的城市空间资源,发达国家城市建设的经验表明,通过地下空间的开发利用,可以解决城市发展过程中的诸多问题和不平衡,是城市可持续发展中的重要领域,同时地下空间的开发利用对于城市防灾具有尤为重要的作用。例如,每延长 1m 的城市地铁,约可提供 $200\sim250m^3$ 的地下空间,若按每人 $7.7m^3$ 计,则可供 $26\sim33$ 人作防灾空间之用。另外,共同沟作为一种现代化的城市基础设施,平时既可以减少道路的反复开挖,美化城市景观,战时或地震发生时,则可以提高城市生命线系统的抗灾能力,灾后迅速恢复城市功能,减轻灾害的损失。

（1）防空设施与地下公共设施的相互关系

"平战结合"是我国人民防空工程及城市地下空间开发利用规划与建设的重要指导思想。一般而言,对于大多数地下公共设施的规划与建设均应考虑平战功能的相结合,即这些设施在平时是城市公共空间的有机组成部分,在战时可以作为防空设施直接投入使用,为了方便平时的使用,通常采用临战转换的措施,在战前将一些影响平时使用的防护器械如防护门、密闭门等设施加以安装,并对不利防护的构筑物,如天窗等加以封堵,以达到防护的要求。

（2）防空设施的利用范围和使用程度

通过事实证明,城市中的防空设施只有坚持"平战结合",才具有持续发展的生命力。

作为城市基础设施有机系统中最为特殊的组成部分,城市防空体系的"平战结合"也受到一定的限制。一般而言,除指挥所等少数极为特殊的功能设施外,绝大多数的防空设施在平时都可以作为城市基础设施或者城市其他设施加以利用,如近年来在我国建设完成的平时为地下商业街、战时为人员掩蔽所或者物资库,平时为地下车库、战时为专业队工程或者人员掩蔽所、物资库,平时为用于调峰、备用的地下水库、战时为生命线保障设施等一大批"平战结合"的防空设施。这些设施在城市的建设与发展过程中都发挥了巨大的作用,取得了良好的社会、环境、经济及战备效益,同时"平战结合"的良性循环也极大地促进了城市防空工程的建设以及城市防空体系的发展和完善。

（3）防空设施与地下工程设施的接口

防空工程在战时不仅要具备抵挡核武器冲击波的能力,还要具备抵挡化学、生物武器袭击的能力,为此在防空工程的接口部分必须安装防护门、防护密闭门、密闭门等防护设施,在工程内也要设置滤毒通风设备。

在城市地下空间开发利用的过程中,为增加地下工程平时使用的舒适性和便利性,可以采取开采光窗、设置下沉式广场等措施,而这些设施不利于战时防护。因此,对于一些为方便平时使用而不利战时防空的构筑物(如天窗、采光窗等),临战前必须有相应的平战转换措施。

五、城市生命线系统规划

(一)城市生命线系统的构成

城市生命线系统具体包括以下几个方面。

(1)通信工程,如广播、电视、电信、邮政等。

(2)交通工程,如铁路、公路、机场等。

(3)供水工程,如水源库、自来水厂、供水管网等。

(4)供电工程,如变电站、电力枢纽、电厂等。

(5)卫生工程,如污水处理系统、环卫设施、医疗救护系统等。

(6)供气和供油工程,如天然气和煤气管网、储气罐、煤气厂、输油管道等。

(7)消防工程等。

这些生命线工程都有自身的规划布局原则,但由于它们与城市防灾关系密切,在规划时应该特别强调其防灾能力。

(二)城市生命线系统规划的具体措施

1.设施的高标准设防

城市生命线系统在规划时要采用较高的标准进行设防。例如,广播电视和邮电通信建筑一般为甲类或乙类抗震设防建筑;高速公路和一级公路路基按百年一遇洪水设防,城市重要的市话局和电信枢纽的防洪标准为百年一遇等。

在城市规划中,关于城市生命线系统的设防标准普遍高于一般建筑。城市规划设计也要充分考虑这些设施较高的设防要求,将其布局在较为安全的地带。

2.设施节点的防灾处理

城市生命线系统的一些节点,如交通线的桥梁、隧道等,都必须进行重点防灾处理。高速公路和一级公路的特大型桥梁的防洪标准应达到300年一遇;燃气、供热设施的管道出、入口均应设置阀门,以便在灾情发生时及时切断气源和热源;各种控制室和主要信号室的防灾标准要比一般设施高等。

3.设施的地下化

城市生命线系统地下化是一种行之有效的防灾手段。城市生命线系统地下化之后,在遇到地面火灾和强风时,能减少灾时受损程度,并为城市提供部分避灾空间。需要注意的是,城市地下生命线系统也有其自身的防灾要求,如防洪、防火等问题,而且建设成本一般较高,这是它的局限性。

4.提高设施的备用率

要保证城市生命线系统在设施部分损毁时仍保持一定的服务能力,就必须保证有充足的备用设施能在灾害发生后投入系统运作。这种设施的备用率应高于非生命线系统的故障备用率,而其备用水平要根据城市经济水平、灾情程度来确定。

第六节 城市绿地系统规划

一、城市绿地概述

(一)城市绿地的功能

1.生态功能

城市是由建筑、道路和绿地三大物质空间要素组成的人工环境。城市中的建筑和道路改变了城市下垫面的特性,破坏了自然生态系统的循环结构,削弱了其生态自我维持和修复的功能,影响到了城市的气候、动植物等自然生态环境。而城市绿地作为自然界生物多样性的载体,使城市具有一定的自然属性,具有涵养水源、保持水土、调节小气候、维护城市水循环、缓解温室效应等作用,在城市中承担重要的生态功能。城市建筑绿化和道路绿化则是对这个功能的补充。同时,城市绿地对缓解城市环境污染造成的影响和防灾减灾具有重要作用。因此,城市规划中一项重要任务就是通过绿地的系统规划、制定相关法规和建设标准,以确保城市人工环境具有一定的自然属性,以维护区域的生态平衡。

2.社会经济功能

城市绿地为城市居民提供了开展各类户外休闲和交往活动的空间,不但可以增进人与自然的交融,还可以促进社会的和谐发展。同时,城市绿化还以其丰富的形态和季节的变化唤起人们对美好生活的追求,成为了城市居民的心理调节剂。随着城市的发展,市民收入的增加和生活方式的转变,对城市公园和绿地的需求日益的多样化,使城市生活更加丰富多彩。由大量绿化构成的优美的城市景观环境还可以提升城市的形象,进而成为吸引人才,促进城市经济发展的动力。此外,通过城市绿地规划,系统地配置绿色经济作物,可以大大提高城市绿地的产出,降低生活的成本,使城市绿地的生态功能与社会经济功能实现高度统一。

(二)城市绿地的分类

城市绿地由于其生态服务功能、社会经济功能等因素的不同,其类型也是不同的。在城市规划中的城市绿地的分类是基于城市生态系统的运行原理,考虑不同规模、服务对象和空间位置的绿地所担当的城市功能,使城市绿地与其他功能性城市建设用地构成一个完整用地分类体系,以便形成一个完整的用地规划、建设标准和控制管理的系统。2002年,国家建设部颁布了《城市绿地分类标准》,将城市绿地划分为五大类,即公园绿地(G1)、生产绿地(G2)、防护绿地(G3)、附属绿地(G4)和其他绿地(G5),具体见表9-18。

公园绿地(G1)是指向公众开放,以游憩为主要功能,兼具生态、美化、防灾等作用的绿地,包括城市中的综合公园、社区公园、专类公园、带状公园以及街旁绿地等。公园绿地与城市的居住、生活密切相关,是城市绿地的重要部分。

生产绿地(G2)是指为城市绿化提供苗木、花草、种子的苗圃、花圃、草圃的圃地,是城市绿化材料的重要来源,对城市植物多样性保护有积极的作用。

表 9-18　城市绿地分类标准(CJJ/T　85—2002)

大类	中类	小类	类别名称	大类	中类	小类	类别名称
G1			公园绿地	G2			生产绿地
	G11		综合公园	G3			防护绿地
		G111	全市性公园				附属绿地
		G112	区域性公园		G41		居住绿地
	G12		社区公园		G42		公共设施绿地
		G121	居住区公园		G43		工业绿地
		G122	小区公园	G4	G44		仓储绿地
	G13		专类公园		G45		对外交通绿地
		G131	儿童公园		G46		道路绿地
		G132	动物园		G47		市政设施绿地
		G133	植物园		G48		特殊绿地
		G132	历史名园	G5			其他绿地
		G135	风景名胜				
		G136	游乐公园				
		G137	其他专类				
	G14		带状公园				
	G15		街旁绿地				

防护绿地(G3)是指对城市具有卫生、隔离和安全防护功能的绿地,包括城市卫生隔离带、道路防护绿地、城市高压走廊绿带、防风林、城市组团隔离带等。

附属绿地(G4)是除 G1、G2、G3 之外中的附属绿化用地,包括工业用地、居住用地、公共设施用地、道路广场用地、仓储用地、对外交通用地、市政设施用地和特殊用地中的绿地。

其他绿地(G5)是指对城市生态环境质量、居民休闲生活、城市景观和生物多样性保护有直接影响的绿地,包括风景名胜区、郊野公园、自然保护区、水源保护区、野生动植物园、森林公园、风景林地、城市绿化隔离带等。

二、城市绿地系统规划

(一)城市绿地系统的概念

城市各类绿地不是孤立存在和建设的,只有通过规划进行有序的系统建设才能实现其功能。根据景观生态学理论,城市绿地系统,是指城市各类绿地组成的,具有生态服务功能的绿色斑块、廊道和大型绿地构成的空间系统。

城市绿地系统的概念有广义和狭义之分。广义的城市绿地系统包括城市绿地和水系,即城市范围内一切人工的、半自然的以及自然的植被、河湖、湿地等。狭义的城市绿地系统是指城市建成区或规划区范围内,以各类绿地构成的空间系统。综合这两种概念,可以将其定义为在城市空间内,以自然植被和人工植被为主要存在形态,能发挥生态平衡功能,对城市生态、景观和居民休闲生活有积极作用的城市空间系统。城市绿地系统具有系统性、整体性、连续性、动态稳定性、多功能性和地域性等特征。

(二)城市绿地系统规划的内容和方法

在我国的城市规划体系中,城市绿地系统规划是与用地规划、道路系统规划相并列的一项重要的规划内容。它不仅需要反映城市各类建设用地中绿地的分布状况、绿地性质、数量指标和各类绿地间的有机联系,而且要体现在市域大环境下的绿化体系。

城市绿地系统的规划应包括分区规划和控制性详细规划等内容。具体来讲,包括城市绿地系统专业规划,是城市绿地在总体规划层次上的统筹安排;城市绿地系统专项规划,是对城市绿地系统专业规划的深化和细化,该规划不仅涉及城市总一规划层面,还涉及详细规划层面的绿地统筹。另外,在城市控制性详细规划和修建性详细规划阶段,城市绿地系统规划还涉及城市公园绿地布局、方案设计和开放空间引导等。

城市绿地系统规划的主要任务有以下几个方面:

(1)根据城市的自然条件、社会经济条件、城市性质、发展目标、用地布局等要求,确定城市绿化建设的发展目标和规划指标。

(2)研究城市地区和乡村地区的相互关系,结合城市自然地貌,统筹安排市域大环境绿化的空间布局。

(3)确定城市绿地系统的规划结构,合理确定各类城市绿地的总体关系。

(4)统筹安排各类城市绿地,分别确定其位置、性质、范围和发展指标。

(5)城市绿化树种规划。

(6)城市生物多样性保护与建设的目标、任务和保护措施。

(7)城市古树名木的保护与现状的统筹安排。

(8)制定分期建设规划,确定近期规划的具体项目和重点项目,提出建设规模和投资估算等。

(9)从政策、法规、行政、技术经济等方面,提出城市绿地系统规划的实施细则。

(10)编制城市绿地系统规划的图纸和文件。

城市绿地系统规划的方法包括区域生态环境状况和绿地现状调查,了解当地绿化结构和空间配置,绿地和水系的关系,绿地系统的演化趋势分析以及绿地使用现状和问题的分析,进而开展城市绿地系统规划的编制。

第七节　城市环境卫生规划

一、城市环境卫生规划的任务和内容

(一)城市环境卫生规划的任务

城市环境卫生工程系统规划的主要任务是根据城市发展目标和城市规划布局,确定城市环境卫生设施配置标准和垃圾集运、处理方式;合理确定主要环境卫生设施的数量、规模;科学布局垃圾处理场等各种环境卫生设施;制定环境卫生设施的隔离与防护措施;提出垃圾回收利用的对策与措施。

（二）城市环境卫生规划的内容

根据城市规划编制层次,城市环境卫生规划可分为总体规划和详细规划两个层次。

1.城市环境卫生工程系统总体规划的主要内容

(1)布局各类环境卫生设施,确定服务范围、设置规模和标准、运作方式、用地指标等。

(2)测算固体废弃量,分析其组成和发展趋势,提出污染控制目标。

(3)选择固体废弃物处理和处置方法。

(4)确定固体废弃物的收运方案。

2.城市环境卫生工程系统详细规划的主要内容

(1)提出规划范围的环境卫生控制要求。

(2)估算规划范围内的废物量。

(3)制定垃圾收集、运送设施的防护隔离措施。

(4)确定垃圾收集运送方式。

(5)布局垃圾箱、垃圾转运站、公共厕所、环境卫生管理机构等设施,确定其位置等。

二、城市固体废弃物的处理

固体废弃物是指人们在开发建设、生产经营、日常生活活动中向环境中排放的固态和泥状的对持有者已没有利用价值的废弃物质。

（一）城市固体废弃物的种类和特点

在城市环境卫生规划中所涉及的城市固体废物主要分为城市生活垃圾、一般工业固体废物、城市建筑垃圾以及危险固体废物四类。

1.城市生活垃圾

城市生活垃圾指人们生活活动中所产生的固体废物,主要有居民生活垃圾、清扫垃圾和商业垃圾。其中,居民生活垃圾来源于居民日常生活,主要有废纸制品、织物、废塑料制品、废金属制品、废玻璃陶瓷、废电器、煤灰渣等;清扫垃圾是城市公共场所,如公园、街道、绿化带、体育场、水面的清扫物及公共箱中的固体废弃物,主要有枝叶、果皮、包装制品等;商业垃圾来源于商业和公共服务行业,主要有废旧的包装材料、废弃的菜蔬瓜果和主副食品等。

城市生活垃圾是城市固体废物的主要组成部分,其产量和成分随着城市燃料结构、居民消费习惯和消费结构、季节与地域等不同而有变化。例如,燃气化和集中供暖程度高的城市的生活垃圾产量比分散燃煤地区低得多。随着我国城市发展和居民生活水平提高,我国城市生活垃圾产量增长较快。

2.一般工业固体废物

一般工业固体废物是指工业生产过程中和工业加工过程中产生的废渣、粉尘、碎屑、污泥等,主要有粉煤灰、尾矿、煤矸石、炉渣、化工废渣、冶炼废渣等。一般工业固体废物对环境产生的毒害比较小,基本上可以综合利用。

3.城市建筑垃圾

城市建筑垃圾(图 9-12)是指城市建设工地上拆建和新建过程中产生的固体废弃物,主要有砖瓦块、渣土、混凝土块、废管道等。近年来,随着我国城市建设量不断增大,建筑垃圾的产量也有较大增长。

图 9-12 城市建筑垃圾

4.危险固体废物

危险固体废物指具有腐蚀性、急性毒性、浸出毒性及传染性、放射性等一种或一种以上危害特性的固体废物,其主要来源于化工、冶炼、制药等行业。危险废物尽管只占工业固体废物的5%以下,但其危害性很大,在明确产生者作为治理污染的责任主体外,应有专门机构集中控制。

(二)城市固体废弃物的处理方法

1.卫生填埋处理

卫生填埋处理,是指将固体废物填入确定的谷地、平地或废沙坑等,然后用机械压实后覆土,使其发生化学、物理、生物等变化,分解有机物质,达到减容化和无害化的目的的方法。这种方法的优点是技术比较成熟、操作管理简单、处置量大、运行费用低;其缺点是垃圾减容效果差,需占用大量土地。另外,其产生的渗沥水容易造成水体和环境污染,产生的沼气易爆炸或燃烧,所以选址受到地理和水文地质条件的限制。

2.焚烧处理

焚烧处理,是指通过高温燃烧,使可燃固体废物氧化分解,转换成惰性残渣,焚烧可以灭菌消毒,回收能量,达到减容化、无害化和资源化的目的的方法。焚烧可以处理城市生活垃圾、工业固体废物、危险固体废物等。这种方法的优点是能迅速而大幅度地减少垃圾容积,可以有效地消除有害病菌和有害物质;缺点是产生的废气处理不当,容易造成二次污染。

3.堆肥处理

堆肥处理是指在有控制的条件下,利用微生物将固体废物中的有机物质分解,使之转化成为稳定的腐殖质的有机肥料的方法。堆肥处理是一种无害化和资源化的过程,不足之处是占地较大、卫生条件差、运行费用较高,在堆肥前需要分选掉不能分解的物质(如石块、金属、玻璃、塑料等),工程量大。

选择城市生活垃圾的处理方法要考虑到多种因素,包括城市经济社会发展水平;垃圾的性质与成分;资源化价值;环境污染的危险性;场地选择的难易程度及某些特殊的制约因素等。在处理过程中,通常也不是只用单一的方法,而是多种方法的综合运用。

目前,填埋处理(图 9-13)是我国城市处理固体废物的主要途径和首选方法。我国作为发展中国家,经济实力弱,固体废物处理利用率低,垃圾无机成分高,所以填埋处理是目前主要的固体废物处理技术。但是,我国大部分填埋场技术落后,特别是工业固体废物和危险废物填埋场的情况更严重。近年来,我国已在填埋的相关技术方面取得明显进展,建设了一批容量大、水平高的卫生填埋场。而且,随着我国垃圾成分中的可燃物比例不断增大,热值提高,部分地区已达到焚烧工艺的要求。我国已有若干城市已经建成或正在建设垃圾焚烧厂,随着城市经济实力的增强,焚烧将成为我国城市固体废弃物的一种主要处理方式。

图 9-13　垃圾填埋处理

三、城市公共厕所与粪便处理规划

(一)城市公共厕所规划

公共厕所是城市公共建筑的一部分,是市民敏感的环境卫生设施,其数量的多少、建造标准的高低、布局的合理与否直接反映了城市的现代化程度和环境卫生面貌。因此,城市环境卫生规划应对公共厕所的布局、建设、管理提出要求,按照全面规划、美化环境、合理布局、方便使用、有利排运、整洁卫生的原则统筹规划。

1.公共厕所的布局要求

城市应在下列范围应设置公共厕所。

（1）广场和主要交通干路两侧。

（2）车站、码头、展览馆等公共建筑附近。

（3）风景名胜古迹游览区、公园、市场、大型停车场、体育场附近及其他公共场所。

（4）新建住宅区及老居民区。

2. 公共厕所的设置数量要求

（1）主要繁华街道公共厕所之间的距离宜为 300～500m，流动人口高度密集的街道宜小于300m，一般街道公厕之间的距离以 800～1 000m 为宜。居民区为 500～800m（宜建在本区商业网点附近）。

（2）街巷内建造的供有卫生设施住宅的居民使用的厕所，按服务半径 70～100m 设置 1 座。

（3）城镇公共厕所一般按常住人口 2 500～3 000 人设置 1 座。

（4）旧区成片改造地区和新建小区，每平方公里不少于 3 座。

3. 公共厕所的建筑面积规划要求

（1）车站、码头、体育场（馆）等场所的公共厕所：千人（按一昼夜最高聚集人数计）建筑面积指标为 15～25m^2。

（2）新住宅区内公共厕所：千人建筑面积指标为 6～10m^2。

（3）居民稠密区公共厕所：千人建筑面积指标为 20～30m^2。

（4）街道公共厕所：千人（按一昼夜流动人口计）建筑面积指标为 5～10m^2。

（5）城镇公共厕所建筑面积一般为 30～50m^2。

公共厕所的用地范围是距厕所外墙皮 3m 以内空地，如受条件限制，则可靠近其他房屋修建。有条件的地区应发展附建式公共厕所，其应结合主体建筑一并设计和建造。

（二）城市粪便处理规划

粪便的处理是城市环境卫生工作的一项重要内容。

1. 粪便收运

城市粪便来源于公共厕所和居民住宅厕所。城市粪便主要有两种方式运出城市：一种是直接或间接排入城市污水管道、进入污水处理厂处理；另一种是由人工或机械清淘粪井和化粪池的粪便，再由粪车汇集到城市粪便收集站，最后运往粪便处理场或农用。目前，我国城市粪便收运机械化程度已超过 80%，主要机械是吸粪车。

2. 粪便的处理技术

城市粪便的最终出路有两条：一条是经处理后排入水体；另一条是经无害化卫生处理后用于农业，作为农用肥料，进行污水灌溉和水生物养殖。

粪便排入水体前，可以进入城市污水处理厂进行处理，也可以建单一的粪便处理厂处理。粪便处理厂采用物理、生物、化学的处理方法，将粪便中的污染物质分离出来，或将其转化为无害的物质使粪便得到相对净化，达到水质标准要求。

粪便处理方法的选择应考虑粪便的性质、数量以及排放水体的环境要求。粪便处理工艺过程一般有以下三个阶段。

首先，是预处理，去除悬浮固体，主要构筑物有接受沉砂池、格栅、贮存调节池、浓缩池等。

其次，是主处理，使固体物变为易于分离的状态，同时使大部分有机物分解，主要构筑物为厌氧消化池,或好氧生物处理构筑物,或湿式氧化反应池。

最后,是后处理,将上清液稀释至类似城市生活污水的水质,采用城市生活污水处理的常规方法进行处理。

粪便经过无害化处理后用于农业,可以化害为利,变废为宝,是我国现阶段粪便出路的最好的方式,粪便无害化卫生处理要求基本杀灭其中的病原体(病毒、细菌和寄生虫),完全杀灭苍蝇的幼虫,并能控制苍蝇繁殖,同时促使粪便中含氮有机物分解,防止肥效损失,从而使粪便达到无害化、稳定化。其基本方法有高温堆肥法、沼气发酵法、密封贮存池处理、三格化粪池处理等。

3.城市粪便收运处理设施的规划

(1)化粪池

化粪池的功能是去除生活污水中可沉淀和悬浮的污物(主要是粪便),并贮存和厌氧消化沉淀在池底的污泥。化粪池有圆形和矩形之分,实际使用以矩形为多,规定长、宽、深分别不得小于10m、0.75m和1.3m。化粪池多设在楼幢背侧靠卫生间的一边,公共厕所的化粪池也宜设在北面或人们不经常停留、活动之处。化粪池距地下水取水构筑物不得小于30m,化粪池壁距其他建筑物外墙不宜小于5m。在没有污水管道的地区,必须建化粪池。有污水管道的地区,是否建化粪池视当地情况而定。

(2)贮粪池

贮粪池作为城市粪便的集中贮运点,具有初步的无害化功能。贮粪池一般建在郊区,周围应设绿化隔离。贮粪池封闭,并防止渗漏、防爆和沼气燃烧。贮粪池的数量、容量和分布,应根据粪便日储存量、储存周期和粪便利用等因素确定。

(3)粪便处理厂

粪便处理厂的选址应考虑以下几个因素。

第一,有良好的工程地质条件。

第二,位于城市水体下游和主导风向下侧。

第三,有便捷的交通运输条件和水、电、通信条件。

第四,有良好的排水条件,便于粪便、污水、污泥的排放和利用。

第五,远离城市居住区和工业区,有一定的卫生防护距离。

第六,拆迁少,不占或少占良田,有远期扩展的可能。

第七,不受洪水威胁。

粪便处理厂占地与处理量、工艺方法、使用年限等有关。部分处理工厂的用地指标见表9-19。

表 9-19 粪便处理厂部分工艺方法用地指标

粪便处理方法	用地指标 (m²/t)	粪便处理方式	用地指标 (m²/t)	粪便处理方式	用地指标 (m²/t)
厌氧(高温)	20	厌氧—好氧	12	稀释—好氧	25

第十章　城市规划的法规与技术规范

城乡规划作为建设和管理城市及村镇的基本依据必须以法律来保证,并通过系列的规章制度完善规划实施。同时,城乡规划管理工作是一项技术性很强的行政管理工作,它需要以城乡规划及其相关的技术标准和技术规范作为其规划编制和管理的依据。

第一节　城市规划的法规

一、我国城市规划立法历程

我国十分重视城市规划的立法工作。1980 年 10 月国家建委召开了全国城市规划工作会议,12 月,国务院批转全国城市规划工作会议的《纪要》指出:"为了彻底改变多年来形成的只有人治,没有法制的局面,国家有必要制定专门的法律,来保证城市规划稳定地、连续地、有效地实施。"与此同时,开始了《中华人民共和国城市规划法》(以下简称《城市规划法》)的起草工作。

1982 年 12 月,经过多次征求意见、研究论证和修改补充的《城市规划法》(送审稿),由城乡建设环境保护部报送国务院。1983 年 12 月,国务院在讨论《城市规划法》(送审稿)时,鉴于当时城市各项改革工作刚刚起步,一些重要的经济关系和管理体制有待通过实践进一步理顺,决定先以行政法规的形式付诸实施。1984 年元月 5 日,国务院颁布了《城市规划条例》。

《城市规划条例》颁布实施后,对促进我国城市规划的编制与审批,加强城市规划实施管理起到了很大推动作用。随着改革开放逐步深化,城市在国民经济和社会发展中的地位与作用日益加强,城市的结构和功能日趋多样化,建设活动呈现空前的活力,对于城市规划工作提出了一些新课题,而我国城市规划工作在改革实践中也积累了一系列适应形势发展的基本经验,同时,随着我国法制建设工作的发展,一些重要的管理体制也已经基本确定,这就在客观上要求《城市规划条例》进行修改和完善,再加上城市规划的综合性能已显突出,迫切需要立法来提高城市规划工作的权威性和加强城市规划的法律约束力。1986 年 5 月,在第六届全国人民代表大会第 4 次会议上,30 多位代表提出了关于制定《城市规划法》的议案和建议,受到全国人大常务委员会合国务院的重视,并列入了立法计划。

1986 年 8 月,由建设部牵头组成《城市规划法》编制领导小组,开始起草《城市规划法》。经过反复讨论修改,召开了两次专家论证会慎重推敲,于 1987 年 9 月,建设部正式向国务院报送了《城市规划法》(送审稿)。

国务院法制局经过调查研究,反复听取意见,进行一系列综合协调工作,形成了《城市规划法(草案)》。1989 年 10 月 13 日,在国务院召开的第 49 次常务会议上,讨论并通过了《城市规划法(草案)》,决定提请全国人大常委会审议。1989 年 12 月 26 日,修改后的《城市规划法(草案)》在第七届全国人民代表大会常务委员会第 11 次会议上获得通过。从此,我国第一部关于城市规划的国家法律《城市规划法》颁布,并决定从 1990 年 4 月 1 日起正式施行。《城市规划法》是我国在城市规划、城市建设和城市管理方面的第一部法律,是涉及城市建设和发展全局的一部基本法,它对于我们建设具有中国特色的社会主义现代化城市,不断改善城市的投资环境和劳动、生活环境,具有重大的指导意义。

2007 年 10 月 28 日,《中华人民共和国城乡规划法》(以下简称《城乡规划法》)由中华人民共和国第十届全国人民代表大会常务委员会第 30 次会议通过,自 2008 年 1 月 1 日起施行,《城市规划法》同时废止。

二、我国现行城市规划法规体系的构成及其框架

(一)我国城市规划法规体系的构成

城市规划法规体系主要是指城市规划法律规范的构成方式。按其构成特点可分为纵向体系和横向体系两大类。

1.纵向体系

城市规划法规规范的纵向体系,是由各级人大和政府按其立法职权制定的法律、法规、规章和行政措施四个层次的法规文件构成。即全国人大制定的法律,国务院制定的行政法规,省、直辖市、自治区人大制定的地方性法规和同级政府制定的规章,一般市、县和城市规划行政主管部门制定的规范性文件等所组成。纵向法规体系构成的原则,是下一层次制定的法规文件必须符合上一层次法律、法规,如国务院制定的行政法规必须符合国家人大制定的法律;地方性法规文件必须符合国家人大和国务院制定的法律、法规,不允许违背上一层次法律、法规的精神和原则。

2.横向体系

城市规划法规规范的横向体系,是以《城乡规划法》为基本法,由城市规划法配套法律规范和城市规划相关法组成。《城乡规划法》是城市规划法规体系的核心,具有纲领性和原则性的特征,不可能对行政细节作出具体规定,因而需要有相应的配套法来阐明基本法的有关条款的实施细则。相关法是指城市规划领域之外,与城市规划密切相关的法规。

(二)我国现行的城市规划法规体系的框架

我国现行的城市规划法规体系框架由《城乡规划法》和城市规划相关法律、行政法规、地方法规、部门规章组成。

1.《城乡规划法》

《城乡规划法》比过去的《城市规划法》所涵盖的规划区要广。该法第二条规定,"本法所称城乡规划,包括城镇体系规划、城市规划、镇规划、乡规划和村庄规划。本法所称规划区,是指城市、镇和村庄的建成区以及因城乡建设和发展需要,必须实行规划控制的区域。规划区的具体范围由有关人民政府在组织编制的城市总体规划、镇总体规划、乡规划和村庄规划中,根据城乡经济社会发展水平和统筹城乡发展的需要划定。"

《中华人民共和国城乡规划法》是城市和镇制定城市规划和镇规划的依据。该法第三条规

定，"县级以上地方人民政府根据本地农村经济社会发展水平，按照因地制宜、切实可行的原则，确定应当制定乡规划、村庄规划的区域。在确定区域内的乡、村庄，应当依照本法制定规划，规划区内的乡、村庄建设应当符合规划要求。""经依法批准的城乡规划，是城乡建设和规划管理的依据，未经法定程序不得修改。"

在城乡规划的制定方面，《中华人民共和国城乡规划法》第十二条规定，"全国城镇体系规划由国务院城乡规划主管部门报国务院审批。省、自治区人民政府组织编制省域城镇体系规划，报国务院审批。"第十四条规定，"直辖市的城市总体规划由直辖市人民政府报国务院审批。省、自治区人民政府所在地的城市以及国务院确定的城市的总体规划，由省、自治区人民政府审查同意后，报国务院审批。其他城市的总体规划，由城市人民政府报省、自治区人民政府审批。"

在城市规划期限方面，《中华人民共和国城乡规划法》第十七条规定，"城市总体规划、镇总体规划的规划期限一般为二十年。城市总体规划还应当对城市更长远的发展作出预测性安排。"

在城乡规划组织编制方面，《中华人民共和国城乡规划法》第二十四条规定，"城乡规划组织编制机关应当委托具有相应资质等级的单位承担城乡规划的具体编制工作。从事城乡规划编制工作应当具备下列条件，并经国务院城乡规划主管部门或者省、自治区、直辖市人民政府城乡规划主管部门依法审查合格，取得相应等级的资质证书后，方可在资质等级许可的范围内从事城乡规划编制工作：（一）有法人资格；（二）有规定数量的经国务院城乡规划主管部门注册的规划师；（三）有规定数量的相关专业技术人员；（四）有相应的技术装备；（五）有健全的技术、质量、财务管理制度。

在城乡规划报送审批方面，《中华人民共和国城乡规划法》第二十六条规定，"城乡规划报送审批前，组织编制机关应当依法将城乡规划草案予以公告，并采取论证会、听证会或者其他方式征求专家和公众的意见。公告的时间不得少于三十日。"

在城乡规划实施方面，《中华人民共和国城乡规划法》第二十九条规定，"城市的建设和发展，应当优先安排基础设施以及公共服务设施的建设，妥善处理新区开发与旧区改建的关系，统筹兼顾进城务工人员生活和周边农村经济社会发展、村民生产与生活的需要。"第三十条规定，"城市新区的开发和建设，应当合理确定建设规模和时序，充分利用现有市政基础设施和公共服务设施，严格保护自然资源和生态环境，体现地方特色。在城市总体规划、镇总体规划确定的建设用地范围以外，不得设立各类开发区和城市新区。"第三十一条规定，"旧城区的改建，应当保护历史文化遗产和传统风貌，合理确定拆迁和建设规模，有计划地对危房集中、基础设施落后等地段进行改建。历史文化名城、名镇、名村的保护以及受保护建筑物的维护和使用，应当遵守有关法律、行政法规和国务院的规定。"

在城市地下空间的开发和利用方面，《中华人民共和国城乡规划法》第三十三条规定，"城市地下空间的开发和利用，应当与经济和技术发展水平相适应，遵循统筹安排、综合开发、合理利用的原则，充分考虑防灾减灾、人民防空和通信等需要，并符合城市规划，履行规划审批手续。"

在城乡建设用地规划许可申请方面，《中华人民共和国城乡规划法》第三十六条规定，"按照国家规定需要有关部门批准或者核准的建设项目，以划拨方式提供国有土地使用权的，建设单位在报送有关部门批准或者核准前，应当向城乡规划主管部门申请核发选址意见书。前款规定以外的建设项目不需要申请选址意见书。"第三十七条规定，"在城市、镇规划区内以划拨方式提供国有土地使用权的建设项目，经有关部门批准、核准、备案后，建设单位应当向城市、县人民政府城乡规划主管部门提出建设用地规划许可申请，由城市、县人民政府城乡规划主管部门依据控制性详细规划核定建设用地的位置、面积、允许建设的范围,核发建设用地规划许可证。建设单位在取得建设用地规划许可证后,方可向县级以上地方人民政府土地主管部门申请用地,经县级以上人民政府审批后,由土地主管部门划拨土地。"

在申请办理建设工程规划许可证,应该提供《中华人民共和国城乡规划法》所规定的材料,并对相关资料予以公布,第四十条规定,"申请办理建设工程规划许可证,应当提交使用土地的有关证明文件、建设工程设计方案等材料。需要建设单位编制修建性详细规划的建设项目,还应当提交修建性详细规划。对符合控制性详细规划和规划条件的,由城市、县人民政府城乡规划主管部门或者省、自治区、直辖市人民政府确定的镇人民政府核发建设工程规划许可证。城市、县人民政府城乡规划主管部门或者省、自治区、直辖市人民政府确定的镇人民政府应当依法将经审定的修建性详细规划、建设工程设计方案的总平面图予以公布。"

原则上,建设单位应当按照规划条件进行建设,如果确实是需要做变更的,也需要办理相关的手续,《中华人民共和国城乡规划法》第四十三条规定,"建设单位应当按照规划条件进行建设;确需变更的,必须向城市、县人民政府城乡规划主管部门提出申请。变更内容不符合控制性详细规划的,城乡规划主管部门不得批准。城市、县人民政府城乡规划主管部门应当及时将依法变更后的规划条件通报同级土地主管部门并公示。建设单位应当及时将依法变更后的规划条件报有关人民政府土地主管部门备案。"

在城乡规划的修改方面,《中华人民共和国城乡规划法》第四十七条规定,"有下列情形之一的,组织编制机关方可按照规定的权限和程序修改省域城镇体系规划、城市总体规划、镇总体规划:(一)上级人民政府制定的城乡规划发生变更,提出修改规划要求的;(二)行政区划调整确需修改规划的;(三)因国务院批准重大建设工程确需修改规划的;(四)经评估确需修改规划的;(五)城乡规划的审批机关认为应当修改规划的其他情形。修改省域城镇体系规划、城市总体规划、镇总体规划前,组织编制机关应当对原规划的实施情况进行总结,并向原审批机关报告;修改涉及城市总体规划、镇总体规划强制性内容的,应当先向原审批机关提出专题报告,经同意后,方可编制修改方案。"

在城乡规划监督检查方面,《中华人民共和国城乡规划法》第五十三条规定,"县级以上人民政府城乡规划主管部门对城乡规划的实施情况进行监督检查,有权采取以下措施:(一)要求有关单位和人员提供与监督事项有关的文件、资料,并进行复制;(二)要求有关单位和人员就监督事项涉及的问题作出解释和说明,并根据需要进入现场进行勘测;(三)责令有关单位和人员停止违反有关城乡规划的法律、法规的行为。城乡规划主管部门的工作人员履行前款规定的监督检查职责,应当出示执法证件。被监督检查的单位和人员应当予以配合,不得妨碍和阻挠依法进行的监督检查活动。"

在法律责任方面,《中华人民共和国城乡规划法》第五十八条规定,"对依法应当编制城乡规划而未组织编制,或者未按法定程序编制、审批、修改城乡规划的,由上级人民政府责令改正,通报批评;对有关人民政府负责人和其他直接责任人员依法给予处分。"第五十九条规定,"城乡规划组织编制机关委托不具有相应资质等级的单位编制城乡规划的,由上级人民政府责令改正,通报批评;对有关人民政府负责人和其他直接责任人员依法给予处分。"第六十条规定,"镇人民政府或者县级以上人民政府城乡规划主管部门有下列行为之一的,由本级人民政府、上级人民政府城乡规划主管部门或者监察机关依据职权责令改正,通报批评;对直接负责的主管人员和其他直接责任人员依法给予处分:(一)未依法组织编制城市的控制性详细规划、县人民政府所在地镇的控制性详细规划的;(二)超越职权或者对不符合法定条件的申请人核发选址意见书、建设用地规划许可证、建设工程规划许可证、乡村建设规划许可证的;(三)对符合法定条件的申请人未在法定期限内核发选址意见书、建设用地规划许可证、建设工程规划许可证、乡村建设规划许可证的;(四)未依法对经审定的修建性详细规划、建设工程设计方案的总平面图予以公布的;(五)同意修改修建性详细规划、建设工程设计方案的总平面图前未采取听证会等形式听取利害关系人的意见的;(六)发现未依法取得规划许可或者违反规划许可的规定在规划区内进行建设的行为,而不予查处或者接到举报后不依法处理的。"第六十六条规定,"建设单位或者个人有下列行为之一的,由所在地城市、县人民政府城乡规划主管部门责令限期拆除,可以并处临时建设工程造价一倍以下的罚款:(一)未经批准进行临时建设的;(二)未按照批准内容进行临时建设的;(三)临时建筑物、构筑物超过批准期限不拆除的。"此外,违反《中华人民共和国城乡规划法》的规定构成犯罪的,则依法追究刑事责任。

2.相关法律

城乡规划涉及政治、经济、文化和社会生活等各个领域,城乡规划工作也就必然涉及了与之相关的法律。与城乡规划相关的法律、法规主要有《宪法》《中华人民共和国土地管理法》《中华人民共和国环境保护法》《中华人民共和国文物保护法》《中华人民共和国物权法》《中华人民共和国房地产管理法》《中华人民共和国建筑法》《中华人民共和国消防法》《中华人民共和国水资源保护法》《中华人民共和国公路法》等,现对以上法律作简要介绍分析。

(1)《宪法》

我国《宪法》中有关城乡土地、土地征收征用和国土资源的制度规定,对城乡规划与建设产生着深刻的影响。《宪法》第九条规定:矿藏、水流、森林、山岭、草原、荒地、滩涂等自然资源,都属于国家所有,即全民所有;由法律规定属于集体所有的森林和山岭、草原、荒地、滩涂除外。国家保障自然资源的合理利用,保护珍贵的动物和植物。禁止任何组织或者个人用任何手段侵占或者破坏自然资源。

《宪法》第十条规定:城市的土地属于国家所有。农村和城市郊区的土地,除由法律规定属于国家所有的以外,属于集体所有。国家为了公共利益的需要,可以依照法律规定对土地实行征收或者征用并给予补偿。任何组织或者个人不得侵占、买卖或者以其他形式非法转让土地。土地的使用权可以依照法律的规定转让。一切使用土地的组织和个人必须合理地利用土地。

由此可以看出,我国《宪法》对包括土地在内的自然资源的规定,其中最本质的一点就是所有的这些自然资源都属于社会主义公有制。"城市的土地属于国家所有",城市土地的用途必须符合国家规定,任何单位和个人不得违背法律擅自改变土地的用途,土地的所有权归国家所有。"国家为了公共利益的需要,可以依照法律规定对土地实行征收或者征用并给予补偿",这说明政府为了公共利益的需要,可以依法征收或者征用土地并给予补偿,土地使用者必须服从大局。

(2)《中华人民共和国土地管理法》

为了加强土地管理,维护土地的社会主义公有制,保护、开发土地资源,合理利用土地,切实保护耕地,促进社会、经济的可持续发展,1986年6月25日,全国人大常委会通过了《中华人民共和国土地管理法》(以下简称《土地管理法》),2004年8月第十届全国人大常委会对《中华人民共和国土地管理法》进行了第三次修改。此外,国务院还发布了《中华人民共和国土地管理法实施办法》《基本农田保护条例》等配套法规。

《土地管理法》主要内容包括总则,土地的所有权和使用权管理,土地利用总体规划和土地利用年度计划的编制、审批、实施制度,耕地的特殊保护规定,建设用地的取得和审批规定,土地管理的监督检查制度以及违反《土地管理法》的相关法律责任。

《土地管理法》的基本规定主要包括以下几个方面的内容。

第一,土地公有制。即国家土地归全民所有制和劳动群众集体所有制;国家为公共利益的需要,可以依法对集体所有的土地实行征用。

第二,国家依法实行土地有偿使用制度。划拨国有土地使用权的除外。

第三,十分珍惜、合理利用土地和切实保护耕地是我国的基本国策。各级人民政府应当采取措施,全面规划,严格管理,保护、开发土地资源,制止非法占用土地的行为。

第四,国家实行土地用途管制制度。国家编制土地利用总体规划,规定土地用途,将土地分为农用地、建设用地和未利用地。严格限制农用地转为建设用地,控制建设用地的总量,对耕地实行特殊保护。使用土地的单位和个人必须严格按照土地利用总体规划确定的用途使用土地。

第五,任何单位和个人进行建设,需要使用土地的,必须依法申请使用国有土地,农村建设使用本集体土地的除外。建设占用土地,涉及农用地转为建设用地的,应当办理农用地转用审批手续。

第六,乡(镇)村建设,应当按照村庄和集镇规划,合理布局,综合开发,配套建设。农村村民一户只能拥有一处宅基地,其宅基地的面积不得超过省、自治区、直辖市规定的标准。

《土地管理法》与城乡规划的关系体现在以下几点。

第一,《土地管理法》明确了土地利用规划与城乡规划的关系,任何单位和个人必须服从城乡政府根据城乡规划作出的调整用地规定,因此,国家法定了城乡土地管理必须符合城乡规划的原则。同时,城市总体规划不得超过土地利用总体规划确定的用地范围。城市总体规划、村庄和集镇规划,应当与土地利用总体规划相衔接,所以说,两者是相互联系、相互协调的。

第二,按照城乡规划的有关要求,土地管理法对改变土地建设用途作了严格规定。不符合城乡规划有关规定的,不得将农用地转为建设用地。在城乡规划区内改变土地用途的,应当经城乡规划行政主管部门同意。

(3)《中华人民共和国环境保护法》

为保护和改善生活环境与生态环境,防治污染和其他公害,保障人体健康,促进社会主义现代化建设的发展,1989年12月26日,全国人大常委会通过了《中华人民共和国环境保护法》(以下简称《环境保护法》)。

《环境保护法》主要内容包括总则、环境监督管理、保护和改善、环境污染和其他公害的防治及相关法律责任。

《环境保护法》规定,国家制定的环境保护规划必须纳入国民经济和社会发展计划,国家采取有利于环境保护的经济、技术政策和措施,使环境保护工作同经济建设和社会发展相协调;一切单位和个人都有保护环境的义务,并有权对污染和破坏环境的单位和个人进行检举和控告。

《环境保护法》与城乡规划的关系体现在以下几点。

第一,制定城乡规划,应当确定保护和改善环境的目标和任务。城市是环境污染的集中地,又是人口集中地,因此城市应当是环境保护的重点,城市环境的保护和改善,既是城乡规划的目标,也是环境保护的目标,两者任务完全一致。

第二,国务院有关部门和省、自治区、直辖市人民政府划定的风景名胜区、自然保护区和其他需要特别保护的区域内,不得建设污染环境的工业生产设施;建设其他设施,其污染物排放不得超过规定的排放标准。已经建成的设施,其污染排放标准超过规定的,限期治理。这些规定都对城乡发展具有重要的意义。

第三,建设污染环境的项目,必须遵守国家有关建设项目环境保护管理的规定;流域开发、开发区建设、城市新区建设和旧区改建等区域性开发,在编制建设规划时,应当进行环境影响评价。

(4)《中华人民共和国文物保护法》

为了加强国家对文物的保护,有利于开展科学研究工作,继承我国优秀的历史文化遗产,进行爱国主义和革命传统教育,建设社会主义精神文明,1982年11月19日,全国人大常委会通过了《中华人民共和国文物保护法》(以下简称《文物保护法》),并于2007年12月29日通过最新修订。

《文物保护法》规定了六类受国家保护的文物,具体如下。

第一,具有历史、艺术、科学价值的古文化遗址、古墓葬、古建筑、石窟寺石刻和壁画。

第二,与重大历史事件、革命运动和著名人物有关的,以及具有重要纪念意义、教育意义和史料价值的近现代重要史迹、实物、代表性建筑。

第三,历史上各时代珍贵的艺术品、工艺美术品。

第四,历史上各时代重要的文献资料以及具有历史、艺术、科学价值的手稿和图书资料等。

第五,反映历史上各时代、各民族社会制度、社会生产、社会生活的代表性实物。

第六,具有科学价值的古脊椎动物化石和古人类化石。

《文物保护法》与城乡规划的关系体现在以下几点。

第一,规划要求。各级人民政府制定城乡建设规划时,事先要由规划部门会同文物行政管理部门商定对本行政区域内各级文物保护单位的保护措施,纳入规划。

第二,建设限制。文物保护单位的保护范围内不得进行其他建设工程。如有特殊需要,必须经原公布的人民政府和上一级文物行政管理部门同意。

第三,建设控制地带。根据保护文物的实际需要,经省、自治区、直辖市人民政府批准,可以在文物保护单位的周围划出一定的建设控制地带。在这个地带内修建新建建筑物和构筑物,不得破坏文物保护单位的环境风貌。其设计方案须征得文化行政管理部门同意后,报城乡规划部门批准。

第四,用途限制。核定为文物保护单位的属于国家所有的纪念建筑物或者古建筑,除可以建立博物馆、保管所或者辟为参观游览场所外,如果必须作其他用途,应当根据文物保护单位的级别,由当地文化行政管理部门报原公布的人民政府批准。

第五,考古保护。在进行大型基本建设项目时,建设单位要事先会同省、自治区、直辖市文化行政管理部门,在工程范围内有可能埋藏文物的地方进行文物的调查或者勘探工作。

(5)《中华人民共和国物权法》

为了维护国家基本经济制度,维护社会主义市场经济秩序,明确物的归属,发挥物的效用,保护权利人的物权,2007年3月16日第十届全国人民代表大会第五次会议通过了《中华人民共和国物权法》(以下简称《物权法》),自2007年10月1日起施行。

《物权法》的主要内容包括以下几方面。

第一,总则。

第二,所有权,包括国家所有权、集体所有权、私人所有权、业主的建筑物区分所有权、相邻关系及共有等权利。

第三,用益物权,包括土地承包经营权、建设用地使用权、宅基地使用权及地役权等。

第四,担保物权,包括抵押权、质权、留置权等。

第五,占有。

第六,附则。

《物权法》的基本规定包含以下几方面的内容。

第一,所有权人对自己的不动产或者动产,依法享有占有、使用、收益和处分的权利,所有权人有权在自己的不动产或者动产上设立用益物权和担保物权。

第二,为了公共利益的需要,依照法律规定的权限和程序可以征收集体所有的土地和单位、个人的房屋及其他不动产。征收集体所有的土地,应当依法足额支付土地补偿费、安置补助费、地上附着物和青苗的补偿费等费用。

第三,土地承包经营权人依照农村土地承包法的规定,有权将土地承包经营权采取转包、互换、转让等方式流转。未经依法批准,不得将承包地用于非农建设。通过招标、拍卖、公开协商等方式承包荒地等农村土地,依照农村土地承包法等法律和国务院的有关规定,其土地承包经营权可以转让、入股、抵押或者以其他方式流转。

第四,土地所有权,耕地、宅基地、自留地、自留山等集体所有的土地使用权,学校、幼儿园、医院等以公益为目的的事业单位、社会团体的教育设施、医疗卫生设施和其他社会公益设施,所有权、使用权不明或者有争议的财产不得抵押。

《物权法》在建设用地使用权方面有相关规定,主要为以下几点。

第一,设立建设用地使用权,可以采取出让或者划拨等方式。工业、商业、旅游、娱乐和商品住宅等经营性用地以及同一土地有两个以上意向用地者的,应当采取招标、拍卖等公开竞价的方式出让。

第二,建设用地使用权人应当合理利用土地,不得改变土地用途;需要改变土地用途的,应当依法经有关行政主管部门批准。

第三,建设用地使用权期间届满前,因公共利益需要提前收回该土地的,应当依照本法前述规定对该土地上的房屋及其他不动产给予补偿,并退还相应的出让金。

第四,住宅建设用地使用权期间届满的,自动续期。非住宅建设用地使用权期间届满后的续期,依照法律规定办理。该土地上的房屋及其他不动产的归属,有约定的,按照约定;没有约定或者约定不明确的,依照法律、行政法规的规定办理。

《物权法》与城乡规划的关系,主要体现在以下几方面。

第一,物权法中关于土地承包经营权、建设用地使用权、宅基地使用权的法律规定为城乡规划的依法制定提供前提约束条件,即城乡规划的制定首先应明确其权属关系。

第二,城乡规划的实施也必须明确不动产所有者的权利,城乡建设用地上的建筑物、附属物的获取、转让、用途更改及权利归属等物权法均有规定,为城乡规划及建设的有效进行提供法律保障。

(6)《中华人民共和国城市房地产管理法》

为了加强对城市房地产的管理,维护房地产市场秩序,保障房地产权利人的合法权益,促进房地产业的健康发展,1994年7月5日全国人大常委会通过了《中华人民共和国城市房地产管理法》(以下简称《房地产管理法》),并于2007年8月30日通过修订,2009年又启动了新一轮的修订工作。

《房地产管理法》的基本规定主要包括以下几方面。

第一,在中华人民共和国城市规划区国有土地范围内取得房地产开发用地的土地使用权,从事房地产开发、房地产交易,实施房地产管理,应当遵守本法。房地产开发,是指在依法取得国有土地使用权的土地上进行基础设施、房屋建设的行为;房地产交易包括地产转让、抵押和房屋租赁。

第二,国家依法实行国有土地有偿、有限期使用制度。以经营为目的的各类房地产开发用地需要政府供地的,必须经过土地出让,一般采取招标、拍卖或挂牌公示方式。

第三,国家根据社会、经济发展水平,扶持发展居民住宅建设,逐步改善居民居住条件。

第四,房地产权利人的合法权益受法律保护,任何单位和个人不得侵犯。

《房地产管理法》与城乡规划的关系主要体现在以下方面。

第一,城市是房地产开发活动的主要区域,城市房地产开发行为必须在城乡规划的调控和管理下进行。首先,房地产开发需要的土地使用权出让必须具备城乡规划设计条件;其次,房地产开发需要改变土地使用权用途,必须经过城乡规划部门审批同意。

第二,房地产开发必须严格执行城乡规划,按照经济效益、社会效益、环境效益相统一的原则,实行全面规划、合理布局、综合开发、配套建设。

(7)《中华人民共和国建筑法》

为了加强对建筑活动的监督管理,维护建筑市场秩序,保证建筑工程的质量和安全,促进建筑业健康发展,1997年11月1日全国人大常委会审议通过了《中华人民共和国建筑法》(以下简称《建筑法》)。

《建筑法》的主要内容包括总则、建筑许可管理、建筑工程发包与承包管理、建筑工程监理管理、建筑安全生产管理、建筑工程质量管理和违反本法的法律责任等内容。

《建筑法》对建筑工程施工许可方面有相关规定,即建筑工程开工前,建设单位应当按照国家有关规定向工程所在地县级以上人民政府建设行政主管部门申请领取施工许可证。

《建筑法》与城乡规划的关系主要体现在以下几方面。

第一,城乡规划要了解、掌握建筑活动的水平和发展趋势。

第二,城乡规划还要与建筑许可制度相衔接,在城乡规划区的建筑工程,已经取得《城乡规划法》规定的建设用地规划许可证、建筑工程规划许可证是一切建设行为的上游程序。

(8)《中华人民共和国消防法》《中华人民共和国水法》《中华人民共和国公路法》

《中华人民共和国消防法》规定地方各级人民政府应当将包括消防安全布局、消防站、消防供水、消防通信、消防车通道、消防装备等内容的消防规划纳入城乡规划,并负责组织实施。

《中华人民共和国水资源保护法》规定流域范围内的流域综合规划和区域综合规划以及与土地利用关系密切的专业规划,应当与城乡总体规划相协调,而城乡总体规划的制定也要符合区域水资源规划。城乡总体规划应当充分考虑重大的水利工程对城市经济社会发展和空间布局可能带来的影响。

《中华人民共和国公路法》规定公路规划应当根据国民经济和社会发展以及国防建设的需要编制,与城乡建设发展规划和其他方式的交通运输发展规划相协调;规划和新建村镇、开发区,应当与公路保持规定的距离并避免在公路两侧对应进行,防止造成公路街道化,影响公路的运行安全与畅通。

3.相关行政法规

由于城市人口更集中、管理更为复杂,因此城乡规划的行政法规主要针对城市管理而言,主要包括《城市房屋拆迁管理条例》《城市绿化条例》《城市道路管理条例》和《风景名胜区条例》等。

(1)《城市房屋拆迁管理条例》

为了加强对城市房屋拆迁的管理,维护拆迁当事人的合法权益,保障建设项目顺利进行,2001年6月6日经国务院常务会议通过了《城市房屋拆迁管理条例》。内容涉及拆迁管理、拆迁补偿与安置、罚则等。2009年国务院启动了对该条例的修订工作,修订的主要方向是先补偿后拆迁,拆迁补偿主体还原为国家,禁止滥用权力进行拆迁,对单位、个人房屋进行拆迁,必须先依法对房屋进行征收。这次修订内容变革较大,条例名称拟改为《国有土地上房屋征收和补偿条例》。

(2)《城市绿化条例》

为了促进城市绿化事业的发展,改善生态环境,美化生活环境,增进人民身体健康,1992年6月22日国务院发布了《城市绿化条例》。该条例规范了城市规划区内种植和养护树木、花草等城市绿化的规划、建设、保护和管理活动。城市绿化的规划原则主要包括以下几点。

第一,城市人民政府应当把城市绿化建设纳入国民经济和社会发展计划。

第二,城市人民政府应当组织城市规划行政主管部门和城市绿化行政主管部门等共同编制城市绿化规划,并纳入城市总体规划。

第三,城市绿化规划应当从实际出发,根据城市发展需要,合理安排与城市人口和城市面积相适应的城市绿化用地面积。城市人均公共绿地面积和绿化覆盖率等规划指标,由国务院城市建设行政主管部门根据不同城市的性质、规模和自然条件等实际情况规定。

第四,城市绿化规划应当根据当地的特点,利用原有的地形、地貌、水体、植被和历史文化遗址等自然、人文条件,以方便群众为原则,合理设置公共绿地、居住区绿地、防护绿地、生产绿地和风景林地等。

第五,任何单位和个人都不得擅自改变城市绿化规划用地性质或者破坏绿化规划用地的地形、地貌、水体和植被。

(3)《城市道路管理条例》

为了加强城市道路管理,保障城市道路完好,充分发挥城市道路功能,促进城市经济和社会发展,1996年6月4日,国务院发布了《城市道路管理条例》。该条例适用于城市道路的规划、建设、养护、维修以及路政管理。主要规定包括以下几点。

第一,城市道路管理实行统一规划、配套建设、协调发展和建设、养护、管理并重的原则。

第二,县级以上城市人民政府应当组织市政工程、城市规划、公安交通等部门,根据城市总体规划编制城市道路发展规划。

第三,政府投资建设城市道路的,应当根据城市道路发展规划和年度建设规划,由市政工程行政主管部门组织建设;单位投资城市道路的,应当符合城市道路发展规划,并经市政工程行政主管部门批准。

第四,城市住宅小区、开发区内的道路建设,应当分别纳入住宅小区、开发区的开发建设计划配套建设。

第五,城市供水、排水、燃气等依附于城市道路的各种管线、杆线等设施的建设计划,应当与城市道路发展规划和年度建设计划相协调,坚持先地下、后地上的施工原则,与城市道路同步建设。

(4)《风景名胜区条例》

为了加强对风景名胜区的管理,更好地保护、利用和开发风景名胜区资源,2006年9月6日国务院常务会议通过了《风景名胜区条例》,并于2006年12月1日起施行。该条例有关风景名胜区规划的内容分为总体规划和详细规划。总体规划应当包括的内容为以下几点。

第一,风景资源评价。

第二,生态资源保护措施、重大建设项目布局、开发利用强度。

第三,风景名胜区的功能结构和空间布局。

第四,禁止开发和限制开发的范围。

第五,风景名胜区的游客容量。

第六,有关专项规划。

风景名胜区详细规划应当根据核心景区和其他景区的不同要求编制,确定基础设施、旅游设施、文化设施等建设项目的选址、布局与规模,并明确建设用地范围和规划设计条件。

4. 相关地方法规

针对城乡规划管理方面的地方法规,是各省市、自治区、直辖市根据本地区实际情况,以《城乡规划法》及相关法律为基础而制定的城乡规划具体操作方法,由于各地区面临的发展现状和发展任务各不相同,因此各地制定的地方法规也不尽相同,各具特色。现以北京市、天津市、济南市、南京市、成都市、广东省为例。

《北京市城乡规划条例》,2009年由北京人大常委会通过,条例指出北京城乡规划和建设应当依据城市性质,体现为中央党、政、军领导机关的工作服务,为国家的国际交往服务,为科技和教育发展服务,为改善人民群众生活服务的要求;尊重城市历史和城市文化,保护历史文化遗产和传统风貌;创新管理模式,通过调控引导、行政许可、公共服务、联动监管等多种方式,提高规划制定、实施和监督管理的效能;加强自然资源和地理空间数据库的建设,促进各有关行政主管部门之间的信息共享。

《天津市地下空间规划管理条例》,2008年11月由天津人大常委员会通过,旨在加强天津市行政区域内由城市规划控制开发利用的地表以下空间的规划管理,合理开发利用本市地下空间资源。

《济南市城乡规划条例》,2008年7月由济南人大常委会通过,条款规定市、县(市)人民政府组织领导本行政区域内的城乡规划工作,可以向下一级人民政府派驻城乡规划督察员;制定和实施济南市城市总体规划、控制性详细规划,应当突出山、泉、湖、河、城整体风貌的保护,重点保护名泉、湖泊、河流、山体、古城、文物保护单位、登记的不可移动文物、优秀历史建筑、历史街区和特色街区,改善生态环境,保护自然风貌。

《南京市重要近现代建筑和近现代建筑风貌区保护条例》,2006年由南京人大常委通过,旨在加强对南京市重要近现代建筑和近现代建筑风貌区的保护、利用和管理。

《成都市社会主义新农村规划建设管理办法(试行)》,2009年6月由成都市政府常务会议通过,该办法针对市中心城区以外的县城、城镇、独立工矿区规划建设用地范围外集体建设用地上的各类建设项目的规划建设管理。

《广东省珠江三角洲城镇群协调发展规划实施条例》,2006 年由广东人大常委会通过,目的是保障实施《珠江三角洲城镇群协调发展规划》。

5. 相关部门规章

城市规划是城乡规划中极其重要的部分,是国有土地出让、转让的发生地区,也是建设项目和建设活动的最重要地区,因此有关城乡规划部门规章的制定和实施重点便侧重于城市地区。这类部门规章均由国家建设行政主管部门负责制定、发布和组织实施。表 10-1 所列举的是近年来施行的涉及城乡规划管理的主要部门规章。

表 10-1　近年来涉及城乡规划管理的主要部门规章

部门规章	概况描述
《城市规划编制办法》	2005 年 12 月 31 日由国家建设部发布,并于 2006 年 4 月 1 日起施行。该办法旨在更好地贯彻执行《中华人民共和国城乡规划法》,使城乡规划的编制规范化,提高规划的科学性。该办法适用于按国家行政建制设立的直辖市、市、镇编制城市规划
《城市总体规划实施评估办法(试行)》	2009 年 4 月 17 日由国家住房和城乡建设部发布,旨在加强开展城市总体规划的实施评估工作,切实发挥城市总体规划对城市发展的调控和引导作用,促进城市全面协调可持续发展
《城市绿线管理办法》	2002 年 9 月 13 日由建设部第 112 号令发布,自 2002 年 11 月 1 日起施行。该办法划定了城市各类绿地范围的控制线,旨在建立并严格实行城市绿线管理制度,加强城市生态环境建设,创造良好的人居环境
《城市紫线管理办法》	2003 年 12 月 17 日由建设部第 119 号令发布,自 2004 年 2 月 1 日起施行。该办法对划定城市紫线和对城市紫线范围内的建设活动实施监督、管理,旨在加强对城市历史文化街区和历史建筑的保护
《城市黄线管理办法》	2005 年 12 月 20 日由建设部第 144 号令发布,自 2006 年 3 月 1 日起施行。该办法规定了对城市发展全局有影响的、城市规划中确定的、必须控制的城市基础设施用地的控制界线,旨在加强城市基础设施用地管理,保障城市基础设施的正常、高效运转
《城市蓝线管理办法》	2005 年 12 月 20 日由建设部第 145 号令发布,自 2006 年 3 月 1 日起施行。该办法规定了城市规划中确定的江、河、湖、库、渠和湿地等城市地表水体保护和控制的地域界线,旨在加强对城市水系的保护与管理,保障城市供水、防洪防涝和通航安全
《外商投资城市规划服务企业管理规定》	2002 年 12 月 13 日由建设部常务会议审议通过,并于 2003 年 5 月 1 日起施行。该规定规范了从事除城市总体规划以外的城市规划的编制、咨询活动的外商企业活动。旨在加强对外商投资城市规划服务企业从事城市规划服务活动的管理
《城市规划编制单位资质管理规定》	2001 年 2 月 13 日由建设部第 84 号令发布,其旨在加强城市规划编制单位的管理,规范城市规划编制,保证城市规划编制质量

第二节　城市规划的技术规范

一、我国城市规划的相关技术标准和规范

我国城市规划的相关技术标准和规范主要包括以下列举的内容。

(1)《城市居住区规划设计规范》(GB 50180—1993)(2002 年版)

(2)《城市用地分类与规划建设用地标准》(GB 50137—2011)

(3)《城乡用地评定标准》(CJJ 132—2009)

(4)《城市道路交通规划设计规范》(GB 50220—1995)

(5)《城市道路绿化规划与设计规范》(CJJ 75—1997)

(6)《城市道路和建筑物无障碍设计规范》(JGJ 50—2001)

(7)《城市道路工程设计规范》(CJJ 37—2012)

(8)《城市绿地分类标准》(CJJ/T 85—2002)

(9)《城市绿地设计规范》(GB 50420—2007)

(10)《城市用地竖向规划规范》(CJJ 83—1999)

(11)《风景名胜区规划规范》(GB 50298—1999)

(12)《历史文化名城保护规划规范》(GB 50357—2005)

(13)《城市环境卫生设施规划规范》(GB 50337—2003)

(14)《城市公共设施规划规范》(GB 50442—2008)

(15)《城镇老年人设施规划规范》(GB 50437—2007)

(16)《乡镇集贸市场规划设计标准》(CJJ/T 87—2000)

(17)《城市规划工程地质勘察规范》(GJJ 57—2012)

(18)《综合布线系统工程设计规范》(GB 50311—2007)

(19)《城市给水工程规划规范》(GB 50282—1998)

(20)《城市排水工程规划规范》(GB 50318—2000)

(21)《城市水系规划规范》(GB 50513—2009)

(22)《住宅设计规范》(GB 50096—2011)

(23)《村庄整治技术规范》(GB 50445—2008)

(24)《绿色建筑评价标准》(GB/T 50378—2014)

(25)《城市抗震防灾规划标准》(GB 50413—2007)

(26)《城市电力规划规范》(GB 50293—1999)

(27)《城市公共交通分类标准》(CJJ/T 114—2007)

(28)《铁路车站及枢纽设计规范》(GB 50091—2006)

(29)《城市轨道交通技术规范》(GB 50490—2009)

(30)《城市规划基本术语标准》(GB/T 50280—1998)

(31)《中华人民共和国国家标准:镇规划标准》(GB 50188—2007)

(32)《中国人民共和国国家标准:城市容貌标准》(GB 50449—2008)

(33)《城市规划制图标准》(CJJ/T 97—2003)

(34)《总图制图标准》(GB/T 50103—2010)

(35)《房地产市场信息系统技术规范》(CJJ/T 115—2007)

(36)《城市基础地理信息系统技术规范》(CJJ 100—2004)

二、我国城市规划的部分技术标准和规范简介

限于篇幅,这里只介绍《城市居住区规划设计规范》(GB 50180—1993)(2002 年版)和《城市用地分类与规划建设用地标准》(GB 50137—2011),具体包括其适用范围、基本内容,并附上重要的图表。

(一)《城市居住区规划设计规范》(GB 50180—1993)(2002 年版)

为确保居民基本的居住生活环境,经济、合理、有效地使用土地和空间,提高居住区的规划设计质量,由国家建设部制定并发布了国家标准《城市居住区规划设计规范》(GB 50180—1993)(2002 年版)。根据建设部《关于印发〈一九九八年工程建设国家标准制订、修订计划(第一批)〉的通知》(建标[1998]94 号)的要求,中国城市规划设计研究院会同有关单位对《城市居住区规划设计规范》(GB50180—93)进行了局部修订,自 2002 年 4 月 1 日起施行。

1.适用范围

本规范适用于城市居住区的规划设计。

2.基本内容

正文包括:总则、术语、代号、用地与建筑、规划布局与空间环境、住宅、公共服务设施、绿地、道路、竖向、管线综合、综合技术经济指标(表 10-2)。

还附有中国建筑气候区划图、宅旁(宅间)绿地面积计算起止界示意图(图 10-1)、院落式组团绿地面积计算起止界示意图(图 10-2)、开敞型院落式组团绿地示意图(图 10-3)、居住用地平衡表(表 10-3)、公共服务设施项目分级配建表(表 10-4)、公共服务设施各项目的设置规定(表 10-5)、本规范用词说明。

表 10-2　综合技术经济指标系列一览表

项目	计量单位	数值	所占比重(%)	人均面积(m²/人)
居住区规划总用地	hm²	▲	—	—
1.居住区用地(R)	hm²	▲	100	▲
(1)宅用地(R01)	hm²	▲	▲	▲
(2)公建用地(R02)	hm²	▲	▲	▲
(3)道路用地(R03)	hm²	▲	▲	▲
(4)公共绿地(R04)	hm²	▲	▲	▲

项目	计量单位	数值	所占比重(%)	人均面积(m²/人)
2.其他用地(E)	hm²	▲	—	—
居住户(套)数	户(套)	▲	—	—
居住人数	人	▲	—	—
户均人口	人/户	▲	—	—
总建筑面积	万 m²	▲	—	—
1.居住区用地内建筑总面积	万 m²	▲	100	▲
(1)宅建筑面积	万 m²	▲	▲	▲
(2)公建面积	万 m²	▲	▲	▲
2.其他建筑面积	万 m²	△	—	—
住宅平均层数	层	▲	—	—
高层住宅比例	%	△	—	—
中高层住宅比例	%	△	—	—
人口毛密度	人/hm²	▲	—	—
人口净密度	人/hm²	△	—	—
住宅建筑套密度(毛)	套/hm²	▲	—	—
住宅建筑套密度(净)	套/hm²	▲	—	—
住宅建筑面积毛密度	万 m²/hm²	▲	—	—
住宅建筑面积净密度	万 m²/hm²	▲	—	—
居住区建筑面积毛密度(容积率)	万 m²/hm²	▲		
停车率	%	▲	—	—
停车位	辆	▲		
地面停车库	%	▲		
地面停车位	辆	▲		
住宅建筑净密度	%	▲	—	—
总建筑密度	%	▲	—	—
绿地率	%	▲	—	—
拆建比	—	△	—	—

注:R、E为用地代码;▲为必要指标;△为选用指标。

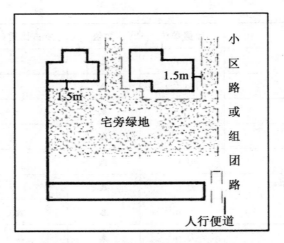

图 10-1　宅旁（宅间）绿地面积计算起止界示意图

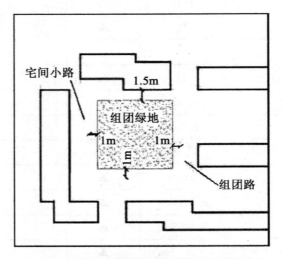

图 10-2　院落式组团绿地面积计算起止界示意图

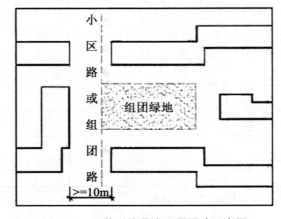

图 10-3　开敞型院落式组团绿地示意图

表 10-3　居住用地平衡表

用地		面积（hm²）	所占比例（%）	人均面积（m/人）
一、居住区用地（R）		▲	100	▲
1	住宅用地（R01）	▲	▲	▲
2	公建用地（R02）	▲	▲	▲
3	道路用地（R03）	▲	▲	▲
4	公共绿地（R04）	▲	▲	▲
二、其他用地（E）		△	—	—
居住区规划总用地		△	—	—

注：R、E 为用地代码；"▲"为参与居住区用地平衡的项目；"△"为不参与居住区用地平衡的项目。

表 10-4　公共服务设施项目分级配建表

类别	项目	居住区	小区	组团
教育	托儿所	—	▲	△
	幼儿园	—	▲	—
	小学	—	▲	—
	中学	▲	—	—
医疗卫生	医院（200～300 床）	▲	—	—
	门诊所	▲	—	—
	卫生站	—	▲	—
	护理院	△	—	—
文化体育	文化活动中心（含青少年活动中心、老年活动中心）	▲	—	—
	文化活动站（含青少年老年活动站）	—	▲	—
	居民运动场、馆	△	—	—
	居民健身设施（含老年户外活动场地）	—	▲	△
商业服务	综合食品店	▲	▲	—
	综合百货店	▲	▲	▲
	餐饮	▲	▲	—
	中西药店	▲	△	—
	书店	▲	△	—
	市场	▲	△	—
	便民店	—	—	▲
	其他第三产业设施	▲	▲	—

类别	项目	居住区	小区	组团
金融邮电	银行	△	—	—
	储蓄所	—	▲	—
	电信支局	△	—	—
	邮电所	—	▲	—
社区服务	社区服务中心(含老年人服务中心)	—	▲	—
	养老院	△	—	—
	托老所	—	△	—
	残疾人托养中心	△	—	—
	治安联防站	—	—	▲
	居(里)委会(社区用房)	—	—	▲
	物业管理	—	▲	—
市政公用	供热站或热交换站	△	△	△
	变电室	—	▲	△
	开闭所	▲	—	—
	路灯配电室	—	▲	—
	燃气调压站	△	△	—
	高压水泵房	—	—	△
	公共厕所	▲	▲	△
	垃圾转运站	△	△	—
	垃圾收集点	—	—	▲
	居民存车处	—	—	▲
	居民停车场、库	△	△	△
	公交始末站	△	△	—
	消防站	△	—	—
	燃料供应站	△	△	—
行政管理及其他	街道办事处	▲	—	—
	市政管理机构(所)	▲	—	—
	派出所	▲	—	—
	其他管理用房	▲	△	—
	防空地下室	△②	△②	△②

注:①▲为应配建的项目;△为宜设置的项目;②在国家确定的一、二类人防重点城市,应按人防有关规定配建防空地下室。

表 10-5　公共服务设施各项目的设置规定

设施名称	项目名称	服务内容	设置规定	每一处规模	
				建筑面积（m²）	用地面积（m²）
教育	1.托儿所	保教小于3周岁儿童	(1)设于阳光充足,接近公共绿地,便于家长接送的地段 (2)托儿所每班按25座计;幼儿园每班按30座计 (3)服务半径不宜大于300m;层数不宜高于3层 (4)三班和三班以下的托、幼园所,可混合设置,也可附设于其他建筑,但应有独立院落和出入口,四班和四班以上的托、幼园所均应独立设置	—	4班≥1 200 6班≥1 400 8班≥1 600
	2.幼儿园	保教学龄前儿童	(5)八班和八班以上的托、幼园所,其用地应分别按每座不小于7m²或9m²计 (6)托、幼建筑宜布置于可挡寒风的建筑物的背风面,但其主要房间应满足冬至日不小于2小时的日照标准 (7)活动场地应有不少于1/2的活动面积在标准的建筑日照阴影线之外	—	4班≥1 500 6班≥2 000 8班≥2 400
	3.小学	6～12周岁儿童入学	(1)学生上下学穿越城市道路时,应有相应的安全措施 (2)服务半径不宜大于500m (3)教学楼应满足冬至日不小于2小时的日照标准不限	—	12班≥6 000 18班≥7 000 24班≥8 000
	4.中学	12～18周岁青少年入学	(1)在拥有3所或3所以上中学的居住区或居住地内,应有一所设置400m环形跑道的运动场 (2)服务半径不宜大于1 000m (3)教学楼应满足冬至日不小于2小时的日照标准不限	—	18班≥11 000 24班≥12 000 30班≥14 000

续表

设施名称	项目名称	服务内容	设置规定	每一处规模	
				建筑面积（m²）	用地面积（m²）
医疗卫生	5.医院	含社区卫生服务中心	(1)宜设于交通方便,环境较安静地段 (2)10万人左右则应设一所300～400床医院 (3)病房楼应满足冬至日不小于2小时的日照标准	12 000～18 000	15 000～25 000
	6.门诊所	或社区卫生服务中心	(1)一般3万～5万人设一处,设医院的居住区不再设独立门诊 (2)设于交通便捷,服务距离适中的地段	2 000～3 000	3 000～5 000
	7.卫生站	社区卫生服务站	1万～1.5万人设一处	300	500
	8.护理院	健康状况较差或恢复期老年人日常护理	(1)最佳规模为100～150床位 (2)每床位建筑面积≥30m² (3)可与社区卫生服务中心合设	3 000～45 000	—
文体	9.文化活动中心	小型图书馆、科普知识宣传与教育;影视厅、舞厅、游艺厅、球类、棋类活动室;科技活动、各类艺术训练班及青少年合老年人学习活动场地、用房等	宜结合或靠近同级中心绿地安排	4 000～5 000	8 000～12 000
	10.文化活动站	书报阅览、书画、文娱、健身、音乐欣赏、茶座等主要供青少年和老年人活动	(1)宜结合或靠近同级中心绿地安排 (2)独立性组团应设置本站	400～600	400～600
	11.居民运动场、馆	健身场地	宜设置60～100m直跑道和200m环形跑道及简单的运动设施	—	10 000～15 000
	12.居民健身设施	篮、排球及小型球类场地,儿童及老年人活动场地合其他简单运动设施等	宜结合绿地安排	—	—

设施名称	项目名称	服务内容	设置规定	每一处规模	
				建筑面积（m²）	用地面积（m²）
商业服务	13.综合食品店	粮油、副食、糕点、干鲜果品等	(1)服务半径:居住区不宜大于500m;居住小区不宜大于300m (2)地处山坡地的居住区,其商业服务设施的布点,除满足服务半径的要求外,还应考虑上坡空手,下坡负重的原则	居住区: 1 500～2 500 小区: 800～1 500	—
	14.综合百货店	日用百货、鞋帽、服装、布匹、五金及家用电器等		居住区: 2 000～3 000 小区: 400～600	—
	15.餐饮	主食、早点、快餐、正餐等		—	—
	16.中西药店	汤药、中成药与西药		200～500	—
	17.书店	书刊及音像制品		300～1 000	—
	18.市场	以销售农副产品和小商品为主	设置方式应根据气候特点与当地传统的集市要求而定	居住区: 100～1 200 小区: 500～1 000	居住区: 1 500～2 000 小区: 800～1 500
	19.便民店	小百货、小日杂	宜设于组团的出入口附近	—	—
	20.其他第三产业设施	零售、洗染、美容美发、照相、影视文化、休闲娱乐、洗浴、旅店、综合修理以及辅助就业设施等	具体项目、规模不限	—	—
金融邮电	21.银行	分理处	宜与商业服务中心结合或邻近设置	800～1 000	400～500
	22.储蓄所	储蓄为主		100～150	—
	23.电信支局	电话及相关业务	根据专业规划需要设置	1 000～2 500	600～1 500
	24.邮电所	邮电综合业务包括电报、电话、信函、包裹、兑汇和报刊零售等	宜与商业服务中心结合或邻近设置	100～150	—

设施名称	项目名称	服务内容	设置规定	每一处规模	
				建筑面积（m²）	用地面积（m²）
社区服务	25. 社区服务中心	家政服务、就业指导、中介、咨询服务、代客定票、部分老年人服务设施等	每小区设置一处，居住区也可合并设置	200～300	300～500
	26. 养老院	老年人全托式护理服务	(1)一般规模为 150～200 床位 (2)每床位建筑面积 ≥400m²	—	—
	27. 托老所	老年人日托（餐饮、文娱、健身、医疗保健等）	(1)一般规模为 30～50 床位 (2)每床位建筑面积 20m² (3)宜靠近集中绿地安排，可与老年活动中心合并设置	—	—
	28. 残疾人托养所	残疾人全托式护理	—	—	—
	29. 治安联防站	—	可与居（里）委会合设	18～30	12～20
	30. 居（里）委会（社区用房）	—	300～1 000 户设一处	30～50	—
	31. 物业管理	建筑与设备维修、保安、绿化、环卫管理等	—	300～500	300
市政公用	32. 供热站或热交换站	—		根据采暖方式确定	
	33. 变电室	—	每个变电室负荷半径不应大于 250m；尽可能设于其他建筑内	30～50	
	34. 开闭所	—	1.2 万～2.0 万户设一所；独立设置	200～300	≥500
	35. 路灯配电室	—	可与变电室合设于其他建筑内	20～40	
	36. 煤气调压站	—	按每个中低调压站负荷半径 500m 设置；无管道煤气地区不设	50	100～120
	37. 高压水泵房	—	一般为低水压区住宅加压供水附属工程	40～60	—
	38. 公共厕所	—	每 1 000～1 500 户设一处；宜设于人流集中之处	30～60	60～100

设施名称	项目名称	服务内容	设置规定	每一处规模	
				建筑面积（m²）	用地面积（m²）
市政公用	39.垃圾转运站	—	应采用封闭式设施,力求垃圾存放和转运不外露,当用地规模为0.7~1km²设一处,每处面积不应小于100m²,与周围建筑物的间隔不应小于5m	—	—
	40.垃圾收集点	—	服务半径不应大于70m,宜采用分类收集	—	—
	41.居民存车处	存放自行车、摩托车	宜设于组团或靠近组团设置,可与居（里）委会合设于组团的入口处	1~2辆/户;地上0.8~1.2m²/辆;地下1.5~1.8平方米/辆	—
	42.居民停车场、库	存放机动车	服务半径不宜大于150m	—	—
	43.公交始末站	—	可根据具体情况设置	—	—
	44.消防站	—	可根据具体情况设置	—	—
	45.燃料供应站	煤或罐装燃气	可根据具体情况设置	—	—
行政管理及其他	46.街道办事处	—	3万~5万人设一处	700~1 200	300~500
	47.市政管理机构（所）	供电、供水、雨污水、绿化、环卫等管理与维修	宜合并设置	—	—
	48.派出所	户籍治安管理	3万~5万人设一处;宜有独立院落	700~1 000	600
	49.其他管理用房	市场、工商税务、粮食管理等	3万~5万人设一处;可结合市场或街道办事处设置	100	—
	50.防空地下室	掩蔽体、救护站、指挥所等	在国家确定的一、二类人防重点城市中,凡高层建筑下设满堂人防,另以地面建筑面积2%配建。出入口宜设于交通方便的地段,考虑平战结合	—	—

（二）《城市用地分类与规划建设用地标准》（GB 50137—2011）

为统筹城乡发展,集约节约、科学合理地利用土地资源,依据《中华人民共和国城乡规划法》的要求制定、实施和监督城乡规划,促进城乡的健康、可持续发展,制定《城市用地分类与规划建设用地标准》(GB 50137—2011),自 2012 年 1 月 1 日起实施。

1.使用范围

本标准适用于城市和县人民政府所在地镇的总体规划和控制性详细规划的编制、用地统计和用地管理工作。

2.基本内容

正文内容包括:总则、术语、用地分类(一般规定、城乡用地分类、城市建设用地分类,其中城乡用地分类和代码如表 10-6 所示,城市建设用地分类和代码如表 10-7 所示)、规划建设用地标准(一般规定、规划人均城市建设用地标准、规划人均单项城市建设用地标准、规划城市建设用地结构,其中规划人均城市建设用地指标如表 10-8 所示)。

该标准还附有城市总体规划用地统计表统一格式表(其中,城乡用地汇总表如表 10-9 所示,城市建设用地平衡表如表 10-10 所示)、中国建筑气候区划图、本标准用词说明、引用标准名录。

表 10-6　城乡用地分类和代码

类别代码			类别名称	内　容
大类	中类	小类		
H			建设用地	包括城乡居民点建设用地、区域交通设施用地、区域公用设施用地、特殊用地、采矿地及其他建设用地等
	H1		城乡居民点建设用地	城市、镇、乡、村庄建设用地
		H11	城市建设用地	城市内的居住用地、公共管理与公共服务用地、商业服务业设施用地、工业用地、物流仓储用地、道路与交通设施用地、公用设施用地、绿地与广场用地
		H12	镇建设用地	镇人民政府驻地的建设用地
		H13	乡建设用地	乡人民政府驻地的建设用地
		H14	村庄建设用地	农村居民点的建设用地
	H2		区域交通设施用地	铁路、公路、港口、机场和管道运输等区域交通运输及其附属设施用地,不包括城市建设用地氛围内的铁路客货运站、公路长途客货运站以及港口客运码头
		H21	铁路用地	铁路编组站、线路等用地
		H22	公路用地	国道、省道、县道和乡道用地及附属设施用地
		H23	港口用地	海港和河港的陆域部分,包括码头作业区、辅助生产区等用地
		H24	机场用地	民用及军民合用的机场用地,包括飞行区、航站飞行区、航站区等用地,不包括净空控制范围用地
		H25	管道运输用地	运输煤炭、石油和天然气等地面管道运输用地,地下管道运输规定的地面控制氛围内的用地应按其地面用途归类

类别代码			类别名称	内　容
大类	中类	小类		
	H3		区域公用设施用地	为区域服务的公用设施用地,包括区域性能源设施、水工设施、通信设施、广播电视设施、殡葬设施、环卫设施、排水设施等用地
	H4		特殊用地	特殊性质的用地
		H41	军事用地	专门用于军事目的的设施用地,不包括部队家属生活区和军民公用设施等用地
		H42	安保用地	监狱、拘留所、劳改场所和安全保卫设施等用地,不包括公安局用地
	H5		采矿用地	采矿、采石、采沙、盐田、砖瓦窑等地面生产用地及尾矿堆放地
	H9		其他建设用地	除以上之外的建设用地,包括边境口岸和风景名胜区、森林公园等的管理及服务设施等用地
E			非建设用地	水域、农林用地及其他非建设用地
	E1		水域	河流、湖泊、水库、坑塘、沟渠、滩涂、冰川及永久积雪
		E11	自然水域	河流、湖泊、滩涂、冰川及永久积雪
		E12	水库	人工拦截汇集而成的总库容不小于10万m^3的水库正常蓄水位岸线所围成的水面
		E13	坑塘沟渠	蓄水量小于10万m^3的坑塘水面和人工修建用于引、排、灌的渠道
	E2		农林用地	耕地、园地、林地、牧草地、设施农用地、田坎、农村道路等用地
	E9		其他非建设用地	空闲地、盐碱地、沼泽地、沙地、裸地、不用于畜牧业的草地等用地

表 10-7　城市建设用地分类和代码

类别代码			类别名称	内　容
大类	中类	小类		
R			居住用地	住宅和相应服务设施的用地
	R1		一类居住用地	设施齐全、环境良好,以低层住宅为主的用地
		R11	住宅用地	住宅建筑用地及其附属道路、停车场、小游园等用地
		R12	服务设施用地	居住小区及小区级以下的幼托、文化、体育、商业、卫生服务、养老助残设施等用地,不包括中小学用地

续表

类别代码			类别名称	内　容
大类	中类	小类		
	R2		二类居住用地	设施较齐全、环境良好，以多、中、高层住宅为主的用地
		R21	住宅用地	住宅建筑用地（含保障性住宅用地）及其附属道路、停车场、小游园等用地
		R22	服务设施用地	居住小区及小区级以下的幼托、文化、体育、商业、卫生服务、养老助残设施等用地，不包括中小学用地
	R3		三类居住用地	设施较欠缺、环境较差，以需要加以改造的简陋住宅为主的用地，包括危房、棚户区、临时住宅等用地
		R31	住宅用地	住宅建筑用地及其附属道路、停车场、小游园等用地
		R32	服务设施用地	居住小区及小区级以下的幼托、文化、体育、商业、卫生服务、养老助残设施等用地，不包括中小学用地
A			公共管理与公共服务用地	行政、文化、教育、体育、卫生等机构和设施的用地，不包括居住用地中的服务设施用地
	A1		行政办公用地	党政机关、社会团体、事业单位等办公机构及其相关设施用地
	A2		文化设施用地	图书、展览等公共文化活动设施用地
		A21	图书展览设施用地	公共图书馆、博物馆、档案馆、科技馆、纪念馆、美术馆和展览馆、会展中心等设施用地
		A22	文化活动设施用地	综合文化活动中心、文化馆、青少年宫、儿童活动中心、老年活动中心等设施用地
	A3		教育科研用地	高等院校、中等专业学校、中学、小学、科研事业单位及其附属设施用地，包括为学校配建的独立地段的学生生活用地
		A31	高等院校用地	大学、学院、专科学校、研究生院、电视大学、党校、干部学校及其附属设施用地，包括军事院校用地
		A32	中等专业学校用地	中等专业学校、技工学校、职业学校等用地，不包括附属于普通中学内的职业高中用地
		A33	中小学用地	中学、小学用地
		A34	特殊教育用地	聋、哑、盲人学校及工读学校等用地
		A35	科研用地	科研事业单位用地
	A4		体育用地	体育场馆和体育训练基地等用地，不包括学校等机构专用的体育设施用地
		A41	体育场馆用地	室内外体育运动用地，包括体育场馆、游泳场馆、各类球场及其附属的业余体校等用地
		A42	体育训练用地	为体育运动专设的训练基地用地

类别代码			类别名称	内　　容
大类	中类	小类		
	A5		医疗卫生用地	医疗、保健、卫生、防疫、康复和急救设施等用地
		A51	医院用地	综合医院、专科医院、社区卫生服务中心等用地
		A52	卫生防疫用地	卫生防疫站、专科防治所、检验中心和动物检疫站等用地
		A53	特殊医疗用地	对环境有特殊要求的传染病、精神病等专科医院用地
		A59	其他医疗卫生用地	急救中心、血库等用地
	A6		社会福利设施用地	为社会提供福利和慈善服务的设施及其附属设施用地，包括福利院、养老院、孤儿院等用地
	A7		文物古迹用地	具有保护价值的古遗址、古墓葬、古建筑、石窟寺、近代代表性建筑、革命纪念建筑等用地。不包括已作其他用途的文物古迹用地
	A8		外事用地	外国驻华使馆、领事馆、国际机构及其生活设施等用地
	A9		宗教设施用地	宗教活动场所用地
B			商业服务业设施用地	商业、商务、娱乐康体等设施用地，不包括居住用地中的服务设施用地
	B1		商业设施用地	商业及餐饮、旅馆等服务业用地
		B11	零售商业用地	以零售功能为主的商铺、商场、超市、市场等用地
		B12	批发市场用地	以批发功能为主的市场用地
		B13	餐饮用地	饭店、餐厅、酒吧等用地
		B14	旅馆用地	宾馆、旅馆、招待所、服务型公寓、度假村等用地
	B2		商务设施用地	金融保险、艺术传媒、技术服务等综合性办公用地
		B21	金融保险用地	银行、证券期货交易所、保险公司等用地
		B22	艺术传媒用地	文艺团体、影视制作、广告传媒等用地
		B29	其他商务设施用地	贸易、设计、咨询等技术服务办公用地
	B3		娱乐康体设施用地	娱乐、康体等设施用地
		B31	娱乐用地	剧院、音乐厅、电影院、歌舞厅、网吧以及绿地率小于65%的大型游乐等设施用地
		B32	康体用地	赛马场、高尔夫、溜冰场、跳伞场、摩托车场、射击场，以及通用航空、水上运动的陆域部分等用地

类别代码			类别名称	内　　容
大类	中类	小类		
	B4		公用设施营业网点用地	零售加油、加气、电信、邮政等公用设施营业网点用地
		B41	加油加气站用地	零售加油、加气以及液化石油气换瓶站用地
		B49	其他公用设施营业网点用地	独立地段的电信、邮政、供水、燃气、供电、供热等其他公用设施营业网点用地
	B9		其他服务设施用地	业余学校、民营培训机构、私人诊所、殡葬、宠物医院、汽车维修站等其他服务设施用地
M			工业用地	工矿企业的生产车间、库房及其附属设施用地，包括专用铁路、码头和附属道路、停车场等用地，不包括露天矿用地
	M1		一类工业用地	对居住和公共环境基本无干扰、污染和安全隐患的工业用地
	M2		二类工业用地	对居住和公共环境有一定干扰、污染和安全隐患的工业用地
	M3		三类工业用地	对居住和公共环境有严重干扰、污染和安全隐患的工业用地
W			物流仓储用地	物资储备、中转、配送等用地，包括附属道路、停车场以及货运公司车队的站场等用地
	W1		一类物流仓储用地	对居住和公共环境基本无干扰、污染和安全隐患的物流仓储用地
	W2		二类物流仓储用地	对居住和公共环境有一定干扰、污染和安全隐患的物流仓储用地
	W3		三类物流仓储用地	存放易燃、易爆和剧毒等危险品的专用仓库用地
S			道路与交通设施用地	城市道路、交通设施等用地，不包括居住用地、工业用地等内部的道路、停车场等用地
	S1		城市道路用地	快速路、主干路、次干路和支路等用地，包括其交叉口用地
	S2		城市轨道交通用地	独立地段的城市轨道交通地面以上部分的线路、站点用地
	S3		交通枢纽用地	铁路客货运站、公路长途客货运站、港口客运码头、公交枢纽及其附属设施用地
	S4		交通场站用地	交通服务设施用地，不包括交通指挥中心、交通队用地
		S41	公共交通场站用地	城市轨道交通车辆基地及附属设施，公共汽（电）车首末站、停车场（库）、保养场，出租汽车场站设施等用地，以及轮渡、缆车、索道等的地面部分及其附属设施用地
		S42	社会停车场用地	独立地段的公共停车场和停车库用地，不包括其他各类用地配建的停车场和停车库用地
	S9		其他交通设施用地	除以上之外的交通设施用地，包括教练场等用地

类别代码			类别名称	内　容
大类	中类	小类		
U			公用设施用地	供应、环境、安全等设施用地
	U1		供应设施用地	供水、供电、供燃气和供热等设施用地
		U11	供水用地	城市取水设施、自来水厂、再生水厂、加压泵站、高位水池等设施用地
		U12	供电用地	变电站、开闭所、变配电所等设施用地,不包括电厂用地。高压走廊下规定的控制范围内的用地应按其地面实际用途归类
		U13	供燃气用地	分输站、门站、储气站、加气母站、液化石油气储配站、灌瓶站和地面输气管廊等设施用地,不包括制气厂用地
		U14	供热用地	集中供热锅炉房、热力站、换热站和地面输热管廊等设施用地
		U15	通信设施用地	邮政中心局、邮政支局、邮件处理中心、电信局、移动基站、微波站等设施用地
		U16	广播电视设施用地	广播电视的发射、传输和监测设施用地,包括无线电收信区、发信区以及广播电视发射台、转播台、差转台、监测站等设施用地
	U2		环境设施用地	雨水、污水、固体废物处理和环境保护等的公用设施及其附属设施用地
		U21	排水设施用地	雨水泵站、污水泵站、污水处理、污泥处理厂等设施及其附属的构筑物用地,不包括排水河渠用地
		U22	环卫设施用地	垃圾转运站、公厕、车辆清洗站、环卫车辆停放修理厂等设施用地
		U23	环保设施用地	垃圾处理、危险品处理、医疗垃圾处理等设施用地
	U3		安全设施用地	消防、防洪等保卫城市安全的公用设施及其附属设施用地
		U31	消防设施用地	消防站、消防通信及指挥训练中心等设施用地
		U32	防洪设施用地	防洪堤、防洪枢纽、排洪沟渠等设施用地
	U9		其他公用设施用地	除以上之外的公用设施用地,包括施工、养护、维修等设施用地
G			绿地与广场用地	公园绿地、防护绿地、广场等公共开放空间用地
	G1		公园绿地	向公众开放,以游憩为主要功能,兼具生态、美化、防灾等作用的绿地
	G2		防护绿地	具有卫生、隔离和安全防护功能的绿地
	G3		广场用地	以游憩、纪念、集会和避险等功能为主的城市公共活动场地

表 10-8 规划人均城市建设用地指标(m²/人)

气候区	现状人均城市建设用地规模	规划人均城市建设用地规模取值区间	允许调整幅度		
			规划人口规模≤20.0万人	规划人口规模20.1~50.0万人	规划人口规模>50.0万人
Ⅰ、Ⅱ、Ⅵ、Ⅶ	≤65.0	65.0~85.0	>0.0	>0.0	>0.0
	65.1~75.0	65.0~95.0	+0.1~+20.0	+0.1~+20.0	+0.1~+20.0
	75.1~85.0	75.0~105.0	+0.1~+20.0	+0.1~+20.0	+0.1~+15.0
	85.1~95.0	80.0~110.0	+0.1~+20.0	−5.0~+20.0	−5.0~+15.0
	95.1~105.0	90.0~110.0	−5.0~+15.0	−10.0~+15.0	−10.0~+10.0
	105.1~115.0	95.0~115.0	−10.0~−0.1	−15.0~−0.1	−20.0~−0.1
	>115.0	≤115.0	<0.0	<0.0	<0.0
Ⅲ、Ⅳ、Ⅴ	≤65.0	65.0~85.0	>0.0	>0.0	>0.0
	65.1~75.0	65.0~95.0	+0.1~+20.0	+0.1~20.0	+0.1~+20.0
	75.1~85.0	75.0~100.0	−5.0~+20.0	−5.0~+20.0	−5.0~+15.0
	85.1~95.0	80.0~105.0	−10.0~+15.0	−10.0~+15.0	−10.0~+10.0
	95.1~105.0	85.0~105.0	−15.0~+10.0	−15.0~+10.0	−15.0~+5.0
	105.1~115.0	90.0~110.0	−20.0~−0.1	−20.0~−0.1	−25.0~−5.0
	>115.0	≤110.0	<0.0	<0.0	<0.0

表 10-9 城乡用地汇总表

序号	用他代码		类别名称	面积（hm²）		占市域总用地比重（%）	
				现状	规划	现状	规划
1	H		建设用地				
		其中	城乡居民点建设用地				
			区域交通设施用地				
			区域公用设施用地				
			特殊用地				
			采矿用地				
2	E		非建设用地				
		其中	水域				
			农林用地				
			其他非建设用地				
总计			城乡用地			100	100

备注:_____年现状常住人口_____万人,其中户籍人口_____万人,暂住半年以上人口_____万人。
_____年规划常住人口_____万人,其中户籍人口_____万人,暂住半年以上人口_____万人。

表 10-10　城市建设用地平衡表

序号	用地代码	用地名称		面积（hm²）		占城市建设用地（%）		人均（m²/人）	
				现状	规划	现状	规划	现状	规划
1	R	居住用地							
2	A	公共管理与公共服务用地							
		其中	行政办公用地						
			文化设施用地						
			教育科研用地						
			体育用地						
			医疗卫生用地						
			社会福利设施用地						
			文物古迹用地						
			外事用地						
			宗教设施用地						
3	B	商业服务业设施用地							
		其中	商业设施用地						
			商务设施用地						
			娱乐康体用地						
			其他服务设施用地						
4	M	工业用地							
5	W	物流仓储用地							
6	S	交通设施用地							
7	U	公用设施用地							
8	G	绿地							
		其中	公园绿地						
			防护绿地						
			广场						
总计		总用地				100	100		

备注：_____年现状常住人口_____万人，其中户籍人口_____万人，暂住半年以上人口_____万人。

_____年规划常住人口_____万人，其中户籍人口_____万人，暂住半年以上人口_____万人。

第十一章　城市规划的评价

作为对城市各项建设所作的集前瞻性与综合性于一身的部署,城市规划的合理与否非常重要,因此,在城市规划的整个运行过程中,城市规划评价是一项不可或缺的环节。研究城市规划的评价,对城市规划的实施具有重要的意义。

第一节　城市规划评价概述

一、城市规划评价的含义

城市规划评价是按照一定的方法对城市规划的科学合理性、环境适应性、可操作性或实施效果所做的评价,包括对城市规划方案的评价、城市规划环境影响评价和对规划实施执行情况的评价。

对城市规划方案的评价是指评价主体对规划方案的合理性、科学性、可行性等方面进行评价,总结规划的优点,提出规划的不足,从而为规划的优化和完善提出建议。它是城市规划审批的依据,是城市规划编制阶段必不可少的一个环节。

对城市规划环境影响评价是指对规划实施后可能造成的环境影响进行分析、评估和预测,提出预防或者减轻不良环境影响的对策和措施。

对城市规划实施情况的评价是指评价主体对城市规划编制完成后一定时期内具体实施情况的评价,简单地说就是城市规划完成得怎么样了,是否达到了城市建设发展的预期目标。这是城市规划修编前的必要工作,也是城市规划完成后对规划实施进行检验的必然要求。[①]

二、城市规划评价的意义

作为城市规划运作过程中的重要环节,城市规划评价具有特别的意义,这主要表现在以下几方面。

(一)促进城市规划的进步

评价是任何一项社会活动中都不可缺少的普遍性活动,在任何行动的开展中都有评价的过程贯穿其中,在城市规划中也是如此。在城市规划中,在规划开展之前,做与不做,如何去做等,都是建立在评价基础上所作出的决定,没有评价也就无法作出决定;在实施规划之后,也要考虑一下做得怎样,是否达到了目的,是否产生了想要起到的作用,或者相对于结果产生之前的投入是否值得等。可见,城市规划评价是对自己或他人所作出的努力进行总结,同时从不同的方面检

---

① 程道平:《现代城市规划》,北京:科学出版社,2010年,第164页。

视一下在此过程中是否还有什么问题,为以后的活动开展提供经验,从而促进城市规划的不断进步。

(二)加深社会对城市规划的认识

在城市规划的各个阶段中,评价都是开展城市规划活动的重要基础。作为一项未来城市空间发展的策略,城市规划对城市土地资源的调配,通过这一手段在一定层面上实现政府对经济及社会生活的有效干预,并控制城市土地的使用及其变化,运用法定权威来调整和解决城市发展过程中的特定问题。因此,在城市规划的过程中,通过对城市规划在城市发展方向、城市空间安排等方面所作出的选择的评价,对城市规划在城市发展的过程中究竟发挥了什么作用、这种作用的效果如何等的评价,决定了城市规划在社会建制中的作用与地位,从而加深了社会对城市规划的认识。

(三)促使城市规划运作进入良性循环

城市规划可以通过评价全面考量规划所作出的选择效果如何,是否符合城市发展的目标和实际需要,是否符合城市规划作为公共政策的效率、公平、公正等的基本准则,是否达成了社会的意愿,然后有效地检测、监督既定规划的实施过程和实施效果,并在此基础上形成相关信息的反馈,从而作为规划的内容和政策设计以及规划运作制度的架构提出修正、调整的建议,使城市规划的运作过程进入良性循环。

三、城市规划评价的标准

任何评价都是针对于特定的对象进行的,对象不同,评价的标准也就各不相同。由于城市规划是一项公共行为,难以用适用于私人行为的评价标准和方法来评价。这并不是说,在对公共行为的评价方面,适用于私人行为评价的利润最大化的单一逻辑在公共行动的评价中就丝毫没有用武之地,如可以将这一逻辑运用到某些公共物品的生产和供应方面,但就整体而言,将利润、净收益和机会成本等概念运用到公共领域中存在着巨大的困难。[①] 正是由于这样的区别的存在,公共领域行为的评价就需要首先针对具体领域的行为建立一整套的评价准则,期望通过这种系列性的准则能够更好地反映公共政策的整体效应。对此,邓恩提出,政策评价时所采用的标准与提出政策时应达到的标准应该是一致的,这两套标准之间的唯一区别就在于应用标准的时间不同,评价标准是回顾性的应用,而推荐标准是展望性的应用。[②] 邓恩有关于政策推荐的标准详见表 11-1 所示。

表 11-1　邓恩的政策评价标准

标准类型	问题	说明性的指标
效果	结果是否有价值	服务的单位数
效率	为得到这个有价值的结果付出了多大代价	单位成本净利益成本—收益比

---

① 邓恩著,谢明等译:《公共政策分析导论》,北京:中国人民大学出版社,2002 年,第 317～318 页。
② 邓恩著,谢明等译:《公共政策分析导论》,北京:中国人民大学出版社,2002 年,第 437 页。

标准类型	问题	说明性的指标
充足性	这个有价值的结果的完成在多大程度上解决了目标问题	固定成本(第1类问题)、固定效果(第2类问题)
公平性	成本和效益在不同集团之间是否等量分配	帕累托准则、卡尔多—希克斯准则、罗尔斯准则
回应性	政策运行结果是否符合特定集团的需要、偏好或价值观念	与民意测验的一致性
适宜性	所需结果(目标)是否真正有价值或者值得去做	公共计划应该效率与公平兼顾

虽然上述评价标准是关于公共政策评价的整体性的,在具体的城市规划评价活动中仍然需要针对具体的评价内容和要求具体确定相应的评价标准,但上述总体性的标准为具体的评价标准提供了基本框架和内容。

四、城市规划评价的局限

城市规划评价在很长一段时期内都不被城市规划师所重视,因而在城市规划领域开展得不算普遍。究其主要原因,是因为城市规划评价存在着局限性,这主要表现在以下几方面。

(一)规划师对城市规划的认识不足

很多规划师对城市规划认识不足,他们更多地把城市规划问题看成是一个美学问题,只关注于规划的终极理想并执着于设计,轻视因此而产生的问题,所以对所涉及的内容及与城市的关系也就没有作出评价,即使有评价的话也仅仅是形式上或形态上的评价,与真正的城市规划评价距离较大。由于缺少制度化、程序化的对规划实践的反思,"规划师只能根据对本身社会处境的自我反应和普遍性的情绪来判断规划的有效抑或失效,成功抑或失败"[①]。而且,由于任何的评价都是一项复杂的系统工程,其评价手段都非常复杂,城市规划的评价手段也是如此,但城市规划师们并没有完全掌握这些评价手段,他们在主体意识和动力方面就对开展城市规划评价产生了抵触。

(二)规划部门抵制城市规划评价

在规划部门看来,开展评价活动就是要分析规划过程中的所有决策,条分缕析般地解构会揭示出许多本源性的问题,无论评价的结果好坏与否,都会影响到其自身权威的发挥,从而进行人为的抵制。

(三)政府体制不完善

政府体制不完善也严重制约了城市规划评价的开展。由于信息系统不完备、缺少经费等因素的制约与限制等,规划的评价被悬置。然后政府不断地编制各式各样的规划,但这些规划没有

---

① 张兵:《城市规划实效论》,北京:中国人民大学出版社,1998年,第30~39页。

实质性的进步,往往都是在不停地进行重复,而且尽管能够充分认知与规划实施脱离的现象但无力进行改变,导致了无论原有的规划的实施效果如何,新的规划总是源源不断地被推将出来,然后继续被悬置,形成了恶性循环,最终导致城市规划经常处在被横加指责的状态之中。

(四)城市规划过程多因素化

城市规划过程是由多因素共同作用所组成的,而且这些因素之间相互非常紧密地结合在一起,在城市发展变化的过程中共同起作用。在对城市规划进行评价时,很难确定哪些结果是由于城市规划因素的作用而产生的,哪些结果不是,或者某种结果是由于城市规划而不是其他因素的直接作用而产生的等,这种不明确的因果关系直接制约了城市规划评价的开展。

(五)城市规划各要素间的关系难以被恰当评价

城市规划涉及到许多的内容,这些内容之间具有相互的关联性,不同要素的变化会带来不同的结果,但是受预测条件和方法的限制,城市规划并不能清晰地揭示出这些结果的前景,从而难以对各要素之间的关系进行充分、恰当的发展演变的评价。

(六)城市规划影响广泛、隐晦

城市规划关系到城市社会经济体系的运作、城市居民的生活等,其安排和规划实施的效果具有扩散性和广泛的影响性,并不仅仅局限在建起几幢房子、一些公共设施或营造起一个什么样的空间等物质实体内容方面。而这些受到影响的方面之间的关系并不是直接显明的,而且也难以测度,有些甚至是不易感知的。这导致城市规划评价难以具体实施。与此同时,某一项设施的建成会对周边的土地使用、建筑形式以及人们的日常生活状态和生活方式产生影响,即使其周边的变化完全符合已经确定的规划方案,这种影响也同样难以区分是规划本身的作用还是先前建设、活动人群的改变或者其他因素的作用。

(七)城市规划评价研究中价值具有取向多样性

价值观是任何评价的基础,缺少了一定的价值基础是难以进行适当的评价的。城市规划因涉及面广泛,通常都涉及城市的整体,而城市中不同的机构、阶层、团体和个体都有各自的价值取向,这些价值观经常又是具有差异性的,这不仅给城市规划的决策带来了困难,也制约着公众对规划政策的接受及合作程度,影响着规划师对规划实施问题的分析态度,从而导致城市规划评价实施的难度大大增加。

上述种种困难远远不是实施城市规划评价的所有困难,但是,这并不能成为不开展城市规划评价的理由,而应该成为规划师们要着力解决的问题,以便城市规划评价能够顺利地实施。

第二节 城市规划评价的方法

一、评价城市规划内容的方法

对城市规划内容的评价主要是针对城市规划中所涉及到的土地使用、各类公共设施的配置与安排等的合理性所进行的评价,尤其在项目选址方面发挥了重要的作用。在评价方法上,主要采用通过计算成本和效益然后进行比较得出结论。在具体运用中,主要有以下几种方法。

(一)成本—收益分析法

所谓成本—收益分析,就是一种对规划方案和政策建议的内容及其实施效果进行评价的方法。[①] 这种方法建立在经济学中处理如何将社会福利最大化问题的基础上。其中的社会福利即由社会成员感到的总体经济满意度,以此作为评价的标准,就可以来评价公共政策和规划所涉及的内容是否有助于实现净收入的最大化,净收入是社会中总体满意度(福利)的一个衡量标准。

1.成本—收益分析的特征

首先,成本—收益分析试图衡量一个公共项目可能对社会产生的所有成本和收益,包括许多很难用货币成本或收益来计量的无形部分。

其次,成本—收益分析可以用来衡量在分配上的收益,它关注公平标准,所以与社会理性相一致,有时也称为社会成本—收益分析。

最后,成本—收益分析方法集中体现了经济理性,全面经济效率是其常用标准。

2.成本—收益分析的优势

首先,成本和收益都以货币为共同的计量单位,从而使评价研究者得以从收益中减去成本,从而可以非常简洁方便地进行比较,帮助作出决定。

其次,成本—收益分析使规划评价可以在更广泛的不同领域间进行项目比较(如健康和交通),因为净效率收益是用货币来表示的。

最后,成本—收益分析可以超越单一政策或项目的局限,将收益同社会整体的收入联系起来。

3.成本—收益分析的局限

首先,货币价值不能对回应性作出估量,因为收入的实际价值因人而异。例如,同样是1 000元的额外收入,对于一个贫困家庭来说,获得这笔额外收入的意义就比一个百万富翁获得这笔额外收入的意义要重要得多。这种有限的人与人之间的对比说明,收入并不能恰当地衡量个人的满意度以及社会福利。

其次,绝对强调经济效率意味着公平标准是无意义或不适用的。

再次,成本—收益分析方法离不开用收入来衡量满意度,因此其要讨论任何不能用货币形式来表达的目标的适当性都是很困难的。这种方法所建立起来的评价准则是单一性的,难以将规划和政策项目的多方面因素之间的互动关系作为一个整体来进行。

最后,当清洁空气或健康服务等重要物品不存在市场价值时,分析人员常常被迫去主观地估计市民愿意支付的产品价格,即影子价格。这些主观判断可能只是分析人员头脑中的价值观的任意表达而已,并不客观。

综上所述,成本—收益分析方法在城市规划的实际工作中运用较少,其实际运用最为典型的案例是20世纪60年代末围绕着英国伦敦第三机场的选址所作的评价,这一研究严格按照成本—收益分析的方法对第三机场的不同选址进行了经济评价,进而阐明了不同选址的优劣,为决

---

① 邓恩著,谢明等译:《公共政策分析导论》,北京:中国人民大学出版社,2002年,第318~319页。

策提供了非常重要的参考。[1]

(二)成本—效益分析法

成本—效益分析是通过量化各种政策的总成本和总效果来对它们进行对比从而提出建议的方法。[2]

成本—效益分析与成本—收益分析不同,它使用两个不同的价值单位:成本用货币来计量,而效益则用单位产品、服务或其他手段来计量。这样虽然不能进行净效益或净收益的比较,但可以计算出成本—效益和效益—成本的比率。这一分析方法起源于 20 世纪 50 年代早期美国国防部的工作,兰德公司在设计评价不同的军事战略和武器系统的方案时运用了这一分析方法,并且深化和发展了该方法,同时,它还被用于美国国防部的项目预算,在 20 世纪 60 年代以后逐步扩展应用到其他政府机构。

1. 成本—效益分析的特征

第一,成本—效益分析避免了用货币形式来计量收益的问题,因而比成本—收益分析更容易应用。

第二,成本—效益分析很少依靠市场价格,因此很少依赖于产生于私营部门的利润最大化的逻辑。例如,成本—效益分析很少考虑收益是否大于成本或在私人部门的不同投资是否能得到更多利润等问题。

第三,成本—效益分析可以很好地运用于分析外部性和无形的成本或收益,因为这些影响都很难用货币来衡量,因此也不能用成本—收益分析来评价。

第四,成本—效益分析通常更适合于用来分析当成本固定(尤其在城市预算硬约束条件下)所产生的不同效用,或者用于分析为了达到同样的效果而成本不同时的方案选择。

第五,成本—效益分析基本是建立在技术理性的基础上的,其目的并不是把政策的结果与全面经济效率或社会总体福利联系起来进行评价,从而决定政策方案的效用。

2. 成本—效益分析的标准

(1)最低成本标准

最低成本标准就是在确定了想要达到的效益以后,可以进行相同效益项目之间的成本比较。低于要求的固定效益的项目被摒弃,满足条件且成本最低的项目被推荐。

(2)最大效益标准

最大效益标准就是在确定允许的最大成本上限(通常为预算限制)后,比较成本相近的项目,摒弃超出成本上限的项目,然后选择效益最大的项目。

(三)"规划平衡表"法

"规划平衡表"法是由列曲菲尔德提出的,它通过直接揭示规划内容的成本和可能得到的成效,可以根据不同的人群特征及其需要确定出各自认为的不同方案的优缺点,也可以列举出多种价值前提以便于作出决策。在运用时,"规划平衡表"法会不可避免地产生复杂性(因为评价的子

---

① 孙施文:《现代城市规划理论》,北京:中国建筑工业出版社,2005 年,第 508 页。
② 邓恩著,谢明等译:《公共政策分析导论》,北京:中国人民大学出版社,2002 年,第 325~327 页。

项会不断地生成),并需要确定大量的权重,因此,这种方法不太适合于运用在对大系统的评价上,而比较适于对城市规划中的某一方面所产生的多种方法进行评价,如城市改造地块的选择和具体安排等。

(四)"目标达成矩阵"法

"目标达成矩阵"法是由希尔提出的,主要是通过具体方案在实现规划所提出的目标方面的可能成果来作出评价。在具体的运用中,"目标达成矩阵"法立足于已经确立的目标,对不同的目标进行重要性甄别,建立它们之间的先后顺序及确立它们的重要性程度,然后将这一关系运用到对不同方案实现这些目标的程度进行评价。对此,麦克洛克林提出了自己的观点,"规划目标最终要转换成判断系统工作状况的标准,并依此导出具体的准则,以便对不同规划方案加以鉴别、测试和评定。换言之,也即规划方案评定的总原则是衡量不同方案满足所有既定规划目标的程度。"①

二、评价规划实施结果的方法

对规划实施结果的评价,主要就是对于已经付诸实施的规划,在实施了一段时间之后所形成的结果与原规划之间的关系进行评价,也就是评价规划编制成果中的内容是否得到真正的实施。评价规划实施结果的方法就是用最后实现的结果与规划编制的成果进行对照,并通过这种比较,揭示出规划所提出来的想要达到的结果与实际达到的结果之间的状态,按照原样丝毫不差地实现原规划就是最成功的实施。对于这种规划实施的认识在美国密西西比河流域委员会一份报告中的图示可以清晰地看到(图 11-1)。

之所以要这样评价规划实施的结果,是因为城市规划的实施被认为是将已经绘制完成的蓝图在城市土地上照样实施,而城市规划又需要涉及到城市中各个部门、各个地区,这就需要将一个整体按不同的职责进行划分,并且对它们所要完成的内容进行具体的规定,各部门按照这样的规定分头工作,不得有任何的逾越,保证全面地、完全地完成各自的任务。在这样分部门、分地区实施的基础上,最终保证规划按原设想完全实现。只有这样的城市规划才是成功的、完美的城市规划。

值得注意的是,对规划实施结果的评价,并不仅仅反映出规划实施的结果本身所存在的问题,而且也可以揭示出规划编制中所存在的问题和规划实施组织方面的问题。在 20 世纪 90 年代初,麦克洛克林通过对澳大利亚墨尔本城市发展以及城市规划在此过程中的作用的研究,提出如果要全面地对规划实施进行评价,就必须要建立一个城市究竟是怎样运作的知识框架,即空间政治经济学的框架。在此基础上,他通过一系列图表充分而全面地显示出,城市规划在历来被认为是城市规划领域中物质空间规划最主要和最重要的三项功能——预测城市建成区的拓展、社区商业服务业的集聚和引导中央商务区(CBD)的建设——方面惨遭失败,而只在营造居住区环境(尤其是中产阶级居住区)等具体方面有较显著的成效。继而,他提出,要想能够理解城市问题并提出合适的政策以改进城市以及城市中居民的生活,那就有必要将城市规划结合到一个重要

---

① J. B. McLoughlin 著,王凤武译:《系统方法在城市和区域规划中的运用》,北京:中国建筑工业出版社,1988 年,第 234 页。

的但更为广阔的空间政治经济学领域之中,否则城市规划只能是在"正当的规划""社区"和"平衡"等之类既含糊又毫无意义的词汇组成的原则上绘制规划(plan)和地图。①

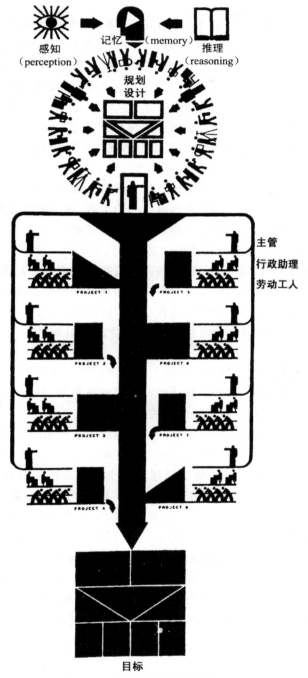

图 11-1　传统的规划实施概念

①　孙施文:《现代城市规划理论》,北京:中国建筑工业出版社,2005 年,第 512 页。

三、评价规划实施过程的方法

城市规划实施的本质在于,当规划被采纳后,政府通过对城市发展的各项资源进行整合,沿着规划所设定的方向与路径逐步地付诸实施。评价城市规划实施结果虽然评判了以解决具体问题为目标的规划实施效果问题,但并没有探究到整个规划实施运作过程的深层次上,难以真正全面地认识城市规划的过程,所以对城市规划实施过程的评价也是非常有必要的。

对城市规划实施过程的评价,不同的学者有不同的观点。

亚历山大认为,规划战略要结合对不确定性的考虑,并将其联系到实施的评价过程中,这样才能保证规划战略切实有效。这些不确定性集中体现在三个方面:一是决策环境的不确定性,二是目标的不确定性,三是各种相关选择的不确定性。

希利认为,规划实施的评价主要是使规划师及其主顾知道规划、政策和行动是否起作用或已经起作用,同时也起到帮助规划实践者来改进他们的实践,这也同样是对规划实践本身的研究。她与她的同事们认为,城市规划所涉及的政策工具框架基本包括三个方面,即管理的、开发的和财政的①。在希利看来,对规划实施的评价主要分为三个步骤。

第一个步骤是选取适当的研究区域,这些区域包括城市规划当局面临的规划难题量多面广的城市区域,当地的规划部门采用过尽可能多样化的规划手段并且至少有一些地区实施过一段时间的法定规划,所选取的大都市地区应具有互不相同的鲜明特色。

第二个步骤是开展一系列包含政治、经济、社会及人口统计学等方面的文献检索和广泛访谈。

第三个步骤是检视战略规划导引中的相关主题如何转化为郡及行政区层面上的政策,并进一步核对该政策的目标和能力,以及所利用的资源和特殊机制,然后衡量前期的总体调查结果,选择规划实施发生变动的具体地点进行详细的分析。

通过这三个步骤,希利得出了地方规划在城市建设中的作用主要集中于城市边缘地区,其次是城市中心区的结论,说明这些地方的规划实施较好地符合了规划方案的最初意图②。

法吕迪的观点与亚历山大相似,他期望建立一个普遍适用的对规划过程进行评价的方法论③。他认为,规划是政策实施的一种参照框架,而不确定性正是造成实施结果与产生结果的这种框架不一致的原因。因而他们对规划与政策实施的评价更强调它们制定和实施的过程,即对规划政策制定的环境和背景、规划实施过程的机制和程序、产生规划结果的要素和条件更为关注。如果整个规划制定和实施的过程以及对其所进行的控制和引导的标准被证明是合理并最佳的,那么规划与最终结果的一致性将不是评判的最终的和唯一的标准,程序本身取代程序结果成为"过程型"的评价焦点。这种"过程型"的思想打破了规划与实施成果间单一的对应联系,灵活性和适应性被注入到规划的评价方法中。后来,法吕迪和亚历山大合作提出了所谓的"PPIP 评

---

① 孙施文:《现代城市规划理论》,北京:中国建筑工业出版社,2005 年,第 513 页。

② P. Healey. The Role of Development Plans in the British Planning System An Empirical Assessment. Urban Law and Policy,1986(8):1~32.

③ E. R. Alexander. A. Faludi. Planning and Plan Implementation:Notes on Evaluation Criteria. Environment and Planning B:Planning and Design,1989(16):127~140.

价"模型,即"政策—规划/计划—实施过程"的综合评价模型(图 11-2)。

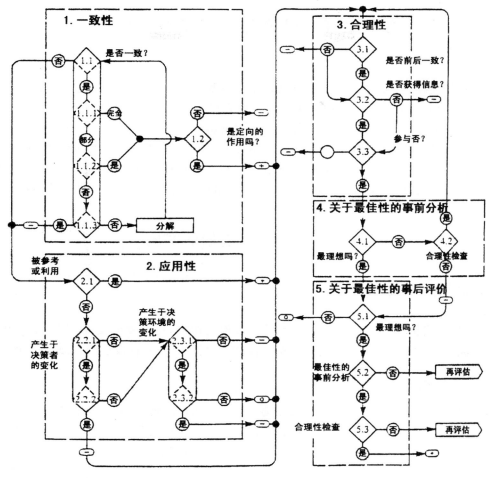

图 11-2　亚历山大和法吕迪的 PPIP 评价模型

这一评价模型强调对规划过程和决策条件的评价更为合理,其实质是对规划过程中作出的不同选择的评价。借助这个模型,将政策、规划、项目、计划、可操作性的决议、实施、实施的结果和实施的影响等多项要素一并考虑,设立了五个评价标准——"一致性""合理的操作过程""关于最佳性的事前分析""关于最佳性的事后评价"以及"有用性",融合了"传统性""主观式"以及"以决策为中心"三种不同的规划思想方法,建立起规划与政策的评价框架体系,并依照这个框架体系的序列分析最终判定规划或政策积极、中性,还是消极的实施效应。这一评价模型虽然使用起来复杂、费力,但它已经搭建起一个令人信服的过程性评价的框架体系,评价的结果也比较准确客观。

第十二章　城市规划的实施与管理

城市规划编制的目的是为了实施,即通过依法行政和有效的管理手段把制定的规划逐步变为现实。健全而完善的城市规划管理体系是城市人民政府成功进行现代化建设活动的基本保证,它与提升城市在一定区域范围内的综合竞争力密切相关。在加速城市化进程中,政府如何决定一个城市的发展战略,如何对所在城市进行准确的定位,如何发现可能对城市建设与未来发展产生潜在威胁的各种因素,如何对这些因素进行准确评估并制定相应的管理对策,所有这些内容都是城市规划行政管理必须解决的问题。本章就城市规划的实施与管理的相关内容展开介绍。

第一节　城市规划的实施

一、城市规划的实施原则

城市规划的实施是一个综合性的概念,既是政府的职能,也涉及公民、法人和社会团体的行为。因此,城市规划的实施要遵循行政合法、行政效率、行政合理、行政公开、行政统一的原则。

(一)行政合法原则

城市规划的实施,其首要的和基本的原则是行政合法性原则,它是社会主义法制原则在行政管理中的体现和具体化。行政合法原则的核心是依法行政,其主要内容为以下几个方面。

第一,任何行政法律关系的主体都必须严格执行和遵守法律,在法定范围内依照法律规定办事。

第二,任何行政法律关系的主体都不能享有不受行政调节的特权,权力的享有和义务的免除都必须有文明的法律依据。

第三,国家行政机关进行行政管理必须有明文的法律依据。

第四,任何违反行政法律规范的行为都是行政违法行为,它自发生之日起就不具有法律效力。一切行政违法主体和个人都必须承担相应的法律责任。

(二)行政效率原则

廉洁高效是人民群众对政府的要求,提高行政效率是国家行政改革的基本目标。为追求效率,行政管理机关一般都采用首长负责制。在法律规定的范围内决策,按法定的程序办事,遵守操作规则,将大大提高行政效率,有助于避免失误和不公正,减少行政争议。

(三)行政合理原则

行政合理原则的宗旨在于解决行政机关行政行为的合理性问题,这就要求行政机关的行政行为在合法的范围之内还必须做到合理。行政合理原则的具体要求是:行政机关在行使自由裁量权时,不仅应事实清楚,在法律、法规规定的条件和范围内做出行政决定,而且要求这种决定符合立法目的。

(四)行政公开原则

行政公开原则是社会主义民主与法制原则的具体体现,要求国家行政机关的各种职权行为除法律特别规定的外,应一律向社会公开。具体要求如下。

第一,行政立法程序、行政决策程序、行政裁决程序和行政诉讼公开。

第二,一切行政法规、规章和规范性文件必须向社会公开,未经公布者不能发生法律效力,更不能作为行政处理的依据。

第三,国家行政机关及公务员在进行行政处理时,必须把处理的主体、处理的程序、处理的依据、处理的结果公开,接受相对人的监督,并告知相对人对不服处理的申诉或起诉的时限和方式。

第四,行政相对人向行政主体了解有关的法律、法规、规章、政策时,行政主体有提供和解释的义务。

(五)行政统一原则

行政统一原则具体表现为行政权统一、行政法制统一、行政行为统一。

1. 行政权统一

我国实行人民代表大会制度的权力分工原则,行政权由行政机关统一行使。

2. 行政法制统一

行政法制统一是指行政法律制度的统一。我国行政法律规范由多级主体制定。这就要求各级主体所制定的行政法律规范的内容要相互协调、衔接,不能相互抵触和冲突;不同的主体制定不同效力等级的行政法律规范要遵守立法的内在等级程序。此外,城市规划的建设管理要与已批准的城市规划相统一。

3. 行政行为统一

行政权力的属性要求在行政机关内部要下级服从上级,地方服从中央。一个国家的管理是否有效,取决于他的行政是否统一。行政统一原则要求政府上下级之间要有良好的信息沟通渠道,要做到政令通畅、令行禁止。

二、城市规划的实施机制

(一)城市规划实施的行政机制

城市规划实施的行政机制,是指城市人民政府及其城市规划行政主管部门依据宪法、法律和法规的授权,运用权威性的行政手段,采取命令、指示、规定、计划、标准、通知许可等行政方式来实施城市规划。城市规划主要是政府行为,在城市规划的实施中,行政机制具有最基本的作用。我国宪法赋予了县级以上地方各级人民政府依法管理本行政区的城乡建设的权利。新出台的《城乡规划法》更明确授予了城市人民政府及城市规划行政主管部门在组织编制、审批、实施城市规划方面的种种权力。

1.行政机制的法理基础

行政机制的基础在于政府机关享有行政行为的羁束权限及自由裁量权限,即政府的行政行为既有确定性和程序性的一面,又有可以审时度势和灵活应对客观事物的一面,可通过个案审定来作出决策,城市规划行政机构依法享有的羁束权限及自由裁量权限的存在是规划实施行政机理的法律依据。

2.行政机制的有效条件

行政机制发挥作用,产生应有的效力,需要有以下几个条件。

第一,法律、法规对行政程序和行政权限有明确、完整的授权,使行政行为有法可依、有章可循。

第二,行政管理事物的主题明确、行政机构的结构完整,有相应的行政决策、管理、执行、操作的层级,从而使行政管理真正落到实处。

第三,公民法人和社会团体支持和服从国家行政机关的管理。在出现行政争议的时候,可以通过法定程序加以解决。

第四,有国家强制力为后盾,依法的行政行为是具有法律效果的行为。

(二)城市规划实施的法律机制

城市规划实施的法律机制与行政机制相衔接,但有不同的内涵,城市规划实施的法律机制体现在以下几个方面。

第一,通过行政法律、法规的制定来为城市规划行政行为授权和提供实体性、程序性依据,从而为调节社会利益关系,维护经济、社会、环境的健全发展提供条件。

第二,公民、法人和社会团体为了促进城市规划有效、合理地实施,为了维护自己的合法权利,可以依法对城市规划行政机关作出的具体行政行为提出行政诉讼。司法程序是城市规划实施中维护人民、法人和社会团体利益的保障。

第三,法律机制也是行政行为的执行保障。

(三)城市规划实施的经济机制

经济机制是指平等民事主体之间的民事关系,是以自愿等价交换为原则。城市规划实施中的经济机制是对行政机制、法律机制的补充,是以市场为导向的平等民事主体之间的行为。城市人民政府及其城市规划行政主管部门既是规划行政主体,同时又享有民事权力。城市规划实施中经济机制的引进,是政府部门主动运用市场力量来促进城市规划的实施。

根据改革开放以来的实践,城市规划实施中经济机制主要表现为以下几个方面。

第一,政府以法律规定及城市规划的控制条件有偿出让国有土地使用权,从而既实现了符合规划的物业开发,又可为城市建设筹集资金。

第二,政府借贷以解决实施城市规划的资金缺口。借贷是要还本付息的,所以是一种民事的经济关系。

第三,城市基础设施使用的收费,包括各种附加费,通过有偿服务来筹集和归还基础设施的建设资金,并维持正常运转,从而使城市规划确定的基础设施得以实施。

第四,通过出让某些城市基础设施的经营权来加快城市基础设施建设,包括有偿出让基础设施的经营权,以及采用 BOT① 方式,即让非政府部门来投资建设,并在一定期限内经营某些城市设施,经营期满后再将有关设施交返给政府部门。

(四)城市规划实施的财政机制

财政是国家为实现其职能,在参与社会产品分配和再分配过程中与各方面发生的经济关系。这种分配关系与一般的经济活动所体现的关系不同,它是以社会和国家为主体,凭借政治、行政权力而进行的一种强制性分配。因此也可以说,财政是关于利益分配与资源配置的行政。

财政机制在城市规划实施中表现为以下几个方面。

第一,政府可以按城市规划的要求,通过公共财政的预算拨款,直接投资兴建某些重要的城市设施,特别是城市重大基础工程设施和大型公共设施。

第二,政府经必要的程序可发行财政债券来筹集城市建设资金,以加强城市建设。

第三,政府可以通过税收杠杆来促进和限制某些投资和建设活动,以实现城市规划的目标。

(五)城市规划实施的社会机制

城市规划设施的社会机制是指公民、法人和社会团体参与城市规划的制定和实施、服从城市规划、监督城市规划实施的制度安排。城市规划实施的社会机制体现为以下几个方面。

第一,公众参与城市规划的制定,有了解情况、反映意见的正常渠道。

第二,社会团体在制定城市规划和监督城市规划实施方面的有组织行为。

第三,新闻媒体对城市规划制定和实施的报道和监督。

第四,城市规划行政管理做到政务公开,并有健全的信访、申述受理和复议机构及程序。

三、城市规划的实施程序

城市规划的实施程序,归纳起来可分为三个步骤:一是建立依据,二是报建审批,三是批后管理。

(一)建立依据

建立科学的合法的依据是城市规划能够顺利实施的第一道程序。城市规划实施管理的依据,主要有以下几个方面。

第一,计划依据,包括建设项目可行性研究报告、批准的计划投资文件等。

第二,规划依据,包括经过批准的城市总体规划、近期建设规划、分区规划、控制性详细规划、修建性详细规划的文件与图纸,以及已经城市规划行政主管部门审核批准的用地红线图、总平面布置图、道路设计图、建筑设计图、工程管线设计图等。

第三,法规依据,包括有关法律、行政法规、部门规章、地方法规、地方规章、行政措施,以及城

---

① 即 build-operate-transfer 的缩写,意为建设—经营—转让,是私营企业参与基础设施建设,向社会提供公共服务的一种方式。我国一般称之为"特许权",是指政府部门就某个基础设施项目与私人企业(项目公司)签订特许权协议,授予签约方的私人企业来承担该项目的投资、融资、建设和维护。在协议规定的特许期限内,这个私人企业向设施使用者收取适当的费用,由此来回收项目的投融资,建造和经营维护成本并获取合理回报。

市规划部门依法制定的行政制度,工作程序的规定和核发的"一书两证"等。

第四,经济技术依据,包括国家和地区性的各项技术规范、经济技术指标,以及城市规划行政主管部门提出的经济技术要求。

(二)报建审批

报建审批是城市规划实施管理的关键程序。主要是对建设用地和建设工程的超前服务,受理审查,现场踏勘,征询环保、消防、文物、土地、防疫等有关部门的意见,上报市政府和有关领导审批,核发建设用地规划许可证和建设工程规划许可证等。例如,北京市明确规定建设用地和建设工程的报建审批按照下列程序办理:确定建设地址→核发建设用地规划许可证→确定规划设计条件→审定设计方案→核发建设工程规划许可证。

(三)批后管理

签发建设用地规划许可证和建设工程规划许可证后,城市规划行政主管部门还必须负责对建设项目规划审批后的检验和监督检查工作,包括对建设用地的复核、建设工程的放线验线、竣工验收等,以及对违法用地和违法建设的查禁、行政处罚工作。加强批后管理是城市规划实施管理中不可忽视的重要环节。

四、城市规划的实施管理

城市规划实施管理是一种行政管理,具有一般行政管理的特点。它是以实施城市规划为目标,行使行政权力的过程和形式。具体地说,城市规划的实施管理就是按照法定程序编制和批准的城市规划,根据国家和各级政府颁布的城市规划管理有关法规和具体规定,采用法制的、社会的、经济的、行政的、科学的管理方法,对城市的各项用地和当前建设活动进行统一的安排和控制,引导和调节城市的各项建设事业有计划、有秩序地协调发展。

(一)城市规划实施管理应把握好的关系

城市规划实施管理应重点把握好以下关系。

第一,规划的严肃性和实施环境的多变性、复杂性的关系。

第二,公共利益与局部利益的关系。

第三,近期建设和远期发展的关系。

第四,促进经济发展与保护历史文化遗产的关系。

(二)城市规划实施管理的原则

城市规划的实施管理是一项综合性、复杂性、系统性、实践性、科学性很强的技术,行政管理工作直接关系着城市规划能否顺利实施,为了把城市规划实施管理搞好,在城市规划实施管理中应当严格遵循下列基本原则来进行管理。

1.程序化原则

要使城市规划实施管理遵循城市发展与规划建设的客观规律,就必须按照科学的审批管理程序来进行。也就是要求在城市规划区内的使用土地和各种建设活动,都必须依照《城乡规划法》的规定,经过申请、审查、征询有关部门意见、报批、核发有关法律性凭证和批后管理等必要的环节来进行,否则就是违法。

2.法制化原则

对于城市规划区的土地利用和各项建设活动,都要严格依照《城乡规划法》的有关规定进行规划管理。也就是要以经过批准的城市规划和有关的城市规划管理法则为依据,防止和抵制以言代法、以权代法的行为,对一切违背城市规划和有关城市规划管理法则的违法行为,都要依法追究当事人应负的法律责任。

3.公开化原则

经过批准的城市规划要公布实施,一经公布,任何单位和个人都无权擅自改变,一切与城市规划有关的土地利用和建设活动都必须按照《城乡规划法》的规定进行。相应的还需要将城市规划管理审批程序、具体办法、工作制度、有关政策和审批结果以及审批工作过程置于社会监督之下,促使城市规划行政主管部门提高工作效率并公正执法,同时也可以使规划管理工作的行政监督检查与社会监督相结合,运用社会管理手段,更加有效地制约和避免各种违反城市规划实施的因素发生。

4.加强监督检查的原则

城市发展建设的长期性,决定城市规划实施管理工作是一项经常性的不间断的长期工作。要保证城市规划能够顺利实施,各级城市规划行政主管部门就必须将监督检查工作作为城市规划实施管理工作一项重要内容抓紧抓好。加强监督检查,应该做到以下几点。

第一,做好土地使用和建设活动的批后管理,促使正在进行中的各项建设严格遵守城市规划行政主管部门提出的要求。

第二,做好经常性的日常监督检查工作,及时发现和严肃处理各类违反城市规划的违法活动。

第三,做好城市规划行政主管部门执法过程中的监督检查,及时发现并纠正偏差,严肃管理各种违法渎职行为,督促提高城市规划实施管理的质量水平。

5.协调的原则

协调的原则包括两方面:第一,要依据《城乡规划法》,做好与相关法律的协调,理顺与有关行政主管部门的业务关系,分清职责范围,各司其职,各负其责,避免产生矛盾,避免出现多头管理的不正常现象。第二,要明确规定各级城市规划行政主管部门的职能,做到分工合作,协调配合,防止越级和滥用职权审批的现象发生。

城市规划管理工作坚持协调的原则,要注意以下两点。

第一,必须明确城市规划行政主管部门是进行城市规划管理的唯一职能部门,城市规划区内的土地利用和各项建设活动都必须服从城市规划行政主管部门的规划安排和行政管理。

第二,城市规划实施管理审批权应当集中在市一级城市规划行政主管部门,不能随意下放,其中有关法律性证书即"一书两证"的核发,必须由城市规划行政主管部门统一办理。

(三)城市规划实施管理的相关规定

1.城市规划实施管理的范围

《城乡规划法》第二条规定:本法所称规划区,是指城市、镇和村庄的建成区以及因城乡建设和发展需要,必须实行规划控制的区域。规划区的具体范围由有关人民政府在组织编制的城市总体规划、镇总体规划、乡规划和村庄规划中,根据城乡经济社会发展水平和统筹城乡发展的需要划定。

2.城市规划实施管理的法律制度

根据《城乡规划法》第三十八条规定,在城市、镇规划区内以出让方式提供国有土地使用权的,在国有土地使用权出让前,城市、县人民政府城乡规划主管部门应当依据控制性详细规划,提出出让地块的位置、使用性质、开发强度等规划条件,作为国有土地使用权出让合同的组成部分。未确定规划条件的地块,不得出让国有土地使用权。

以出让方式取得国有土地使用权的建设项目,在签订国有土地使用权出让合同后,建设单位应当持建设项目的批准、核准、备案文件和国有土地使用权出让合同,向城市、县人民政府城乡规划主管部门领取建设用地规划许可证。

城市、县人民政府城乡规划主管部门不得在建设用地规划许可证中,擅自改变作为国有土地使用权出让合同组成部分的规划条件。

第三十九条规定,规划条件未纳入国有土地使用权出让合同的,该国有土地使用权出让合同无效;对未取得建设用地规划许可证的建设单位批准用地的,由县级以上人民政府撤销有关批准文件;占用土地的,应当及时退回;给当事人造成损失的,应当依法给予赔偿。

第四十一条规定,在乡、村庄规划区内进行乡镇企业、乡村公共设施和公益事业建设的,建设单位或者个人应当向乡、镇人民政府提出申请,由乡、镇人民政府报城市、县人民政府城乡规划主管部门核发乡村建设规划许可证。

第四十二条规定,城乡规划主管部门不得在城乡规划确定的建设用地范围以外作出规划许可。

(四)"一书两证"的规划管理

"一书两证"的规划管理指的是对建设项目选址意见书、建设用地规划许可证、建设工程规划许可证的规划管理。

1.建设项目选址意见书的规划管理

建设项目选址意见书是城市规划行政主管部门依法核发的有关建设项目的选址和布局的法律凭证。城市规划行政主管部门根据城市规划及其有关法律、法规对建设项目地址进行选择或确认,并核发建设项目选址意见书,其目的和任务就是为了保证建设项目的选址、布点符合城市规划,实现对经济、社会发展和城市建设的宏观调控,综合协调建设选址中的各种矛盾,促进建设项目的前期工作顺利进行。建设项目选址意见书的规划管理主要包括以下几个方面的内容。

(1)建设项目选址审核内容规划管理

根据《中华人民共和国城乡规划法》建设部发布的《建设项目选址管理办法》中相关法律规范规定,以及依法制定的城市规划,建设项目选址管理应审核以下几方面的内容。

第一,经批准的项目建议书以及规定的其他申请条件。

第二,建设项目基本情况。

第三,建设项目与城市规划布局的协调。

第四,建设项目与城市交通、通信、能源、市政、防灾规划的衔接与协调。

第五,建设项目配套的生活设施与城市居住区及公共服务设施规划的衔接与协调,既有利生产,又方便生活。

第六,建设项目对于城市环境可能造成的污染或破坏,以及与城市环境保护规划和风景名胜、文物古迹保护规划、城市历史文化区保护规划等相协调。

第七,其他规划要求。

(2)建设项目选址规划管理程序

建设项目选址规划管理程序包括申请程序、审核程序、颁布程序。其中,审核程序包括程序性审核和实质性审核。程序性审核,即审核申请人是否符合法定资格,申请事项是否符合法定程序和法定形式,申请所附的图纸、资料是否完备等。实质性审核,应根据有关部门法律规范和依法制定的城市规划所申请的选址提出审核意见。

城市规划行政主管部门应在规定的时限内,对选址申请给予答复,这也就是颁布程序,通常有以下几种情况。

第一,对于符合城市规划的选址,应当颁发建设项目选址意见书。

第二,对于不符合城市规划的选址,应当说明理由,给予书面答复。

第三,对于重大项目选址应要求做出选址比较论证后,重新申请建设项目选址意见书。

2.建设用地规划许可证的规划管理

建设用地规划许可证是经城市规划行政主管部门依法确认其建设项目位置和用地范围的法律凭证。

(1)建设用地审核内容的规划管理

根据《中华人民共和国城乡规划法》《城市国有土地使用权出让转让规划管理办法》第五条以及新修订的《建设项目用地预审管理办法》,建设用地规划管理的审核内容如表 12-1 所示。

表 12-1　建设用地规划管理的审核内容

项目	具体描述
审核建设用地必备文件	第一,国家批准建设项目的有关文件(指国家和政府投资的建设项目)。第二,建设项目用地预审意见(是指城市人民政府土地行政主管部门在建设项目可行性研究阶段,依法对建设项目涉及土地利用的事项进行审查而出具的书面意见材料)。第三,附具城市规划行政主管部门提出的规划设计条件及图件的土地出让合同
提供建设用地规划设计条件	规划设计条件主要包括核定土地使用规划性质、核定容积率、核定建筑密度、核定建筑高度、核定基地主要出入口和绿地比例、核定土地使用其他规划要求
审核建设工程总平面,确定建设用地范围	—
城市用地的调整	用地调整有三种形式:第一,在土地所有权和土地使用权不变的情况下,改变土地的使用性质。第二,在土地所有权不变的情况下,改变土地使用权及使用性质。第三,对现状布局不合理和存在大量浪费的建设用地,进行局部调整,合理利用,使之符合城市规划要求

项目	具体描述
临时用地的审核	任何单位和个人需要在城市规划区内临时使用土地都应当征得城市规划行政主管部门同意,使用期限一般不得超过两年,到期后收回,不得影响城市规划的实施
地下空间的开发利用	—
对改变地形、地貌活动的控制	—

(2)建设用地程序的规划管理

建设用地程序的规划管理包括申请程序、审核程序、核发程序(表 12-2)。

表 12-2　建设用地程序的规划管理内容

项目	具体描述
申请程序	根据土地使用权的取得方式,申请程序分为两种情况:第一,以行政划拨取得土地使用权的,建设单位取得城市规划行政主管部门核发的建设项目选址意见书后,在规定时间内,如建设项目可行性研究报告获得批准,建设单位可向城市规划行政主管部门,送审建设工程设计方案申请建设用地规划许可证。第二,以国有土地使用权有偿出让方式取得土地的,土地使用权受让人在签订国有《土地使用权出让转让合同》、申请办理中国法人的登记注册手续、申请企业批准证书后,可向城市规划行政主管部门申请建设用地规划许可证
审核程序	城市规划行政主管部门分别进行程序性和实质性的审核。程序性审核主要审核建设单位申请建设用地规划许可证的各项文件、资料、图纸是否完备。实质性审核主要审核建设工程总平面图,确定建设用地范围。对于一般的建设工程,为提高工作效率,往往对其设计方案一并审核。但是有三类情况在建设用地规划管理阶段,不必审核建设工程设计方案:第一,工程用地范围已经明确且不因设计方案而变化的。第二,有些地区开发建设工程(如居住区开发建设),按照批准的控制性详细规划可以明确划定用地范围的。第三,采用国有土地使用权有偿出让方式取得土地使用权,土地使用权有偿出让合同明确了用地范围并经城市规划行政主管部门确认的
核发程序	经城市规划行政主管部门审核同意的向建设单位核发建设用地规划许可证及其附件

3.建设工程规划许可证的规划管理

建设工程规划许可证是城市规划主管部门依法核发的有关建设工程的法律凭证。通过建设工程规划许可证的管理,不仅可以确认城市中有关建设活动的合法地位,确保有关建设单位和个人的合法权益,还能作为建设活动进行过程中接受监督检查时的法定依据和城市建设档案的重要内容。

(1)建设工程规划管理的审核内容

建设工程类型繁多,性质各异,归纳起来一般分为建筑工程、市政管线工程和市政道路工程三大类。这三类工程形态不一,特点不一,规模也不一样,其审批、审核的内容也有所不同。表12-3 主要介绍的是地区开发建筑工程、单项建筑工程、市政管线工程和市政交通工程的规划审核内容。

表 12-3　开发建筑工程、单项建筑工程、市政管线工程和市政交通工程的规划审核内容

工程项目	审核内容
地区开发建筑工程	第一,审核地区开发建设修建性详细规划设计原则。第二,审核用地平衡指标。第三,审核总体规划布局。第四,审核空间与环境设计。第五,审核建筑单体规划布置。第六,审核公共服务设施配建。第七,审核绿地系统规划。第八,审核道路系统规划
单项建筑工程	第一,建筑物使用性质的控制。第二,建筑容积率、建筑密度和建筑高度的控制。第三,建筑间距的控制。第四,建筑退让的控制。第五,无障碍设施的控制。第六,建筑基地其他相关要素的控制。第七,建筑空间环境的控制。第八,综合有关专业管理部门的意见。第九,临时建设的控制
市政交通工程	第一,地面道路(公路)工程的规划控制。包括道路走向及坐标的控制,横断面的控制,标高的控制,路面结构类型的控制,道路交叉口的控制,道路附属设施的控制等。第二,高架市政交通工程的规划控制。第三,地下轨道交通工程的规划控制等
市政管线工程	第一,管线的平面布置。第二,管线的竖向布置。第三,管线敷设与行道树、绿化的关系。第四,管线敷设与市容景观的关系。第五,综合相关管理部门的意见等

（2）建设工程程序的规划管理

建设工程程序的规划管理包括申请程序、审核程序、颁发程序、变更程序（表 12-4）。

表 12-4　建设工程程序的规划管理内容

项目	具体描述
申请程序	建设单位或个人的申请是城市规划行政主管部门的核发规划许可的前提。申请人要获得规划许可必须先向城市规划行政主管部门提出书面申请。申请事项一般包括建设工程规划设计要求的申请,建设工程设计方案的送审,建设工程规划许可证的申请等事项。申请条件为以下几点:第一,被申请的机关必须是法律规定有权颁发城市规划许可证的机关。第二,申请人必须在法定规划许可范围内申请规划许可证。第三,申请人必须具有从事建设活动的行为能力。第四,申请人要有明确的申请规划许可证的意见表示。具备申请条件的申请人须以书面的方式提出申请,并说明申请规划许可证的理由,并按照城市规划行政主管部门的规定,填写申请表格,附送有关文件、图纸、资料
审核程序	城市规划行政主管部门收到建设单位或个人的规划许可申请后,应在法定期限内对申请人的申请及所附材料、图纸进行审核。审核包括程序性审核和实质性审核两个方面。程序性审核即审核申请人是否符合法定资格,申请事项是否符合法定程序和法定形式,申请材料、图纸是否完备等。实质性审核针对申请事项的内容,依据城市规划法律规范和按法定程序批准的城市规划,提出审核意见
颁发程序	颁发机关在颁发程序应该做到以下几点:第一,颁发规划许可证要有时限。对于符合条件的规划许可证的申请,城市规划行政主管部门要及时予以审查批准,并在法定的期限内颁发规划许可证。对于申请人请求的无故拖延不予答复,是明显违反行政程序的。第二,经审查认为不合格并决定不予许可的,应说明理由,并给予书面答复
变更程序	在市场经济条件下,土地转让、投资主体的变化是经常发生的,由此也经常引起建设工程规划许可证的变更,只要其土地转让、投资行为合法,且又遵守城市规划及其法律规范,应该允许其变更

(五)国有土地使用权出让转让的规划管理

城市国有土地出让,即城市国有土地使用权的出让,是国家以土地所有人的身份将土地使用权在一定期限内让与土地使用者,并由土地使用者向国家支付土地使用权出让金的行为。

城市国有土地转让,即城市国有土地使用权的转让,是指土地使用人将土地使用权再转移的行为,如出售、交换、赠与等。

城市国有土地出让、转让的规划管理,是指城市规划行政主管部门和有关部门根据城市规划实施的步骤和要求,编制城市国有土地使用权出让、转让规划和计划,包括地块数量、用地面积、地块位置、出让步骤等,保证城市国有土地使用权的出让、转让有规划、有步骤、有计划地进行的行政管理工作。其主要目的和任务是科学、合理利用城市土地,保证城市规划的顺利实施,使城市国有土地使用权出让、转让的投放量既与城市土地资源、经济社会发展和市场需求相适应,又与建设项目相结合。

1.城市国有土地出让、转让规划管理体制

我国城市国有土地出让、转让规划管理体系是国务院城市规划行政主管部门(即建设部城市规划司)负责全国城市国有土地使用权出让、转让规划管理的指导工作;省、自治区、直辖市人民政府城市规划行政主管部门负责本省、自治区、直辖市行政区域内城市国有土地使用权出让、转让规划管理的指导工作;直辖市、市和县人民政府城市规划行政主管部门负责城市规划区内城市国有土地使用权出让、转让的规划管理工作。

2.城市国有土地出让、转让规划管理主要内容

依据建设部自 1993 年 1 月 1 日起施行的《城市国有土地出让、转让的规划管理办法》,以及国土资源部近几年相继发布施行的有关协议、招标、拍卖和挂牌出让国有土地使用权的有关规定,城市国有土地出让、转让规划管理的主要内容有如下几点。

(1)基本规定

第一,城市国有土地使用权出让的投放量应当与城市土地资源、经济社会发展和市场需求相适应。城市国有土地使用权出让、转让应当与建设项目相结合。

第二,城市国有土地使用权出让应当遵循公开、公平、公正和诚实信用的原则。

第三,城市规划行政主管部门和有关部门要根据城市规划实施的步骤和要求,编制城市国有土地使用权出让规划和计划,包括地块数量、用地面积、地块位置、出让步骤等,保证城市国有土地使用权的出让有规划、有步骤、有计划地进行。

(2)主要审核内容与条件

第一,出让、转让地块的规划设计条件及其附图。规划设计条件应当包括:地块面积,土地使用性质,容积率,建筑密度,建筑高度,停车泊位,主要出入口,绿地比例,须配置的公共设施、工程设施,建筑界线,开发期限以及其他要求。图件应当包括:地块区位和现状,地块坐标、标高,道路红线坐标、标高,出入口位置,建筑界线以及地块周围地区环境与基础设施条件等。

出让的地块,必须具有城市规划行政主管部门提出的规划设计条件及图件。规划设计条件及图件作为城市国有土地使用权出让、转让合同的有效组成部分。规划设计条件及图件,出让方和受让方不得擅自变更。在出让转让过程中确需变更的,必须经城市规划行政主管部门批准。通过出让获得的土地使用权在转让时,受让方应当遵守原出让合同附具的规划设计条件,并由受让方到城市规划行政主管部门办理登记手续。受让方如需改变原规划设计条件,应当先经城市规划行政主管部门批准。

第二,协议出让地块的土地方案条件及协议出让底价。协议出让土地方案应当包括拟出让地块的具体位置、界址、用途、面积、年限、土地使用条件、规划设计条件、供地时间等。协议出让底价是对拟出让地块的土地价格进行评估,由市、县人民政府国土资源行政主管部门集体决策并合理确定。

以协议方式出让国有土地使用权的出让金不得低于按国家规定所确定的最低价。低于最低价时国有土地使用权不得出让。协议出让底价不得低于协议出让最低价。由市、县人民政府国土资源行政主管部门与意向用地者充分协商达成的协议出让土地价格不得低于协议出让底价。

土地方案条件及协议出让底价是《国有土地使用权出让合同》有效组成部分。土地使用者只有按照附有批准的协议出让土地方案和底价结果的《国有土地使用权出让合同》的约定,付清土地使用权出让金、依法办理土地登记手续后,才能真正取得国有土地使用权。

土地使用者如需改变土地原用途的,应取得出让方和市、县人民政府城市规划部门的同意,签订土地使用权出让合同变更协议或者重新签订土地使用权出让合同,并按变更后的土地用途,以变更时的土地市场价格补交相应的土地使用权出让金,依法办理土地使用权变更登记手续。

第三,招标拍卖挂牌出让文件的主要内容。招标拍卖挂牌出让文件应当包括招标拍卖挂牌出让公告、投标或者竞买须知、宗地图、土地使用条件、标书或者竞买申请书、报价单、成交确认书、国有土地使用权出让合同文本。

(3)城市用地分等定级和土地出让金的测算

城市用地分等定级应当根据城市各地段的现状和规划要求等因素确定。土地出让金的测算应当把出让地块的规划设计条件作为重要依据之一。在城市政府的统一组织下,城市规划行政主管部门应当和有关部门进行城市用地分等定级和土地出让金的测算。

(4)关于容积率补偿及收益

受让方在符合规划设计条件外为公众提供公共使用空间或设施的,经城市规划行政主管部门批准后,可给予适当提高容积率的补偿。受让方经城市规划行政主管部门批准变更规划设计条件而获得的收益,应当按规定比例上交城市政府。

(5)建设用地规划许可证

第一,已取得土地出让合同的受让方应当持出让合同依法向城市规划行政主管部门申请建设用地规划许可证,在取得建设用地规划许可证后,方可办理土地使用权属证明。

第二,凡持未附具城市规划行政主管部门提供的规划设计条件及其附图的出让、转让合同,或擅自变更的,城市规划行政主管部门不予办理建设用地规划许可证。凡未取得或擅自变更建设用地规划许可证而办理土地使用权属证明的,土地权属证明无效。

(6)城市规划行政主管部门的职责

第一,城市规划行政主管部门有权对城市国有土地使用权出让、转让过程是否符合城市规划进行监督检查。

第二,城市规划行政主管部门应当深化城市土地利用规划,加强规划管理工作。城市规划行政主管部门必须提高办事效率,对申领规划设计条件及附图、建设用地规划许可证的应当在规定的期限内完成。

第三,各级人民政府城市规划行政主管部门,应当对本行政区域内的城市国有土地使用权出让、转让规划管理情况逐项登记,定期汇总。

3.完善控制性详细规划编制,提高国有土地出让转让综合效益

控制性详细规划在适应我国城市现代化的动态发展中,尽管仍存在着许多缺陷,诸如覆盖面小,对资源空间配置的市场化研究不足,成果优劣不一,公众参与度不够等,但它在规范国有土地使用权出让转让行为,改善国有土地出让转让交易环境,促进土地使用制度创新,优化土地资源配置等方面功不可没。因此,2006年4月建设部施行新的《城市规划编制办法》、废除旧办法、增加控制性详细规划编制的强制性内容等重大举措,无疑是对控制性详细规划作用于城市土地管制的高度重视,这对促进城市规划编制和管理法制化进程意义重大。具体表现为以下几方面。

(1)完善控制性详细规划编制内容,增强控制性详细规划的强制性

第一,加强控制性详细规划的市场化研究,协调好开发强度与城市整体利益的关系,力求控制性详细规划的系统性和实效性。即以土地"定性、定量、定位、定界"控制为主,以控制综合环境质量为重点,具体在土地使用性质细分及其兼容范围控制,土地使用强度控制,主要公共设施与配套服务设施控制,道路及其附属设施与内外道路关系控制,城市特色与环境景观控制,工程管线控制等方面作进一步的深化和完善。

第二,加强对城市用地建设强度的控制,完善规划指标体系。必须重视控制性详细规划编制中建筑形体的控制问题,特别是在城市中心区、广场周边、道路交叉口、主要道路两侧等城市重要地段,需要先做概念性建筑形体规划控制模型,再将各项规划技术要素推算成控制性详细规划的各项指标。

(2)提升控制性详细规划的法律地位

第一,用法律制度来规定控制性详细规划的编制、审批、执行、期限以及调整、修改程序等内容。

第二,要强化控制性详细规划对城市土地利用的调控和管理。

(3)提高控制性详细规划的覆盖面,强化规划对土地的控制作用

要提高规划建设用地范围内控制性详细规划的覆盖面,对城市总体规划确定的近期建设地区、重点开发地区、城市窗口地段和历史文化保护地区要加紧制定控制性详细规划,多作规划成果储备。在实际操作中,控制性详细规划的覆盖面及编制的内容深度要因地制宜,对旧城改建来说可以做到全部覆盖;对新区的开发,则可以接近建设范围做好控制性详细规划。

(4)强化控制性详细规划管理,增强规划管理的权威性

要通过新闻媒体等多种形式做好控制性详细规划的宣传工作,动员全社会的力量来关心、支持和监督控制性详细规划的实施工作。要进一步创新规划管理体制,逐步推行规划成果展示制度,规划审批听证制度,规划管理行政追究制度。要严格依据控制性详细规划内容要求,严把修建性详细规划的审查关。充分发挥城市规划对城市土地的管制作用,促进城市建设的健康协调发展。

(六)城市规划实施监督检查与法律责任

城市规划实施的监督检查,是城市规划管理中的一项行政执法工作,它是城市规划行政主管部门为了实现规划管理的预期目标,依照有关法律、法规和规章,直接对行政相对人在建设使用土地和建设活动中行使权利和履行义务的情况,进行监督检查或做出影响其权利、义务的处理的具体行政行为。因此,与其他规划管理工作相比,城市规划实施的监督检查具有行政主体的法定性、行政行为的具体性、法律关系的相对性和行政执行的强制性等特点。

《城乡规划法》和建设部发布的《城建监察规定》《行政处罚法》是依法进行城市规划实施监督检查的主要法律规范。按其行为方式,城市规划实施监督检查分为行政检查和行政处罚两种主要行政行为。

1.城市规划实施检查的内容

城市规划实施检查的内容分两类,一是建设工程开工订立道路红线界桩和复验灰线;二是建设工程竣工规划验收,分述如下。

(1)依申请检查

依申请检查即由建设单位提出申请,城市规划行政主管部门赴现场检查,主要包括以下几点。

第一,道路规划红线界定:建设工程涉及道路规划红线的,才有这项工作内容。

第二,复验灰线:主要针对建筑工程检查以下内容:检查建筑工程施工现场是否悬挂建设工程规划许可证;检查建筑工程总平面放样是否符合建设工程规划许可证核准的图纸;检查建筑工程基础的外沿与道路规划红线、与相邻建筑物外墙、与建设用地边界的距离;检查建筑工程外墙长、宽尺寸;查看基地周围环境及有无架空高压电线等对建筑工程施工有相应要求的情况;对市政管线或市政交通工程,应当检查管线或道路的中心线位置。

第三,建设工程竣工规划验收:检查有关的内容是否符合建设工程规划许可证及其核准图纸的要求。

(2)依职能检查

依职能检查主要是对建设用地和建设活动依法进行检查。

第一,建设单位或个人在领取建设用地规划许可证并办理土地的使用手续后,城市规划行政主管部门要进行复验,若有关用地的坐标、面积等与建设用地规划许可证规定不符,城市规划行政主管部门应责令其改正或重新补办手续,否则对其建设工程不予审批。

第二,建设单位或个人在施工过程中,城市规划行政主管部门有权对其建设活动(其中包括在城市规划区内挖取砂石、土方等活动)进行现场检查。被检查者要如实提供情况和必要的资料。如果发现违法占地和违法建设活动,城市规划行政主管部门要及时给予必要的行政处罚。在检查过程中,城市规划行政主管部门有责任为被检查者保守秘密和业务秘密。

2.城市规划实施监督检查法律责任

《城乡规划法》第六章阐明:凡是违反本法规定的单位和个人都必须承担相应的法律责任。城市规划管理过程中的法律责任主要有以下几种情况。

第一,违法占地的法律责任。未取得建设用地规划许可证占用土地的,不论其是否已取得其他建设用地批准文件,均属违法,批准文件无效,占用的土地由县级以上人民政府责令退回。

第二,违法建设的法律责任。未取得建设工程规划许可证或者违反建设工程规划许可证规定进行建设的,属违法建设,按其对城市规划的影响程度分别进行处罚。如果严重影响城市规划的,应该由县级以上地方人民政府城市规划行政主管部门责令停止建设、限期拆除,或者没收违法建筑物、构筑物和其他设施。如果影响城市规划,尚可采取改正措施的,应该由县级以上地方人民政府城市规划行政主管部门责令限期改正,并处罚款。如果对上述行政处罚不服的,当事人可在接到处罚通知之日起 15 日内,向对其作了处罚决定的上一级机关申请复议,或者直接向人民法院起诉。经复议,当事人对复议决定不服,也可在接到复议决定之日起 15 日内向人民法院起诉。当事人逾期不申请复议,也不向人民法院起诉,又不履行处罚决定的,由做出处罚决定的机关申请人民法院强制执行。

第三,违法建设责任人的法律责任。对未取得建设工程规划许可证或者违反建设工程规划许可证的规定进行建设的单位有关责任人员,可以由其所在单位或者上级主管机关给予行政处分。

第四,规划管理人员法律责任。城市规划行政主管部门工作人员玩忽职守、滥用职权、徇私舞弊的,由其所在单位或上级主管机关给予行政处分;构成犯罪的,依法追究刑事责任。

3.城市规划行政处罚

(1)城市规划行政处罚措施

第一,对违法占地行为的处罚。根据各类不同的违法占用城市土地的行为,城市规划行政主管部门可以采取不同的处罚方式。对违法占地行为的处罚方式主要有责令停止建设,限期拆除或者没收,责令限期改正,罚款等。

第二,对城市规划行政处罚的掌握。根据违法建设的性质、影响的不同,城市规划行政主管部门应采取不同的行政处罚手段。

(2)城市规划行政处罚的程序

城市规划行政处罚是在行政检查中发现违法用地或违法建设,进一步调查、取证的基础上进行的。根据《行政处罚法》规定,城市规划行政处罚适用于一般程序和听证程序。

一般程序主要包括以下步骤:立案→调查→告知与申辩→做出处罚决定→处罚决定书的送达。

听证程序是指行政执法机关做出处罚之前,由该行政机关相对独立的听证主持人主持由该行政机关的调查取证人员和行为人作为双方当事人参加的案件,听取意见,获取证据的法定程序。在行政执法的程序中,设置听证程序的目的有两个,一个是要保证行政机关高效、合法地行使行政权,另一个是赋予公民的参与权。听证要依照下列程序来组织。

第一,当事人要求听证的,应当在行政机关告知后三日内提出。

第二,行政机关应当在听证的七日前,通知当事人举行听证的时间、地点。

第三,除涉及国家秘密、商业秘密或者个人隐私外,听证应公开举行。

第四,听证由行政机关指定的非本案调查人员主持;当事人认为主持人与本案有直接利害关系,有权申请回避。

第五,当事人可以亲自参加听证,也可以委托1~2人代理。

第六,举行听证时,调查人员提出当事人违法的事实、证据和行政处罚建议;当事人进行申辩和质证。

第七,听证应当制作笔录;笔录应当交当事人审核无误后签字或者盖章。

第八,听证结束后,行政机关依法做出决定。

第二节 城市规划的管理

一、城市规划管理的概念

根据《城市规划基本术语标准》(国家标准 GB/T 50 280—98)的说法,"城市规划管理是城市规划编制、审批和实施等管理工作的统称"。其本意是指如何利用和施行城市规划管理以实现城市社会、经济和环境协调发展的目标。城市是一个由多种物质要素构成的错综复杂、动态关联的巨系统。环境的复杂性、文化的差异性、构成的多元性及市场的不确定性,使得全球化、信息化背景下的城市规划建设活动较之国内其他活动来说更为困难。唯有通过城市规划管理给予必要的组织、控制、引导和监督,才能编制好、实施好城市规划,才能使城市各种物质要素趋于和谐、平衡,并发挥巨大的整体效益。

二、城市规划管理的核心框架

若以系统论的观点认识管理,任何管理都是对一个系统的管理,任何管理自身都构成一个系统。因此,在当今世界,城市规划管理是一个系统,它不可能再仅仅与某个要素有关,而是与所有在规划管理中起决定性作用的因素有关。由于上述原因,并着眼于具体操作层面上的应用,我们把城市规划管理定义为一个管理运行过程的核心框架,它由决策系统(即城市规划的组织编制与审批管理)、执行系统(即城市规划的实施管理)以及反馈系统(即城市规划实施监督检查)等三部分构成,是一个循环而闭合的系统工程。在城市规划管理过程中,决策系统、执行系统和反馈系统是一个首尾相顾、不断递进的过程,它们互相联系、互为影响,共同形成一种网络状态,如图 12-1 所示。

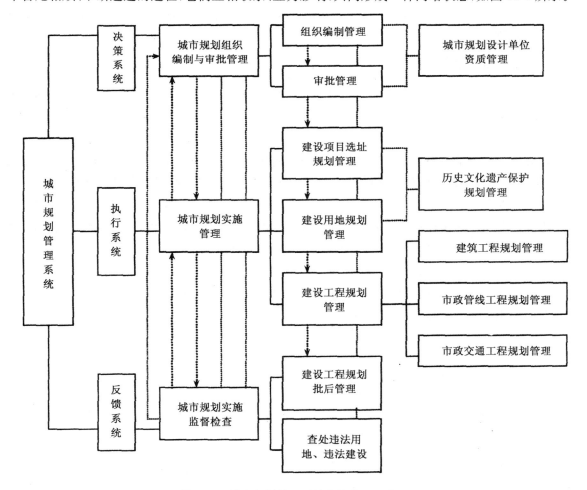

图 12-1 城市规划管理系统网络关系示意图

保障城市规划管理系统正常运行的条件有很多,诸如组织、人员、体制、机制、法制等。但在社会主义市场经济和依法治国的大背景下,法制保障尤其重要。因此,健全而完善的城市规划法律、规范,成为城市规划管理系统中的保障系统。

三、城市规划管理的控制

管理,说到底就是一种控制。所谓控制,就是监视各项活动以保证它们按计划进行并纠正各种重要偏差的过程。对城市规划管理而言,控制就是规划管理人员对城市规划的编制、建设用地和各项建设活动是否符合城市规划要求及其法律规范进行制约、引导,并促使其达到管理目标、实现管理任务的过程。如果缺乏有效的规划管理控制,城市规划建设活动就可能出现各种各样的问题。

一般来说,城市规划管理的控制应从系统内部的控制、外部系统对管理系统的控制以及管理系统对管理对象的控制等三方面加强,它们分别表现为:机关内部管理、制度建设、队伍建设等;行政机关的监督、中国共产党的监督、社会公众监督;一系列的规划管理活动。其中对一系列规划管理活动的控制是城市规划管理控制的主要内容(如城市规划编制管理、城市规划实施管理)。

(一)控制的类型

如果对城市规划管理按照规划的层次进行分类,它大致还可分为微观控制、中观控制和宏观控制三大类。

1. 微观控制

微观控制是对某一个建设工程项目的调控。例如建筑工程规划许可证的审批,主要对建筑性质、空间尺寸、空间关系、有关规划指标、建筑色彩、造型的环境要求等方面进行控制。

2. 中观控制

中观控制是对地区详细规划的审批和地区开发建设规划管理的调控,一般涉及用地性质、空间布局结构、规划技术指标、环境设计、街道景观等方面的内容。

3. 宏观控制

宏观控制是对城市总体规划的实施情况,在比较大的地域范围跟踪监控,并予以评价,提出意见或制定相应的方针政策,供城市政府决策,保证城市总体规划的实施。

(二)控制的过程

控制过程,是指管理对象由现实状态通过管理活动达到目标状态的途径的过程。这种过程性在规划管理的不同层次都显示出来。就城市规划管理的控制过程而言,一般被划分为"事前控制""事中控制"和"事后控制"三个阶段。

1. 事前控制

事前控制即是对城市规划项目或者是建设用地、建设工程项目的批前控制。例如,对城市总体规划编制提出原则、布局、指标等要求,对建设用地事先核定选址意见书,对建筑工程事先提出规划设计要求等。对于确定重大项目的宗旨、目标和战略所进行的规划咨询、专题研究和论证等,也是事前控制的有效方法。

2.事中控制

事中控制是指对城市规划管理审批的过程控制。例如,对地区详细规划编制项目的中间成果进行预审,对建设用地的总平面方案进行审核,发现问题,及时纠正。

3.事后控制

事后控制一般特指对城市规划实施后的监督检查。例如,对建设工程竣工进行规划验收,发现违法建设,按规定及时处理。对城市总体规划实施情况进行宏观监控等。

在城市规划管理的过程中,事前控制和事中控制是预防式的控制过程,它们对顺利实现未来城市的发展目标意义重大。任何的管理个人或组织都必须认识和重视这一点。等到错误的决策造成了重大的损失再寻求弥补,那就为时已晚。

(三)控制的原则

1.弹性原则

弹性原则,即在规划管理控制时要有一定的灵活性。因为在管理过程中,情况是千变万化的,随时可能发生意想不到的或难以克服的情况和困难,影响到管理目标的实现。因此,管理人员必须从实际出发,因地、因时而异地处理问题和解决问题。

2.民主原则

我国社会主义国家性质决定了城市规划管理必须实行民主的原则。我国宪法规定,国家的一切权力属于人民,国家行政机关内部实行民主集中制原则。这从根本上规定了规划管理控制民主原则的基本要求。

3.激励原则

激励的原则是指在控制过程中,激发被管理者的积极性,鼓励其自觉地为实现规划管理目标做工作。以"人"为中心的管理和以"事"为中心的管理是现代化管理与传统管理的分水岭之一,即管理观念从强调权力到强调影响力。在社会主义市场经济条件下,在规划管理中采用激励的原则来推动管理目标的实现,需要进一步具体化并加以丰富和发展,这是规划管理值得探索的课题。

4.协调原则

协调原则是指在规划管理控制过程中,采取调节、调整的方式,使规划管理系统内部以及规划管理系统与外部系统之间、管理主体与被管理者之间取得和谐、平衡、衔接,以避免冲突、脱节和失调。根据协调活动方面的不同,协调可分为纵向协调和横向协调,对内协调和对外协调。

5.法制原则

根据现代行政法制的要求,城市规划行政管理的各项行为都要有法律的授权,必须依据法定范围、法定程序、法定责任的要求实行管理控制,这是规划科学合理性得以实现的必要条件。

四、城市规划管理的任务与方法

(一)城市规划管理的任务

根据国家城市规划职业制度管理委员会主编的《城市规划管理与法规》中的解释,城市规划管理的重要任务就是要保障城市规划建设法律、法规的施行和政令的畅通,保障城市综合功能的发挥以促进经济、社会和环境的协调发展,保障公共利益和维护相关方面的合法权益,保障城市各项建设纳入城市规划的轨道以促进城市规划的实施。

(二)城市规划管理的方法

城市规划管理的方法有很多,一般来说,主要有经济的方法、咨询的方法、行政的方法、法律的方法。

1.经济的方法

经济的方法就是通过经济杠杆,运用价格、税收、奖励、罚款等经济手段,按照客观经济规律的要求来进行规划管理,其核心或实质就是从物质利益的角度来处理政府、企事业或集体、个人等各种经济关系。经济方法的根本目的是为城市的高效率运行提供经济上的动力。

随着我国社会、经济的飞速发展,经济的方法越来越显得必要。在社会主义市场经济条件下,国家和企业、企业与企业、劳动者之间的物质利益差别明显增加,各部门、各地区、各环节之间的分工协作日益复杂,要照顾到各种不同的物质利益,并使其自身的活动与城市规划的意图和社会的利益结合起来,以保证城市的协调运行,光靠行政方法是根本不能做到的。因此,在城市规划管理中,必须自觉利用经济杠杆这只"看不见的手",来间接地协调各方面的关系,从而使城市社会、经济、规模和发展速度等朝着城市规划目标实现的方向变化。

2.咨询的方法

咨询的方法,是指城市规划管理部门采用咨询的方法,吸取智囊团或各类现代化咨询机构专家们的集体智慧,帮助政府领导对城市的建设和发展,或帮助开发建设单位对各项开发建设活动进行决策的一种方式。在现代城市规划管理中,咨询方法能够帮助政府领导或开发建设单位决策,能够减少决策的失误或避免大的失误,能够集思广益,能够较准确地表达社会的需要,能够科学确定发展目标和实施对策,从而取得尽可能大的综合效益。

3.行政的方法

行政的方法,是指城市规划行政主管部门依靠行政组织被授予的权力,运用权威性的行政手段采取命令、指示、规定、制度、计划、标准、工作程序等行政方式来组织、指挥、监督城市规划的编制、城市建设使用土地和各类建设活动。

行政的方法具有权威性、强制性、直接性和时效性。就一般意义而言,行政的方法是通过职务和职位而不是通过个人能力来管理,它十分强调职位、职责、职权的统一。集中统一、充分发挥城市规划管理职能是行政方法的最大优点,当然也有其本身的局限性,主要表现在缺乏人性化、应变能力弱、适用范围窄等方面。

4. 法律的方法

城市规划管理的法律方法，从其内涵讲，就是通过《城乡规划法》及其相关的法律、法规、规章和各种类似法律性质的规范、标准，规范城市规划编制和各项建设行为，有效地进行管理；从其外延看，其管理范围不是事无巨细，涉及一切方面、一切活动，而是限于法律规范的一定范围，它只适用于处理某些共性的问题，而不适宜于处理特殊的、个别的问题。它与行政的方法同样具有强制性、权威性和直接性的特点。同时，它还具有与行政方法不同的特点，如规范性、稳定性、防范性、平等性。

第十三章 城市景观的规划设计

城市景观规划是城市规划中不可或缺的一个组成部分,也是其重要内容。随着城市规划的发展,城市景观规划在今后会将自然破坏降低到最小程度,维护区域的生态平衡。因此,研究城市景观规划具有非常重要的意义。

第一节 公园的规划设计

公园是群众性文化教育、娱乐、休息的场所,是城市景观的重要组成部分,对公园的规划设计不仅要考虑城市面貌、环境保护,还要尽可能地方便城市居民使用,方便城市居民的文化生活。

一、公园规划设计概述

(一)公园的类型

1.国外公园的分类

目前,各个国家对公园的分类并没有达成统一,都是各自根据本国国情确定了自己的分类系统。下面我们来分析国外几种主要的分类。

(1)美国公园的分类

美国公园包括儿童游戏场、街坊运动公园、教育娱乐公园、运动公园、风景眺望公园、水滨公园、综合公园、近邻公园、市区小公园、广场、林荫道与花园路和保留地12大类。

(2)德国公园的分类

德国公园主要包括郊外森林公园、国民公园、运动场及游戏场、各种广场、分区园、花园路、郊外绿地和运动公园8大类。

(3)前苏联公园的分类

前苏联公园主要包括全市性和区域性的文化休息公园、儿童公园、体育公园、城市花园、森林公园、郊区公园、动物园和植物园。

(4)日本公园的分类

日本公园类型见表13-1。

表 13-1　日本公园类型

都市公园	居住区基干公园	儿童公园
		近邻公园
		地区公园
	城市基干公园	综合公园
		运动公园
	广城公园	
	特殊公园	风景公园
		植物园
		动物园
		历史名园

2. 我国公园的分类

目前,我国公园分类采用以公园的功能作为划分标准这一方法,将公园分为以下几种类型。

(1)综合性公园

综合性公园是在市、区范围内为城市居民提供良好游憩休息、文化娱乐活动的综合性、多功能、自然化的大型绿地,面积较大,设施和内容比较完善,园内有明确的功能分区,如图 13-1 所示。

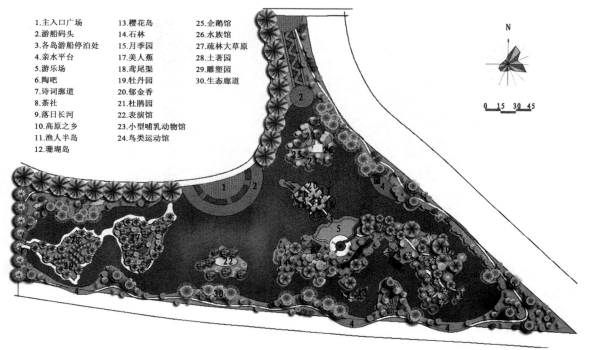

1.主入口广场　13.樱花岛　25.企鹅馆
2.游船码头　14.石林　26.水族馆
3.各岛游船停泊处　15.月季园　27.疏林大草原
4.亲水平台　17.美人蕉　28.土著园
5.游乐场　18.鸢尾渠　29.雕塑园
6.陶吧　19.牡丹园　30.生态廊道
7.诗词廊道　20.郁金香
8.茶社　21.杜鹃园
9.落日长河　22.表演馆
10.高原之乡　23.小型哺乳动物馆
11.渔人半岛　24.鸟类运动馆
12.珊瑚岛

图 13-1　综合性公园

（2）专类公园

专类公园是具有明确展示内容的公园，它可以独立公园的形式出现，也可布置在各类综合性公园中以园中园的形式出现。专类公园主要包括以下几种。

第一，儿童公园。儿童公园是为少年儿童及携带儿童的成年人服务的公园，其娱乐设施、运动器械和建筑物等都必须保证少年儿童活动的安全，配植植物无毒无刺等。园内的设计应比例适当、色彩明亮、造型活泼富有趣味性、装饰丰富，如图 13-2 所示。

图 13-2　儿童公园

第二，动物园。动物园是集中饲养、展览和研究野生动物及少量品种优良的家禽、家畜的可供人们游览休息的公园，如图 13-3 所示。动物园一般独立设置；若设置在综合性公园中，则应采取安全隔离措施。

图 13-3　动物园

第三，植物园。植物园是广泛收集和栽培植物品种，定向培育、综合利用，并按生物学要求布置的城市特殊绿地，如图 13-4 所示。植物园的布局要考虑植物生态、品种分类、地理特点等，它不仅要供群众游览休息，还应具有科研价值。

第四，体育公园。体育公园不仅包括各种体育运动设施，也有充分的绿化布置，既可进行各种体育运动，又可供群众游览休息，如图 13-5 所示。

图 13-4 植物园

图 13-5 体育公园

（3）主题公园

围绕特定主题而规划建造的有特别环境和游乐项目的新型公园，就是主题公园。它是更高层次的娱乐园，通过建造具有整体感的公园环境和举行各种表演，使公园形成一个整体，如图13-6所示。

图 13-6 魔兽世界主题公园

（4）森林公园

森林公园是以大面积人工林或天然林为主体而建设的，具有一定规模和质量的森林风景资源与环境条件，可以开展森林旅游与休闲的公园，如图 13-7 所示。

图 13-7　森林公园

（5）湿地公园

湿地公园兼有物种及其栖息地保护、生态旅游和生态环境教育功能，具有主题性、自然性和生态性，类似于小型保护区，如图 13-8 所示。

图 13-8　湿地公园

（二）公园规划设计的原则

1. 整体性原则

公园规划设计的整体性形体环境的一切组合都应该支持人的想象，都应合乎人的行为，这就是公园规划设计应遵循的整体性原则。具体来说，它表现为以下几个方面。

第一，易于识别，具有一定的特殊的"场所特征"。

第二，具有美感，符合时代和民族的审美特性及其发展趋势。

第三，提供某种社会化行为和个人行为模式发生的场地空间。

第四，具有时空的连续性。

第五，具有适度的感觉刺激，太大（过于突兀的对比）、太小（完全的融合）的刺激都不能成立。

第六，具有明确的功能指示性，符合人们的想象。

第七，具有象征意义，能够引起人们对过去和未来的美好联想。

2. 地方性原则

地方性原则既包括当地的自然因素，也包括当地的人文特征，具体来说，主要表现在以下几方面。

第一,顺应并尊重地方的地形地貌特征、气候特征等地理景观特征。

第二,运用当地的地方性材料、能源和建造技术,特别是注重地方性植物的运用。

第三,尊重地方特有的民俗、民情,并在公园规划设计中加以体现。

第四,在尊重地方传统性的同时,不能忽视群众对时尚游乐方式的需求。

第五,注重园区内古迹和纪念性景观的保护和再利用以及具有场所感的景观的开发。

第六,景观建筑、小品和构筑物的设计考虑到地方的审美习惯与使用习惯。

3.可持续原则

公园规划设计应遵循可持续原则,这主要表现在以下几方面。

第一,顺应基址的自然条件,合理利用土壤、植被和其他自然资源。

第二,注重生态系统的保护、生物多样性的保护与建立。

第三,依靠可再生能源,充分利用日光、自然通风和降水,选用当地的材料,特别是注重乡土植物的运用。

第四,反映生物的区域性。

第五,体现自然元素和自然过程,减少人工的痕迹。

(三)公园规划设计的程序

公园规划设计一般包括调查研究、编写任务书、总体规划、技术设计和施工这几个阶段。

1.调查研究阶段

调查研究阶段是进行公园规划设计的前提阶段,主要包括以下几方面。

(1)收集资料

调查研究阶段要收集的资料包括社会环境条件、公园建设的相关方面、设计参考资料三个方面。

社会环境条件包括当地城市绿化方针政策、国土规划、区域规划以及相应的城市规划和绿地系统规划的状况,对该公园及周边环境作出未来发展的正确预测;公园使用率的调查,包括居民人口、服务半径、周边的其他类型的娱乐场所以及其影响,当地居民的民风、民情及风俗习惯和喜好,游人主人流的来源及集散方向等;交通、电信、企业、给水排水系统等其他市政设施的调查。

公园建设包括以下七个方面,即建立此公园的目的,了解公园的主要功能;建设单位的性质、历史情况;公园用地自然环境调查,对基地中的气象、地形地貌、地质类型、土壤特性、水系分布情况、植物种类数量、动物、视觉质量、景观个性等进行调查;公园用地现状调查,主要是明确用地范围,边界线、土地所有权,基地中现存建筑物、植物及其他市政设施的位置等;甲方的经济实力、对公园的投资限额,公园规划设计的任务情况、建园的审批文件、征收用地的情况,以及建设单位的特别要求、管理能力等;甲方对设计任务的具体要求,标准的高低等;公园用地人文环境调查,主要是对基地及周边的历史文物进行调查,包括各种文化古迹以及历史文化遗址等。

设计参考资料的收集即参考公园建设水平较高的国家同类公园的设计手法,学习其经验与不足之处,这样可以开阔设计思路,提高设计能力。

(2)分析、评价、利用资料

对调查所收集到的各类资料进行归纳、整理,最好做出图表的形式,然后进行分析判断,并从功能和造景两方面进行科学、合理的评价,然后把最突出、效果好的资料整理出来,以便利用。

（3）得出图纸

调查阶段所得图纸包括现状分析图纸、地形图和地下管线图。

2.编写任务书阶段

计划任务书是进行公园设计的指示性文件。计划任务书包括七方面内容：公园在城市景观规划中的地位与作用、公园的主要功能、近期和远期发展的目标；明确公园规划设计的原则；公园所处地段的特征及周边的环境状况、公园面积、游人容量；公园总体设计的艺术风格和特色、园区内的功能分区和活动项目的类型；在公园细部设计中，确定建筑物的项目、面积、风格、结构和材料等的要求，地形设计对山体、水体等的要求，园内公用设备、卫生要求、照明设施、工程管线等的要求；拟出分期实施的程序和投资预算；任务分工落实的规定，如园林规划负责公园的总体规划（包括功能分区、道路系统、绿化规划等）、园林工程负责公园的各项工程（排水、供电、广播通信、驳岸等）、园林植物负责公园的绿化规划和种植设计等。

3.总体规划阶段

首先，在设计开始阶段，设计者要挖掘公园主题内涵，并进行一定的酝酿，对方案有一个明确的意图，即"立意"。

其次，要进行功能分区。功能分区是从实用的角度来安排公园的活动内容，它简单明确，实用方便。为了获得较好的功能分区，可将同一个方案分配予数人同时进行设计，经讨论，再形成新的更合理的方案。

再次，要确定全园规划，绘制各种图纸或制作模型。全园的规划具体包括确定公园活动内容、需设置的项目和规模，确定出入口的位置、数量，道路系统、广场的布局及导游线的组织，植物种植设计，景点的设置、划分景区和确定景点类型及景点取名，园林工程项目的规划，地形处理、竖向规划，土方平衡计算和工程概预算。在总体规划时，所需的图纸有位置图或区位图、总体规划平面图、平面分析类图纸和工程类图纸。

最后，要书写设计说明书，包括公园的位置、现状、面积，公园的性状和定位，公园设计的依据和原则，设计的主题、立意与构思，功能分区，公园景区和景点介绍，设计主要内容，工程管线设计，工程概预算及分期实施的进程安排。

4.技术设计阶段

技术设计阶段也称详细设计阶段，包括设计局部放大平面图和绘制剖、立面图。在技术设计阶段，应根据不同功能区或景区，将整个平面图划分成几个局部，并将每个局部放大，进行详细设计，放大比例一般为1∶500～1∶100。剖、立面图的绘制通常沿着公园或某景区中最重要的设计部位进行剖切，绘制比例为1∶500～1∶200。

5.施工阶段

施工阶段所需的图纸主要为各类施工图纸，包括施工总图（施工放线总图）、竖向设计图、道路广场施工图、种植设计图（植物配置图）、水系设计图、园林建筑施工图、管线及电信施工图、各类园林小品施工图。施工总图是主要表明各设计坐标因素之间具体的平面关系和准确位置的图纸，它可用来作为施工的依据，标出放线的网、基点、基线的位置。竖向设计图是用以表明设计要素间的高差关系，可细分为平面图和剖面图两类。道路广场施工图主要表明园内各种道路、广场的具体位置、宽度、高程、坡度、排水方向等；路面的做法、结构、材料；广场的交接、铺装大样、停车场等。植物种植设计图上应表现树木花草的种植位置、品种、种植类型、种植距离、水生植物等内容,一般比例尺为 1：500～1：200。水系设计图有平面图、剖面图、大样图、水池循环管道平面图四种。园林建筑施工图是用以表示各景区园林建筑的位置及建筑本身的组合、尺寸、式样、大小、颜色及做法等的图纸。管线规划图应表现出上水、下水、暖气、煤气等各种管线的位置、规格、布置等。各类园林小品施工图主要提出设计意图、高度、体量、造型构思、色彩等内容。

此外,施工阶段还需要苗木表、工程量统计表和工程预算,苗木表包括编号、品种、数量、规格、来源、备注等,工程量统计表包括项目、数量、规格、备注等,工程预算包括土建和绿化两部分。

二、不同类型的公园规划设计

(一)综合公园的规划设计

1.综合公园面积的确定

综合性公园的面积应结合城市规模、性质、用地条件、气候、绿化状况、公园在城市中的位置与作用等因素全面考虑。根据综合性公园的性质和任务要求,综合性公园应包含较多的活动内容和设施,故用地面积较大,一般不少于 $10hm^2$。

2.综合公园位置的确定

综合公园在城市中的位置,应在城市绿地系统规划中确定。在城市规划设计时,应结合河湖系统、道路系统及生活居住用地的规划综合考虑。

3.综合公园设置的内容

综合公园设置的内容包括观赏游览设施、文化娱乐设施、儿童活动设施、老年人活动设施、体育活动设施、公园管理设施和公园服务类设施。

4.影响综合公园项目设置的因素

影响综合公园项目设置的因素包括居民的习惯爱好、公园在城市中的地位、公园附近的城市文化娱乐设置情况、公园面积的大小和公园的自然条件情况。

5.综合公园的功能分区与规划

功能分区的目的是满足不同年龄、不同爱好游人的游憩和娱乐要求。综合公园的功能分区一般包括以下几种。

(1)出入口。公园出入口一方面要满足人流进出公园的需求,另一方面要求具有良好的外观和独特的个性,以美化城市环境,一般分为主要出入口、次要出入口和专门出入口三种。

(2)科普及文化娱乐区。科普及文化娱乐区是向广大游人开展科学文化教育,通常成为整个公园的中心,主要设施有展览馆、展览画廊、露天剧场、文娱室、阅览室、音乐厅、舞场、青少年活动室以及一些茶座等。

(3)安静休息区。安静休息区主要开展垂钓、散步、太极拳、博弈、品茶、阅读、划船等活动,其并不需要集中设置,只要条件合适,可选择多处,宜散落不宜聚集,宜素雅不宜华丽。

(4)儿童活动区。在儿童活动区内可设置学龄前儿童及学龄儿童的游戏场、戏水池、少年宫或少年之家、障碍游戏区、儿童体育活动区(场)、竞技运动场、集会及夏令营区、少年阅览室、科技活动及园地等。其设置要考虑公园用地面积的大小、公园的位置、周围居住区分布情况、少年儿童的游人量、公园用地的地形条件与现状条件等。

(5)园务管理区。园务管理区是为公园经营管理的需要而设置的内部专用地区,可设置办公、值班、广播室,水、电、煤、电讯等管线工程建筑物和构筑物,修理工场,工具间,仓库,堆物杂院,车库,温室,棚架,苗圃,花圃等。该区的设置要隐蔽,不要暴露在风景游览的主要视线上。

(6)服务设施。在较大的公园里,可能设有1~2个服务中心点,按服务半径的要求再设几个服务点。服务中心点应设在游人集中、停留时间较长、地点适中的地方,其设施可有饮食、休息、整洁仪表、电话、问询、摄影、寄存、租借和购买物品等项。服务点设施可有饮食、小卖、休息、公用电话等项,并且还需根据各区活动项目的需要设置服务设施。

(7)体育活动区。体育活动区内应设有体育馆、体育场、游泳池及各种球类活动场地,并能提供部分健身器材。

(8)老人活动区。供老年人活动的主要内容有:老人活动中心,开办书画班、盆景班、花鸟鱼虫班等兴趣班,组织老年人交际舞队、老人门球队、舞蹈队等。老人活动区中应设置在安静休息区内,或安静休息区附近,要环境幽雅、风景宜人。

6.综合公园的地形设计

从公园的总体规划角度,地形设计最主要的是要解决公园为造景需要所要进行的地形处理,具体包括以下几方面。

首先,不同的设计风格应采用不同的手法。规则式园林的地形设计主要是应用直线和折线;自然式园林的地形设计要根据公园用地的地形特点,巧妙利用原有地形,利用为主,改造为辅。

其次,满足不同功能分区的要求。在对地形进行设计时,一定结合功能分区,不同的功能分区对地形有不同的要求。

再次,与全园的植物种植规划紧密结合。公园中的块状绿地、密林和草坪,应在地形设计中结合山地、缓坡考虑;水面应考虑水生植物、湿生、沼生植物等不同的生物学特性改造地形。

最后,竖向控制的内容。竖向控制的内容有山顶标高,最高水位、常水位、最低水位标高,水底标高,驳岸顶部标高,园路主要转折点、交叉点、变坡点,主要建筑的底层、室外地坪,各出入口内、外地面,地下工程管线及地下构筑物的埋深等。

7.综合公园的园路设计

(1)园路的布局

公园道路系统的布局应根据公园绿地内容和游人量大小来定。要求做到主次分明、因地制宜,和地形及周边环境密切配合。在布局时应注意回环性,要疏密有致,因景筑路,形式多样。

(2)园路的规划

公园中道路系统的规划应以公园的总体规划为依据,根据地形地貌、功能分区、景色分区、景点以及风景序列的展开形式等进行规划,宜曲不宜直,贵乎自然,要求追求意趣、依山就势、回环曲折。值得注意的是,老人活动区内的道路,路面坡度宜小于12°。

8.综合公园的广场设计

公园中广场主要功能为游人集散、活动、演出、休息等使用,其形式有自然式、规则式两种。

根据功能的不同,公园中广场又可分为集散广场、休息广场、生产广场。集散广场以集中、分散人流为主,可分布在出入口前、后,大型建筑前、主干道交叉口处。休息广场以供游人休息为主,多布局在公园的僻静之处,与道路结合,方便游人到达。生产广场为园务的晒场、堆场等,公园中广场排水的坡度应大于1%。

9.综合公园的建筑设计

公园中建筑是为开展文化娱乐活动、创造景观、防风避雨而设的,建筑设计可根据自然环境、功能要求选择建筑的类型和基址的位置,不同类型的建筑在规划设计上有不同的要求。公园建筑的挂落、天花、门扇、窗格、漏窗、洞门、空窗、屋脊、花饰、隔断、博古架、壁画等细部装修的设计要特别重视。

10.综合公园的种植设计

(1)树种选择

树种选择,除符合一般规律外,还应结合公园的特殊要求,除考虑园林特点,要丰富多彩外,应当多选择能适应公园环境的乡土树种。

(2)种植布局

在公园的植物配置要遵循公园绿地植物配置的原则,还应注意两个方面,一是要选择基调树,形成公园植物景观基本调子;二是要配合各功能区及景区选择不同植物,突出各区特色。例如,在以植物观赏区为主的地区,可以种植鹅掌楸、七叶树、孔雀杉、桂花等,突出季相变化,丰富植物景观,并可以采用大量草花、灌木配置成大型壮观的模纹花坛。

(3)不同分区的种植

在公园中,不同功能区、不同景点或环境,其绿化的侧重点不同。例如,科普及文化娱乐区要求绿化能达到遮荫、美化、季相明显等效果;儿童活动区的植物要求奇特,色彩鲜艳,无毒无刺,种植槽种植高大乔木,以提供遮荫(图13-9);安静休息区的植物种植要求季相变化多种多样,有不同的景观;体育活动区宜选择生长快、高大挺拔、冠大荫浓的树种,忌用落花落果严重、有飞毛的植物种类;等等。

图13-9　儿童公园的植物

11.综合公园的给水排水设计

(1)给水设计

在公园规划设计中,根据植物灌溉、喷泉水景、人畜饮用、卫生和消防等需要进行供水管网布置和配套工程设计。给水以节约用水为原则,设计人工水池、喷泉、瀑布。饮用站的饮用水和天然游泳池的水质必须保证清洁,符合国家规定的卫生标准。

(2)排水设计

污水应接入城市活水系统,不得在地表排泄或排入湖中。雨水排泄应有明确的引导去向,地表排水应有防止径流冲刷的措施。

（二）专类公园的规划设计

1.儿童公园规划设计

设置儿童公园的目的是为儿童创造丰富多彩的、以户外活动为主的良好环境,让儿童在活动中接触大自然、熟悉大自然、接触科学、热爱科学、锻炼身体和增长知识。儿童户外活动具有年龄聚集性、季节性、时间性和自我中心性。对儿童公园的规划设计要注意以下几方面。

(1)儿童公园规划的原则

第一,满足不同年龄儿童对游戏内容的要求。

第二,规划的场地、道路、建筑及各种设施符合儿童的尺度要求。

第三,寓教于乐,集知识性、趣味性于一体。

第四,鲜艳明快的色彩,别致的造型,生动的形象。

第五,培养学生自立和勇敢精神。

(2)儿童公园的功能分区

儿童公园的功能分区及其主要设施详见表 13-2 所示。

表 13-2　儿童公园功能分区与主要设施

功能分区	布置要点及主要设施
幼儿活动区	6 岁以下儿童的游戏活动场所应选在居住区内或靠近住宅 100m 的地方,以方便幼儿到达为原则;1.5～5 岁的儿童,一般主要游戏种类有椅子、沙坑、草坪、广场等静态的活动内容;5 岁左右的儿童喜欢玩转椅、小跷跷板、滑梯等;要设置休息亭廊、凉亭等供家长休息等使用,游戏场周围常用绿篱围合,出入口尽可能少;该区的活动器械宜光滑、简洁,尽可能做成圆角,避免碰伤
学龄儿童区	服务对象为小学一二年级儿童,设施包括螺旋滑梯、秋千、攀登架、电动飞机、浪木等,还要有供开展集体活动的场地及水上活动的涉水池、障碍物活动小区,有条件的地方还可以开设开展室内活动的少年之家、科普展览室、电动器械游戏室、图书阅览室以及动物角、植物角等
青少年活动区	服务对象为小学四五年级及初中低年级学生,在设施的布置上更有思想性,活动的难度更大,如杭州儿童公园和湛江儿童公园都布置有"万水千山"青少年活动区,设施主要内容包括爬网、高架滑梯、溜索、独木桥、越水、越障、战车、索桥,还有爬峭壁、攀登高地等,此外,可开设少年宫、青少年科技文艺培训中心等
体育活动区	体育活动场地包括健身房、运动场、游泳池、各类球场(篮球场、排球场、网球场、棒球场、羽毛球场等)、射击场,有条件还可以设自行车赛场甚至汽车竞赛场等
文化、娱乐、科学活动区	培养儿童集体主义的感情,扩大知识领域,增强求知欲和对书籍的喜爱,同时结合电影厅、演讲厅、音乐厅、游艺厅的节目安排,达到寓教于乐的目的

功能分区	布置要点及主要设施
自然景观区	在有条件的情况下可考虑设计一些自然景观区,让儿童回到山坡、水边,躺到草地上,聆听鸟语,细闻花香,如在有天然水源的区域布置曲溪、小湾、浅沼、镜池、石矶,创造自然绿角,这里是孩子们安静地读书、看报、听讲故事的佳境
管理区	管理工作包括园内卫生、服务、急救、保安工作等

(3)儿童公园的布局要点

第一,园区主要的广场和建筑应为全园的中心,按不同年龄儿童使用比例、心理及活动特点来划分空间,并采用艺术方式,引起儿童的兴趣,使儿童易于记忆。

第二,创造优良的自然环境,绿化用地面积占50%,覆盖率70%以上。

第三,幼儿活动区宜靠近大门入口处,路网简单明确,便于辨别方向。而青少年使用的体育区、科普区等应距主要出入口较远。

第四,建筑及小品造型应形象生动,如卡通式小屋等;色彩鲜明丰富;比例尺度适当;采用自然式曲线圆角。

第五,水景是最受欢迎的项目,如戏水池、小游泳池等。

第六,考虑休息设施供成人使用。

第七,园区道路应取捷径,不过分迂回。道路布局宜成环形,设主入口及1~2个次入口,主路应能通行汽车,次路可铺装,不用卵石路面,考虑儿童车,主路平坦,不宜设计成台阶、踏步等。

第八,主出入口要有标志性,并且和城市交通干线直接联系,尤其和城市步行系统联系紧密。

第九,地形、地貌不宜过于起伏复杂,要注意分区内的视线通达。

(4)儿童公园的植物配置

儿童公园周围需以浓密的乔灌木或设置假山以屏障之,公园内各区也应以绿化等适当隔离。尤其幼儿活动区要保证安全,要注意园内的庇荫,适当种植行道树和庭荫树。植物布置要丰富多彩,但忌用凡花、叶、果等有毒植物,如凌霄、火炬树、夹竹桃等;忌用有刺植物,如构骨、刺槐、蔷薇等;忌用有刺激性和有奇臭的植物,如漆树等;忌用易招致病虫害及易结浆果植物,如柿树等。

2.植物园规划设计

(1)植物园的选址

植物园的位置选择应根据所建植物园的类型、性质、服务对象,以及植物园所需面积的大小等问题来确定,必须远离居住区,要尽可能选在交通便利的郊区;应位于城市的上风上游地区;要有充足的水源,给排水及供电系统要完善;要有不同的地形和不同种类的土壤;要具有丰富的天然植被。

(2)植物园的用地规模

植物园的用地面积是由植物园的性质与任务、展览区的数量、收集品种多少、国民经济水平、技术力量情况以及园址所在位置等综合因素所确定的。一般综合性植物园的面积(不包括水面)以 55~150hm² 比较合宜。

（3）植物园的布局要点

首先，展览区宜选用地形富于变化、交通联系方便、游人易于到达的地方，另一种偏重科研或游人量较小的展览区宜布置在稍远的地点。

其次，苗圃实验区应与展览区隔离，但是要与城市交通线有方便联系，并设有专用出入口。

再次，确定建筑数量及位置。

最后，植物园必须做出排灌系统规划，保证植物旱可浇、涝可排。

（4）植物园的景观设计

植物园的景观设计应精心地从功能分区和植物空间的动态设计上下大力气，重点抓面和线的景观变化，考虑近、中、远期景观的发展变化，如图 13-10 所示。这样才能达到理想的景观效果。

图 13-10　植物园的景观设计

3.动物园规划设计

（1）动物园的选址

动物园的选址应综合考虑到地形、卫生、交通等方面。在地形方面，为了保持动物的原有生活环境，动物园的地形宜高低起伏，有山岗、平地、水体等，以便于安排各种动物笼舍。在卫生方面，应远离城市的居民区，并设在居民区的下游、下风地带，不应有污染性工厂、垃圾场、屠宰场、畜牧场等，周围要有卫生防护地带。在交通方面，应该有便利的交通，还应有良好的水电条件和较好的地基条件，以便于动物笼舍的建设和开挖隔离沟及水池等。

（2）动物园的用地规模

第一，保证足够的动物笼舍面积，包括动物活动、饲料堆放、管理参观面积。

第二，在分组分区布置时，各组各区之间应有适当距离的绿化地段。

第三，给可能增加的动物和其他设施（如适当的经济动物饲养区）预留足够的用地，在规划布局上应有一定的机动性。

第四，游人活动和休息的用地。

第五，办公管理、服务用地，有的还要考虑饲料的生产基地。

表 13-3 是部分动物园用地规模参照表，在设计动物园的用地规模时可以参考使用。

表 13-3　部分动物园用地规模参照表

动物园名称	用地规模（hm²）	饲养动物情况（不包括鱼类）
北京动物园	87	近 500 种、6 000 只，其中珍稀动物 208 种近 2 000 只
上海动物园	74	600 余种，6 000 多只（头）
广州动物园	42	400 余种，近 5 000 只
杭州动物园	20	200 余种，2 000 头（只）左右
武汉动物园	42	200 余种，2 000 余只
昆明动物园	23	200 余种，2 000 余只
郑州动物园	26	200 余种，1 500 余只
福州动物园	7	100 余种
成都动物园	23	250 余种，3 000 余只
芝加哥林肯动物园	34	200 余种，1 200 余只
纽约布朗克斯动物园	107	650 余种，27 000 余只
伦敦动物园	15	约 650 种，逾万只
莫斯科动物园	22	800 余种，4 000 余只
柏林动物园	33	近 1 500 种，近 11 200 只
阿姆斯特丹动物园	14	700 余种，6 000 余只
汉堡动物园	20	2 500 余只
东京上野动物园	14	360 余种，1 860 余只

（3）动物园的布局要点

第一，地形起伏，绿化基础好。

第二，各部分功能分区要清楚，不互相干扰。

第三，展览顺序要考虑动物的生态习性、地理分布、建筑艺术、珍贵动物和游人爱好等。

第四，动物的笼舍建筑可以设置在主要出入口的开阔的地段，或主要景点上，园内不应该设游乐设施，以保证动物休息和减少传染的机会。

第五，四周应有坚固的围墙、隔离沟和林带，以防动物出逃，同时应有卫生隔离。

（4）动物园的笼舍设计

动物笼舍是多功能性建筑，必须满足动物生活习性、饲养管理和参观展览方面的要求，包括对朝向、日照、通风、给排水、活动器具、温度、湿度等的要求。室外活动场需设水池，供其洗澡。冬季室内却需暖气装置或采用保暖围蔽墙和窗门等。保证安全是动物笼舍设计的主要特点。动物笼舍的建筑设计还必须因地制宜，在色调上要善于和周围环境协调，以淡色为主，以和绿化地面构成对比。

（5）动物园的绿化规划

动物园的绿化主要包括动物笼舍展览区的绿化，各区之间过渡地段的绿化以及动物园周边的卫生防护带、饲料场、苗圃的绿化等。为了使整个动物园的绿化形成一个完整的整体效果，各区之间需配置过渡的植物，使整个动物园的绿化统一协调，不致过于零乱。动物园四周应配置一些可降低噪声，防止污染的植物，形成卫生防护林，达到隔离污染源的目的。宜配植多种动物不喜欢吃的无毒的植物。

4.体育公园规划设计

(1)体育公园的面积与选址

体育公园一般用地规模要求较大，面积应在 $10 \sim 50 hm^2$ 为宜。位置宜选在交通方便的区域，宜选择有相对平坦区域及地形起伏不大的丘陵或有池沼、湖泊等的地段。

(2)体育公园的功能分区

按不同功能组织进行分区，体育公园一般可以分为运动场、运动馆、体育游览区和后勤管理区这几个功能区。

(3)体育公园的种植规划

体育公园的种植在不同的区域有不同的要求。在出入口应设置一些花坛和平坦的草坪，采用互补色的搭配，多选用橙色系花卉，与大红、大绿色调相配(图 13-11)。在体育馆周围，应种植乔木树种和花灌木来衬托建筑的雄伟，道路两侧可以用绿篱布置，以达到组织交通的目的。在体育场，应布置耐践踏的草坪，如结缕草、狗牙根和早熟禾类中的耐践踏品种。在体育场的周围，可以种植一些落叶乔木和常绿树木。在园林区，应有助于体育锻炼的特殊需要，并对整个公园的起美化环境和改善小气候的作用。在儿童活动区，应以美化为主，设置小面积的草坪，种植少量的落叶乔木，并结合树木整形修剪安排一些动物、建筑造型，以提高儿童的兴趣。

图 13-11　体育公园的种植设计

(三)主题公园的规划设计

主题公园的规划设计包括以下几个方面。

1.主题公园的主题

主题是主题公园要向游客传递的核心内容和价值观，是主题公园设计与主题产品系列开发必须围绕的核心和主线。主题定位是主题公园建设成功与否的关键。具体来说，主题的确定需要满足以下几个方面。

(1)独特性与唯一性

大多数主题公园的有效客源市场半径为 $200 \sim 300 km$。在此范围之内，应避免主题的雷同，保证独特性和唯一性，避免分散了客源，从而造成恶性竞争、资源闲置和浪费。

（2）市场的兴趣取向

主题公园所选主题应具个性、创意,贴近游客的求新、求异的心理需求,主题所具备的文化内涵应大众化,符合游客的现实兴趣取向,并能激发游客的潜在兴趣。

（3）健康性、鲜明性

主题公园的主题应具有文化内涵、品位和鲜明的个性特点,传达社会和文化信息,弘扬传统文化,体现健康向上的生活方式和精神追求。

2.主题公园的表现手法

主题内容的表现手法有以下几种。

（1）游戏参与性设计

通过游人的参与性活动将游览观感和心理体验等融为一体,如扮演角色、成为舞台上的演员。

（2）现代科技手段的运用

先进的声、光、点等现代高科技的运用可以创造出日常生活中无法体验和感受的梦幻离奇环境氛围。

3.主题公园的交通设计

大型主题公园在游园交通组织上,首先进行合理布局,规划客流流程;在园内交通工具的形式选择上,应运用传统马车、单轨火车、电动火车等,不仅节省游人的时间,而且还给游人一种复古性的车行体验和感受;主题公园的选址与主要客源市场的距离以在行程2h内为佳。

4.主题公园的景观种植

主题公园园林植物的种植设计与传统公园的种植设计原则上没有根本区别,不过种植设计必须要围绕公园的主题进行。例如,可以使用植物来进行造景,比如在儿童公园中将植物修剪成动物造型,在以体育为主题的公园中将植物修剪为与运动相关的造型等(图 13-12)。在进行植物选择时,应该考虑其造型能力。

图 13-12　儿童公园的植物造型

（四）森林公园的规划设计

1.森林公园风景资源的分类

森林公园风景资源的景观特征和赋存环境,可以划分为五个主要类型,如图 13-13 所示。

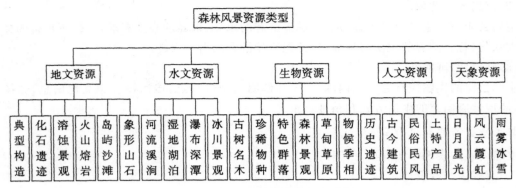

图 13-13　森林公园风景资源的类型

2.森林公园风景资源的评价

（1）质量评价

风景资源质量主要取决于资源组合状况、风景资源的基本质量、特色附加分三个方面,如图 13-14 所示。

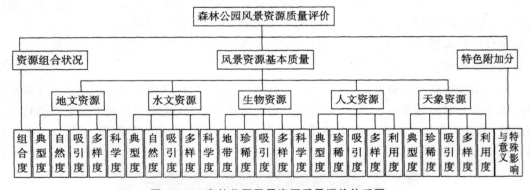

图 13-14　森林公园风景资源质量评价体系图

其中,典型度指风景资源在景观、环境等方面的典型程度;自然度指风景资源主体及所处生态环境的保全程度;吸引度指风景资源对旅游者的吸引程度;多样度指风景资源的类别、形态、特征等方面的多样化程度;科学度指风景资源在科普教育、科学研究等方面的价值;利用度指风景资源开展旅游活动的难易程度和生态环境的承受能力;地带度,指生物资源水平地带性和垂直地带性分布的典型特征程度;珍稀度指风景资源含有国家重点保护动植物、文物各级别的类别、数量等方面的独特程度;组合度指各风景资源类型之间的联系、补充、烘托等相互关系程度。

（2）等级评定

森林公园风景资源的等级评定根据风景资源质量、区域环境质量、开发利用条件三个方面来确定,如图 13-15 所示。其中风景资源质量总分 30 分,区域环境质量和旅游开发利用条件各占 10 分,满分为 50 分。计算公式为:

$$N=M+H+L$$

式中,N——森林公园风景资源质量等级评定分值;

　　　M——森林风景资源质量评价分值;

　　　H——森林公园区域环境质量评价分值;

L——森林公园旅游开发利用条件评价分值。

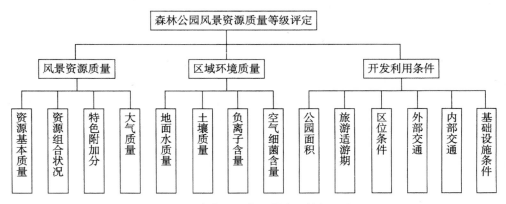

图 13-15 森林公园发风景资源等级评定图

按照评价的总得分,森林公园风景资源质量等级划分为三级:一级为 40~50 分,多为资源价值和旅游价值高的森林公园,难以人工再造,应加强保护,制定保全、保存和发展的具体措施;二级为 30~39 分,其资源价值和旅游价值较高,应当在保证其可持续发展的前提下,进行科学、合理的开发利用;三级为 20~29 分,在开展风景旅游活动的同时进行风景资源质量和生态环境质量的改造、改善和提高。

3. 森林公园的布局原则

首先,景区划分应维持现有地域单元的相对独立性,生态环境、森林景观、山水空间、人文景观、线状单元的完整性,保持历史文化、社会与区域的连续性,保护、利用、管理的必要性与可行性。

其次,注重构造景观效果,注重统一性、差异性和协调性。

再次,景区面积计量均应以同精度的地形图的投影面积为准;分区主体鲜明,特色显著。

最后,便于游览路线组织和基础服务设施设置,有利于森林公园发展和景区合理开发,使森林公园行政及园务管理便捷高效。

4. 森林公园的功能分区与规划

森林公园大致划分为群众活动区、安静休息区和森林贮备区。其中,群众活动区面积占公园总面积的 15%~30%,安静休息区面积占 20%~70%,森林贮备区面积可占 40%~50%。

(五)湿地公园的规划设计

1. 湿地公园规划的内容

城市湿地公园总体规划包括以下主要内容:根据湿地区域的自然资源、经济社会条件和湿地公园用地的现状,提出湿地保护与功能的恢复和增强、科研工作与科普教育、湿地管理与机构建设等方面的措施和建议,确定总体规划的指导思想和基本原则,测定环境容量和游人容量,规划游览方式、游览路线和科普、游览活动内容,确定管理、服务和科学工作设施规模等内容,划定公园范围和功能分区,确定保护对象与保护措施。

2. 湿地公园规划的目标

湿地公园在规划设计中要求达到有效保护迁徙水鸟及其栖息地、保护湿地整体环境并可持续利用、使用者环境体验和寓教于景作用、保护并促进湿地管理产业化经营、湿地研究的重要基地或科研中心以及城市湿地与绿化、农田功能互补这几个目标。

3.湿地公园规划的原则

城市湿地公园规划设计应遵循系统保护、合理利用与协调建设相结合的原则。

4.湿地公园的功能分区与规划

城市湿地公园一般应包括重点保护区、湿地展示区、游览活动区和管理服务区等区域。在重点保护区内,可以针对珍稀物种的繁殖地及原产地设置禁入区,针对候鸟及繁殖期的鸟类活动区应设立临时性的禁入区。湿地展示区重点展示湿地生态系统、生物多样性和湿地自然景观,开展湿地科普宣传和教育活动。游览活动区可以规划适宜的游览方式和活动内容,安排适度的游憩设施。管理服务区的设置尽量减少对湿地整体环境的干扰和破坏。

5.湿地公园的道路组织

道路系统规划建设必须以不破坏原有风貌和生态系统为前提;要考虑交通功能的满足,更要根据游览需要和游人心理,形成安全、舒适的交通环境。

湿地公园可采取的游览方式,如水上、陆地、游船、竹排、电瓶车、动物车等,对游览方式所需的工程技术措施进行生态化处理等。

第二节　居住绿地的规划设计

居住区是人居环境最直接的空间,也是城市绿地系统的重要组成部分,还是一个相对独立于城市的"生态系统"。它为人们提供了休息、恢复的场所,使人们的身体和心灵得以放松,并在很大程度上影响着人们的生活质量。在现代居住区的建设中,设计者往往更加注重人性化的理念,使居住环境与人们的生存要求更加符合,因而居住绿地建设成为居住区建设的重要一环。

一、居住绿地规划设计概述

（一）居住绿地的概念

居住绿地指的是在居住小区或居住区范围内,住宅建筑、公建设施和道路用地以外布置绿化、园林建筑和园林小品,为居民提供游憩活动场地的用地。因此可以说,居住绿地是居住区环境的主要组成部分,也是接近居民生活并直接为居民服务的绿地。

（二）居住绿地的功能

居住绿地的功能,具体来说有以下几个。

1.生态防护功能

居住绿地以植物为主,不仅能释放大量氧气,而且在净化空气、吸收噪音、减少尘埃等方面起着重要的作用。同时,居住绿地有助于改善和调节局部小气候,通过遮阳降温、调节气温、降低风速等作用,即使在炎热的夏天,也能促进微风环流的形成。

2.美化环境功能

居住绿地的设计规划及建设都会注重创造出优美的景观形象,令人赏心悦目,获得美的感受。一般来说,居住绿地内有婀娜多姿的花草树木、丰富多彩的植物布置以及少量的建筑小品、水体等的点缀,从而使居住区的面貌得到了美化,居住区建筑群也显得生动活泼、和谐统一。

3.使用功能

对于城市居民来说,在所有的城市绿地当中,居住绿地是其接触最多的。居民都有亲近自然、与人交往、放松身心的实际需求,而良好的绿化环境能够吸引居民从事户外活动,从而使各个年龄段的人群都能各得其所,同时还有利于丰富居民的生活、提高居民的身心健康,增进居民间的互相了解,使邻里之间和谐相处。

4.防灾避难功能

居住绿地在地震、火灾等灾难发生时,能够有效疏散人流,防止火势蔓延,并为居民提供紧急避难所。另外,居住绿地在战争发生时,有着防灾避难、隐蔽建筑的作用,还能有效降低战时的破坏程度。

5.提高经济效益功能

随着人们生活水平的提高,越来越多的人在选择住房时将居住环境质量的高低作为一个重要的指标。一般来说,绿化环境良好的居住小区的房价比同地段一般小区房价高出20%~50%。

(三)居住绿地的类型

居住绿地依据功能、性质和大小的不同,可以划分为四种类型,即居住公共绿地、宅旁绿地、专用绿地和道路绿地。

1.居住公共绿地

(1)居住公共绿地的概念

居住公共绿地指的是居住区内居民公共使用的绿地,主要包括居住区公园、居住小区游园、居住组团绿地。

居住区公园是为全居住区服务的居住区公共绿地,因而面积一般比较大,一般在1hm²以上,相当于城市小型公园。而且,居住区公园内的各种设施也比较齐全,包括体育活动场所、阅览室、超市、棋牌室等。它们与居住区互相结合,方便居民使用,通常服务半径在800~1 000m较为适宜。

居住小区游园又称"居住小区公园",以就近服务居住小区内的居民为主要目的,会设置一定的健身活动设施和社交游憩场地供人们使用,但其所提供的服务无法满足居住区内所有人群的需要。一般来说,居住小区游园的面积在4 000m²以上,合理服务半径为400~500m左右。

居住组团绿地是直接接近居民的公共绿地,在居住区内分布的数量最多,也最方便使用。它通常与住宅组团布置,面积规模要不小于400m²,服务半径在60~300m。

(2)居住公共绿地的功能

居住公共绿地主要是给居民提供日常户外游憩活动空间,让居民开展包括儿童游戏、健身锻炼、散步游览和文化娱乐等活动。

（3）居住公共绿地的布局

一般来说，居住公共绿地常与居住区或居住小区的公共活动中心和商业服务中心结合布局，而且公共绿地多布局于居住区的适中位置，同时距离居住区内的主要道路比较近，以方便人们出行及使用。

另外，居住公共绿地在布局时可以采用三级或二级布局形式，其中二级布局体系有居住区公园—居住小区公园、居住区公园—组团绿地；三级布局体系有居住区公园—居住小区公园—组团绿地。

2. 宅旁绿地

（1）宅旁绿地的概念

宅旁绿地又称"宅间绿地"，最基本的绿地类型，也是居住绿地内总面积最大、居民最经常使用的一种绿地形式，主要包括宅前、宅后以及建筑物本身的绿化。

（2）宅旁绿化的布局

宅旁绿化不具有公共绿地的性质，因而多在建筑物的前后或两排建筑物之间进行布置，能够满足距离较近的居民日常的休息、观赏、户外活动等需要，还具有美化、阻挡外界视线、噪声和灰尘的作用。

3. 专用绿地

（1）专用绿地的概念

专用绿地特指居住区内一些公共建筑和公共设施的用地，包括幼儿园、中小学、商店、医院、影剧院、物业管理站等的绿化用地。专用绿地虽然并不由居民直接使用，但也是居住绿地的重要组成部分，对居住区的整体环境有着很大影响。

（2）专用绿地的布局

专用绿地的布局既要满足公共建筑和公用设施的功能要求，又要考虑与周围环境的关系。

4. 道路绿地

道路绿地指的是分布于居住区内道路的两旁或一侧，根据道路的级别、地形、形状等进行不同布置的绿地类型。道路绿地能够起到遮阴、防护、美化街景等作用，也是将小区内相互联系起来的重要纽带，对居住区的整体面貌有着重要的影响。

（四）居住绿地的定额指标

居住绿地的定额指标指的是居住区内每个居民所占的园林绿地面积，这一数据常用来反映居住区内绿地数量的多少和质量的好坏，同时也是城市居民的生活福利水平和城市环境质量的评价标准，是城市居民精神文明的标志之一。当前，我国居住绿地定额指标主要包括居住绿地率和居住人均公共绿地面积两项内容。

1. 居住绿地率

居住绿地率指的是某一居住用地范围内各类绿地的总和占居住区用地面积的比例，计算方法为：

$$居住区绿地率＝居住区各类绿地面积/居住区用地总面积×100\%$$

2. 居住人均公共绿地

居住人均公共绿地指的是居住区内各类绿地面积与居民总人数的比值，计算方法为：

居住区人均公共绿地＝居住区各类绿地面积/居住区居民人数

我国颁布的《城市居住区规划设计规范》居住区内公共绿地的总指标应根据居住区人口规模分别达到组团绿地不小于 $0.5m^2$/人，小区绿地（含组团绿地）不小于 $1.0m^2$/人，居住区绿地（含小区绿地与组团绿地）不小于 $1.5m^2$/人；新区建设绿地率不应低于 30%，旧区改造不宜低于 25%。

要特别指出的是，居住公共绿地在一定程度上反映绿化情况，但并不能完全反映居住区绿化的水平，有的居住区附近有综合性公园或名胜古迹，在住宅区内就不另设公共绿地，其指标即为零，但并不意味着绿化不好。

（五）居住绿地的布局形式

居住绿地的布局形式，常用的有以下几种。

1.自然式

自然式居住绿地布局又称"自由式居住绿地布局"，布局方式比较灵活，多采用曲折迂回的道路，将自然地形当中的池塘、坡地、山丘合理规划到绿地布局当中，给人以自由活泼、富于自然气息的感觉。

2.规则式

规则式的居住绿地布局以规则的几何图形为整体框架，又可以细分为对称规则式居住绿地布局和不对称规则式居住绿地布局。

（1）对称规则式居住绿地布局

对称规则式居住绿地布局有明显的主轴线，沿主轴线、道路、绿化、建筑小品等成对称式布局，让人感受到一种庄重、规整的氛围，但也有人认为其形式比较呆板，不够活泼。

（2）不对称规则式居住绿地布局

不对称规则式居住绿地布局相对自然一些，没有明显的轴线感，给人的整体感觉是整齐、明快的，这种布局较多适合于小型绿地，如一些小游园、组团绿地等。

3.混合式

混合式居住绿地布局就是将自然式居住绿地布局和规则式居住绿地布局结合在一起。这样的居住绿地布局形式灵活性比较强，能根据地形或功能上的特点，既有自然式的自由度，又有规则式的庄重感；不仅与四周建筑广场相协调，同时也兼顾了自然景观的艺术效果。另外，这种布局比较适合于中型及以上规模的景园。

（六）居住绿地规划设计的原则

在进行居住绿地的规划设计时，需要遵循一定的原则，具体来说有以下几个。

1.合理规划居住绿地网络原则

在进行居住绿地的规划设计时，要切实遵循合理规划绿地网络原则，因为居住绿地规划与居住区的总体规划是紧密联系的，居住绿地规划是总体规划的一部分。从整体上讲，各种类型的居住绿地要与居住区的空间布局结构相对应，形成不同级别、不同层次的绿地体系，为全体居民服务。同时，不同类型的居住绿地应采用集中与分散相结合的方法合理分配，以宅旁绿地为绿化基础，以小区公共绿地为核心部分，以道路绿地为整体框架，这样能形成一个点、线、面相结合的绿地网络,使绿地指标得以均衡,并充分发挥绿地的各项功能。

2.突出生态功能原则

就改善生态环境来说,居住绿地有着非常重要的作用,因而在居住绿地规划中应充分利用现有条件,对绿色植物进行合理配置,以使其生态功能得到极大突出。为此,可以充分利用地形、地貌、水体等自然特征,将劣地、坡地、洼地转化为绿化用地,对区域内的古树名木加以保护,协调建筑与居住区周围自然环境的关系。另外,在植物品种的选择上也要选择病虫害少、抗性强、寿命长的种类,以便于在各种木本植物和草本植物生长的过程中降低管理难度,获得最佳的生态效益。

3.方便居民使用原则

居住绿地是为居民的日常生活服务的,因而要特别注重其人性化和实用性。在居民群体中,有来自各个年龄段的人群,而且他们各自的活动规律也有着明显的不同。因此,在进行居住绿地的规划设计时,要在充分了解居民生活行为规律及心理特征的基础上配备相应的设施,以适应他们的生理体能特点。特别是一些老年人和残疾人,要为他们营造温馨和谐的环境,丰富他们的文化娱乐生活,突出"家园"的环境特色。

4.节约用地和投资原则

在进行居住绿地的规划设计时,要充分利用原有自然条件,因地制宜,充分利用地形、原有树木、建筑,以节约用地和投资。

5.以植物造景为主原则

在进行居住绿化规划设计时,要以植物造景为主进行布局,并利用植物组织和分隔空间,改善环境卫生与小气候;利用绿色植物塑造绿色空间的内在气质,风格宜亲切、平和、开朗,各居住区绿地也应突出自身特点,各具特色。

6.多样性与统一性相结合原则

在进行居住绿地规划时,各组团绿地既要保持格调的统一,又要在立意构思、布局方式、植物选择等方面做到多样化,从而达到多样性和统一性的完美结合。

(七)居住绿地规划设计的基础工作

居住绿地规划设计的基础工作也就是在进行居住绿地的规划设计前需要做的工作,具体来说有以下几个。

(1)全面把握居住区布局形式和开放空间系统的格局,了解居住区要求的景观风貌特色,如住宅建筑的类型、组成及其布局,居住区公共建筑的布局,居住区所有建筑的造型、色彩和风格,居住区道路系统布局等。

(2)收集居住区总体规划的文本、图纸和部分有关的土建和现状情况的图文资料。

(3)做好社会环境和自然环境的调查,特别是和绿化有密切关系的植被调查、土壤调查、水系调查等。同时,在进行调查时,要特别注意以下几个方面。

第一,居住区总体规划。

第二,具体规划过程。

第三,居住区设计过程。

第四,绿化地段现状情况。

第五,居住区内居民情况,包括居民人数、年龄结构、文化素质、共同习惯等。

第六,居住区周边绿地条件。

二、不同类型居住绿地的规划设计

前面已经介绍过,居住绿地依据功能、性质和大小的不同,可以划分为居住公共绿地、宅旁绿地、专用绿地和道路绿地四种类型。下面分别对这四种类型居住绿地的规划设计进行详细阐述。

(一)居住公共绿地的规划设计

居住公共绿地是居民日常休息、观赏、娱乐、锻炼和社会交往的近距离且便捷的户外活动场所,因此在对其进行规划设计时要以满足这些功能为依据。根据规模的不同,居住公共绿地可以划分为居住区公园、居住小区游园和组团绿地三种类型,它们在功能和布局方面有各自不同的特点,但具体位置的选择一般较为适中,并且与道路相邻,以便于居民使用。居住公共绿地的设置内容和规模,具体见表13-4。

表 13-4　居住区各级公共绿地设置要求

居住绿地名称	设置内容	要求	最小规模 (hm²)	最大服务 半径(m)	步行时间 (min)
居住区公园	花木草坪、花坛水面、凉亭雕塑、小卖茶座、老幼设施、停车场地和铺装地面等	园内布局应有明确的功能划分	1.0	800~1 000	8~15
居住小区游园	花木草坪、花坛水面、雕塑、老幼设施、停车场地和铺装地面等	园内布局应有一定的功能划分	0.4	400~500	5~8
组团绿地	花木草坪、桌椅、简易儿童设施等	可灵活布局	0.04	200~300	2~3

1.居住区公园的规划设计

居住区公园是居住公共绿地中规模最大、服务范围最广的,在对其进行规划设计时要特别注意以下几个方面。

(1)要把满足功能的要求放在第一位

居住区公园的规划设计必须要有明确的功能分区,将不同类型的空间加以分隔,使不同人群喜欢的各种活动都有比较适宜的场所。另外,还要考虑到不同年龄段游人的特征以及游园比较集中的时间,从而配备相应的设施,如照明设施等,以更好地方便居民使用。

(2)要充分利用自然条件,保护人文历史资源

一般来说,居住区公园最好能选在区域内具有独特地形地貌或保留有人文历史遗迹的地方,因为将自然因素与人文资源相结合营造出来的园林景观,具有特别的意境之美。

(3)要以景取胜,发挥公园的观赏性功能

现代生活节奏较快,人们的生活压力也比较大,每到周末或节假日,许多居民并不选择十分

剧烈的体育运动来锻炼身体,更多人倾向于寻找较为幽静的环境观花赏景,释放精神上的劳累。所以,居民区公园的规划要注重园景的美观,以符合游人的审美心理。公园内除了以绿化为主体,还可以规划一定的游览服务建筑,如小型园林水体、点缀景观建筑和园林小品等。

(4)要注重绿地的生态环境作用

居住区公园的规划设计要注意在重要景观节点布置主景,如出入口、中心广场周围等,可以选用一些观赏价值高的乔木或灌木,尤其在夏季的遮阴效果十分良好。在居住区公园的边缘,可以种植大乔木,与周围环境相分隔,这样能减弱喧闹声对周围住户的影响。另外,各种木本植物(乔木与灌木)和草本植物(较为低矮的花卉、草地等)的搭配要形成层次感和空间感,这样不仅能形成优美的绿地景观,还能收获良好的生态环境效益。

2.居住小区游园

居住小区游园与居住区公园相比,利用率比较高,且与居民的关系更加密切,通常能将居民的游憩和日常生活活动较好地结合在一起。在对居住小区游园进行规划设计时,要特别注意以下几个方面。

(1)要协调好居住小区游园与其周围居住小区环境间的关系

一般来说,居住小区游园的布局形式可灵活多样,但都必须要将其与周围居住小区环境间的相互关系协调好,包括居住小区游园出入口与居住小区道路的合理连接,居住小区游园与居住区活动中心、商业服务中心以及文化活动广场之间的相对独立和互相联系,绿化景观与小区其他开放空间绿化景观的联系协调等。

(2)要注意布局的紧凑

居住小区游园的用地规模是比较小的,因而要想实现功能上的全面,必须要注意布局的紧凑,另外诸如公共长凳、健身器材等设施的数量要控制有度,以满足居民需要为标准,避免设置过多,造成活动空间上的不足。

(3)要以绿化为主,充分发挥植物造景的功能

居住小区游园为居民服务的效率很高,因而在进行规划设计时要以绿化为主,形成小区公园优美的园林绿化景观和良好的生态环境。同时,要注意充分发挥植物造景的功能,利用各种植物进行搭配,以满足人们的日常需求。例如,在居住小区游园内部栽植大乔木以遮阳避晒,能增加树荫式活动场所;将坐凳的安放与植物景观相结合,不仅能为居民提供休憩的场所,还能起到点缀环境的作用。

(4)要适当布置园林建筑小品

在居住小区游园内,适当布置园林建筑小品,不仅能丰富绿地景观、增加游憩趣味、起点景作用,还能为居民提供停留休息观赏的地方。但是,在设计和布置园林建筑小品时,要注意使其与居住小区游园用地的尺度和居住小区的建筑相协调。一般来说,园林建筑小品的造型应轻巧而不笨拙,体量宜小而不宜大,用材应精细而不粗糙。

3.组团绿地

组团绿地是结合住宅组团的不同组合而形成的公共绿地,一般来说靠近住宅,面积不大,服务对象是组团内居民,主要为老人和儿童就近活动、休息提供场所。

(1)组团绿地的类型

组团绿地依据其大小、位置、形状和布局手法的不同,可以分为以下几种类型。

第一,景观带式组团绿地。这种类型的组团绿地在布局时要结合组团内的交通道路,扩大住宅之间的距离进行开辟,以便在形成景观线的基础上方便居民直接使用。同时,这种类型的组团绿地沿着自身平面的长轴可以构成一定的景观序列,再根据绿地具体大小布置一些风格特征与周围环境相协调的场地,配备花架、花坛、走廊、宣传栏等,不会让人感到单调乏味。另外,在绿地树木的配置上要合理安排,高大乔木的数量不宜过多,以更好地突出组团绿地的开阔性和空间序列感。

第二,临街式组团绿地。这种类型的组团绿地一般临于城市街道的一侧或两侧,便于对居住区的景观进行改善,也能够起到绿化带的隔离作用,对于降低交通噪音的污染、为居民创造一个安静而温馨的居住环境有着十分重要的意义。在一些居住区中,出于对居民安全的考虑,会将临街式组团绿地与城市街道用栅栏或围墙隔开。

第三,自由式组团绿地。这种类型的组团绿地布局形式比较自由,不完全按照比较规范的模式。在住宅建筑呈自由式格局时,组团绿地也可以穿插其间,形成活泼多变的风格。自由式组团绿地通常表现为一个居住小区有多个组团绿地,这些绿地不仅各具特色,在整体上又相互协调。

第四,庭院式组团绿地。这种类型的组团绿地多位于建筑组群的中间地带,受区域内交通的影响比较小,环境比较安静,带有封闭感,居民从窗户就能看到绿地。由于绿地被住宅建筑围合,在空间上好像是一个大的庭院,在绿地布置时,面积可以适当扩大。

第五,角隅式组团绿地。这种类型的组团绿地多设置于居住区内地形比较不规则、不便于设置住宅用地的角落空地中。通常情况下,不建议进行角隅式组团绿地的规划,因为其服务半径比较大,不便于居民就近使用。通常是在居住区内用地情况比较紧张或者角隅空地闲置时采取这种模式,有助于消灭各个死角,获得最大规模的绿地效益。

第六,山墙间组团绿地。这种类型的组团绿地是在行列式住宅布局区中,适当拉开山墙的距离,开辟成为绿地。一般来说,山墙间组团绿地的空间环境组织可以与道路绿地和宅旁宅间绿地相结合,利用高大乔木的树丛疏导夏季气流,阻挡冬季自北而来的寒风。

第七,组团间绿地。这种类型的组团绿地是为了充分利用空间,在两个组团之间的不规则空地中设置绿地,对于扩大绿地的面积很有益处。但是,由于条件有限,规划建设中会受到诸多因素的限制,而且这种绿地中只能布置一些简单的设施,也只能满足一小部分人的需要。

(2)组团绿地的特点

在居住公共绿地中,组团绿地的特点是非常明显的,具体来说有以下几个。

第一,组团绿地的占地面积小,便于施工建设,且投资少、见效快。一般来说,组团绿地内的设施布置比较简单,建设时间只需数月即可,而且在土地、资金都比较紧张的情况下,选择这种居住绿地类型是解决城市公共绿地不足的重要途径。

第二,组团绿地的服务半径小、使用率高。一般来说,组团绿地位于住宅组团当中,居民步行几分钟即可到达,因而为人们提供了一个方便、安全、舒适的游憩环境和社交空间。

第三,组团绿地的用途多样,使用方便。组团绿地在居民的日常生活中,除了为其提供了休闲游憩服务外,还能够利用植物改善住宅组团的通风、光照条件,丰富组团建筑的整体艺术面貌。此外,组团绿地在抗震救灾、疏散居民、建设临时避难所等方面也有着非常重要的意义。

(3)组团绿地规划设计的要点

在进行组团绿地的规划设计时,以下几个要点要特别予以注意。

第一,组团绿地的服务功能比较单一、占地规模也比较小,因而在整体形式上应力求简洁、大方。同时，要注意依据一个地区的具体情况综合考虑(如该地区的道路交通情况、居民审美、地域特色等)，灵活布局组团绿地。

第二，组团绿地的布置要遵循服务居民的原则，特别是幼儿和老年人等特殊群体，建设相应的幼儿游戏场所和老年人休息场地，并提供较为完善的器材和设施。

第三，组团绿地的内部要保证有较大的绿地面积，因而不可设置较多的设施和建筑物，只要能满足基本的需求即可。

第四，组团绿地通常会被住宅所包围，因而不宜种植过高的树木，应以低矮乔木为主，同时布置一些灌木和花卉，起到丰富、点缀的作用。

(二)宅旁绿地的规划设计

在居住区中，宅旁绿地的作用重大，它是居住区绿化的基础，面积通常达到居住区总绿地面积的一半左右。而且，宅旁绿地是居民"家门口"的绿地，直接关系到千家万户居住环境的质量，做好宅旁绿化工作对于整个城市的环境具有重要意义。宅旁绿地一般不作为居民的游憩绿地，因而在绿地中不布置硬质园林景观，而完全以园林植物进行布置。但是，当宅旁绿地较宽时(20m以上)，可布置园路、坐凳、小铺地等一些简单的园林设施作为居民的安静休息用地。

1.宅旁绿地的类型

宅旁绿地以建筑住宅布局为依据，可以分为以下几种类型。

(1)低层住宅的宅旁绿地

低层住宅的宅旁绿地通常以建筑物为界分为宅前和宅后两部分，其中宅前的绿地一般以草坪、花坛及乔木等植物造景，并在住宅入口处扩大道路形成供居民交往的场地；宅后的绿地较为封闭，有的可以设计成供底层用户独自使用的后院或供该幢住宅居民共同使用的公共性观赏绿地。

(2)多层住宅的宅旁绿地

多层住宅的宅旁绿地是宅旁绿地中最普遍的一种形式。一般来说，多层住宅的南面阳光充足，为方便低层住户的采光可配置以落叶乔木为主的植物，以实现整体兼顾的效果；北面光照条件较差，因而宅旁绿地比较窄，为了不给北窗、北门的通风和采光造成影响，通常采用喜阴凉、浅根性的常绿灌木和地被植物作为绿化的材料；东面和西面可种植一些高大的乔木，以有效减少夏季的日晒，但要注意保持树木与住宅之间的距离。

此外，多层住宅的宅旁绿化是对不同住宅单元进行区别的重要标志，因而在植物的配置上要有一定的特色，以反映出各幢楼之间的个性特点。

(3)独立式住宅的宅旁绿化

独立式住宅以2~3层的独立式别墅为主，每户均安排有围绕别墅建筑的较大庭院。这类独立庭院的绿化通常可以布置一些花木和草坪，也可以根据业主的喜好，在不影响各别墅庭院绿化外部景观协调的前提下灵活布置，设置假山、水池等具有个性的园林小品，形成优雅、安静的居住环境。

与此同时，独立式住宅的绿化要保证在一定的组群区域内有相对统一的外貌，并与道路绿化、公共绿地的景观布置相协调。

2.宅旁绿地规划设计的要求

在进行宅旁绿地的规划设计时，以下几个要点要特别予以注意。

（1）宅旁绿地十分接近建筑物，因而在对其进行规划布置时应对建筑物的类型、层数、间距、组合及宅前道路布置等因素有综合而充分的考虑，以便更好地确定宅旁绿地的平面形状与空间结构等。

（2）宅旁绿地的布置既要有相对的统一性，也要形成多样化的特点，可以在一个或几个组团内存在相似的平面形状与空间结构，但不能够简单复制、千篇一律，以防宅旁绿地失去对不同住宅单元进行辨别的识别功能。同时，宅旁绿化在选择树种时，要体现多样化，以丰富绿化面貌。另外，住宅周围常因建筑物的遮挡形成面积不一的庇荫区，因此要注意耐阴树种、地被的选择和配植，以确保阴影部位也能得到较好的绿化效果。

（3）宅旁绿地的规划设计要充分考虑植物的数量、布局与建筑之间的协调关系，乔木和大灌木的栽植尽量不要对住宅建筑的日照、通风和采光产生影响，特别是在南向阳台、窗前不要栽种乔木，尤其是常绿乔木。绿化植物与建筑物、构筑物的最小间距，具体见表13-5。

表 13-5　绿化植物与建筑物、构筑物的距离要求

建筑物、构筑物名称	最小间距（m）	
	至乔木中心	至灌木中心
有窗建筑物外墙	3.0～5.0	1.5
无窗建筑物外墙	2.0	1.5
道路侧面外缘、挡土墙、陡坡	1.0	0.5
人行道	0.75	0.5
高 2m 以下的围墙	1.0	0.75
高 2m 以上的围墙	2.0	1.0
天桥的柱及架线塔、电线杆中心	2.0	不限
冷却池外缘	40.0	不限
冷却塔	高 1.5 倍	不限
体育用场地	3.0	3.0
排水明沟边缘	1.0	0.5
邮筒、路牌、车站标志	1.2	1.2
警亭	3.0	2.0
测量水准点	2.0	1.0

（4）宅旁绿地的规划设计要充分考虑住宅周围地下管线和构筑物。住宅周围地下管线（如讯、电缆、热力管、煤气管、给水管、雨水管）和构筑物（如化粪池、雨水井、污水井、各种管线检查井、室外配电箱、冷却塔、垃圾站等）较多，并制约着宅旁绿地的布置特别是植物的配置。一般来说，要根据住宅周围地下管线和构筑物的分布情况，选择合适的植物，并保证植物种植时保持一定的距离，具体见表13-6。

表 13-6　绿化植物与管线的间距要求

管线名称	最小间距（m）	
	至乔木中心	至灌木中心
给水管、闸井	1.5	不限
污水管、雨水管、探井	1.0	不限
煤气管、探井	1.5	1.5
电力电缆、电信电缆、电信管道	1.5	1.0
热力管（沟）	1.5	1.5
地上杆柱（中心）	2.0	不限
消防龙头	2.0	1.2

（三）专用绿地的规划设计

专用绿地的使用频率并没有几种公共绿地和宅旁绿地高，但对于改善居住区小气候、美化环境、丰富居民生活有着非常重要的作用。一般来说，专用绿地主要包括幼儿园、中小学和公共活动区域（如商店、医院、影剧院、停车场等）的绿化用地。

1.幼儿园的绿化规划设计

幼儿园主要是针对 3～6 岁的幼儿进行学前教育，建筑布局主要有分散式和集中式两种。其中，分散式布局有利于幼儿的户外活动，能够减少各种干扰，但占地面积较大，不利于统一管理；集中式布局不仅能节约土地，还能方便管理，是今后幼托机构主要的发展方向。另外，幼儿园的总体布局可分为主体建筑、辅助建筑和户外活动场地三部分。其中，主体建筑是核心部分、辅助建筑（如锅炉房、厨房、车库、仓库等）多设置在规划区内的偏僻一角，户外活动场地通常根据其功能的不同分别进行布局。因此，在对幼儿园进行绿化规划设计时，要特别注意以下几个方面。

（1）户外活动场地是幼儿集中的场所，要重点进行绿化。区域内除了要合理设置各种供孩子们游玩的设施，如沙坑、戏水池等，还应适当布置一些凉亭、花圃、花架等，形成丰富的绿地景观。树木的种植应以树冠宽阔、具有良好遮阴效果的落叶乔木为主，花卉要求种植不带刺的品种，这些都是出于保护儿童的考虑。

（2）生活杂物用地与日常生活密切相关，为幼儿园开展正常的工作提供后勤保障。生活杂物用地通常与幼儿活动和学习的场地保持一定距离，并且以一些适宜密植的植物种类（如绿篱）隔离开来，既有利于美化环境，也有利于保证幼儿的安全。

（3）菜园、果园、小动物饲养等场地通常出现在设施较为健全的幼儿园内部，既能有效配合一些教学活动，又能对该区域的环境进行美化，还能产生一定的物质经济效益。但是，幼儿园的用地是有限的，因而菜园、果园、小动物饲养等场地一般面积比较小，并布置在全园的一角，场地周围常以篱笆和栅栏相隔离。

（4）幼儿园的绿化要实现整体环境的协调统一。

2.中小学校的绿化规划设计

中小学校相比幼儿园来说，布局设置有一定的相似性，但内部结构更为完善，各种设施建设的要求也更高。同时,在进行中小学校的绿化规划设计时,要特别注意主体建筑的绿化、体育场地的绿化和学校门口的绿化。

（1）主体建筑的绿化

学校的主体建筑即教学楼,在对其进行绿化时,要服从教学的要求,保证栽种的花木不会影响室内的通风、采光的需要。因此,教学楼的绿化最好以低矮灌木或宿根花卉为主,高度不得超过窗台;教学楼的东西两侧可以栽植树冠较大的乔木,用以遮挡日晒,但乔木的栽植要与建筑物保持一定的距离,一般为5m以上。

（2）体育场地的绿化

在进行体育场地的绿化时,要主要围绕场地的周围进行,在体育场与教学区之间种植树木组成隔离带,以降低体育教学产生的声音对教学区的影响;体育场地周围的绿化要以乔木为主,灌木则应较少选取,以留出更多空地供体育活动使用;选择的植物以茎叶表面柔和的品种为主,以免学生在体育活动中不慎划伤;足球场和一些特殊运动项目的田径场地要铺设草坪,并进行定期维护。

（3）学校门口的绿化

对于中小学校来说,学校门口也是绿化的重点。而在对学校门口进行绿化时,可在道路两侧种植草坪、花卉、灌木及常绿乔木等。

3.公共活动区域的绿化规划设计

公共活动区域依据用途可大致分为两部分,用于商业活动的区域和用于公共活动中心的区域。

（1）商业活动区域的绿化规划设计

在对商业活动区域进行绿化设计时,要特别注意以下几个方面。

第一,商业活动区域的绿化应该以店面为基础,可以在店铺周围设置一些小块儿绿地,种植少量花卉作为点缀,绿化面积不宜过大,以免影响正常的商业活动。

第二,商业活动区域的绿地可以沿街道的一侧或两侧分布,种植乔木并以小块儿草坪或花卉进行点缀,形成错落有致的街道景色。

（2）公共活动中心区域的绿化规划设计

一般来说,公共活动中心所包含的服务设施是非常广泛的,不仅包括各种文化馆、体育馆、俱乐部、书店、青少年活动中心、老年活动中心等,还包括各种行政管理机构、物业部门、银行、邮电局、派出所等。因此,公共活动中心的绿地规划通常有较高的要求,要在方便居民使用的前提下,尽量达到艺术布局的效果,具体见表13-7。

表 13-7　公共活动场所的绿地规划

要点 类型	环境措施	设施构成	树种选择
文化体育场所	有利于组织人流和车流,为居民提供短时间休息的场所	照明设施、条凳、果皮箱、广告牌、公用电话、公共厕所	以生长迅速、健壮、挺拔、树冠整齐的乔木为主。运动场上的草皮应是耐修剪、耐践踏、生长期长的草类

续表

类型＼要点	环境措施	设施构成	树种选择
医疗卫生场所	加强环境保护,防止噪声、空气污染	树木、花坛、草坪、条椅等,道路无台阶,宜采用缓坡道,路面平滑	宜选用树冠大、遮荫效果好、病虫害少的乔木、中草药及有杀菌作用的植物
行政管理区域	协调各建筑之间在形式、色彩上的不足	设有简单的文体设施和宣传画廊、报栏,以活跃居民的业余文化生活	栽植庭荫树,多种果树,树下可种植耐阴经济植物,利用灌木、绿篱围成院落
垃圾站、锅炉房	消除噪声、灰尘、废气排放对环境的影响	露天堆场(如煤、渣等)、运输车、围墙、树篱、藤蔓	选用抗性强、能吸收有害物质的树种以及枝叶茂密的乔灌木,墙面屋顶用爬蔓植物绿化

(四)道路绿地的规划设计

对于居住区的道路来说,其绿地规划设计要以区域内道路的设置为基础。一般来说,居住区的道路可以分为主干道、次干道和住宅小路三种类型,而且不同类型的居住区道路的绿化方式也有所不同。

1. 主干道的绿化规划设计

由于居住区的主干道是联系各小区及居住区内外的主要道路,兼有人行和车辆交通的功能,因而对其进行绿化规划设计时要特别注意以下几个方面。

(1)主干道两旁栽种的树木要注意遮阳和不影响交通安全,特别在道路交叉口及转弯处应根据安全视距进行绿化布置。

(2)主干道路面宽阔,因而应选用体态雄伟、树冠宽阔的乔木,使主干道绿树成荫。

(3)在主干道和居住建筑之间,可多行列植或丛植乔灌木,以起到防止尘埃和隔音的作用。

2. 次干道的绿化规划设计

次干道是联系各住宅组团之间的道路,也是组织和联系小区各项绿地的纽带,因此在对其进行绿化规划设计时要特别注意以下几个方面。

(1)次干道两旁的树木配置要活泼多样,可以依据居住建筑的布置、道路走向以及所处位置、周围环境等加以考虑。一般来说,树种选择上要多选小乔木及开花灌木,特别是一些开花繁密的树种、叶色变化的树种,如合欢、樱花、五角枫、红叶李、乌桕、栾树等。另外,每条道路要注意选择不同的树种,运用不同断面的种植形式,以使每条路都能各具特色。

(2)在次干道和居住建筑之间,可以采用绿篱、花灌木来强调道路空间,减少交通对低层住宅的底层单元的影响。

3. 住宅小路的绿化规划设计

住宅小路是对各住宅进行联系的道路,宽 2m 左右,供人行走,因而在对其进行绿化规划设计时要特别注意以下几个方面。

(1)住宅小路的绿化布置要适当后退 0.5～1m,以便必要时急救车和搬运车驶近住宅。不过，小路交叉口有时可适当放宽，与休息场地结合布置，也显得灵活多样，丰富道路景观。

（2）对于行列式住宅的小路来说，栽种的树木从树种选择到配置方式采取多样化，形成不同景观，以起到识别不同住宅的标识作用。

第三节　城市道路绿地的规划设计

通常认为，修建在市区、路两侧有连续建筑物、用地下沟管排除地面水、采用连续照明、横断面上布置有人行道的道路称为城市道路。凯文·林奇在《城市意象》一书中把构成城市意象的要素分为五类，即道路、边界、区域、结点和标志，并指出道路作为第一构成要素往往具有主导性，其他环境要素都要沿着它布置并与其相联系，可见道路交通在城市中有着举足轻重的地位。做好城市道路绿地的规划设计，是城市发展的重要条件。

一、城市道路绿地规划设计概述

（一）城市道路的功能

城市道路是城市建设的主要项目之一，社会生产力越发展，社会物质生活和精神生活越丰富，城市道路就越发展。从物质构成关系来说，道路被看成城市的"骨架"和"血管"；从精神构成关系来说，道路是决定城市形象的首要因素，作为城市环境的重要表现环节，道路又是构成和谐人居环境的支撑网络，也是人们感受城市风貌及其景观环境最重要的窗口。城市道路不仅仅是连接两地的通道，在很大程度上也是人们公共生活的舞台，是城市人文精神和区域文化的灵魂要素，也是一个城市历史文化延续变迁的载体和见证。具体而言，城市道路的功能主要包含以下几点。

1. 交通功能

城市道路作为城市交通运输工具的载体，为各类交通工具及行人提供行驶的通道与网络系统。随着现代城市社会生产、科学技术的迅速发展和市民生活模式的转变，城市交通的负荷日益加重，交通需求呈多元化趋势，城市道路的交通功能也在不断发展和更新。

2. 设施承载功能

城市道路为城市公共设施的配置提供了必要的空间，主要指在道路用地内安装或埋设电力、通信、热力、燃气、自来水、下水道等电缆及管道设施，并使这些设施能够保证提供良好的服务功能。此外，在特大城市与大城市中，地面高架路系统、地下铁道等也大都建设在道路用地范围之内，有时还要在地下建设综合管道、走廊、地下商场等。

3. 防火避灾功能

合理的城市道路体系能为城市的防火避灾提供有效的开放空间与安全通道。在房屋密集的城市，道路能起到防火、隔火的作用，是消防救援活动的通道和地震灾害的避难场所。

4. 构造功能

城市主次干路具有框定城市土地的使用性质，为城市商务区、居住区及工业区等不同性质规划区域的形成起分隔与支撑作用,同时由主干路、次干路、环路、放射路所组成的交通网络,构造了城市的骨架体系和筋脉网络,有助于城市形成功能各异的有机整体。

5.景观美化功能

城市道路是城市交通运输的动脉,也是展现城市街道景观的廊道,因此城市道路规划应结合道路周边环境,提高城市环境整体水平,给人以安适、舒心和美的享受,并为城市创造美好的空间环境。

(二)城市道路的组成

城市道路红线之间的空间范围为城市道路用地,该用地由以下不同功能的部分组成。

(1)供各种车辆行驶的车行道。其中包括供汽车、无轨电车、摩托车行驶的机动车道;供有轨电车行驶的有轨电车道;供自行车、三轮车等行驶的非机动车道。

(2)专供行人步行交通用的人行道。

(3)起卫生、防护与美化作用的绿化带。

(4)用于排除地面水的排水系统,如街沟或边沟、雨水口、窨井、雨水管等。

(5)为组织交通、保证交通安全的辅助性交通设施如交通信号灯、交通标志、交通岛、护栏等。

(6)交叉口和交通广场。

(7)停车场和公共汽车停靠站台。

(8)沿街的地上设施,如照明灯柱、架空电线杆、给水栓、邮筒、清洁箱、接线柜等。

(9)地下的各种管线,如电缆、煤气管、给水管、污水管等。

(10)在交通高度发达的现代城市,还建有架空高速道路、人行过街天桥、地下道路、地下人行道、地下铁道等。

(三)城市道路的类型

根据《城市道路绿化规划与设计规范》(CJJ 1775—1997),城市道路分为高速干道、快速干道、交通干道、区干道、支路、专用道路这几类,如表 13-8 所示。根据城市街道的景观特征,又可把城市道路划分为城市交通性街道、城市生活性街道(包括巷道和胡同等)、城市步行商业街道和城市其他步行空间。

表 13-8 城市道路类型

类型	描　　述
高速干道	高速交通干道在特大城市、大城市设置,为城市各大区之间远距离高速交通服务,联系距离 20~60km,其行车速度在 80~120km/h。行车全程均为立体交叉,其他车辆与行人不准使用。最少有四车道(双向),中间有 2~6m 分车带,外侧有停车道
快速干道	快速交通干道也是在特大城市、大城市设置,为城市各分区间较远距离交通道路联系服务,距离 10~40km,其行车速度在 70km/h 以上。行车全程为部分立体交叉,最少有四车道,外侧有停车道,自行车、人行道在外侧
交通干道	交通干道是大、中城市道路系统的骨架,是城市各用地分区之间的常规中速交通道路。其设计行车速度为 40~60km/h,行车全程基本为平交,最少有四车道,道路两侧不宜有较密的出入口

续表

类型	描 述
区干道	区干道在工业区、仓库码头区、居住区、风景区以及市中心地区等分区内均存在。共同特点是作为分区内部生活服务性道路,行车速度较低,横断面形式和宽度布置因区制宜。其行车速度为 25～40km/h,行车全程为平交,按工业、生活等不同地区,具体布置最少两车道
支路	支路是小区街坊内道路,是工业小区、仓库码头区、居住小区、街坊内部直接连接工厂、住宅群、公共建筑的道路,路宽与断面变化较多。其行车速度为 15～25km/h,行车全程为平交,可不划分车道
专用道路	专用道路是城市交通规划考虑特殊要求的专用公共汽车道、专用自行车道,城市绿地系统中和商业集中地区的步行林荫道等

(四)城市道路绿地的功能

城市道路交通绿地是城市园林绿地系统的组成要素,它们以网状和线状形式将整个城市绿地连成一个整体,形成良好的城市生态环境系统。

1.保护城市环境

随着工业高速发展,机动车辆增多,城市污染现象日趋严重。增加道路绿化比重,是改善和保护城市环境卫生,减少有害气体、烟尘、噪声等污染的积极措施之一。

(1)净化空气

道路绿化可以净化空气,减少城市空气中的烟尘含量,同时吸收二氧化碳和二氧化硫等有毒气体。相关数据显示,在绿化的道路上距地面 1.5m 处,灌木绿带作为较理想的防尘材料,可以将道路上的粉尘、铅尘等截留在绿化带附近不再扩散。

(2)保护路面

夏季城市的路面温度往往比气温高 10℃以上。当气温达到 31.2℃时,路面温度可达 43℃,许多路面尤其是沥青路面常因受日光的强烈照射而受损,影响交通。而绿地通过吸热、降温,可起到保护路面的作用。

(3)降低环境噪音

道路是城市中噪音污染最严重的地方,据调查,环境噪音 70%～80% 来自地面交通运输。若道路上噪音达到 100dB 时,临街的建筑内部可达 70～80dB,给人们的工作和休息带来很大干扰。而噪音超过 770dB,就会产生许多不良症状,有损身体健康。在道路与建筑物间合理配置一定宽度的绿化种植带,可以大大降低噪音。

(4)降低道路辐射热

道路绿化可以通过吸收、散射、反射等作用,减少到达地面的太阳辐射,降低路面温度。据测定,夏季中午在树荫下的水泥路面的温度比阳光下低 11℃,树荫下裸土地面比阳光直射时要低 6.5℃左右。

(5)形成生态廊道,维持生态系统平衡

城市道路是城市人工生态系统与其外围自然生态系统间物质及能量流动的主要通道。道路绿地的建设有利于形成绿色的生态廊道,保证这种物质循环及能量流动的正常进行。道路绿地还可为各种动物的迁移提供通道,达到保护生物多样性,维持生态平衡的目的。

2.组成城市绿地系统

城市道路绿地是城市绿地系统中重要的组成部分,主要体现在以下两个方面。

第一,随着社会经济的发展及城市化进程的加快,城市道路及道路绿地的建设得以发展,道路绿地率和绿化覆盖率不断提高。因此,搞好城市道路绿地的规划建设对于增加城市绿地面积,提高城市绿地率和绿化覆盖率,改善城市生态环境等都起着不可替代的作用。

第二,城市道路绿地在构成城市完整的绿地网络系统中扮演着重要角色,城市道路绿地像绿色的纽带一样,以"线"的形式,联系着城市中分散着的"点"和"面"的绿地,把分布在市区内外的绿地组织在一起,联系和沟通不同空间界面、不同生态系统、不同等级和不同类型的绿地,形成完整的绿地系统网。

3.美化城市环境

道路绿化可以点缀城市,美化街景,烘托城市建筑艺术,同时遮挡不雅的地段。一个完善的城市道路绿化,可利用植物本身的色彩和季相变化,把城市装饰得美丽、活泼,形成宽松、平和的气氛。

4.组织城市交通

城市交通与道路绿化有着非常重要的关系,绿化以创造良好环境,保证提高车速和行车安全为主,具体体现在以下几个方面。

第一,在道路中间设置绿化分隔带,可以减少车流之间的互相干扰,使车流单向行驶,保证行车安全。

第二,机动车与非机动车之间设绿化分隔带,有利于缓和快慢车混行的矛盾,使不同车速的车辆在不同的车道上行驶。

第三,在交叉路口上布置绿化良好的交通岛、安全岛等,可以起到组织交通、保证行车速度和交通安全的作用。

5.提高城市抗灾能力

城市道路绿地的抗灾能力主要体现在以下几个方面。

第一,城市道路绿地在城市中形成了纵横交错的一道道绿色防线,可以减低风速、防止火灾的蔓延。

第二,地震时,道路绿地还可以作为临时避震的场所,对防止震后建筑倒塌造成的交通堵塞具有无可替代的作用。

6.其他功能

许多植物不仅姿态美观,花色动人,而且具有很高的经济价值,如银杏、核桃、柿子、七叶树、白兰花、连翘等。在满足道路绿化各种功能要求的前提下,选择既具有地方特色又有经济效益的树木花草,既可营造具有地域风格的城市风情,又可收到一定的经济效益。

(五)城市道路绿地断面布置形式

道路绿地的断面形式与道路的红线宽度、道路的等级及道路横断面的形式等密切相关,我国现有城市道路多采用一块板、两块板和三块板等基本形式。因此,相应的道路绿地断面常用的有一板二带式、二板三带式、三板四带式、四板五带式及其他形式。

1. 一板二带式

一板二带式是较为常见的绿化形式,中间是行车道,在行车道两侧的人行道上种植行道树(图 13-16)。

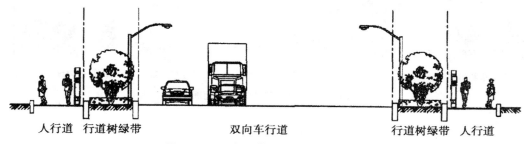

图 13-16　一板二带式道路绿地断面图

这种形式的优点是简单整齐,用地经济,管理方便;但当车行道过宽时,行道树的遮荫效果较差,不利于解决机动车及非机动车混合行驶的矛盾,交通管理困难。两侧单一的行道树布置也较单调,而且绿量不大,不利于道路绿地生态效益的发挥。

2. 二板三带式

二板三带式是在分隔单向行驶的两条车行道中间绿化,并在道路两侧布置行道树绿带。这种形式适于较宽阔的道路,优点是中间有绿带,以减少车流之间相互干扰,从而保证了行车安全(图 13-17)。

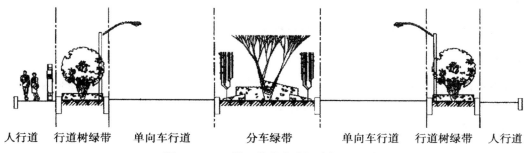

图 13-17　二板三带式道路绿地断面图

3. 三板四带式

三板四带式利用两条绿化分隔带把车行道分成三块,中间为机动车道,两侧为非机动车道,连同车道两侧的行道树共为四条绿带。虽然占地面积大,却是城市道路绿地较理想的形式。这种形式的优点是绿量大,夏季蔽荫效果好,生态效益显著,景观层次丰富,同时可以解决机动车和非机动车混合行驶相互干扰的问题,组织交通方便,安全可靠(图 13-18)。

4. 四板五带式

四板五带式利用三条绿化分隔带将车道分为四块,共有五条绿化带。这种形式常用于道路红线宽、车流大的区域,即在三板四带的机动车道中再布置一条分隔绿带,将机动车道分为单向行驶,以便各种车辆上、下行互不干扰,有利于限定车速和保障交通安全。这一形式集二板三带及三板四带式的优点,但其占地较大,一般城市不宜多设计(图 13-19)。

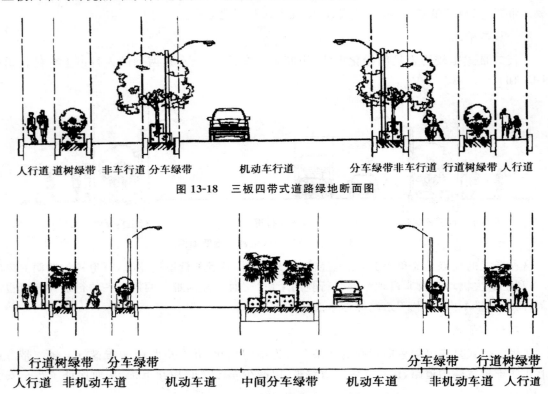

人行道 道树绿带 非车行道 分车绿带　　机动车行道　　分车绿带非车行道 行道树绿带 人行道

图 13-18　三板四带式道路绿地断面图

行道树绿带　分车绿带　　　　　　　　　　　　分车绿带　行道树绿带

人行道　非机动车道　　机动车道　中间分车绿带　机动车道　非机动车道　人行道

图 13-19　四板五带式道路绿化断面图

(六)城市道路绿地规划设计相关指标的规定

1. 道路绿地率的规定

《城市道路绿化规划与设计规范》(CJJ 1775—1997)中规定:园林景观路绿地率不得小于 40%;红线宽度大于 50m 的道路绿地率不得小于 30%;红线宽度在 40~50m 的道路绿地率不得小于 25%;红线宽度小于 40m 的道路绿地率不得小于 20%。

2. 行车视线和行车净空的要求

(1)行车视线要求

在行车视线方面,要求有一定的安全视距、交叉口视距、停车视距。

安全视距:即行车司机发觉对方来车、立即刹车恰好能停车的视距。

安全视距计算公式:

$$D = a + tu + b$$

式中,D——最小视距(m);

　　　a——汽车停车后与危险带之间的安全距离,一般采用 4m;

　　　t——驾驶员发现必须刹车的时间,一般采用 1.5s;

　　　u——规定行车速度(m/s);

　　　b——刹车距离(m)。

交叉口视距：为保证行车安全，车辆在进入交叉口前一段距离内，必须能看清相交道路上车辆的行驶情况，以便能顺利驶过交叉口或及时减速停车，避免相撞。这一段距离必须大于或等于停车视距(图 13-20)。

停车视距：指车辆在同一车道上，突然遇到前方障碍物，而必须及时刹车时所需的安全停车距离(表 13-9)。

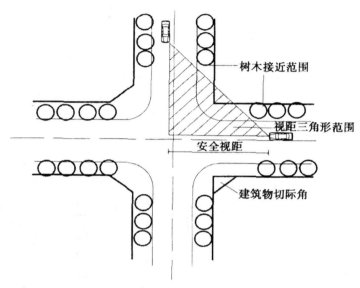

图 13-20　交叉口视距三角形

表 13-9　停车视距建议表

道路类别	停车视距/m
主要交通干道	75～100
次要(一般)交通干道	50～75
一般道路(居住区道路)	25～50
居住小区、街坊道路(小路)	25～30

为保证行车的安全视距，在道路交叉口视距三角形范围内和弯道内侧的规定范围内，种植的树木不应影响驾驶员的视线通透。

在道路弯道外侧沿边缘整齐、连续栽植树木能起到预告道路线形变化，引导驾驶员行车视线的功能。一般规定在视距三角形内布置植物时，其高度不得超过 0.7m，宜选低矮灌木、丛生花草种植。

(2)行车净空要求

道路设计规定在道路中一定宽度和高度范围内为车辆运行的空间，在此三角形区域内不能有建筑物、构建物、广告牌以及树木等遮挡司机视线的地面物。具体范围应根据道路交通设计部门提供的数据确定(表 13-10)。

表 13-10　行车最小净空高度

行驶车辆种类	各种汽车	无轨电车	有轨电车	自行车、行人	其他非机动车
最小净高/m	4.5	5.0	5.5	2.5	3.5

（七）城市道路绿地规划设计的相关术语

（1）道路红线：城市道路路幅的边界线。

（2）道路分级：道路分级的主要依据是道路的位置、作用和性质，是决定道路宽度和线型设计的主要指标。目前我国城市道路大都按四级划分为：快速路、主干路、次干路和支路四类。

（3）道路总宽度：也叫路幅宽度，即道路红线之间的宽度，是道路用地范围，包括横断面各组成部分用地的总称。

（4）道路绿地：道路用地范围内可进行绿化的用地，分为道路绿带、交通岛绿地和停车场绿地（图 13-21）。

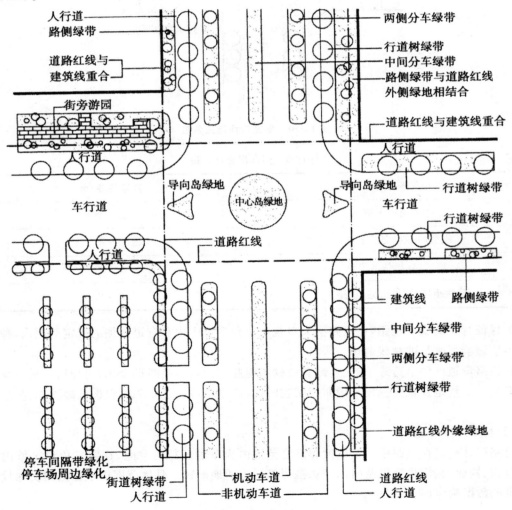

图 13-21　规范道路平面图

(5)道路绿带:道路红线范围内的带状绿地。道路绿带分为分车绿带、行道树绿带和路侧绿带。

(6)分车绿带:车行道之间可以绿化的分隔带。位于上下行机动车道之间的为中间分车绿带;位于机动车道与非机动车道之间或同方向机动车道之间的为两侧分车绿带。

(7)行道树绿带:布设在人行道与车行道之间,以种植行道树为主的绿带。

(8)路侧绿带:在道路侧方,布设在人行道边缘至道路红线之间的绿带。

(9)交通岛绿地:可绿化的交通岛用地。交通岛绿地分为中心岛绿地、导向岛绿地和立体交叉绿岛。

(10)中心岛绿地:位于交叉路口上可绿化的中心岛用地。

(11)导向岛绿地:位于交叉路口上可绿化的导向岛用地。

(12)立体交叉绿岛:互通式立体交叉干道与匝道围合的绿化用地。

(13)广场、停车场绿地:广场、停车场用地范围内的绿化用地。

(14)道路绿地率:道路红线范围内绿地面积占道路用地面积的比例。

(15)园林景观路:在城市重点路段,强调沿线绿化景观,体现城市风貌、绿化特色的道路。

(16)装饰绿地:以装点、美化街景为主,不让行人进入的绿地。

(17)开放式绿地:绿地中铺设游步道,设置坐凳等,供行人进入游览休息的绿地。

(18)通透式配置:绿地上配植的树木,在距相邻机动车道路面高度 0.9~3.0m 的范围内,其树冠不遮挡驾驶员视线的配置方式。

(八)城市道路绿地规划设计的原则

1.统筹兼顾,安全第一

第一,所有道路绿地规划应符合行车视线和行车净空要求,满足交通安全的需要。

第二,绿化树木与市政公用设施的相互位置应合理兼顾,保证树木有需要的立地条件与生长空间。

第三,道路绿地的坡向、坡度应符合排水要求并与城市排水系统结合,防止绿地内积水和水土流失。

2.统一规划,同步建设

道路绿地规划建设与城市道路规划建设同步进行是保障城市道路绿地得以实施的前提和基础,只有这样才能保证留出足够的用地进行道路绿地建设,使道路绿地达到预期的效果和景观。

3.适地适树,种类丰富

第一,道路绿化应符合适地适树和生物多样性的原则,以乔木为主,乔木、灌木、地被植物相结合,形成植物群落结构,不得有裸露土壤。

第二,在道路绿地的配植模式及树种选择上应突破单一行道树或乔木+草坪的模式,大力推广乔木+灌木+地被植物的复式种植模式。

第三,在树种选择上,也应多种多样,除了选择一些抗性强、适应性好的乡土树种外,还可适当引进一些适宜的外来树种。

4.体现道路景观特色

第一,同一道路的绿化应有统一的景观风格,不同路段的绿化形式可有所变化。

第二,同一路段上的各类绿带,在植物配植上应相互配合并应协调空间层次、树形组合、色彩搭配和季相变化的关系。

第三,园林景观路应与街景结合,配植观赏价值高、有地方特色的植物。

第四,主干路应体现城市风貌;毗邻山、河、湖、海的道路,其绿化应结合自然环境突出自然景观特色。

5.体现城市文化历史及地方特色

道路绿地的建设应与城市的文化及历史气氛相适应,承担起文化载体的功能。修建道路时,宜保留有价值的原有树木,对古树名木应予以保护。

二、不同类型的城市道路绿地规划设计

(一)行道树绿带的规划设计

行道树绿带布设在人行道与车行道之间,以种植行道树为主。行道树是街道绿化最基本的组成部分,即沿人行道外侧成行种植乔木,是街道绿化最主要的部分。行道树绿带的主要功能是为行人及非机动车庇荫,因此,应种植浓荫乔木为主,由于其形式简单、占地面积有限,因此选择合适的种植方式和树种显得尤其重要。

1.行道绿带规划设计的原则

第一,行道树绿带的宽度应根据立地条件、道路性质及类别、对绿地的功能要求等综合考虑而决定,当宽度较宽时可采用乔木、灌木、地被植物相结合的配置方式,提高防护功能,加强绿化景观效果;当宽度较窄时则应避免选用根系较发达的大乔木,以免影响路人正常的步行。

第二,行道绿化带上种植乔木和灌木的行数由绿带宽度决定。在地上、地下管线影响不大时,宽度在 2.5m 以上的绿化带,种植一行乔木和一行灌木;宽度大于 6m 时,可考虑种植两行乔木,或将大、小乔木和灌木以复层方式种植;宽度在 10m 以上的绿化带,其行数可多些,树种也可多样,甚至可以布置成花园景观路。

第三,为了保证车辆在车行道上行驶时车中人的视线不被绿带遮挡,能够看到人行道上的行人和建筑,便于消防、急救、抢险等车辆在必要时穿行,在人行道绿化带上种植树木必须保持一定的株距,其株距应为树冠冠幅的 4~5 倍,最小种植株距应为 4m。

第四,在弯道或道路交叉口,行道树绿带应采用通透式配置。在距相邻机动车道路面高度0.3~0.9m 内,树冠不得进入视距三角形范围内,以免遮挡驾驶员视线,造成交通隐患,影响交通。

第五,在同一街道宜采用同一树种,并注意道路两侧行道树株距的对称,既能更好地起到遮阴、滤尘、减噪等防护功能,又能够在道路横断面上形成雄伟统一的整体视觉效果。

2.行道树绿带的布置形式

行道树绿带的布置形式主要分为规则式布置和自然式布置。

（1）规则式布置

当道路横断面中心线两侧绿带宽度相同时,应采用规则式布置。其中树种选择、株距等均相同。这种布置形式是城市建设中常用的一种模式,能够形成一种规整有序、风格统一的景观效果。

（2）自然式布置

当道路横断面为不规则形状时,或道路两侧行道树绿带宽度不等时,应采用自然式布置,如山地城市或老城区路幅较窄,可采用道路一侧种植行道树,而另一侧布置照明和其他地下管线。有时为了营造活泼生动的街景效果,也可设计成以自然式为主的行道树绿化带。

3.行道树种植方式

行道树种植设计方式有多种,常用的有树池式、树带式两种。

（1）树池式

当行人较多、道路较窄、交通流量较大的情况下,可采用树池式种植。树池形状可方可圆,其边长或直径不得小于 1.5m,长方形树池短边不得小于 1.2m,长短边之比不超过 1∶2,栽植位置应位于树池的几何中心,从树干到靠近车行道一侧的树池边缘不小于 0.5m,距车行道路缘石不小于 1m,行道树种植株距不小于 4m。为了行人行车方便及考虑雨水能流入树池等因素,最好在上面加有透空的池盖,与路面同高,这样可增加人行道的宽度,又避免践踏,同时还可使雨水渗入池内。池墙可用铸铁或钢筋混凝土做成,设计应当简单大方、坚固且拼装方便。地盖可用金属或钢筋混凝土制造,由两扇合成,以便在松士和清除杂物时取出,如果树池略低于路面,应加筑与路面同高的池墙,一般池边缘高出人行道 0.05～0.1m,避免行人践踏。

（2）树带式

树带式,即在人行道和车行道之间留出一条不加铺装的种植带,一般宽不小于 1.5m,栽植以大乔木为主体,辅以灌木、地被植物、草坪等。树带式整齐壮观,生态效果良好。

4.行道树的选择

行道树的生长环境十分恶劣。空气干燥,缺水,土壤贫瘠,汽车尾气中的各种有害烟尘、气体及种种人为、机械的损伤和上下管网线路的限制,均不利于植物生长。因此,为保证道路绿地的质量及景观效果,必须选择适合的行道树种,选择时应注意以下几点。

第一,选择能适应城市道路各种环境因素,对病虫害有较强抵抗力,成活率高、树龄适中的树种。

第二,选择树干通直、树冠较大可遮荫、树姿端正、叶色富于季相变化的树种。

第三,选择花果无臭味、无飞絮及飞粉、不招惹蚊蝇等害虫、落花落果不污染衣服和路面的树种。

第四,选择耐强度修剪、愈合能力强的树种。

第五,不选择带刺的树种以及萌发力强、根系发达隆起的树种。

第六,选择的树种第一分枝点高度不得小于 3.5m,快长树胸径不得小于 5cm,慢长树胸径不宜小于 8cm。

（二）步行街道绿地的规划设计

步行街是指城市道路系统中确定为专供步行者使用,禁止或限制车辆通行的街道,如沈阳的太原街、大连的天津街等；另外也有一些街道只允许部分公共汽车短时间或定时通过，形成过渡性步行街和不完全步行街，如北京的王府井大街、前门大街，上海的南京路。确定为步行街的街道一般在市、区中心商业、服务设施集中的地区，亦称商业步行街。步行街两侧均集中商业和服务性行业建筑，不仅是人们购物的活动场所，也是人们交往、娱乐的空间。其设计过程就是创造一个以人为本，一切为"人"服务的城市空间过程。步行街的设计在空间尺度和环境气氛上要亲切、和谐，可通过控制街道的宽度和两侧建筑物高度，以及将空间划分为几部分、建筑物逐层后退等形式，改变空间尺度，创造亲切宜人的街道环境空间。

1. 步行街道绿地的功能及特点

步行街是一个融旅游、商贸、展示、文化等多功能为一体、充满园林气息的公共休闲空间，它寓购物于玩赏，置商店于优美的环境之中，通过为行人提供舒适的步行、购物、休闲、社交、娱乐等场所，达到提升城市中心区环境质量，保护传统街道特色，使城市更加亲切近人，改善城市人文环境的目的。

2. 步行街绿化设计

步行街道绿地要精心规划设计，与环境、建筑协调一致，使功能性和艺术性达到平衡。

第一，为创造舒适的环境供行人休息活动，步行街可铺设装饰性花纹地面，增加街景的趣味性，还可布置装饰性小品和供群众休息用的座椅、凉亭、电话间等。

第二，植物种植要特别注意植物形态、色彩，要和街道环境相结合，树形要整齐，乔木要冠大荫浓、挺拔雄伟，花灌木无刺、无异味、花艳、花期长。特别需考虑遮阳与日照的要求，在休息空间应采用高大的落叶乔木，夏季茂盛的树冠可遮阳，冬季树叶脱落，又有充足的光照，为顾客提供不同季节舒适的环境。

第三，地区不同，绿化布置上也有所区别，如在夏季时间长、气温较高的地区，绿化布置时可多用冷色调植物；而在北方则可多用暖色调植物布置，以调节人们的心理感受。

此外，在街心可适当布置花坛、雕塑，增添步行街的识别性和景观特色。

（三）路侧绿带的规划设计

路侧绿带是指在道路侧方布设在人行道边缘至道路红线之间的绿带。路侧绿带在街道绿地中占很大比例，是街道绿化中的重要组成部分，对道路景观的整体面貌、街景的四季变化起到显著的影响。由于路侧绿带与沿路的用地性质或建筑物关系密切，有些建筑要求绿化衬托，有些要求绿化防护，有些需要在绿化带中留出入口。因此，路侧绿带应根据相邻用地性质、建筑类型等，结合周边立地条件和景观环境等诸多要求进行设计，并应注意保持整体道路绿带空间上连续完整、和谐统一。

1. 路侧绿带规划设计的原则

首先，路侧绿带的植物种类远比其他绿带更为丰富，配植方式也更为灵活多变，自然式、规则式、混合式均可采用，但仍要有统一的基调以保持景观的整体性和连续性。

其次，路侧绿带应根据相邻用地的性质、防护和景观的要求进行设计，并应保持在路段内的连续与完整的景观效果。路侧绿带宽度大于8m时，可设计成开放式绿地，其绿化用地面积不得小于该段绿带总面积的70%。

最后，路侧绿带与毗邻的其他绿地一起辟为街旁游园时，其设计应符合现行行业标准《公园设计规范的规定》。濒临江、河、湖、海等水体的路侧绿地,应结合水面与岸线地形设计成滨水绿带,滨水绿带的绿化应在道路和水面之间留出透景线。在城市外围及交通干道附近的一些路侧绿带可以设计成层次复杂、功能多样、生态效益明显、景观优美的森林景观道路。

2.不同类型的路侧绿带规划设计

(1)防护绿带和基础绿带规划设计

防护绿带宽度在 2.5m 以上时,可考虑种一行乔木和一行灌木;宽度大于 6m 时可考虑种植两行乔木,或将大、小乔木与灌木以复层方式种植;宽度在 10m 以上的种植方式更可多样化。

基础绿带的主要作用是保护建筑内部的环境及人的活动不受外界干扰。基础绿带内可种灌木、绿篱及攀缘植物以美化建筑物。种植时一定要保证种植与建筑物的最小距离、保证室内的通风和采光。

(2)开放式绿地的规划设计

开放式绿地即街道休息绿地,俗称街道小游园。开放式绿地以植物为主,可用树丛、树群、花坛、草坪等布置。乔灌木、常绿或落叶树相互搭配,层次要有变化,内部可设小路和小场地,供人们入内休息。有条件的设一些建筑小品,如亭廊、花架、宣传廊、园灯、水池、喷泉、假山、座椅等,丰富景观内容,满足群众的需要。

街道小游园绿地大多地势平坦,或略有地形起伏,可设计为规则对称式、规则不对称式、自然式、混合式等多种形式(表 13-11)。

表 13-11　开放式绿地的规划设计形式

形式	描　述
规则对称式	有明显的中轴线,为规则的几何图形,如正方形、长方形、多边形、圆形、椭圆形等。此种形式外观比较整齐,能与街道、建筑物取得协调,但也要受一定的约束,为了发挥绿化对于改善城市小气候的影响,一般在可能的条件下绿带占道路总宽度的 20% 为宜,也要根据不同地区的要求有所差异
规则不对称式	整齐而不对称,给人的感觉虽是不对称,但有均衡的效果。它可以根据功能组成不同的空间
自然式	绿地没有明显的轴线,道路为曲线,植物以自然式种植为主,易于结合地形,创造成自然环境,活泼舒适,如果点缀一些山石、雕塑或建筑小品会更美观
混合式	是规则式与自然式相结合的一种形式,既有自然式的灵活布局,又有规则式的整齐明朗;既能运用规则式的造型与四周的建筑广场相协调,又能营造出一方展现自然景观的空间。混合式的布局手法比较适合于面积稍大的游园。但空地面积需要较大,能组织成几个空间,联系过渡要自然,总体格局应协调,不可杂乱

对开放式绿地进行设计,首先要明确其服务的对象。它在城市中的分布比较广泛,可以位于居住区、商业区、行政区,也可以位于街旁。对于分布在不同位置的小游园,它潜在的游客是不同的,因此在进行小游园的规划设计时,首先应对小游园周围的环境进行分析,然后进一步仔细分析它的服务对象。

在确定了服务对象之后,就应根据服务对象的年龄特点、心理特点、生理特点和游园兴趣爱好确定活动的方式和内容。继而进一步考虑不同的活动方式和活动内容对环境的要求。最后按照规划设计的程序进行。

在整个设计过程中，一定要注意开放式绿地与周围环境的协调统一，因地制宜地进行。要发挥艺术手段，将人带入设定的情境中去，使人赏心悦目、心旷神怡，做到自然性、生活性、艺术性相结合。同时，还要求特点鲜明突出，布局简洁明快；进行合理的功能分区；小中见大，充分发挥城市绿地的作用；合理组织游览路线，吸引游客；注重硬质景观与软质景观的结合；注重突出植物造景。

(3)花园林荫道的规划设计

花园林荫道是指与道路平行而且具有一定宽度和游憩设施的带状绿地。花园林荫道也可以说是带状的街头休息绿地、小花园。林荫道利用植物与车行道隔开，在其内部不同阶段辟出各种不同休息场地，并有简单的园林设施，供行人和附近居民作短时间休息之用。在城市建筑密集、缺少绿地的情况下，花园林荫道可弥补城市绿地分布不均匀的缺陷。此外，它也扩大了群众活动场地，同时增加了城市绿地面积，对改善城市小气候、组织交通、丰富城市街景作用很大。

根据花园林荫道设置的不同位置，可将它分为三种不同的类型，如表13-12所示。

表13-12　花园林荫道的类型

类型	描　述
设在街道中间的林荫道	即在上下行的车行道中间有一定宽度的绿化带，主要供行人和附近居民作暂时休息用。这种类型较为常见，它多在交通量不大的情况下采用，因此出入口不宜过多
设在街道一侧的林荫道	此类林荫道在交通比较频繁的街道上采用较多，往往也因地形情况而定。例如傍山、一侧滨河或有起伏的地形时，可利用借景将山、林、河、湖组织在内，创造更加安静的休息环境。由于它设立在道路一侧，因此减少了行人与车行路的交叉
设在街道两侧的林荫道	它往往与人行道相连，可以使附近居民不用穿过道路就可达林荫道内，既安静，又使用方便。此类林荫道占地过大，目前使用较少

花园林荫道的设计要求主要有以下几方面。

第一，花园林荫道的设计要保证林荫道内宁静、卫生和安全的环境，以供游人散步、休憩。

第二，车行道与林荫道绿带要有浓密的绿篱和高大的乔木组成的绿色屏障相隔，立面上布置成外高内低的形式较好。

第三，为了行人出入方便，一般间隔75~100m应设一出入口，在有特殊需要的地方可增设出入口；大流量的人行道、大型建筑处也应设出入口。出入口布置应具有特色，作为艺术上的处理，以增加绿化效果。

第四，一般8m宽的林荫道内，设一条游步道；8m以上时，设两条以上为宜。

第五，林荫道的尽端，往往与城市广场或主要干道交叉口相连，是城市广场构图的组成部分，应特别注意艺术处理。

第六，花园林荫道中的适当地段结合周围环境应开辟各种场地，设置必要的园林设施，如小型儿童游乐场、休息座椅、花坛、喷泉、阅报栏、花架等建筑小品等,为行人和附近居民作短时间休息用。

第七,林荫道应以丰富多彩的植物取胜。林荫道总面积中,道路广场不宜超过 25％,乔木占 30％~40％,灌木占 20％~25％,草地占 10％~20％,花卉占 2％~5％。南方天气炎热需要更多的浓荫,故常绿树占地面积可大些;北方则落叶树占地面积大些。

第八,宽度较大的林荫道宜采用自然式布置,宽度较小的则以规则式布置为宜。

(4)滨河路绿地的规划设计

滨河路绿地是城市中临河流、湖沼、海岸等水体的道路绿地。滨河路毗邻自然环境,其绿化应区别一般道路绿化,与自然环境相结合,展示出自然风貌。其侧面临水,空间开阔,环境优美,是城镇居民休息游憩的地方,加以绿化,可吸引大量游人,特别是夏日的傍晚,其作用不亚于风景区和公园绿地。水体沿岸不同宽度的绿带称为滨河绿地,这些滨河路的绿地往往会给城市增添非常美丽的景色。

滨河路绿地的种植设计应遵循以下原则。

第一,在滨河绿地上除采用一般道路绿地树种外,还可在临水边种植耐水湿的树木,如柳树、池杉等。

第二,树木种植要注意林冠线的变化,不宜种得过密,要留出景观透视线。如果沿水岸等距离密植同一树种,则显得林冠线单调,既遮挡了城市景色,又妨碍观赏水景及借景。

第三,除了种植乔木以外,还可种一些灌木和花卉,以丰富景观。

第四,在低湿的河岸上或一定时期水位可能上涨的水边,应特别注意选择能适应水湿和耐盐碱的树种。

第五,滨河路绿化除有遮荫功能外,还具有防浪、固堤、护坡的作用。斜坡上要种植草皮,以免水土流失,也可起到美化作用。

第六,滨河林荫路的游步道与车行道之间应尽可能用绿化带隔开,以保证游人安静休息和安全。

滨河路绿地的设计可通过以下几种手法进行。

第一,设计时根据人的亲水习惯,应将游步道尽量贴近有水一侧,铺装场地及设施的安放要便于欣赏水景。在可以观看风景的地方应设计成小型广场或亲水平台;滨河路的绿化一般在临近水面设置游步路,最好能尽量接近水边,因为行人习惯于靠近水边行走。

第二,在水位较低的地方可以因地势高低设计成两层平台以阶梯连接,可使游人接近水面,使之有亲切感;在水位较稳定的地方,驳岸应尽可能砌筑得低一些,满足人们的亲水感;在具有天然坡岸的地方,可以用自然式布置的游步道和树木。

第三,如果滨河水面开阔,能划船或游泳时,可考虑以游园或公园的形式,容纳更多的游人活动。

第四,滨河林荫道内的休息设施可多样化,在岸边设置栏杆,并放置座椅,供游人休息,如林荫道较宽时,可布置成自然式,设有草坪、花坛、树丛等,并安排简单园林小品、雕塑、座椅、园灯等。

第五,林荫道的规划形式取决于自然地形的影响。地势如有起伏,河岸线曲折及结合功能要求,可采取自然式布置,如地势平坦,岸线整齐,与车道平行者,可布置成规则式。

图 13-22 为滨河绿地设计示意图。

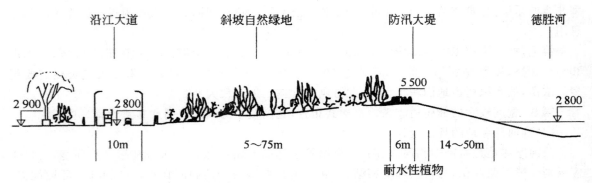

沿江大道　　　　　　斜坡自然绿地　　　　　　防汛大堤　　　　　德胜河

2 900　　　2 800　　　　　　　　　　　　　　　　　5 500　　　　　　　　2 800

10m　　　　　　5～75m　　　　　　　6m　　14～50m

耐水性植物

图 13-22　滨河绿地设计示意图

（四）分车绿带的规划设计

在分车带上进行绿化，称为分车绿带，也称为隔离绿带。分车绿带起到分隔组织交通与保障安全的作用，机动车道的中央分隔带在可能的情况下要进行防眩种植。机动车两侧分隔带如有可能应有防尘、防噪声树种，同时分车带中的高大种植对视线的影响会产生道路空间的分隔，而对街景产生很大的影响。

1.分车绿带宽度的确定

分车绿带的宽度依行车道的性质和街道的宽度而定，常见的分车绿带宽度为 2.5～8m，大于 8m 的可作为林荫道设计，最低宽度不能低于 1.5m。为了便于行人过街，分车带应进行适当分段，一般以 75～100m 为宜。分车绿带还应尽可能处理好与人行横道、停车站、大型商场以及人流集中的公共建筑出入口的关系，在这些重要设施前设置缺口，方便行人通行；被人行横道或道路出入口截断的分车绿带，其端部应采取通透式栽植；而在靠近汽车停靠站附近的分车绿带的处理也要从便捷安全等方面考虑，充分体现出人性化景观设计的原则。

2.分车绿带的种植设计

（1）种植方式

分车绿带的种植方式可分为封闭式种植、开敞式种植、半开敞式种植。

封闭式种植是指在分车带上种植单行或双行的丛生灌木或慢生常绿树，造成以植物封闭道路的境界（图 13-23）。当株距小于 5 倍冠幅时，可起到绿色隔离的作用。在较宽的隔离带上，种植高低不同的乔木、灌木和绿篱，可形成多种树冠搭配的绿色隔离带，层次和韵律较为丰富。

图 13-23　封闭式分车带

开敞式种植是指在分车绿带上种植草皮、低矮灌木或较大株行距的大乔木，以达到开朗、通透境界，并且大乔木的树干应该裸露（图 13-24）。另外，便于行人过街，分车带要适当进行分段，一般以 75～100m 为宜，尽可能与人行横道、停车站、大型商场和人流集散比较集中的公共建筑出入口相结合。

介于封闭式与开敞式之间的半开敞式种植，可根据行车道的宽度、所处环境等因素，利用植物形成局部封闭的半开敞空间（图 13-25）。

图 13-24　开敞式分车带

图 13-25　半开敞式分车带

无论采用哪种方式,目的都是为了最合理地处理建筑、交通和绿化之间的关系,使街景统一而富于变化。在一条较长的道路上,根据不同地段的特点,可以交替使用开敞与封闭的手法,这样既能照顾到各个地段上的特点,也能产生对比效果。但要注意变化不可太多。过多的变化会使人感到凌乱、烦琐而缺乏统一,容易分散司机的注意力,从交通安全和街景考虑,在多数情况下,分车绿带以不挡视线的开敞式种植较为合理。

(2)种植要求

分车绿带的种植有的以落叶乔木或常绿乔木为主,有的搭配灌木、草地、花卉等,也有的分车绿带中只种低矮灌木配以草地、花卉等,这些都需要根据交通与景观来综合考虑。对分车带的种植,要针对不同用路者(快车道、慢车道、人行道)的视觉要求来考虑树种与种植方式。

但在高速干道上的分车带更不应该种植乔木,以使司机不受树影、落叶的影响,以保持高速干道上行驶车辆的安全。在一般干道的分车带上可以种植 70cm 以下的绿篱、灌木、花卉、草皮等。我国许多城市常在分车带上种植乔木,主要是因为我国大部分地区夏季比较炎热,考虑到遮荫的作用,另外我国的车辆目前行驶速度不是过快,树木对司机的视力的影响不大,故分车带上大多数种植的是乔木。但严格来讲,这种形式是不合适的。随着交通事业的不断发展,分车带配植将逐步实现正规化。

对视线的要求因地段不同而异,在交通量较少的道路两侧没有建筑或没有重要的建筑物地段,分车带上可种植较密的乔、灌木,形成绿色的墙,充分发挥隔离作用。

当交通量较大、道路两侧分布大型建筑及商业建筑时,既要求隔离又要求视线能透过,在分车带上的种植就不应完全遮挡视线。

另外,种植分枝点低的树时,株距一般为树冠直径的 2~5 倍;灌木或花卉的高度应在视平线以下。如需要视线完全敞开,在隔离带上应只种草皮、花卉或分枝点高的乔木。路口及转角地应留出一定范围种植不遮挡视线的植物,使司机有较好的视线,保证交通安全。

3.分车绿带设计时需要注意的问题

第一,分车绿带位于车行道之间,当行人横穿道路时必然横穿分车绿带,这些地段的绿化设计应根据人行横道线在分车绿带上的不同位置,采取相应的处理办法。既要满足行人横穿马路的要求,又不致影响分车绿带的整齐美观。

第二,人行横道线在绿带顶端通过,在人行横道线的位置上铺装混凝土方砖道不进行绿化。

第三,行人在靠近绿带顶端位置通过,在绿带顶端留下一小块绿地,在这一小块绿地上可以种植低矮植物或花卉草地。

第四,公共交通车辆的中途停靠站都设在靠近快车道的分车绿带上,车站的长度约 30m。在这个范围内一般不能种灌木、花卉,可种植乔木,以便在夏季为等车乘客提供阴凉。当分车绿带宽 5m 以上时,在不影响乘客候车的情况下,可以种适当的草坪、花卉、绿篱和灌木,并设矮栏杆进行保护。

(五)交叉路口绿地的规划设计

1.普通交叉路口绿地的规划设计

普通交叉路口是两条或两条以上道路相交之处。这是交通的咽喉、隘口,种植设计需要先调查其地形、环境特点,并了解"安全视距"及有关符号。

2.立体交叉路口绿地的规划设计

随着车流量的加大,平交的交叉口形式常常会出现交通拥挤和堵塞的情况,因此许多大中城市纷纷将原来的平交口改造成了立体交叉的形式,立体交叉路口的绿化也越来越受到重视。

立体交叉主要分为两大类,即简单立体交叉和复杂立体交叉。

简单立体交叉又称分立式立体交叉,纵横两条道路在交叉点相互不通,这种立体交叉一般不能形成专门的绿化地段,只作行道树的延续而已。复杂立体交叉又称互通式立体交叉,两个不同平面的车流可以通过车道连通。

复杂的立体交叉一般由主、次干道和匝道组成,车道供车辆左、右转弯,把车流导向主、次干道上。为了保证车辆安全和保持规定的转弯半径,匝道和主次干道之间往往形成几块面积较大的空地。在国外,有利用这些空地作为停车场的,国内一般多作为绿化用地,称为绿岛。此外,以立体交叉的外围到建筑红线的整个地段,除根据城镇规划安排市政设施外,都应该充分绿化起来,这些绿地可称为外围绿地。

绿岛,是立体交叉中面积比较大的绿化地段,一般应种植开阔的草坪,草坪上点缀具较高观赏价值的常绿树和花灌木,也可以种植一些宿根花卉,构成舒朗而壮观的图景。切忌种植过高的绿篱和大量的乔木,以免阴暗郁闭。如果绿岛面积较大,在不影响交通安全的前提下,可按街心花园的形式进行布置,设置园路、亭、水池、雕塑、花坛、座椅等。立交桥的绿岛处在不同高度的主、次干道之间,往往有较大的坡度,绿岛坡降一般以不超过 5% 为宜,陡坡位置须另做防护措施。此外,绿岛内还需装设喷灌设施,以便及时浇水、洗尘和降温。

立体交叉外围绿化树种的选择和种植方式,要和道路伸展方向绿化及建筑物的不同性质相结合。

立体交叉绿地的设计应该注意以下几个方面。

第一,立体交叉绿地设计要服从立体交叉的交通功能,使行车视线通畅,在这一段不宜种植遮挡视线的树木,如种植绿篱和灌木时,其高度不能超过司机视高,以使其能通视前方的车辆。在弯道外侧,最好种植成行的乔木,突出绿地内交通标志,诱导行车,保证行车安全。

第二,立体交叉绿地设计应服从于整个道路的总体规划要求,要和整个道路的绿地相协调。要根据各立体交叉的特点进行,通过绿化装饰、美化增添立体交叉处的景色,形成地区的标志,并能起到道路分界的作用。

第三,其绿地布置力求简洁明快,适应驾驶员和乘客的瞬间观景的视觉要求。

图 13-26 为立体交叉绿地设计示意图。

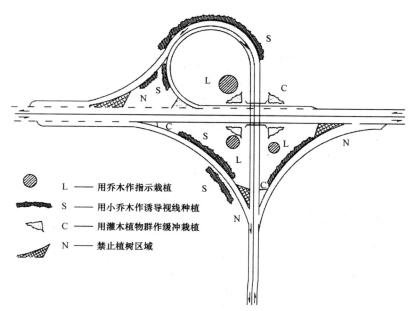

图 13-26　立体交叉绿地设计示意图

图例：

- L —— 用乔木作指示栽植
- S —— 用小乔木作诱导视线种植
- C —— 用灌木植物群作缓冲栽植
- N —— 禁止植树区域

（六）交通岛绿地的规划设计

交通岛是指控制车流行驶路线和保护行人安全而布设在道路交叉口范围内,车行驶轨道通过的路面上岛屿状构造物,起到引导行车方向、渠化交通的作用。按其功能及布置位置可分为导向岛、分车岛、安全岛和中心岛。

通过在交通岛周边的合理种植,强化交通岛外缘的线性,有利于诱导驾驶员的行车视线,特别是在雪天、雾天、雨天,可弥补交通标识的不足。通过绿化与周围建筑群相互配合,使其空间色彩的对比与变化互相烘托,形成优美景观;通过绿化吸收机动车的尾气和道路上的粉尘,改善道路的环境卫生状况(图 13-27)。

1. 交通岛绿地规划设计的原则

第一,交通岛周边的植物配置宜增强导向作用,布置成装饰绿地。

第二,中心岛绿地应保持各路口之间的行车视线通透,在行车视距范围内应采用通透式配置。

第三,立体交叉绿岛应以种植草坪等地被植物为主,桥下宜种植耐阴地被植物,墙面可进行垂直绿化。草坪上可点缀树丛、孤植树和花灌木,以形成疏朗开阔的绿化效果。

第四,导向岛绿地应配置地被植物。

2. 中心岛绿地、导向岛绿地的规划设计

(1)中心岛绿地

中心岛设置在交叉口中央,俗称中心转盘,主要功能为组织环形交通,使交叉口的车辆一律绕岛做逆时针单向行驶。中心岛的形状主要取决于相交道路中心线的角度、交通量大小和等级等具体条件,一般多用圆形,也有椭圆形、卵形、圆角方形和菱形等。常规中心岛直径在 25m 以上,我国大、中型城市多采用 4～80m。

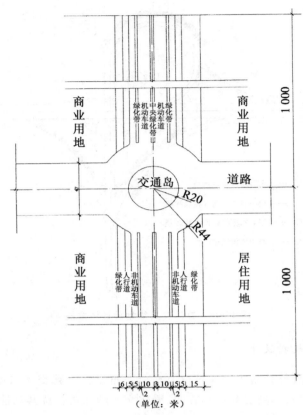

图 13-27 城市道路交通节点示意图

中心岛绿地要保持各路口之间的行车视线通透,不宜栽植过密乔木,而应布置成装饰绿地,应以草坪、花卉为主,或选用几种不同质感、不同颜色的低矮的常绿树、花灌木和草坪组成模纹花坛;图案应简洁,曲线优美,色彩明快,不要过于繁复、华丽,以免分散驾驶员的注意力及行人驻足欣赏而影响交通,不利安全;也可布置些修剪成形的小灌木丛,在中心种植 1 株或 1 丛观赏价值较高的乔木加以强调,方便绕行车辆的驾驶员准确快速识别各路口;原则上只具备观赏功能,不具备游憩功能。中心岛外侧一般汇集多处路口,若交叉口外面有高层建筑时,图案设计还要考虑俯视效果。

位于主干道交叉口的中心岛因位置适中,人流、车流量大,是城市的主要景点,可在其中建柱式雕塑、市标、组合灯柱、立体花坛、花台等成为构图中心。但其体量,高度等不能遮挡视线。

若中心岛面积很大,布置成街旁游园时,必须修建过街通道与道路连接,保证行车和游人安全。

(2)导向岛绿地规划设计

导向岛是设置在环形交叉进出口道路中间,并延伸到道路中间隔离带,用以指引行车方向,约束车道,使车辆减速转弯,保证行车安全。

导向岛绿化常以草坪、地被植物、花坛为主,不可遮挡驾驶员视线。为了保证驾驶员能及时看到车辆行驶情况和交通管制信号,在视距三角形内不能设置任何阻挡视线的东西,但在交叉口处,个别伸入视距三角形内的行道树株距在 6m 以上、树干高在 2m 以上、树干直径在 0.4m 以下时是允许的,因为驾驶员可通过空隙看到交叉口附近的车辆行驶情况。

(七)公路绿地的规划设计

公路是指城市郊区的道路以及城乡之间的交通道路,它是联系城镇乡村及风景区、旅游胜地等的交通网(为区别于高速公路,这里的公路特指一般公路)。公路绿化与街道绿化有着共同之处,但也有其特殊点,公路距居民区较远,常常穿过农田、山林,没有城市复杂的地上地下管网和建筑物等影响,人为的损伤也较少,这些对于公路绿化是有利的条件。

1.公路绿地的形式

根据道路所处的环境不同,主要有路堤式、路堑式和混合式三种。

(1)路堤式

即使用填方设计,使路基明显高于周边地形的路基结构形式,路侧绿带为斜坡式绿带。该结构形式多出现在平原、田野地段。

(2)路堑式

即使用挖方设计,使路基明显低于周边地形的路基结构形式,其路侧绿带为内倾斜坡式绿带,甚至出现大量石质边坡。该结构形式一般为全路基穿过山峦时出现。

(3)混合式

即使用挖填两种设计,使路基一边侧高于周边地形而另一侧低于周边地形的路基结构形式,其路侧绿带也是呈现相应的外倾或内倾形式。该结构形式一般为山坡中下部或溪涧边时出现。

2.公路绿地设计的原则

第一,生态稳定性原则。设计合理的植物群落演替方案,使其较快地达到稳定,并能够长期保持生态系统的平衡。

第二,景观协调性原则。合理规划,使公路人文景观与自然景观相互协调。

第三,经济可行性原则。要在有限的资金条件下,优化设计,结合自然恢复和人工种植等多种方法,实施生态工程。

第四,功能多样性原则。既能保证公路安全行车的交通功能,又能加强水土保持、视线诱导、标志、指示、防眩、遮蔽等功能。

3.公路绿地的设计手法

公路绿化包括中央分隔带、边坡绿化、公路两侧绿化,以下分别对这些绿地的设计手法进行介绍。

(1)中央分隔带

中央分隔带的主要作用是按不同的行驶方向分隔车道,防止车灯眩光干扰,减轻对开车辆接近时司机心理上的危险感,或因行车而引起的精神疲劳,另外还有引导视线和改善景观的作用。

中央分隔带的设计一般以常绿灌木的规则式整形设计为主,有时配合落叶花灌木的自由式设计,地表一般用矮草覆盖,植物种类不宜过多,以当地乡土植物为主。在增强交通功能并持久稳定方面,主要通过常绿灌木实现,选择时应重点考虑耐尾气污染、生长健壮、慢生、耐修剪的灌木。在距离相邻机动车道路面高度 0.6～1.5m 的范围内种植灌木、绿篱等常绿树能有效地阻挡夜间相向行驶车辆前照灯的眩光,大大提高行车途中的安全,所以理想的分车绿带还应尽可能进行防眩种植(图 13-28)。

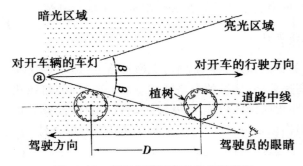

图 13-28　前照灯的照射角和植树间隔

$D=2r/\sin\alpha$，D：植树间隔；r：树冠半径；α：照射角 α 等于 $12°$；$\sin\alpha=0.207$

（2）边坡绿化

边坡绿化除应达到景观美化效果外，还应与工程防护相结合，起到护坡、防止水土流失的作用。对于较矮的土质边坡，可结合路基栽植低矮的花灌木、种植草坪或栽植匍匐类植物，经一段时间演替和多次更新后，灌木和矮生树种应占有相当比例，只有这样才能达到长期巩固边坡稳定性的目的（图 13-29）。

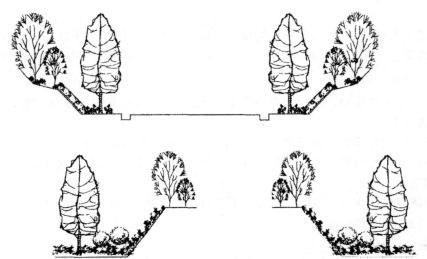

图 13-29　边坡绿化示意图

选择边坡绿化植物种类的基本条件是：第一，适应当地气候，最好是当地自然植被群落的建群种和伴生种。第二，抗逆性强、耐贫瘠、耐粗放管理、持久性好。第三，对草本植物而言，要求生长快、根系深、侵占能力强，而对灌木和矮生树种则要求根系深、生长缓慢、水源涵养能力强。第四，所选植物种类对家畜而言，要适应性差，以防家畜啃噬践踏。第五，播种材料来源广，经济实用。

在边坡较陡的地段，用人工播种的绿化方式很难成功，因此目前通用的方法是采用液压喷播，将种子、保水剂、肥料、木纤维等与水按一定比例均匀混合后，喷到待播的坡面上，用这种方法喷播，劳动强度低，还可保证种子出苗迅速而整齐，绿化成功率高。

（3）公路两侧绿化

在公路用地范围内栽植花灌木，在树木光影不影响行车的情况下，可采用乔灌结合，形成垂直方向上郁闭的植物景观。

绿化带宽度及树木种植位置应根据公路等级、路面宽度来决定。路基面宽在9m以下（包括9m）时，公路植物不宜在路肩上，要种在边沟以外，距外缘0.5m处。路基面宽在9m以上时，可种在路肩上，在距边沟内缘不小于0.5m处，以免树木生长的地下部分破坏路基（图13-30）。

具体的工程项目应根据沿线的环境特点进行设计，如路两侧有自然的山林景观、田园景观、湿地景观、水体景观等，可在适当的路段栽植低矮的灌木，视线相对通透，使司乘人员能够领略途中的自然风光。

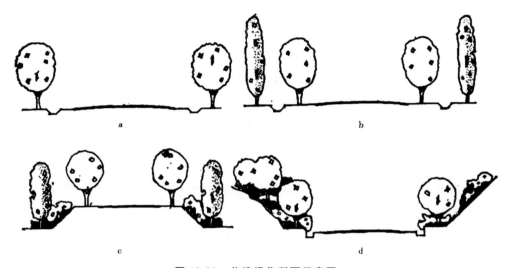

图13-30　公路绿化断面示意图

a.路基宽9m以下公路绿化示意图；b.路基宽9m以上公路绿化示意图；c.路堤绿化断面示意图；d.路堑绿化断面示意图

（八）高速公路绿地的规划设计

高速公路是提供分车方向、分车道行驶并全部控制车辆出入的多车道公路。随着现代社会的发展，高速公路呈现飞速发展的趋势。

1. 高速公路绿地的作用

高速公路绿地的作用除了能改善环境、增加道路景观外，更重要的是和行车安全结合，具体表现在以下几点。

（1）防眩光，引导视线

司机对前方高速公路路面变化的判断，除了依靠路面本身的形态走向变化外，还借助于视野中侧向要素的变化，如中央分隔带植物轮廓线的变化也能形成良好的视觉引导，有助于提高行车的安全性。

（2）诱导交通

在高速公路的不同路段和特定区域，如爬坡车道、变速车道、集散车道、辅助车道、进出口岔道以及接近服务区路段，可以利用不同植物的景观效果，辅助各种提示牌，诱导交通。

（3）保护路面畅通

在风沙和积雪等灾害较为严重的地区，高速公路两侧的宽阔林带可以结合防护林的建设，阻挡风沙和飞雪，以免沙、雪堆积在路面上，影响高速公路的畅通。

(4)保持水土,稳定路基

在路堑、路堤等有大量的土石方工程的地段,结合一些深根系的地被及爬藤植物,解决路基稳固的工程问题。

2.高速公路绿地的设计原则

(1)动态性原则

高速公路的服务对象是处于高速行驶中的驾乘人员,其视点是不断变化的,绿化设计要满足不断变化中的动态视觉的要求。分车带应采用整形结构,简单重复成节奏韵律,并要适当控制高度,以遮挡对面来车灯光,保证良好的行车视线。

(2)安全性原则

高速公路绿化可起到诱导视线、防止眩光、缓解驾驶员疲劳等作用。为了这个目的,高速公路的绿化横断面应由低矮的草本、灌木丛和高大的乔木组成多层配置。

(3)统一与变化原则

高速公路的景观设计强调统一,但不是千篇一律,没有区别,而是要在统一的主题下表现出各自的特色和韵味,否则会因沿途景观单调而使驾驶员注意力迟钝。

3.高速公路绿地种植的类型

高速公路绿地种植的类型可分为视线诱导种植、防眩种植、适应明暗的栽植、缓冲栽植及其他种植,具体如表 13-13 所示。

表 13-13　高速公路绿地种植的类型

类型	描述
视线诱导种植	这种种植是通过平面上的曲线转弯方向、纵断面上的线形变化等引导驾驶人员安全操作,尽可能保证快速交通下的安全。它要求种植要有连续性,同时树木也应有适宜的高度和位置等
防眩种植	也称遮光种植。它是为了防止夜间出现的眩光而种植的。因车辆在夜间行驶常由对方灯光引起眩光,这种眩光往往容易引起司机操纵上的困难,影响行车安全。这类种植的间距、高度与司机视线高和前大灯的照射角度有关。树高根据司机视线高决定,从小轿车的要求看,树高需在 150cm 以上,大轿车需在 200cm 以上。但过高则影响视界,同时也不够开敞
适应明暗的栽植	它主要种植于隧道的入口。当汽车进入隧道时明暗急剧变化,眼睛瞬间不能适应,看不清前方。因此在隧道入口处栽植高大树木,以使侧方光线明暗的参差阴影,使亮度逐渐变化,以缩短适应时间
缓冲栽植	目前路边防护设有路栅与防护墙,发生冲击时,车体与司机往往受到很大的损伤。为了起到缓冲作用,可采用有弹性、具有一定强度的防护设施,同时种植又宽又厚的低树群
其他栽植	高速公路其他的种植形式有为了防止危险而禁止出入穿越的种植、坡面防护的种植、遮挡路边不雅景观的背景栽植、防噪声种植、为点缀路边风景的修景种植等

4.高速公路沿线的绿化设计

高速公路沿线绿地的组成主要包括:中央分车带、路肩、路缘带,以及其附属设施用的绿化,如管理站、互通区和服务区等主要部分(图 13-31)。

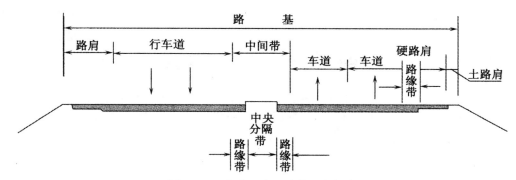

图 13-31　高速公路绿地的组成部分

以下就分别介绍高速公路沿线的中央分车带的绿化设计、路侧绿化的带设计、边坡绿化设计、隔离栅绿化设计、防护林绿化设计、挖填方区绿化设计、服务区绿化设计、互通式立交区绿地规划设计、特殊路段的绿化设计。

(1)中央分车带的绿化设计

中央分隔带按照不同的行驶方向分隔车道,防止车灯眩光干扰,减轻对向行驶车辆接近时驾驶员心理上的危险感。为引导驾驶员的视线,强调道路的线形变化,强化防眩功能[①],中央隔离带绿地较窄时宜采用单株等距式配置,较宽时可采用双行或多行栽植。

中央分车带的种植方式通常有整形式、树篱式、图案式、平植式四种。

整形式是指用同一种形式的树木(如蜀桧等)按照相同的株距排列,下层根据景观需要配以不同的灌木及地被。它的形式比较简单,应用普遍。但它也比较单一,容易给人乏味的感觉,不利于缓解驾驶疲劳。可以考虑在相隔一定距离(一般以 5～8km 为宜),改变植物品种,间植高度、冠幅与之相当的花灌木,色彩和形式进行适当调节。

树篱式是用枝叶密实的植物形成连续的树篱,下层用花灌木或色叶灌木形成满铺或色块(图13-32)。其优点是遮光效果好,对撞击隔离栏的车辆有很强的缓冲能力,可减轻车体与驾驶人员的损伤。缺点是具有视觉上单调呆板的缺陷,而且对树木需求量大。

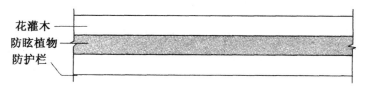

图 13-32　树篱式中央分车带

图案式是将灌木或绿篱修剪成几何图形,在平面和立面上适当变化,可形成优美的景观绿化效果(图 13-33)。缺点是其遮光效果不佳,若处理不当,多变的形式会过于吸引司机的注意力,而且增加管理工作量。

平植式是当中央分隔带较窄时或在管理受限的路段,可以用植物满铺密植,并修剪成形,这种形式常见于中央分隔带的开口处。

(2)路侧绿化的带设计

高速公路的路侧绿带绿化设计基本同于一般公路,但因行车速度相对较快,一般不提倡种植

---

① 按照国家行业标准的有关规定,公路防眩遮光角度一般控制在 0°～15°。

行道树,以免影响视线空间,不利于高速行驶。一般均采用乔、灌、花、草以自然式的方式配置,与周边环境衔接相融。当道路转弯时,一级公路至少保留 75m 的行车视距,高速公路至少保留 110m 的行车视距,行车视距范围内只容许种植低矮的花灌木。

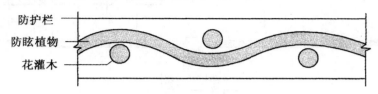

图 13-33　图案式中央分车带

（3）边坡绿化设计

高速公路要求有 3.5m 以上的路肩,以供出故障的车停放。路肩上不宜栽种树木,可在其外侧边坡上和安全地带上种植树木、花卉和绿篱,大的乔木距离路面要有足够的距离,不使树影投射到车道上。高速公路边坡坡陡,绿化以固土护坡、防止雨水冲刷为主要目的,在护坡上种植草坪或耐瘠薄、耐旱、生长旺盛的灌木固土护坡。

（4）隔离栅绿化设计

隔离栅绿化可以选择适应性强的竹类、野蔷薇等,结合攀缘植物如山荞麦、爬山虎等,对高速公路的隔离栅进行绿化掩蔽,使之成为具有抗污染效果的植物墙。

（5）防护林绿化设计

为减轻高速公路穿越市区产生的噪声和废气污染,在干道两侧留出 20～30m 的护林带,形成乔木、灌木、草坪多层混交植物群落。在有风景点的地方,绿化应留足透景线。树种应以生态防护为主,兼顾美化路容和构成通道绿化主骨架的功能,栽植速生、美观、能与周围农田防护林树种相协调的树种。

（6）挖填方区绿化设计

挖方区为道路横切丘陵及山脚,道路对原来地貌及植被破坏较大,有些地方由于施工需要,还形成了大面积的岩石及砂土裸露区,所以挖方区迅速恢复植被是绿化的重点。

岩石裸露区可在石面上预设一些草绳铁丝网,然后在边坡下种植一些攀缘植物如络石、山葡萄、地锦等沿坡向上爬去,用垂直绿化来起到固土护坡作用。砂土、石挖方区可用碎石、混凝土在坡上砌出有种植穴的护坡,在种植穴内清除石块后换土,种植草坪并点缀一些花卉,如护坡坡度缓,土质好,可种草或成片种植低矮花灌木如紫穗槐、胡枝子、沙棘等固土护坡（图 13-34）。

条件允许时,在边坡下的平地内,可适当成行或三五成群种植一些花灌木及乔木以丰富景观。

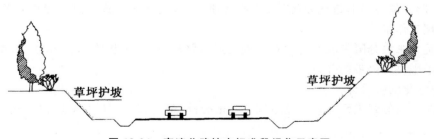

图 13-34　高速公路挖方标准段绿化示意图

填方区所经地段多为农田、沼泽草原、丘陵及河湖溪流区,是平地上起路基、筑路面、挖边沟形成的高速公路。路基两侧的边坡可采取一般绿化处理,有杂草的可保留自然杂草,无杂草的可种草坪及花灌木如胡枝子、沙棘、软枣子、百里香等固土护坡。

边沟外侧 15m 红线内的绿地,可保留原有的自然杂草及乔灌木,如绿地内只有一些杂草,而无大树及灌木,可成行或自由式种植一些乔灌木。为防止病虫害蔓延,每隔 3～4km,可适当变换树种(图 13-35)。

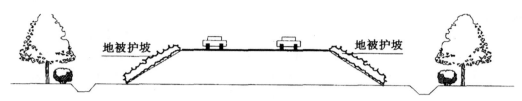

图 13-35　高速公路填方标准段绿化断面示意图

(7)服务区绿化设计

服务区绿化包括收费站、餐饮及住宿区、加油站、修理厂和办公区等的绿化。服务区的绿化规划设计要点包括以下几个方面。

第一,根据服务区的规划结构形式,充分利用自然地形和现状条件,合理组织,统一规划,节省资金,早日形成绿化面貌。

第二,以植物造园为主进行布局,适地适树,结合服务区的特点,利用植物的形状、色彩、质感、神韵创造各具特色的环境和景观。

第三,在空间结构上,绿化应与建筑的风格、形式、色彩和功能等取得景观和功能上的协调。注重植物的季节变化和空间的层次性,形成立体景观。

第四,功能明确,使用方便。利用树木花草达到与外界隔离的效果,以减少干扰和不良影响,创造安静优美的休息环境。

第五,既要有统一的格调,又要在布局形式、树种的选择等方面做到多样而各具特色。

值得注意的是,加油站的绿化应根据加油站安全防火规定进行,加油区一般不考虑绿化。

(8)互通式立交区绿地规划设计

互通式立交区是高速公路上的重要节点,地理位置十分重要。其绿化应与当地城市绿化风格协调一致,在互通区大环的中心地段,可结合地形、地区特点在满足交通安全对绿化的要求的前提下,利用和结合周边水系以恢复生态环境,设计稳定的生态群落结构;可常绿树与落叶树相结合,乔木与灌木相搭配,既增加绿量,又形成良好的自然群落景观。

互通式立交区绿地的规划设计要点为以下几个。

第一,建成与立交桥和谐、相互增辉、具有民族风格的高品位园林景点。

第二,立交桥绿化是高速公路绿化的重点和核心地段,绿化要达到画龙点睛、锦上添花的效果。例如,中心绿地可用大手笔的整形树和低矮花灌木做成一定绿化图案,图案应美观大方,简洁有序,使人印象深刻。

第三,绿化布局应满足立交桥功能需要,使司机有足够的安全视线,在顺行交叉处留出视距,栽种低于司机视线的树木、绿篱、草坪和草本花卉。

第四,在转弯的外侧栽植成行的乔木,以便诱导司机的行车方向,使司机有一种安全感。弯道内侧绿化应保证视线通畅,不宜种遮挡视线的乔灌木。

第五,在出入口配植不同的骨干树种,作为特征标志,便于汽车加减速及驶入驶出。

第六,小块绿地以疏林草地的形式群植一些常绿树和秋色叶树,以丰富季相变化,反映地方特色。

(9)特殊路段的绿化设计

高速公路的平面线形有一定要求,一般直线距离不应大于24km;当直线路段较长,沿线景观、地形缺少变化,难以判断所经地点时,应栽植有别于沿途植被的树木,形成明显标志和绿化特色,减少僵直、呆板和单调之感,提醒及警示司机,预告设施位置。

在小半径竖曲线顶部且平面线形左转弯的曲线路段上,应在平曲线外侧以行道树的方式栽植乔木或灌木,形成诱导栽植。长而缓的曲线线形能改变行车方向,自然地诱导视线,给人以舒适的感觉,所以,应有目的地在弯道外侧种植高大的行道树,以树木为诱导体,使前方路段给人以神秘莫测、通幽之感,弯道内侧绿化应以低矮花灌木为主,以保证司机视线通畅。

设计较好的竖向起伏路段,线形从心理和视觉上应给人以平顺连续,无高低凹凸中断之感,两侧绿化最好是同一树种、同一间距,以保证绿化景观平缓连续。

在隧道洞口外两端光线明暗急剧变化段栽植高大乔木,起到平缓过渡的作用。

(九)铁路绿地的规划设计

铁路因运载客货量大、快速、便捷且价格相对低廉,成为国民经济的大动脉。铁路运输一般承担了我国客货运量的50%以上。漫长的铁路穿越了长而宽的国土面积,搞好铁路绿地建设,也是城市绿地建设的主要内容之一。铁路绿地主要包括路侧绿带和车站绿地两种。

1.路侧绿带的绿化要点

第一,在铁路两侧种植的乔木距铁路外轨不小于10m,灌木不小于6m。

第二,在铁路上边坡采用草本或矮灌木护坡,防止雨水冲刷,不能种乔木,以保证行车安全。

第三,铁路通过市区或居民区,在可能条件下应当留出较宽的防护林带种植乔灌木,林带宽度在50m以上为宜,以减少噪声对居民的干扰。

第四,在公路与铁路平交时应留出50m的安全视距,距公路中心400m之内不可种植遮挡视线的乔灌木。以平交点为中心构成100m×800m的安全视阈,使汽车司机能及早发现过往的火车。

第五,铁路拐弯处内径在150m内不能种乔木,可种植草坪和矮小的灌木。

第六,在机车信号灯处1 200m内不得种乔木,可种小灌木及草本花卉。

2.车站绿带的绿化要点

火车站是进入一个城市的门户,在站台及广场上应体现城市的特点,在不妨碍交通、运输、人流集散的情况下,可以考虑布置花坛、水池和遮阳树,以供旅客做暂时休息之用。

总之,21世纪是中国大发展的时代,我们的城市注定要成为表现中华民族精神面貌的载体,因此,我们要运用全民族凝聚的巨大力量,运用我们民族优秀传统文化的智慧,去塑造具有中国特色的现代城市景观。当然,我们更要看到建设好的城市景观的长期性和艰巨性,要更好地研究我们的国情,学习世界各国成熟的经验,注重实用,讲求经济实效,追求一种健康、舒适、安全、有自然、美好的生存环境,就有希望营造出具有中国特色美的现代城市景观。

参考文献

[1]程道平.现代城市规划.北京:科学出版社,2010.

[2]戴慎志.城市规划与管理.北京:中国建筑工业出版社,2010.

[3]李志伟.城市规划原理.北京:中国建筑工业出版社,1997.

[4]陈友华,赵民.城市规划概论.上海:上海科学技术文献出版社,2000.

[5]陈锦富.城市规划概论.北京:中国建筑工业出版社,2005.

[6]陈双,贺文.城市规划概论(修订版).北京:科学出版社,2006.

[7]闫学东.城市规划.北京:北京交通大学出版社,2011.

[8]曹型荣,高毅存.城市规划实用指南.北京:机械工业出版社,2008.

[9]李志伟.城市规划原理.北京:中国建筑工业出版社,1997.

[10]吴志强.城市规划原理.北京:中国建筑工业出版社,2010.

[11]王克强,马祖琦,石忆邵.城市规划原理(第二版).上海:上海财经大学出版社,2011.

[12]李德华.城市规划原理.北京:中国建筑工业出版社,2001.

[13]建设部城乡规划司.城市规划决策概论.北京:中国建筑工业出版社,2003.

[14]全国城市规划执业制度管理委员会.城市规划原理.北京:中国建筑工业出版社,2000.

[15]全国城市规划执业制度管理委员会.城市规划实务.北京:中国建筑工业出版社,2000.

[16]唐恢一.城市学.哈尔滨:哈尔滨工业大学出版社,2001.

[17]黄光宇,陈勇.生态城市理论与规划设计方法.北京:科学出版社,2002.

[18]庄林德,张京祥.中国城市发展与建设史.南京:东南大学出版社,2002.

[19]郝娟.西欧城市规划理论与实践.天津:天津大学出版社,1997.

[20]沈清基.城市生态与城市环境.上海:同济大学出版社,1998.

[21]赵民,赵蔚.社区发展规划.北京:中国建筑工业出版社,2003.

[22]雷翔.走向制度化的城市规划决策.北京:中国建筑工业出版社,2003.

[23]董光器.城市总体规划.南京:东南大学出版社,2009.

[24]刘君德.中国行政区划的理论与实践.上海:上海华东师范大学出版社,1996.

[25]刘维新.中国城镇发展与土地利用.北京:商务印书馆,2003.

[26]陆化普.交通规划理论与方法.北京:清华大学出版社,2007.

[27][美]伯克.城市土地使用规划.北京:中国建筑工业出版社,2009.

[28][美]利维.现代城市规划.北京:中国人民大学出版社,2003.